快速开发

纪念版

[美] 史蒂夫·麦康奈尔 (Steve McConnell)　著

席相林　译

清华大学出版社

北京

内 容 简 介

进度失控,几乎是每一个软件开发项目挥之不去的噩梦。如何从容赶急,如何通过正确的开发策略和原则,避免典型错误,有效地进行风险管理,从多个方面贯彻执行快速软件开发,都可以从本书中找到答案。本书借助于实际案例和数据,阐述了快速软件开发方法的要领和精髓。

本书前两部分描述快速开发的策略和理念,其中的案例讨论有助于读者清楚地领略到策略和理念在实践中的作用。第Ⅲ部分则由27个快速开发实践构成,对于技术领导、程序员和项目经理具有重要的参考和指导意义。

北京市版权局著作权合同登记号　图字：01-2018-8805

Authorized translation from the English language edition, entitled RAPID DEVELOPMENT: TAMING WILD SOFTWARE SCHEDULES, 1st Edition by MCCONNELL, STEVE, published by Pearson Education, Inc, publishing as Microsoft Press, Copyright ©1996 by Steve McConnell.

All rights reserved. No part of this book may be reproduced or transmitted in any form or by any means, electronic or mechanical, including photocopying, recording or by any information storage retrieval system, without permission from Pearson Education, Inc.

CHINESE SIMPLIFIED language edition published by TSINGHUA UNIVERSITY PRESS LIMITED, Copyright ©2020.

本书简体中文版由 Pearson Education 授予清华大学出版社在中国大陆地区（不包括香港、澳门特别行政区以及台湾地区）出版与发行。未经许可之出口,视为违反著作权法,将受法律之制裁。

本书封底贴有 Pearson Education 防伪标签,无标签者不得销售。

版权所有,侵权必究。举报：010-62782989, beiqinquan@tup.tsinghua.edu.cn。

图书在版编目(CIP)数据

快速开发：纪念版/(美)史蒂夫·麦康奈尔(Steve McConnell)著；席相林译. —北京：清华大学出版社,2020.7

书名原文：Rapid Development: Taming Wild Software Schedules

ISBN 978-7-302-55710-4

Ⅰ.①快… Ⅱ.①史… ②席… Ⅲ.①软件开发 Ⅳ.①TP311.52

中国版本图书馆CIP数据核字(2020)第110402号

责任编辑：文开琪
封面设计：李　坤
责任校对：周剑云
责任印制：杨　艳
出版发行：清华大学出版社
　　　　　网　　址：http://www.tup.com.cn, http://www.wqbook.com
　　　　　地　　址：北京清华大学学研大厦A座　　　　邮　　编：100084
　　　　　社 总 机：010-62770175　　　　　　　　　邮　　购：010-62786544
　　　　　投稿与读者服务：010-62776969, c-service@tup.tsinghua.edu.cn
　　　　　质量反馈：010-62772015, zhiliang@tup.tsinghua.edu.cn
印 装 者：涿州汇美亿浓印刷有限公司
经　　销：全国新华书店
开　　本：185mm×230mm　　　印　　张：38　　　字　　数：919千字
版　　次：2008年1月第1版　2020年9月第2版　　印　　次：2020年9月第1次印刷
定　　价：128.00元

产品编号：081970-01

开发人员分两种，
一种是没有空余时间深入了解和学习快速开发的，
另一种是真正掌握快速开发精髓后才有了富余时间的。

出版前言

在 IT 界，是资深程序员又是知名软件工程专家的不胜枚举，但同时又是深受程序员喜爱的技术图书作家的就不可多得了。如果三者兼而有之，而且还曾经写过多部书，而且部部都引人入胜，令人醍醐灌顶，这样的人更是凤毛麟角，而史蒂夫（Steve McConnell）就是其中为数不多的让人膜拜的偶像。

在程序员眼里，他与比尔·盖茨（Bill Gates）、林纳斯·托瓦兹（Linus Torvalds）齐名，对软件行业做出了卓越的贡献。他身兼数职，既是国际知名软件工程专家，又是 IEEE Software 杂志主编和 IEEE 计算机杂志高级评审，同时又是《软件工程知识体系》(SWEBOK) 项目的专家顾问小组成员和 IEEE 计算机学会专业实践委员会特聘成员。他从 1984 年起一直浸淫于软件行业，熟谙快速开发方法、项目估算、软件构建实践、性能优化、系统集成和第三方合同管理等。

史蒂夫先后出版了 6 本图书，其中多本获得《软件开发》杂志震撼大奖的殊荣。如果说一本技术书籍只有在获得这样一项大奖后才能真正奠定经典的地位，那么史蒂夫就是经典的缔造者。他的书，经历了时间的沉淀和实践的锤炼，往往能发人深省，动人心弦。身处软件行业的读者，几乎都能如数家珍地列举出他的著作。

《快速开发》一书，在经历过时间的沉淀和锤炼之后，更是为很多读者津津乐道，纷纷表示其中的实践就是真实的再现，非常值得借鉴和参考。此书曾经获得 1996 年《软件开发》杂志震撼大奖。历经数年，她的风采依旧。作者在书中旁征博引，在诠释快速开发原理与方法的同时，提供了大量实践，旨在帮助软件开发人员掌握好开发进度与软件质量之间的平衡，使他们在工作中有张有弛，既能玩命工作，又能有时间学习和娱乐。坦白地说，该书是技术领导、程序员和项目经理不可或缺的工作指南。

在征求很多读者的意见以及相关编者和译者的意见之后，在经过慎重调研和权衡之后，我们决定推陈出新，以全新的风格重现这部经典，使之能成为广大程序员职业生涯中的工作指南和良师益友。

一旦确定这个项目，我们立即联系《快速开发》的主译席老和冯老。席老和冯老是中国科学院计算技术研究所的专家。两位老人虽然已近古稀之年，但身体依然健硕，精神矍铄，欣然担当起重新修订的重任。他们对译稿重新进行严谨、认真的推敲和演绎。席老抽出宝贵的休息时间，额外新增具有画龙点睛之妙用的"译者评注"部分。冯老对于编辑提出的疑问，仔细推敲，并借游泳健身的机会虚心向国外软件同行请教，以求进一步完善书稿。在此衷心感谢席老和冯老。我们的责任编辑也一丝不苟地审阅和润饰译稿，并提出很多建设性的意见。

一本经典著作，不仅要内容精确，还少不了版式上的精心编排。为此，我们不仅精心设计了版式，还考虑到读者的需要（一本经典的好书，往往会让人爱不释手，看了又看），特别选用价格不菲的纸。这种纸质地轻柔，颜色自然，表面细腻光滑，不仅环保，还有利于视力保护，即使长时间阅读也不容易产生视觉疲劳。

作为出版工作者，我们期望能得到著译者和读者的支持和鼓励，没有你们，就没有出版业的繁荣和发展。关于本书的任何意见和建议，欢迎发送邮件，我们一直在聆听您的心声。

译者序

第 29 届奥林匹克运动会即将在北京隆重举行的前夕，史蒂夫（Steve McConnell）的《快速开发》由清华大学出版社出版发行，实为一件极为庆幸的大好事。

随着信息技术的飞速发展，我国从事软件开发业务的公司数量在急剧增加，软件开发队伍成倍膨胀，软件开发项目数目和规模也越来越大。长期以来，软件开发人员一直受估算不准、功能蔓延、团队人员流失等问题的困扰。巨大的进度压力，突然而至的风险，总是使这支队伍的开发工作征程步履艰难。尽早、有效地解决这些问题是每个软件人员的期待。我的工作方向转移到项目管理领域以后，也在力图以现代项目管理的知识体系和工具、方法找到一些解决这些问题的途径。

2001 年初，我有幸阅读了《快速开发》英文版，书的内容深深地吸引着我，从头至尾逐章浏览本书以后，收获颇丰，如何解决这些困扰的思路日益清晰起来。

史蒂夫（Steve McConnell）是微软公司的一位经验丰富的软件顾问，他最初的工作是开发分布式商业软件，在 5 年中写了 5 万行产品代码，积累了大量的实践经验。与此同时，他也进行更多的理论探讨，撰写了许多论文和书籍。《快速开发》就是佳作之一。除了这本书之外，他还著有《代码大全》《软件项目的艺术》《软件开发的艺术》《软件估算的艺术》等多部著作。

在《快速开发》这本书中，他先从正面提出了完整的软件开发战略，然后详细地阐述各种最佳实践，同时提供众多有价值的运作技巧，这些都有助于帮助项目开发人员缩短和控制开发的进度，保持软件项目顺利推进。

本书分为三部分，共 43 章。

第 I 部分，列举了软件开发中经常犯的 36 种错误，列出了经常遇到的 120 多种风险，论述了实现快速开发的基本原则和战略。

第 II 部分，以清醒的思路逐个专题地阐述了软件开发中的几个核心问题，包括进行估算、开发原型、编制现实的计划、激励、团队工作、快速开发语言、控制需求蔓延等的原则、技术和方法。

第Ⅲ部分，向读者推荐了有利于快速开发的 27 种行之有效的最佳实践，诸如变更控制委员会、选择恰当的生命期模型、有原则地谈判、W 理论等，对于每条最佳实践的潜在效率和风险都进行了恰如其分的描述和分析。

在本书的前 16 章中，向读者提供了失败的案例和成功的案例，用不可辩驳的数据进行证明，以富有洞察力的趣事进行点缀。

这是一本为团队领导、经理和开发人员写的好书，是使软件开发工作更高效、更为现实的工作指南。

参与本书初次翻译和校对的人员有丁丽、朱莉、李华、陈新、陈蔚力、林鄂华、高福春、韩梅、韩蓬和黎缨。由席相林进行全文的统稿工作。冯炳根教授和王利文教授对全部译文进行了精心校对，其中王教授校对了前两部分（第 1 ～ 16 章），冯教授校对了第Ⅲ部分（第 17 ～ 43 章）。

为了本书的出版发行，本人对于前一版的全部译稿又进行了一次认真细致的整理和加工，纠正了存在的一些不足和问题，并在前 16 章的每一章最后补充了"译者评注"，把本人对该章内容的理解和体会呈现出来与读者分享。冯炳根教授对本译文再次进行了认真的校对和完善。

在整个过程中，清华大学出版社的老师给予了详细的指导，汤斌浩老师对译文逐字逐句进行校对和推敲，不放过丝毫的疑点，他们严谨治学的态度令我非常敬佩。此外，北京中科项目管理研究所给予了项目管理方面的帮助。杜端甫教授、许书珍、许承绩、赵欣如、沈天阳、王星、张嘉飞等也提供了其他方面的帮助。本书是大家共同努力的结果，在此向参与该书翻译、校对和提供支持和关注的所有人员一并致谢。

书中译文中如有不当之处，恳请读者批评指正。

前言

软件开发人员基本上处于进退两难的境地，一方面他们为解决开发中所碰到的各种问题殚精竭虑，几乎没有时间去钻研有效的实用技术；另一方面，如果不学习掌握软件快速开发方法，他们永远不会有足够的时间。

摆在他们面前的问题是，在"尽快交工"计划的压力下，如何在开发进度与软件质量之间达到最理想的平衡。如果开发人员需要放弃看电影、读报纸、购物、休闲、锄草或与孩子玩耍的所有时间，连续工作20天才能按计划完成开发项目，指望他们投入很多精力研究软件可用性方面的问题又从何谈起？ 也就是说，除非我们把对项目进度的控制作为软件从业人员的必修课程，并为开发人员和经理们留出学习这方面专业知识的时间，否则，对开发人员来说，将很难有足够的时间进行有关方面知识的学习。

软件开发时间的问题普遍存在。一些调查表明，2/3 的项目超出了估算的时间 (Lederer and Prasad 1992，Gibbs 1994，Standish Group 1994)。大型项目平均超出计划交付时间的 20% ~ 50%，项目越大，超出计划的时间越长 (Jones 1994)。一直以来，开发速度的问题都是软件行业必须解决的首要问题 (Symons 1991)。

虽然软件开发速度缓慢的现象普遍存在，但有些组织还是在进行快速的开发。调查人员发现，同一行业的两家公司生产效率的差别有可能达到 10:1，甚至更大 (Jones 1994)。

本书的目的在于为当前是"10：1"中"1"的一方提供所需的信息，帮助他们向"10"的一方转移。本书将帮助你把项目变得可以控制，从而以更短的时间向用户交付功能更为丰富的产品。在阅读本书时，你可以只看你感兴趣的内容，而无须阅读整本书。不管你的项目处于何种阶段，你都会在本书中找到能够帮助你改善当时境况的实用内容。

本书适用的对象

慢速的开发会对软件开发中的每个人造成影响，包括开发人员、项目经理、项目委托人和软件的最终用户——甚至包括其家庭和朋友。每个项目组在解决开发速度缓慢的问题时都有其各自的困难，本书将对常见难点逐一加以讨论。

本书旨在帮助开发人员和项目经理理解什么是可行的，帮助经理和用户认识哪些是可实现的，同时也讲述了开发人员、项目经理和用户之间可行的沟通方式与方法，从而使得他们能够共同找到一条最佳的途径以满足项目计划、成本、质量与其他目标的要求。

1. 技术领导

本书主要为技术领导或项目经理而编写。如果你是这样的角色，你可能经常要为提高软件开发速度承担主要责任，本书将告诉你如何去做，同时也描述了开发速度的限制，这将为你准确区分可实现过程与想象过程打下坚实基础。

本书中有些实用方法完全是技术性的，作为技术领导，学习并实施这些方法你应该没有问题，而另外一些实用方法则更多的是基于管理方面的考虑。可能你会问："此处为什么包括这些内容？"在写书时，我做了这样一个简单的假设，即你是一个超级技术领导，你比快速的黑客还快，比疯狂的经理还强，能够同时解决技术问题与管理问题。我知道，有时这可能并不现实，但做这样的假设，可以让我专注地讨论中心的议题，而不必分心去描述"如果你是经理，这样做；如果你是开发人员，那样做。"我做的另一个假设是，技术领导同时肩负技术与管理工作，而不仅仅像字面想象的那样。技术领导经常肩负着为高层领导提供技术建议的职责，本书将帮助他们更好地完成这方面的工作。

2. 程序员

很多软件项目都是由程序员个人或自行管理的项目组来承担的，事实上，这就将参与项目的技术人员推到了技术领导的角色上。如果你是处于这一角色，那么本书将帮助你提高开发速度，基于同样的原因，也可以帮助你成为一名好的技术领导。

3. 项目经理

项目经理有时认为实现快速软件开发主要是技术工作。其实，作为一名项目经理，常常也会像开发人员一样，在改善软件开发速度方面有很多事情要做。本书将描述许多管理层面上的快速开发实用方法，当然，你也可以阅读技术方面的实用方法，以便更好地理解开发人员所做的一切。

本书的主要特色

我是以"软件开发人员的直觉"，围绕"为什么我们常见的快速开发方法都基本失败了"这一中心来构思本书的。书中讲述的所有实践活动都是特定环境下开发人员实际工作的真实写照，正是这个原因，本书提倡在学习使用书中的方法时，应根据自身情况，做一些自己的小小变革。

我个人对于软件开发的观点是，软件项目可以基于多种目的进行优化，如基于最低错误率、基于最快执行速度、基于最佳用户接受度、基于最佳维护性、基于最低的成本、基于最短开发周期等。软件工程方法的一个主要目的就是要平衡得失：你能够通过降低质量要求、降低可用性要求、让开发人员超时工作等手段优化开发时间吗？当项目结束的时间逼近时，你最终要压缩哪些环节？本书将回答这些关键性的权衡问题及其他一些问题。

1. 提高开发速度

你可以在特定的项目中采用本书所描述的策略和最佳实践方法，尽可能地提高开发速度。通常，大多数人都能够通过采用本书中的策略和实践方法使开发速度大大改善。我可以说，对任何软件项目，你总会在本书中找到若干适用的方法。根据你的项目情况，"最佳开发速度"有可能并不像你期望的那样快，这不仅仅是运气，也与你没有使用快速开发语言，或还在使用过时的代码，或工作在嘈杂不利于生产的环境中有关。

2. 快速开发对传统理论的倾斜

本书中描述的有些方法并不属于典型的快速开发方法，如风险管理、软件开发原理和生命期计划，这些通常被看作是典型的"好的软件开发方法"，而非快速开发方法的范畴。然而，这些方法具有深刻的开发速度内涵，许多情况下，也称它们属于快速开发这一主题。本书将这些方法在提高开发速度方面的实践纳入到了与此相关的其他一些快速开发的实践方法中。

3. 实践方法的重点

对有些人而言，"实践"意味着"编码"，对这些人，我必须承认本书并不"很实践"。我避免基于编码的"实践方法"主要有两个方面的原因：第一，我已经写过一本800页的有关编码实践方法与技巧的书籍《代码大全》，有关编码，我没有更多要说的了；第二，许多有关快速开发的关键要素并非基于编码，而是一种策略和理念，有时，更是一种实践而非理论。

4. 快速阅读结构

我尽可能以更为实用的方式来组织本书的快速开发资料。本书的前两部分描述了快速开发的策略和理念，其中有约50页的案例讨论，所以你可以清楚地看到策略和理念在实践中的作用。案例以明显的形式排版，如果你不喜欢这些案例研究，可以很方便地跳过。本书的其余部分是由一系列的快速开发实践构成的，这些实践也以便于快速查找的方式编排，你可以根据自己项目的需要，很方便地找到感兴趣的内容。本书描述了怎样使用这些实践中的方法、使用这些方法使进度缩短的程度以及伴随而来的风险。

我在书中也采用了一些图标和特殊文字，用来帮助你快速找到与你目前阅读内容有关的其他信息，指出应避免的典型错误、最佳实践中容易忽视的盲点，或查找书中提到的定量的支持信息。

5. 有关快速开发的新思路

在软件开发领域，快速开发方面的谈论颇多。最近许多毫无价值的开发方法都打着"快速开发实践"的招牌，开发人员对这些所谓的"开发实践"非常气愤。尽管有些"实践"也还是有用的，但它们真正的作用被开发人员的冷嘲热讽所掩盖。

每种工具的提供者和每种方法的倡导者都想让人相信，他们的工具与方法可以满足你在开发中的所有需要。而本书的目的，就是指导你正确分析快速开发方面的各种资源，就像要将小麦从谷壳中分离出来一样，帮助你找到快速开发的真谛。

本书提供了一个可操作的模型，该模型可以帮助你客观地分析快速开发的工具，以及决定怎样将其为你所用。当一个人来到你的办公室说："我刚从 GigaCorp 公司获知，一种功能强大的新型工具可以将我们软件开发的时间缩减 80%！"你可能想知道这时你应该有何反应。我无需讲述任何有关 GigaCorp 公司和它们新型工具的内容，当你读完本书的时候，你就会知道这种时候应该提什么样的问题，应该如何一分为二地判断 GigaCorp 公司这种说法的可信程度，以及你如果决定采用这样的工具，应该怎样将它们集成到你的开发环境中去。

与其他的快速开发书籍不同，我并不要求你将所有的鸡蛋放到同样尺寸的篮子里。我认为不同的项目具有不同的需求，而一种方法很难解决项目计划中的所有问题。我一直以不能说是刻薄，也至少是挑剔的眼光看待这些快速开发实践的有效性，并一再假设这些实践不能很好地工作。书中我也再访了一些曾大肆宣传的实践方法与工具，即便它们没有以前宣传的那样有用，但对其真正有用部分还是应该倡导的。

6. 为什么本书会这么厚

信息系统、办公软件、军事应用以及软件工程领域的开发人员都各自发现了一些有价值的快速开发实践方法，但不同领域的人员之间可能很难彼此交流经验。本书从各个领域收集最有价值的实践活动，很多快速开发的资料是首次汇总在一起。

是否每个想了解快速开发的人都有时间读完这几百页的书呢？可能性很小，大多是读到一半的时候可能就不得不简化那些无关紧要的部分了。作为补救措施，我将本书的结构组织成便于快速阅读与选择性阅读的形式，在旅行途中或等车期间，也可以只翻阅一下简短的摘录部分。第 1 章和第 2 章包含有理解快速开发产品所必须的一些内容，读完这些章节后，你就可以任意选择自己感兴趣的部分来阅读了。

本书写作动机

项目客户和项目经理对慢速开发问题的第一个反应经常是加大项目计划进度的压力，让开发人员超时工作。有 75% 的大型项目和将近 100% 的超大型项目计划进度压力过重 (Jones 1994)，将近 60% 的开发人员说他们感到工作压力在增加 (Glass 1994c)，美国的开发人员每周工作时间在 48 ~ 50 小时 (Krantz 1995)，甚至更多。许多人认为工作负担过重。

在这样的环境中，软件开发人员的总体工作满意度在过去的 15 年中大幅度下降就不足为奇了 (Zawacki 1993)。项目的进度计划依靠对开发人员工作的拼命挤压来完成，导致开发人员开发工作负担过重，他们很自然会告诉他们的朋友与家人说，这一领域毫无乐趣可言。

显然这一领域还是有乐趣的。我们大多数人以前都从事过这样的工作，因而我们并不苟同编写软件只是为了获得报酬的说法。当然，在开发过程中的讨论会上确实会有一些不愉快的事情发生，这些不愉快大多会与快速开发的话题密切相关。

是该在软件开发人员与项目进度这个海洋间设置一道堤坝了，本书中，我试图树立一个堤坝标杆，以确保大海那边的狂潮不致于打乱开发人员的正常生活。

致谢

首先，衷心感谢本书的项目编辑 Jack Litewka，感谢他在本书编辑出版过程中提出的建设性意见。同时也感谢 Kim Eggleston 为本书所做的精美设计，感谢 Michael Victor 的图表、Mark Monlux 的插图与说明。感谢 Sally Brunsman，David Clark，Susanne Freet，Dean Holmes，Wendy Maier 和 Heidi Saastamoinen 对本项目的顺利出版所做出的贡献。还有很多朋友为本书的出版做出了各种各样的努力，有些人没有直接打过交道，但我也衷心地向他们表示感谢。主要有艺术家 Jeanie McGivern，ArtSource 的经理 Jean Trenary 和微软出版社排版及校样管理员 Brenda Morris，Richard Carey，Roger LeBlanc，Patrick Forgette，

Ron Drummond，Patricia Masserman，Paula Thurman，Jocelyn Elliott、Deborah Long 和 Devon Musgrave。

通过对数以百计图书与文章的挖掘与分析奠定了本书的基础构架，微软公司的技术资料馆为此提供了无法估量的帮助。Keith Barland 为此付出了艰辛的劳动与宝贵的时间，对此提供帮助的技术资料馆其他工作人员包括 Janelle Jones，Christine Shannon，Linda Shaw，Amy Victor，Kyle Wagner，Amy Westfall 和 Eilidh Zuvich。

本书也从大量的第三方审阅中获益匪浅。Al Corwin、Pat Forman、Tony Garland、Hank Meuret 和 Matt Peloquin 从头到尾对本书进行了仔细推敲，感谢他们对本书所做的工作，使得你手中的这本书并不像当初我写完的样子！同时我也从 Wayne Beardsley，Duane Bedard，Ray Bernard，Bob Glass，Sharon Graham，Greg Hitchcock，Dave Moore，Tony Pisculli，Steve Rinn 和 Bob Stacy 收到大量有益的意见与建议。David Sommer(11 岁)也为本书的图 14-3 的最后一个图片提出了一个好建议，谢谢 David。最后，我要感谢我的夫人 Tammy，感谢她的精神支持与诙谐和幽默。我必须迅速启动第三本书的写作了，好让她能停止笑我，还管我叫业余作者！

简明目录

详细目录

第 II 部分　快速开发

第 6 章　快速开发中的核心问题 103

第Ⅲ部分　最佳实践

第Ⅰ部分
有效开发

P
A
R
T

1

软件项目受到错误的困扰（主宰项目的经理和技术主管并不能挽救项目）

第 1 章　欢迎学习快速开发

本章主题

- 什么是快速开发
- 实现快速开发

相关主题

- 本书适用对象：参阅"前言"
- 本书主要特色：参阅"前言"
- 为何编写本书：参阅"前言"
- 快速开发策略：参阅第 2 章
- 快速开发要点：参阅第 6 章

某产品经理告诉我，为改变现状，他想建立一套产品开发权限控制体系，该体系要更注重产品质量、防止功能蔓延、控制项目进度并能够按计划交付产品。

但是在实际运作项目时，他又不由自主地把将产品迅速推向市场放在了最优先的级别上。如何保证产品的可用性？我们没有足够的时间。如何保证产品的性能指标？可以等等再说。如何保证产品的可维护性？下一个项目再说。如何进行产品测试？我们的用户现在就要产品，马上交付使用。

这个产品经理并非只是某个特定的产品经理，他几乎是我效力过的所有产品经理的化身。这种情形在整个软件行业日复一日地重复着。开发时间已经变成头等重要的问题，以至于忽略了其他应该考虑的因素，甚至那些最终会影响开发时间的因素。

1.1　什么是快速开发

对有些人而言，快速开发是通过使用一个得力的工具或方法来实现的；对黑客而言，快速开发可能意味着 36 个小时连续编码；对信息工程师而言，快速开发就是 RAD——CASE(计算机辅助软件工程) 工具、用户主动参与和限定期限的集合；对垂直市场的程序员而言，快速开发就是利用微软最新版本的语言快速建立原型；对项目经理而言，无论最近一期商业周刊发布的实践亮点是什么，快速开发就是拼命缩短项目周期。

每种工具或方法都可能在特定的场合完美运行并有助于提高开发速度，但要完全发挥功效，则必须将它们纳入一个缜密的整体策略加以合理的考虑。没有任何一种快速开发工具或方法适合所有快速开发场景，即使对只有一定速度要求的非快速开发实践，也没有任何一种快速开发工具或方法肯定就能满足它在速度方面的要求。

就本书而言，并不是要介绍具体的方法或工具，"快速开发"只是一个相对于"慢速和典型开发"的描述性说法。它并不是有注册商标的快速开发方法——一个不可思议的短语或行话。本书所说的"快速开发"是个普通的术语，与"快捷开发"或"更短的开发周期"有相同的意义，它意味着能够以比你目前更快的速度开发软件。

总之，一个快速开发项目就是任何一个需要强调开发速度的项目，以今天的业界环境看来，可以说很多项目都是快速开发项目。

1.2   实现快速开发

本书的目的是为你进行快速开发提供一条捷径，虽然切换到这条捷径似乎存在着风险，但采用目前的开发方法则会导致成本增加、项目计划时间拖延、质量低下、项目失败、大量反复，造成项目经理、开发人员和用户的冲突，并出现其他原本可以避免的问题。

如果是在采用常规开发模式的组织中工作，则采用本书中的实践做法，你能够将开发时间大大缩减，可能多达 50% 并能大大提高劳动生产率，而不会危及产品质量、性能、可维护性和项目投入。但这种改变不会因你采用了某种新的工具或方法而立刻实现，也不会因你采用某种套装软件而立刻见效，实现快速开发需要时间与努力。

对于每个复杂的问题，都会有一个简短但不准确的答案。

门肯 (H. L. Mencken)

我们都幻想能有一个简单的方案可以解决开发速度问题，但简单的方案只能解决简单的问题，软件开发并不是一个简单问题，快速开发更不是一个简单问题。

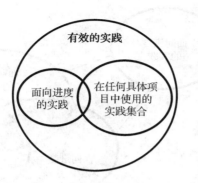

图 1-1　所有软件开发实践的集合，开发速度取决于所采用的开发实践，开发特定程序的速度在某种程度上取决于你所选择的有效实践以及具体的阶段推进过程

如图 1-1 所示，所有可能的软件实践集合是巨大的，在这样的集合中，有效实践这一子集中的实践数量也是相当大的，在某个特定项目中，你可能只用到这些实践中的一小部分。从总的执行层面看，快速开发的成功取决于以下两个要素。

·　选择有效的实践而不是无效实践。
·　选择有利于完成项目进度目标的实践。

你可能认为这是显而易见的，但就像第 3 章所解释的那样，各组织机构往往选择的是无效实践，他们选择的实践已经证明是失败的或者是失败多于成功。当他们需要确保项目进度时间时，他们选择的是那些其实降低了达成计划目标机会的高风险实践。当他们需要降低成本时，他们选择的是那些反而导致成本上升的基于速度的实践。这些组织改善开发速度的第一步是管理好他们选定的无效实践，然后开始选择有效的实践。

所有面向进度的有效实践均归入图 1-1 的一个大类中，但如图 1-2 所示的那样，基于进度的实践有三类，可以从中进行选择。

·　**面向速度的实践**　可以提高开发速度，帮助你更快交付软件。
·　**面向进度风险的实践**　可以降低计划风险，帮助你避免更大计划风险。
·　**面向可视化的实践**　可以提高进展可视化程度，帮助你驱散慢速开发的阴云。

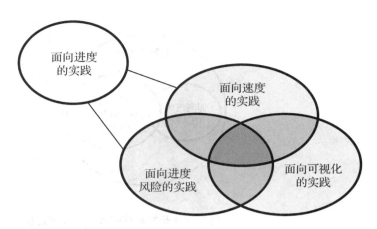

图 1-2　面向进度的实践

具体选择哪类面向进度的实践主要取决于你所关注的软件开发速度的具体侧面。如果真正关心的是开发速度，则应将重点放在面向速度的实践上；如果你认为开发速度已经基本满意，而客户对开发速度的理解存在问题，则应将重点放在过程的可视化方面。

当你将面向进度的有效实践用于具体项目时，会发现这些实践对开发速度的真正提高起到了神奇的作用，比使用 Magic-Beans 软件更为有效。当然，选择有效的实践避免无效的实践说来容易，做起来难，这正是本书后续章节所要讨论的主题。

译者评注

本书的开篇先给"快速开发"下了定义，正如作者所解释的，"快速开发"是个普通的术语，它意味着能够以比你目前更快的速度开发软件。字面上看，"快速开发"是提高速度，缩短周期，但实际上，这并不是简单的时间问题，是要通过应用详细规划、发挥人的积极性、有效提高质量、减少重复工作等实践来达到快速开发目的，因此，这里没有所谓的"高招"或"绝技"，要的是扎实的工作。

第 2 章　快速开发策略

本章主题
- 快速开发的总体策略
- 开发速度的四维
- 快速开发的一般分类
- 哪一维更重要
- 快速开发的权衡策略

相关主题
- 典型错误：参阅第 3 章
- 开发基础：参阅第 4 章
- 风险管理：参阅第 5 章
- 快速开发的中心问题：参阅第 6 章

如果将 100 位世界级的音乐家组成一个乐队而没有指挥，简直无法想象这个世界级的乐队会演奏出怎样的音乐。木管与铜管乐器的定音可能很难匹配，让这些音乐家发挥他们的最佳水平不如让他们知道何时应该大声以及何时应该轻柔来得重要，这样组合起来的乐队简直是浪费人才。

然而，这样的人才浪费在软件开发方面也很常见，优秀的团队、专业的开发人员以及采用最新的开发实践，仍然无法达成项目计划。

想实现快速开发，人们容易掉入的一个诱人的陷阱就是过于关注个体的开发实践细节。你可能很好地执行了快速开发模型，但如果项目总体方面存在错误——"哦，忘了在计划中设置打印子系统的时间点了！"——你可能就无法达到快速开发的目的。面向进度的实践只是你尽可能缩短项目周期的一部分，因此，要确保这些实践的优势能够得到充分发挥，还需要有一个总的框架。

本章的中心就是讲述快速开发的策略。

案例 2-1

出场人物

Mickey（项目经理）
Bob（开发）
Kim（上司）
John（文档）
Helen（QA）

策略清晰的快速开发

Mickey 准备领导他在 Square-Tech 公司的第 2 个项目 (Square-Tech 是报表的巨头)。他的前一个项目进行得不好。原计划要求项目小组 12 个月内交付 Square-Cal 2.0 版，但实际上花了 18 个月。项目组在开始的时候就已经认识到项目计划日期的紧迫性，因而项目一开始就处于"死亡行军"(Death March) 的状态。经过整整 18 个月每天 12 小时、每周 6 ~ 7 天的艰苦挣扎，到项目结束时，6 个小组成员中有 2 个退出，小组中最有实力的开发人员 Bob 从西雅图骑自行车出走，目的地不明。他从南达科塔的奥塔姆瓦发给 Mickey 一封明信片，一张他骑着一辆大轮自行车的照片，Bob 说他不是退出，但没人知道他什么时间能回来。

Square-Cal 3.0 版要在 Square-Cal 2.0 版上市的 12 个月后发布，项目收尾、总结、休假已经 2 个月了，Mickey 准备开始新的尝试。离交付 Square-Cal 3.0 版还有 10 个月的时间。他约了上司 Kim 与他讨论项目计划，Kim 可以帮助他为开发人员提供足够充分的工作条件。编写用户文档的 John 和负责质量保障 (QA) 的 Helen 也一同参加了讨论。

Kim 说："3.0 版必须超过竞争对手，所以我们在这个项目上需要投入更大的力量。我想你们项目组可能还没有意识到，从上个版本开始我们公司已经落后了，这次公司准备全力以赴支持这个项目。我已经批准为项目组每个成员提供私人办公室、最新型的计算机以及免费的碳酸饮料，你觉得怎样？"

Mickey 回答："听起来很有吸引力，不过除此之外，由于所有开发人员都是有经验的，我想主要应该多提供一些激励和支持措施，让他们多些好处。我不想对他们进行微观管理，我想让每个开发人员参与负责系统的某一部分。上次，我们已经碰到许多接口问题，所以，这次我想花一些时间设计不同模块之间的接口，然后放手让他们各自去干。"

"如果这是一个 10 个月的项目，我们需要在第 8 个月的时候锁定软件，及时准备用户文档。"John 说，"上次，直到项目结束，开发人员还在进行修改，令人尴尬的是，README 文件有 20 页。用户手册在审查的时候总是被枪毙，如果能做到可视化锁定，你的开发方法听起来就很有道理了。"

Helen 补充说："我们也需要在可视化锁定的同时写出自动测试脚本。"

Mickey 赞同可视化锁定方法。Kim 随即批准了 Mickey 的总体步骤，并告诉他要保持大家步调一致。

项目开始后，开发人员对他们的私人办公室、新的计算机及碳酸饮料很满意，他们干劲十足地开始了工作，并主动干到深夜。

时间一个月一个月地过去，项目进展平稳，他们已经完成了早期的软件原型，继续进行编码设计。管理层面也一直在监督项目的进展，John 几次提醒 Mickey 注意第 8 个月的可视化锁定承诺，搞得 Mickey 都有些恼火了。每件事情似乎都在顺利进行。

项目进行到第 4 个月的时候，Bob 结束了他的自行车旅行，重新回到项目组，并带回了骑车旅行时产生的一些新想法。Mickey 担心 Bob 能否在允许的时间内完成那么多的功能，但 Bob 承诺，无论有多大的工作量，一定按时完成任务。

项目组成员各自独立做着自己的工作，而随着可视化锁定日期的来临，他们开始进行代码集成。他们在可视化锁定最终截止日期前一天的下午 2 点开始工作，但很快发现程序不能编译，更不用说运行了。代码在编译时有几十个语法错误，而似乎每处理一个错误就会产生 10 个以上的新错误。他们直干到午夜也没结果，只好决定第二天再说。

第二天早晨，Kim 约见项目组成员："程序可以移交给文档和测试人员了吗？"

Mickey 说："还不行，我们还有些集成问题，可能今天下午就可以移交了。"项目组又工作了整个下午和晚上，但还是没能解决已经发现的所有问题，最后，他们只得承认无法预知集成需要多长时间。

他们整整花了 2 周时间处理这些语法错误，才得以使系统能够运行。当项目组比计划推迟了 2 周将阶段性定版的系统移交时，测试和文档人员迅速做出反应，拒绝接收这样的版本。"系统太不稳定了，不能编写文档。"John 说，"系统每隔几分钟就会崩溃，同时，有太多的系统漏洞。"

Helen 赞同："系统太不稳定，你每选择一次菜单，系统就会瘫痪，测试人员根本无法完成测试报告。"

Mickey 同意他们的说法，并表示他的项目组会全力解决这些问题。Kim 提醒他们注意 10 个月的最后截止日期，并说这个产品不能再像上个产品那样延期了。

他们又花了 1 个月的时间解决产品稳定性问题，以使文档和测试工作能够进行。这时，距离 10 个月的最后截止日期只有 2 周时间了，他们只能更加拼命地工作。

但测试发现问题的速度远比开发人员解决问题的速度快，处理系统这部分的错误经常会导致系统其他部分的问题。已经无法按预计的 10 个月交付产品了。Kim 召开了一个紧急会议，她说："我看各位工作都很辛苦，但结果不够好，我已经为你们提供了各种尽可能的支持，但我并没有看到任何软件，如果你们不能迅速完成产品，公司将会倒闭。"

伴随着巨大的压力，士气逐渐低落。数月过去，产品开始稳定了，但 Kim 仍对项目组施加压力。有些接口的效率极其低下，要完成这些工作还需要几周的时间。

尽管 Bob 也在忙着工作，但他还是比项目组中其他人交付软件的时间晚。他的代码没有错误，但他对用户界面组件做了些修改，导致测试脚本和用户文档与之不匹配。

Mickey 约见了 John 和 Helen："你们可能不高兴，但我们只能有两种选择，要么保持 Bob 的代码不变，重新进行测试并重新写用户文档；要么扔掉 Bob 的代码，彻底重写。Bob 不愿重写他的代码，这个项目组也没人能做这件事。这样看来只能请你们修改用户文档和测试用例了。"经过一番争执，John 和 Helen 勉强同意了 Mickey 的要求。

到项目结束时，开发这个软件整整花了 15 个月的时间。由于这些变数，用户文档的印刷错过了计划中安排的最佳时间点，Square-Tech 在开发人员刻完盘工作后，又等了 2 周时间印刷用户文档才将产品交出公司，投向市场。产品发布后，用户对 Square-Cal 3.0 版反应冷淡，几个月的时间，市场份额就从第 2 位下降到了第 4 位。Mickey 意识到他的第 2 个项目像第 1 个项目一样，超出项目计划时间 50%。

2.1 快速开发的总体策略

案例 2-1 所描述的情景是很常见的，要想避免这种情况的发生，就要求每个人能够放弃他们已有的坏习惯。可以通过采取以下四种策略来实现快速开发。

(1) 避免典型错误。

(2) 打好开发基础。

(3) 管理风险，以避免灾难的发生。

(4) 采用图 1-2 中所示的三种面向进度的实践。

如图 2-1 所示，这四种策略为可能的最佳进度提供了有力的支撑。

图 2-1   快速开发的 4 个支柱: 可能的最佳进度取决于避免典型 错误、开发基础、
风险管理和面向进度的实践

图中的柱子实际只是一种比喻，它们表示几个关键点。

对可能的最佳进度而言，最适宜的支撑是具有全部 4 根柱子，并使每根
柱子尽可能强壮。没有前 3 根柱子支撑，完成可能的最佳进度就存在危
险。你可以使用最强壮的面向进度的实践，但如果犯了前面项目中那种
产品质量低下的典型错误，你将花大量的时间修改错误，而且费用也会
增加，项目必然延期。如果你在编码之前跳过系统设计这样的基础工作，
当开发中的产品概念改变时，你的程序将变得支离破碎，也必将导致项
目延期。如果不进行风险管理，你会在临近项目发布时才发现有一个关
键外包方的开发进度落后了 3 个月，你的项目还会延期。

图 2-1 中所示的前 3 根柱子为可能的最佳进度提供了最重要的支撑，虽

快速产品开发不是快速
整合出一个产品使其尽
快推向市场（也许已经
晚了），而是一种从基
础开始建立的战略能力。

Preston G. Smith and
Donald G. Reinertsen,
*Developing Products in
Half the Time*

然不是最理想的，但却是最需要的。也就是说，你即使不借助于面向进度的实践方法，也可能可以实现较优化的项目进度。

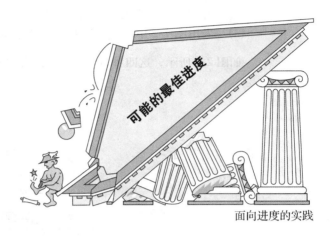

面向进度的实践

图 2-2   仅仅依赖面向进度的实践的结果。即便是最完美的面向进度的实践也不足以支撑可能的最佳进度计划

仅仅专注于面向进度的实践是否可以实现这些可能的最佳进度呢？也许你能够实现，像从前那样赢得项目的成功，但如图 2-2 所示，那是很难平衡的。我可以用我的下巴平衡一把椅子，我的狗可以用它的鼻子平衡一块饼干，但运营一个软件项目绝非一场室内游戏，如果你仅依据面向进度的实践进行各项工作，就可能得不到你所需的各种支持。只要你尝试一次，就再也不会这样做了。

图 2-1 所示的前 3 根柱子对快速开发的成功至关重要，所以我想特别强调指出的是，这 3 根柱子分别代表避免典型错误、开发基础以及风险管理。第 3 章将介绍典型错误，在大多数情况下，稍加注意，这些典型错误是完全可以避免的，所以，那里我将列出常见的典型错误。第 4 章阐述开发基础，第 5 章阐述风险管理。

本书的其他章节主要讨论面向进度的实践，包括面向速度的实践、面向进度风险的实践和面向可视化的实践。本书第Ⅲ部分"最佳实践"汇总列出了面向速度的实践、面向进度风险的实践和面向可视化的实践的作用。在阅读建立快速开发基础所必须的 3 个步骤之前，如果你更想阅读快速开发本身，可以跳到第 6 章及其他章节。

2.2　开发速度的四个维度

无论是陷入了试图避免错误的困境中，还是正在通过采用有效的面向进度的实践将项目迅速推进，你的软件项目都有四个重要的维：人员、过程、产品和技术。人员完成任务要么快，要么慢；过程调节人员的时间，或者是铲除一个一个绊脚石；产品以一个自我完善的形式定义，或者是以阻碍人员达到最好效果的形式定义；技术促成或者阻碍开发的实现。

为使开发速度最快，需要充分发挥这四个维度的作用，如图 2-3 所示。

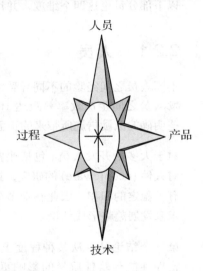

图 2-3　开发速度的四个维度

对于这张图，我总是听到有些工程师说："嘿！这不是四个维度，而是四个方向，你不能这样画。"是的，他们是对的，我画不出四维，此处只能以二维来表示。但我想给出的概念是多维，而不是多个方向。

软件开发方面的书籍总是试图强调一维而弱化其他维，但实际没有必要在人员、过程、产品和技术之间重此轻彼。如果它们之间是方向的关系，那么对人员的重视将削弱对技术的关注，对产品的重视将削弱对过程的关注。但由于它们是维的关系，因此你可以同时注重人员、过程、产品与技术。

软件组织倾向于将他们不关注的维看成是固定的，我认为这是项目计划，特别是项目进度计划挫败的一个原因。当我们只关注于某个维时，几乎不可能满足每个人的目标。真正的快速开发是要求你整合应用各类实践方法 (Boehm et al 1984，Jones 1991)。能够有效实施快速开发的软件组织都会同时优化快速开发的四个维度。

一旦你认识到四个维度中每一维对软件开发进度的巨大潜在作用，你的计划就会变得更加丰满、更富于创新、更加有效，也更可能满足你及其他合作伙伴的愿望。

以下部分讨论这四个维度，并讨论它们之间的协同关系。

2.2.1   人员

不同人员之间经验的不同导致绩效差别是有目共睹的，你可能对不同开发人员之间生产效率差距达 10:1 的观点较为熟悉，或者你可能熟知一些明确的激励措施所带来的正面影响。

对于大多数开发人员 (包括业界的大多数人) 来说，人们所不熟悉的是对人件 (peopleware) 的研究。过去 15 ~ 20 年中，在人件研究方面已经有了稳定的积累。因此在众多个体研究结论的基础上进行分级，并根据未来发展趋势形成结论是完全可能的。

HARD DATA

第一个结论是，从某种程度上讲，我们已经认识到人件比其他因素对软件性能与软件质量的影响更大。从 20 世纪 60 年代后期开始，反复的研究发现，经验相当的程序员之间效率的差别也是很大的，甚至达到 10:1(Sackman、Erikson and Grant 1968，Curtis 1981，Mills 1983，DeMarco and Lister 1985，Curtis et al. 1986，Card 1987，Valett and McGarry 1989)。

HARD DATA

研究也表明，整个项目团队的效率差异变化在 3:1 ~ 5:1 之间 (Weinberg and Schulman 1974，Boehm 1981，Mills 1983，Boehm、Gray and Seewaldt 1984)。根据对实际项目 20 多年的跟踪，NASA 软件工程实验室的研究人员已经得出这样的结论：技术并不是问题的答案，最有效的实践是那些能够发挥开发人员潜能的实践 (Basili et al 1995)。很明显，人件极大地影响着生产效率，同时任何关注提高生产效率的组织首先必须有一套良好的人员激励、团队合作、人员选择及培训的机制。当然，也有其他提高劳动生产率的途径，但人件所带来的效益潜能是最大的。如果你特别关注快速开发，就必须对人件给予特别关注，将其放在过程、产品和技术之前进行考虑。如果想成功，你必须能很好地驾驭它们。

这个结论是显而易见的，但无论如何不能成为人件主义的借口。研究结果只是简单表明个体能力、个体激励、团队能力和团队激励的作用大于其他生产率因素，但并不是说一个团队只要有 T 恤衫、免费的碳酸饮料、有窗户的办公室、绩效奖金或是周五下午的酒会就可达到激励的目的，但这里的含义是清晰的：任何想提高生产率的组织都应主动采取这些措施。

本书涉及几种发挥人员最大潜能以缩短项目周期的方法。

相关主题

有关工作匹配与职业提升的更多内容，请参考第 11.2.4 节。有关团队平衡与人员个性的更多内容，请参考第 12 章和第 13 章。

1．项目组成员的选择

Barry Boehm 在他的标志性著作《软件工程经济学》(*Software Engineering Economics*) 中，提出了选择项目组人员的五个原则 (Boehm 1981)：

· 绝顶的天才——用更少更好的人。
· 工作匹配——使任务与人员的技能和动机相匹配。
· 职业的晋升——帮助人员自我实现，而不是强制地把他推到他最有经验或最需要他的岗位上。
· 团队平衡——人员选择应强调人员之间的互补与协调性。
· 排除不称职的人员——应尽快排除或替换不称职的人员。

其他导致效率差别的因素还包括人员的设计能力、编程能力、编程语言经验、机器与环境经验和应用领域经验等。

2．团队组织结构

人员的组织方式对人员的工作效率有很大的影响，软件活动可以从调整项目团队以使之与项目规模、产品特点以及进度目标相匹配中受益。特定的软件项目也可以从适宜的专门组织中受益。

3．人员激励

一个缺乏动力的人不可能努力工作，其业绩只能是逐步下滑。没有比人员激励更能使人自觉放弃晚上和周末的休息时间而努力工作的了，也没有什么方法比人员激励更适应于不同的组织、不同的项目和不同的人员。人员激励是使你能够达成快速开发的最具潜力的方法。

生产效率的变化程度

　　本书参考了几种生产效率变化程度的比率，如果直接引用可能引起混淆。现在将研究人员已经发现的生产效率变化比率汇总如下。

- 具有不同深度与广度经验的人的生产效率差异超过 10:1。
- 具有同等水平经验的人的生产效率差异在 10:1 范围内。
- 在同一小组中具有不同水平经验的人生产效率差异在 5:1 范围内。
- 在同一小组中具有相似水平经验的人的生产效率差异在 2.5:1 范围内。

2.2.2　过程

软件开发的过程包括管理方法学与技术方法学。评估过程对开发进度的影响远比评估人员对开发进度的影响容易得多，软件工程研究所(SEI) 和其他的组织在过程的标准化和推行高效软件过程方面做了大量的工作。

HARD DATA

过程几乎与人员一样是影响开发速度的一个重要因素。10 年前，曾有过注重过程是否有价值的争论，而如今，如同人件一样，注重过程已变得无可争议。在过去的几年中，像休斯飞机公司、洛克希德、摩托罗拉、NASA、雷神公司及施乐，通过对开发过程的改进，将产品上市时间缩短了一半，降低成本、减少错误为原来的 1/3 ～ 1/10(Pietrasanta 1991a，Myers 1992，Putnam and Myers 1992，Gibbs 1994，Putnam 1994，Basili et al 1995，Raytheon 1995，Saiedian and Hamilton 1995)。

有些人认为注重过程会使工作变得呆板，的确有些过程过于严格或者过于官僚。少数人建立一些过程标准主要是为了显示他们自己的权力，而对权力和过程的滥用，将无法获得关注过程所能得到的益处。过程滥用最常见的现象是忽略过程，而忽略过程的结果是，使明智的、尽责的开发人员在无须他们以某种方式工作时，会发现他们的工作效率低下，工作目的交叉重复。关注过程可以帮助解决这些问题。

1．避免返工

如果在项目最后阶段改变需求，你可能不得不重新设计、重新编码并重新测试。如果直到系统测试阶段才发现设计有问题，你可能不得不扔掉已经细化的设计和编码，然后从头开始。软件项目节省时间一个最直接

HARD DATA

的方式就是要确定你的过程，从而避免重复工作。

雷神公司因其将返工成本从 41% 降低到 10% 以下，并同时将生产率提高了 3 倍而获得了 1995 年 IEEE 计算机协会软件过程成就奖。这两项卓越成就之间的这种关系并不是一种巧合。

相关主题

有关质量保证的更多内容，请参考第 4.3 节。

2．质量保证

质量保证有两个目的，第一个目的是确保交付的产品能够达到可接受的质量水平，虽然这是主要目的，但这不属于本书的范畴。质量保证的第二个目的是在各阶段以最少的时间代价（以及最小的费用）查出错误。很显然，应尽早在错误发生的时候就查出来，错误在产品中停留的时间越长，清除错误所花的时间和费用也就越多。质量保证是任何快速开发过程中必不可少的部分。

3．开发基础

相关主题

有关开发基础的更多内容，请参考第 4.2 节。

在过去的 20 多年中，软件工程领域中的绝大部分问题都与软件快速开发相关。许多工作是侧重于生产率而不是快速开发本身，因此其中有些是针对用更少的人员完成同样的工作，而不是更快地完成项目。但你可以从快速开发的角度去理解这些原理，从 20 多年的艰苦经历中学习到的教训可以帮助你平稳地处理你的项目。虽然，标准的软件工程实践，如分析、设计、构建、集成和测试，本身不能加快项目进度，但可以防止项目失控。快速开发的大多数挑战来自于避免灾难，而这正是标准软件工程原理的优势所在。

4．风险管理

相关主题

有关风险管理的更多内容，请参考第 5 章。

侧重于避免灾难的特定实践就是风险管理。在你的进度计划出台前的两个星期，快速开发可能起不到什么作用。对与进度相关的风险的管理是快速开发过程的必要组成部分。

5．资源目标

应该对资源给予足够的重视，一方面它有助于提高总的生产率，另一方面它也可能被浪费掉。在快速开发项目中，资源是极为重要的，甚至有时会对进度造成最大的冲击。本书中的一些最佳实践，如有助于生产力提高的办公条件、时限开发、准确的进度计划以及主动加班等，都有助于你确保每天能完成更多的工作。

相关主题

有关生命周期计划的更
多内容,请参考第 7 章。

6. 生命周期计划

有效确定资源的关键之一是将它们用于项目的生命周期框架中,这对具
体的项目很有用。没有一个整体的生命周期模型,你在决策不同的资源
分配时,很可能每一个个别的计划都符合目标,但综合起来总体上却不
满足目标。由于生命周期模型描述的是基本的管理计划,因此它是非常
有用的。例如,如果你有一个高风险项目,基于风险的生命周期模型就
很适合于你;如果你的项目有一个含糊不清的需求,则增量生命周期模
型更有益。生命周期模型可以使你很容易确定并组织软件项目要进行的
多种活动,从而更为高效地工作。

7. 面向客户的开发

现代软件开发方式与传统主机时代的软件开发方式相比,一个最为彻底
的改变是更侧重于关注客户的需求与愿望。开发人员已经认识到开发出
符合产品规格的软件只是完成了一半的工作,另一半是帮助客户配置出
产品能够实现的功能,而实现这些需要的功能所花的时间远远多于确定
纸面上的产品规格所需的时间。让自己站在客户的角度考虑问题是避免
大量返工的最好办法,因为是客户来决定你花了 12 个月开发出的产品
是不是合适的产品。你可以从本书有关阶段发布、渐进交付、渐进原型、
一次性原型、原则谈判等实践中受益。

谁是"客户"?

在本书中,当我提到"客户"时,我是指花钱购买拟开发软件
产品的人或负责接收或拒收产品的人。在一些项目中,他们可能是同
一个人或同一组人,而在有些项目中,他们可能是不同的人。在一些
项目中,客户是与项目血肉相连的人,因为他们将直接支付项目开发
费用,而另一些项目,客户可能是你组织内部的另外一组人,也可能
是要花 200 美元购买封装商品软件的人,在这种情况下,代表客户的
可能就是项目经理或是市场人员。

对客户的理解,取决于场合,你可以将其理解为项目委托人、
最终用户、市场人员或者你的老板。

2.2.3　产品

在人员 / 过程 / 产品 / 技术这四个维度中,最切实的维度是产品维度。
对产品规模和产品特性的关注,意味着巨大的缩短计划进度的机会。如

果削减了产品功能，你就可以缩短产品开发周期。如果产品功能是灵活的，你就可以使用 80/20 规则，先开发只需要花 20% 时间的 80% 的产品功能，而后再开发产品另外 20% 的功能。如果要保证产品灵活的感观效果、性能特色及质量特色，你可以使用现有的部件并编写少量的客户化代码来构建产品。通过关注产品规模与产品特性而实现的确切的进度削减量，只受你的客户心中产品的概念和你的项目团队创造力的限制。

产品规模和产品特性提供了缩短开发时间的机会。

1．产品规模

相关主题

有关利用产品规模支持开发速度的更多内容，请参考第 14 章。有关产品规模对开发进度的影响的更多内容，请参考第 8 章。

产品规模是对开发进度影响最大的一个因素，大型产品会花费更长的时间，而较小规模的产品会花费较少的时间。额外的产品功能要求额外的规格、设计、构建、测试和集成，同时要求与产品的其他功能相协调与匹配。由于构建软件所需的工作量的增长要比产品规模的增长快得多，而且增长是不成比例的，所以产品规模的缩小也将大大提高开发速度。将中等规模的软件削减一半通常可使工作量削减 2/3。

你可以通过只开发最为必要的功能来彻底缩小产品规模，或者，你可以通过分阶段开发产品来临时缩小产品规模。你也可以通过采用能够减少每个功能所需的代码的高级语言或工具来缩小产品规模。

2．产品特性

相关主题

有关目标可能对开发进度的影响的更多内容，请参考第 11.2.1 节。

虽然不像产品规模的影响那么大，但产品特性确实对软件计划有影响。对性能、内存占用、稳定性及可靠性要求很高的产品比没有这些特性要求的产品需要更长的开发周期。选择你的战役目标，如果快速开发排在优先级首位，就不要同时设置太多的优先级去束缚开发人员的手脚。

2.2.4　技术

相关主题

有关生产率工具的更多内容，请参考第 15 章。

从使用低效工具转为使用高效工具也是你提高开发速度的快捷方法。从汇编语言这样的低级语言到像 C 和 Pascal 那样的高级语言的转变，是软件开发历史上最为流行的一种趋势。当前向部件 (VBX 和 OCX) 转变的这种趋势可能最后会产生相似的结果。选择有效的工具并管理好由此所带来的风险也是争取快速开发主动权的关键之一。

2.2.5 协同

HARD DATA

人员、过程、产品与技术之间存在着协同问题。Neil Olsen 进行的研究发现，对职员薪金、培训及工作环境的花费由较低水平增长为中等水平时，生产率可以产生比例相当的增长：额外的花费基本可以获得 1:1 的回报；但当以上的花费从中等水平增长到较高水平时，生产率的回报将迅速上升到 2:1 或 3:1(Olsen 1995)。

软件工程实践也有可以协同的地方。例如，组织范围内的编码标准有助于各个项目的开展，它可以便于一个项目使用另一个项目的部件，同时，部件的重用也有利于编码标准的使用，并确保部件在各个项目中具有相同的含义。设计和代码审核有助于编码标准和现有可重复使用部件知识的传播，可以促进成功使用重复部件的质量等级。好的实践应彼此相互支撑。

2.3 快速开发的一般分类

不同场合会有不同的开发时间承诺。在有些情况下，如果很容易完成而没有额外的成本增加或产品质量降级，你可能愿意加快开发速度。而在另一些情况下，外界环境要求你不惜一切代价加快开发速度。表 2-1 描述了不同开发方式中要考虑的一些权衡数据。

表 2-1   面向进度开发的标准方法的特征

影响程度比较			
开发方式	进度	成本	产品
均衡开发	均值	均值	均值
有效开发（平衡成本、进度与功能）	好于均值	好于均值	好于均值
侧重于最佳进度的有效开发	更好于均值	有时好于均值	有时好于均值
全面快速开发（进度最优）	最好	差于均值	差于均值

2.3.1 有效开发

相关主题

有效开发益处的案例，请参考第4.2节和第4章。

从表 2-1 可以看出，均衡方式在各方面具有平均值。我把表中所列的第二种方式称为"有效开发"，也就是图 2-4 中所示的最佳开发进度中前

3 个柱子的组合，在上表的几种方式中，这种方式产生的平均效果最好。许多人只将前 3 个柱子放到一块就达到了他们进度计划的目的，也有些人发现他们根本不需要快速开发，他们只需要开发活动有条理！对许多项目而言，有效开发代表着成本、进度与产品特性的最优化。

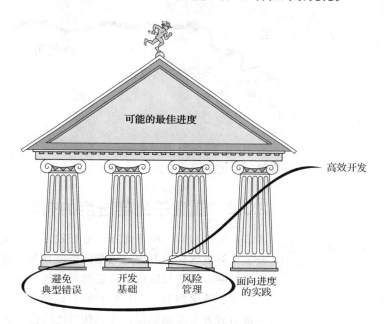

图 2-4 有效开发：实现最佳进度的前三步构成了"有效开发"，许多项目组发现有效开发提供了他们所需的开发速度

没有达到有效开发要求可以缩短项目进度吗？也许可以。你可以选择有效的面向进度的实践，避免慢速或低效的实践，而无须时刻都关注是否达到了有效开发的要求。然而，只有等到你实现了有效开发，才可以说你成功的机会是确定的。如果采用了面向进度的实践，而没有总体战略，你很难全面改善开发性能。当然，只有你自己知道是全面改善开发性能重要，还是更快地完成某个特定项目重要。

相关主题

有关质量与开发速度之间关系的更多内容，请参考第 4.3 节。

关注有效开发的另一个原因是对于更多的组织而言，实现有效开发的途径和缩短计划进度的途径是相同的。也正因如此，在你达到某一点前，缩短进度计划、减少错误、降低成本的途径是相同的。如图 2-5 所示，一旦你实现了有效开发，以后的道路就开始分叉了，但从大多数开发组织目前所在的位置看，都会受益于有效开发的进程。

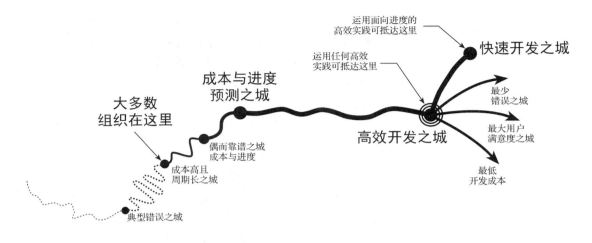

图 2-5   快速开发之路

相关主题

要想进一步了解选择面向速度的实践还是选择面向进度 - 风险的实践，请参考第 1.2 节和第 6.2 节。

2.3.2   侧重于最佳进度的有效开发

表 2-1 所列的第三种开发方法是有效开发的变种，如果你正在尝试有效开发，并发现你需要更好效果的进度计划，你可以选择倾向于提高开发速度、降低进度风险或改善进程可视性的那些实践。你可能必须在成本和产品特性之间做一些小的权衡，以便获得速度或可预测性；然而如果你从有效开发基础做起，你会获得比均值更好的效果。

相关主题

要想进一步了解普通进度计划，请参考第 8.6.4 节。要想进一步了解进度计划压缩的费用，请参考第 8.6.2 节。

2.3.3   全面快速开发

最终的面向进度计划的开发方式就是我所定义的"全面快速开发"，即面向进度的有效实践与低效实践的组合。在你工作尽心尽力、不辞辛苦的同时，还要缩短进度，则此时剩下的唯一可做的事情就是增加成本、减少功能或弱化产品外观。

这里有一个低效实践的例子：你可以简单通过增加更多人员的办法将项目初始开发计划进度缩短 25%，然而由于增加了人员沟通和管理的工作量，你必须将团队规模增加 75% 才能实现项目计划进度缩短 25% 的要求。缩短计划进度和增加项目组规模的结果是项目费用比从前提高 33%。

相关主题

想想进一步了解是否需要全力以赴地快速开发，请参考第 6.2 节。

转向全面快速开发是个大的动作，要求你能够接受由此带来的计划进度风险，或者在费用和产品特性之间进行大的权衡，或二者兼而有之。

很少有项目欢迎这样的权衡，大多数项目更愿意选择有效开发的一些形式。

2.4　哪一个维度更重要

波音公司、微软、NASA、Raytheon 和其他一些公司已经学会如何以满足自身需要的方式开发软件。在策略上，这些组织都有自己的一套，他们已经学会如何避免典型错误、打好开发基础并能够进行有效的风险控制。在具体举措上，方法千差万别，但每个组织都强调人员、过程、产品与技术。

不同项目有不同的需求，但关键是接受你无法改变的那些限制条件，然后将重点放在其他维度上，以获得预期的项目利益。

项目类型——系统软件、商用软件和个人办公软件

本书描述三类项目：系统软件、商用软件和个人办公软件。

系统软件包括操作系统、设备驱动程序、编译器和代码库。基于本书的目的(尽管存在差别)，也包括与系统软件有许多共同特性的嵌入式软件、固化软件、实时系统和科学计算软件。

商用软件是指由一个组织使用的内部系统，它们运行在一组有限的硬件设备上，也许只运行在单台计算机上，典型例子有工资系统、财务系统和资产管理系统等。本书中，我将 IS、IT 和 MIS 软件也归入商用软件类中。

个人办公软件是商业化销售的盒装软件。它包括水平市场软件(如文字处理软件与电子表格软件等)和垂直市场软件(如财务分析、字幕编辑器和法律案例管理系统等)。

我也会用到一些在以上三类软件中没有提及的其他术语。商业软件是指任何用于商业销售的软件。内部软件是指只用于内部应用而不用于商业销售的软件。军事软件是指用于军事目的的软件。交互式软件是指用户可直接参与互动的任何软件，包括今天正在写的大多数软件。

如果正在开发汽车加油系统，你就不会用 4GL 或可视化编程环境去开发实时嵌入软件，你需要比这些工具更好性能与更好低层控制能力的工具。为了最大限度地避免掌握这些技术所需要的培训，你不得不尽可能

强调技术，然后再综合协同人员、过程和产品。

如果正在开发一个业务应用商用程序，也许，你会选用 4GL、某种可视化编程环境或者 CASE 工具，并会尽可能通过培训掌握它。你可能在为一个缺乏人员激励措施的乏味的公司工作，那么你应该在公司允许的范围内，尽可能强调人的因素，然后再综合协同过程和产品。

如果你在做功能驱动的封装商品软件，你就不能过多地减少产品功能去满足紧缩进度计划的要求。你只能尽可能地削减产品功能，然后重视人员、过程和技术因素，以此来满足计划进度的要求。

结论：仔细分析你的项目，决定 4 个维度因素中哪个是制约因素，哪个具有最大的优势，然后尽最大可能优化每一维的因素，这是快速开发成功的关键。

2.5 快速开发的权衡策略

本书中所列的快速开发方法不是唯一可用于现实工作的方法，一些项目也以其他不同的途径成功地进行了运作。这个途径就是聘请可能的最佳人选、要求一个对项目的总体承诺、授予更多的自主权、激励项目人员拼命工作，然后看着他们每周工作 60、80 甚至 100 小时，直到最后他们完（累垮）了或项目完（完成）了。基于承诺的这种快速开发方式一般是通过磨练、汗水和决心来实现的。

相关主题
有关基于承诺方式的更多内容，请参考第 8.5.1 节和第 34 章。

这种方式产生了有目共睹的成功，包括 Microsoft NT 3.0 和 Data General Eagle 计算机，毫无疑问，它是今天广泛采用的快速开发方法。对现金流敏感的新公司，用 1 个月的工资榨取人员 2 个月的工作是非常有利的。即使都使用以上方式，在为满足市场需求及时推出能为公司创造财富的产品，和在耗尽资金之前推出产品之间是有差别的。通过缩小项目组规模，可以减少沟通、协同和管理的负荷。如果实践中能够敏锐知晓涉及的风险和障碍，这种开发实践就是可以成功的。

不幸的是，这种方式很难仔细探询，通常会演变成"噩梦式编码"(code-like-hell)，导致项目延长，而且似乎永远完成不了。这种方式是一种实现快速纠错的方式，同时也和其他纠错方法一样还有许多问题。贯穿本书，我对这种方式持批评态度，原因如下。

1．无法保证项目完成

有时它可以完成项目，有时完不成。导致完成或完不成的因素大多数是不可控的。当你负责完成一个项目时，有时可以获得计划的功能，有时不能，有时可以达到你的质量目标，有时达不到，而且这种方式很难控制特定产品的特性。

2．将导致长期激励问题

对基于承诺的项目，开发人员一开始就完全认识到怎样做才能满足项目承诺，他们会狂热地开始工作，加班加点。但是，当长时间的工作仍无法满足项目计划承诺要求时，他们被迫承认失败，变得士气低落。

一旦开发人员将全部身心投入到满足计划承诺之中并面临失败时，他们对进一步的承诺变得很勉强，他们会怨恨超时工作，再以后，他们只会用口头承诺而不会用心去承诺。项目将失去计划与控制。对于一个预计还需 3 周就可完成的项目，又做了 6 个月或更长的时间并不是件很罕见的事情。

3．不可重复

噩梦式编码方法即便成功一次，也不能为下次项目的成功打下基础。因为它将耗尽人力资源，所以以更像是为以后项目的失败打下了基础。公司很难恢复由这样的项目造成的人员士气损失，而且这种项目通常伴随着大量的人员调整（见 Kidder 1981，Carroll 1990，Zachary 1994）。

4．对非软件组织工作造成困难

由于是基于个人英雄，而非团队合作、协同和计划，噩梦式编码方法对于项目中的其他项目干系人无法提供有效的监控手段，所以即便你以很快的速度成功地开发出所负责的软件部分，你同样无法知道整个项目要花多长时间，也无法知道项目确切的完成时间。

由于与开发人员配合的其他部门，如测试、用户文档和市场部门等，做不出计划，所以有些来自于承诺方式的速度优点是很难界定的。在有噩梦式编码的项目中，由于不能从开发人员那里获得可靠的进度信息，会导致项目参与者脾气暴涨，项目组内人员与项目组外人员对立。对项目软件局部有利并不一定对项目整体有利。

5. 人力资源浪费无度

参与项目的开发人员忘记了家庭、朋友、爱好，甚至是他们的健康，去促使项目成功。严重的个性冲突是普遍存在的现象，无一例外。勇于献身可以赢得战争或帮助人类登上月球，但无助于开发商用软件。极少例外，这种献身不是必须的：通过周密、理性、知识化的管理和技术计划，可以用少许的努力获得同样的结果。

表 2-2 总结了噩梦式编码方法与本书所倡导方法之间的某些不同。

表 2-2　噩梦式编码方法与本书中方法的比较

噩梦式编码方法	本书中的方法
支持者主张开发时间应刻不容缓地加以改善	支持者主张注重长期效果，适度改善开发实践
除编码知识外，只要求很少的技术经验	除编码知识外，要求丰富的技术背景
高风险：即便尽可能有效地运作，也是频繁失败	低风险：若能高效运作，很少失败
别人将你看成激进分子、纨绔子弟，你看起来像是放弃了自己的工作机器	别人将你看成保守、令人厌烦甚至是守旧的人，你看起来不像是在努力工作
极大的人力资源浪费	高效、善意地使用人力资源
过程可视性和可控性较差，只有你自己在做完的时候，才知道自己做了些什么	允许跟踪方法，尽可能提供更好的可视化和可控性
这种方法如软件本身一样古老	这种方法的关键部分已经成功使用了 15 年以上

数据来源：*Rewards of Taking the Path Less Traveled*(Davis 1994)

本书描述的方法是通过周密计划、有效利用时间并采用面向进度的实践来实现快速开发。使用这种开发方法，加班并不常见。当采用噩梦式编码方法时，项目还没有开始，通常就发现有堆积如山的工作，需要加班。有效开发通常会缩短平均计划进度时间。当它失败时，通常是由于人们放弃继续使用它造成的，而不是由于这种实践本身的失败。

简而言之，噩梦式编码方法要求有超常的献身精神保证，但得不到超常结果。如果项目目的是最快的开发速度而不是繁忙的加班，那么任何人都会更喜欢有效开发。

如果你精心阅读本书，将找到成功指导一个噩梦式编码项目所需的所有信息。人们的确可以将信奉本书的 Dr Jekyll 变成熟悉噩梦式编码的 Mr

Hyde。但就我个人而言，我不喜欢那种开发，因此不打算在此详述具体做法。

案例 2-2

出场人物

Sarah（项目经理）
Eddie（老板）
Jose（新手开发）
George（资深开发）

策略清晰的快速开发

仍然是在完成 Square-Cal 3.0 项目的公司，Sarah 承接了 Square-Plan 2.0 项目。Square-Plan 是 Square Tech 的项目管理软件包，Sarah 是技术主管。

在项目组的第一次会议上，她介绍了项目组成员，而后切入主题："我在整个公司范围内收集了其他项目的总结报告。"她说，"我已经列出了足有一英里长的公司其他项目在运作中发生的所有错误。我将把这个单子贴到会议室里。我想在我们开始犯其中某个错误时，就在上面画一个标记。如果你们还知道上面没列出的其他错误或我们可能会犯的任何潜在的错误，请加在上面。我们不想重蹈覆辙。"

"选择你们参与本项目是因为你们每位都有开发技术基础。我想你们一定知道做好需求分析和设计以使我们能够不必返工而浪费时间意味着什么，所以，我要求项目组的每位人员都要用心工作，而不是辛苦工作。工作太辛苦会导致出现更多的错误，我们没有时间处理这些错误。"

"我也同时制定了配套的风险管理计划，我们面对的是一个具有挑战性的进度计划，所以我们不能让能够防止的风险发生。我们现在面临的最大的风险是计划的进度无法实现。我想我们应该在本周末再对进度计划进行一次评估，如果认为进度计划还是无法实现，我们将讨论提出一份更现实的计划。"

每位项目组成员都点头，对经历过"死亡行军"项目的人员来说，Sarah 的话让他们长长地舒出了一口气。

一周后，Sarah 约见她的老板 Eddie："项目组已经很仔细地审视了项目进度计划，Eddie，我们得出的结论是，我们只有 5% 的机会在项目截止日完成当前定义的功能。这是假设没有任何改变的情况，当然，有些事情总是要改变的。"

"真是糟透了。"Eddie 说。Eddie 在承诺按时交付产品方面有较好的声誉。"我们至少需要有 50% 的机会按时交付软件，并且我们还要能够针对今后 12 个月内市场的变化随时修正项目要求，对此，你有什么建议？"

"我们还没有完全对产品定型，所以，我们还是有一定灵活度的。" Sarah 说，"但我认为即使根据目前的需求分析，我们也需要花 10 ~ 30 个月时间。我知道这个时间跨度是比较大，但这也对我们在产品完全定型之前的工作很有利。我们需要 12 个月后提供产品，对吗？我认为，可以考虑再加入一些开发人员，然后建立一个渐进交付计划，今后我们每 2 个月推出一个交付版本，而第 1 个交付版本定在第 8 个月末完成。"

"听起来不错。" Eddie 说，"除此之外，我想对这个项目而言，功能比进度更重要。我会再找一些人员谈谈，然后我们再定。"

当 Eddie 再找到 Sarah 时，他告诉她公司愿意将软件计划时间延长到 14 个月，但还是希望实现所要求的功能。另外，为安全起见，可以采用软件渐进交付计划。Sarah 感到轻松了许多，并说她认为这是一个很现实的目标。

项目经过初期的几周后，她的项目组已经建立了详细的用户界面原型。"错误列表"警告用户界面原型有时会影响项目自身的推进，所以，他们为原型工作设定了严格的时间点以避免原型拖延。随后，他们就原型所确定的候选功能与潜在的客户进行交流，并根据客户回馈对原型进行了几次修正。

Sarah 继续维护她的风险列表，并确定了这个项目的 3 个主要风险，它们是：(1) 可能导致大量重复工作和进度延期的质量低下风险；(2) 具有挑战性的进度计划本身的风险；(3) 因市场竞争，要求软件功能不断增加而导致的竞争功能风险。Sarah 觉得质量低下风险可以通过渐进交付计划来消除。他们将在第 8 个月时将第 1 个交付版本送交到质量检测部门，他们会对软件按用例进行测试。

进度计划风险可以通过建立产品功能的优先级次序由项目组自己来消除。他们在 14 个月内会尽可能开发更多的功能，而通过每 2 个月交付 1 个版本，他们可以确保在需要的时候有东西可以交付。他们也对特别需要节省实现时间的几个功能进行了设计方面的决策，花较少的时间来实现这些功能不能认为是偷奸耍滑，它们应该被接受，因为这对降低进度计划风险具有重要意义。

项目组采用两种方式来消除竞争功能风险。他们花了大约 5 个月的时间开发项目设计方案，该方案包含了所有已定义原型的功能和其他一些他们认为应该包含在 3.0 版中的功能的框架。这种设计使系统更容易适应可能产生的各种改变，同时他们还分配出时间在第 12

个月时分析竞争对手的产品，修改原型，并在最后的 2 个月中实现必要的竞争功能。

在第 6 个月时，随着设计方案的完成，项目组制定了一组细化的里程碑标志，制定了到第 8 个月时，发布第 1 个可交付测试版本所遵循的原则与途径。第 8 个月交付的版本并不完善，但应该保证质量，这可以为下一步的工作打下坚实的基础。在项目组顺利交付第 8 个月的版本后，项目组又为第 10 个月交付的版本制定细化的里程碑标志，并使用同样的方法到达了第 12 个月的里程碑标志处。

在第 12 个月结束时，项目组按计划对竞争产品进行研究。竞争对手已经在第 10 个月时发布了一个好产品，它已经包含了一些 Square-Plan 2.0 出于竞争目的而需要包含的功能。项目组立刻将这些新功能加入到优先队列中，重新分配优先次序，并制定最后 2 个月的细化的里程碑标志。

几乎同时，Jose，一位新手开发人员发现了一种可以对产品对话框进行更优组织的方法，并将建议提交到项目组成员碰头会上。会上，资深开发人员 George 对此的反应是"这是一个非常好的想法，我认为我们应该采用这一方法修改我们的设计，但不是现在。Jose，对你来讲，进行这样的改变只是 1 天的工作量，但它会影响文档编制进度达 1 周或更多的时间，将其放到 3.0 版本中如何？"

Jose 说：　"我没想到对文档进度有这么大的影响。这是一个好的方法，我想请求在未来修改设计时采用。"

在到达第 14 个月的里程碑标志时，项目组按计划交付了终版软件。由于从第 8 个月开始测试时 Square-Plan 的质量就是优秀的，所以，文档在等待正式版软件交付期间，已经可以基于详细的用户界面进行编写了。文档与软件同步准备就绪。开发人员没有实现一些低优先级的功能，但他们实现了所有重要的功能。Square-Plan 2.0 是成功的。

深入阅读

DeMarco, Tom, and Timothy Lister. *Peopleware: Productive Projects and Teams*. New York: Dorset House, 1987.

Constantine, Larry L. *Constantine on Peopleware*. Englewood Cliffs, N.J.: Yourdon Press, 1995.

Plauger, P. J. *Programming on Purpose II: Essays on Software People*. Englewood Cliffs, N.J.: PTR Prentice Hall, 1993.

Carnegie Mellon University/Software Engineering Institute. *The Capability Maturity Model: Guidelines for Improving the Software Process*. Reading, Mass.: Addison-Wesley, 1995. This book is a summary of the Software Engineering Institute's latest work on software process improvement. It fully describes the five-level process maturity model, benefits of attaining each level, and practices that characterize each level. It also contains a detailed case study of an organization that has achieved the highest levels of maturity, quality, and productivity.

Maguire, Steve. *Debugging the Development Process*. Redmond, Wash.: Microsoft Press, 1994. Maguire's book presents a set of folksy maxims that project leads can use to keep their teams productive, and it provides interesting glimpses inside some of Microsoft's projects.

Humphrey, Watts S. *A Discipline for Software Engineering*. Reading, Mass.: Addison-Wesley, 1995. Humphrey lays out a personal software process that you can adopt at an individual level regardless of whether your organization supports process improvement.

译者评注

本章论述了快速开发的策略。前半部分提出的 4 个维度是非常重要的，为我们的软件开发提供了管理工作的范围和方向。其中，人的因素是第一位的，但我们经常把技术摆到第一位，这也就是我们的项目往往不能成功的原因之一。

本章的后半部分论述了对影响快速开发的各因素的权衡问题。时间、成本、质量总是矛盾的。我们必须清楚，委托人优先考虑的是哪个指标。强调进度而忽视质量，是我们经常犯的错误。在保证质量的前提下加快进度才是正确的途径。

第3章 典型错误

本章主题
- 典型错误案例研究
- 错误对开发进度的影响
- 常见的典型错误
- 逃离格里甘岛

相关主题
- 风险管理：参阅第5章
- 快速开发策略：参阅第2章

软件开发是一项复杂的活动。一个典型的软件开发项目可能会给你提供很多的机会去从错误中吸取经验教训，甚至比有些人一生获得的机会还多。本章分析快速开发软件时人们所犯的一些典型错误。

3.1 典型错误案例研究

下面的案例研究有点像儿童的猜图游戏，你能找出多少个典型错误呢？

案例 3-1

出场人物

Mike（技术主管）
Bill（老板）
Carll（技术主管）
Jill, Sue & Thomas（开发）
Keiko & Chip（合同工）
Stacy（测试主管）
Claire（项目经理）

典型错误

4月份的一个阳光明媚的上午，Giga 医保的技术主管 Mike 正在办公室吃着午餐，看着窗外的美景。

"Mike，恭喜你！你已经获得了 Giga-Quote 计划的资金了！" Bill(Mike 所在 Giga 医保公司的老板) 兴奋地说，"执行委员会很欣赏我们关于医疗保险自动报价的设想，也欣赏每天晚上将当天报价数据上传到总部以便我们可以时刻在线获得最新的销售线索的想法。现在，我还有个会，过一会儿我们再细谈，你的项目建议书真是太棒了！"

Mike 几个月前就为 Giga-Quote 计划写了一份项目提案，但他的项目提案只是单机版软件，不具备与总部通信的能力。哦，也好，这倒给了他在现代 GUI 环境下领导开发客户／服务器项目的机会，这是他向往已久的事。按他的计划建议书，他几乎有一年的时间来做这个项目，应该有足够的时间加入一些新功能。Mike 拿起电话，拨了他妻子的电话号码："亲爱的，我们今晚到外面共进晚餐庆祝……"

第二天早上，Mike 约见 Bill 讨论这个项目："OK，Bill，什么时候开始？这个项目似乎并不像以前我写的项目提案那样。"

Bill 显得有些不自在。Mike 没有参加项目提案的修改，但那是因为没有时间让他参与，执行委员会一听 Giga-Quote 计划就决定接受这个建议。"执行委员会欣赏构建医保自动报价系统这个设想，但他们想将地区报价数据自动传到主机系统中。而且，他们想在明年 1 月份新费率生效前，系统就能准备就绪。他们将软件完成日期从明年 5 月 1 日提前到今年 11 月 1 日，将项目工期压缩到了 6 个月。"

Mike 估计这项工作将需要 12 个月，他认为没有多大可能在 6 个月内完成。他告诉 Bill："让我们直说吧，真像你所说的那样，执行委员会加入了一块很大的通信需求，却将计划时间从 12 个月砍到 6 个月了吗？"

Bill 耸耸肩："我知道这是一个挑战，但你是具有创造能力的，我认为你能够实现。他们批准了你提出的预算，加入数据通信功能也并不是那么难。你要求 36 个人月，没有问题。在这个项目上，你可以聘请任何你想要的人，也可以扩大项目组的人员规模。"Bill 让 Mike 去找一些开发人员谈一谈，找出一个可以按时交付软件的方法。

Mike 找到了另一个技术主管 Carl，他们寻找缩短计划的方法。Carl 问："你为什么不用 C++ 和面向对象的设计方法？它可以比 C 有更高的效率，这样可以将项目计划缩短 1～2 个月。"Mike 认为有道理。Carl 也知道一种报表生成工具，据悉可以削减一半的开发时间。这个项目有许多报表，所以，这二项改变可以将项目计划缩短到 9 个月。由于他们拥有更新、更快的硬件设备，这样可以再削减 3 周时间。如果真能聘请到顶尖的开发人员，他们可以将项目计划缩短到大约 7 个月时间，这已经足够接近了。Mike 给 Bill 带回了他的发现。

"看起来，"Bill 说，"将计划压缩到 7 个月是不错，但还不足以满足项目要求，执行委员会要求 6 个月是最后的期限。他们不给我们选择的余地。我可以给你最新的硬件设备，但你和你的项目组必须找到一些方法或者加班加点拼命工作，将项目计划压缩到 6 个月内。"

考虑到起初的估计仅仅是粗略的预测，Mike 认为，在 6 个月内完成项目是可能实现的。"OK，Bill，我将在这个项目中聘请 3 个合同制的顶尖高手，也许我们能够找到具有将数据从 PC 上传到主机上的有经验的人。"

到了 5 月 1 日，Mike 已经组建了项目组，Jill、Sue 和 Thomas 是公司内部固定的开发成员，但他们无法完成一些特定任务。Mike 找了两个合同工 Keiko 和 Chip，Keiko 有开发主机和 PC 之间通信接口的经验，Chip 是 Jill 和 Thomas 面试的，建议不宜聘请，但 Mike 急于用人，而 Chip 有通信开发经验并能够迅速到岗，所以 Mike 还是聘请了他。

在项目组的第一次会议上，Bill 向项目组阐明了 Giga-Quote 项目对 Giga Safe 公司的战略意义："公司的顶级人物时刻关注着我们，如果项目取得成功，我们会获得丰厚的奖赏。"他保证说他将信守承诺。

Bill 鼓气激励之后，Mike 与项目组成员坐下，布置项目计划。执行委员会或多或少已经提出了一些项目功能要求，其余的功能说明应在接下来的 2 周内完成，然后，他们花 6 周时间进行设计，余下的 4 个月进行构建与测试。粗略估计整个产品大约会有 3 万行 C++ 代码。周围的每个人都点头称是。他们雄心勃勃，但在他们为此项目签约时，才意识到问题。

第 2 周，Mike 约见了测试负责人 Stacy，她说他们应该不晚于 9 月 1 日提交测试版本，并于 10 月 1 日交付功能完备并通过测试的版本。Mike 同意了她的计划。

项目组很快完成了需求分析报告并进入了设计阶段。他们采用了一种似乎能很好地发挥 C++ 功能优势的设计。

6 月 15 日，项目组提前完成设计工作，开始了疯狂的编码，以满足 9 月 1 日发布第一个测试版本的要求。项目进展并非一帆风顺，Jill 和 Thomas 都不喜欢 Chip，Sue 也抱怨 Chip 不让任何人靠近他的代码。Mike 将这些归结于由于人们长时间工作所导致的个性冲突。然而到了 8 月初，他们报告说只完成了 85% ~ 90% 的工作。

8 月中旬，保险核算部门发布了下一年度的费率，项目组发现他们的系统必须进行调整才能完全适用于新的费率结构。新的费率方法要求有提出问题的功能，如提出像锻炼习惯、饮食习惯、吸烟习惯、娱乐活动及其他一些以前不包括在费率计算公式之内的因素这样的问题。他们认为 C++ 的特性可以让他们不受这些变化的影响，他们已经把在费用表中插入一些新数据这样的问题提前考虑进去了。但是，他们必须改变输入对话框、数据库设计以及数据存取对象和通信对象，以适应新的结构。由于项目组处于设计修改的混乱之中，Mike 告诉 Stacy 他们可能比预计推迟几天交付第 1 个测试版本。

9 月 1 日项目组没有准备好测试版本，Mike 向 Stacy 保证再有 1 ～ 2 天就可以交付了。

转眼间数周过去了，预计 10 月 1 日交付测试通过的完全版的期限也来了又过去了，而项目组还是没能提交第 1 个测试版。Stacy 和 Bill 召开了一个讨论项目计划的会议。"我们还没有从开发组拿到测试版本。"她说，"原计划我们 9 月 1 日拿到第 1 个测试版本，而到现在我们还没有拿到，因此他们至少已经落后于计划整整 1 个月了。我想他们一定遇到麻烦了。"

"他们确实遇到麻烦了。"Bill 说，"让我与项目组谈谈。我已经承诺，11 月 1 日让 600 个代理点都能拿到软件。我们必须在新费率执行前及时拿出最后版本。"

Bill 召开了项目组会议。"这是一个富于朝气的团队，你们应该兑现你们的承诺。"他说，"我不知道什么地方出了问题，但我希望每个人能够努力工作，并按时交付产品。你们还可以得到奖金，但你们必须为之努力工作。从现在起到软件完成，我要求你们每周工作 6 天、每天工作 10 小时。"在那次会议后，Jill 和 Thomas 抱怨 Mike 不必像对待孩子一样对待他们，但他们同意按 Bill 要求的时间工作。

项目组将计划推迟了 2 周，承诺 11 月 15 日交付功能完整的版本。这样在明年 1 月 1 日新费率生效前，还能有 6 周的测试时间。

4 周后，项目组于 11 月 1 日发布了第 1 个测试版本，然后开会讨论遗留的问题。

Thomas 负责报表生成，他碰到了一个问题。"报价汇总表包括一张简单的柱状图，我使用报表生成器生成一张柱状图时，它只能单独地放在一页上，而销售部门的要求是将文字和柱状图放在同一页。我已经解决了这个问题。我可以把柱状图和报表放在同一页，我的做法是把报表文本作为柱状图对象的图例。这肯定不是最佳方案，但我会在第 1 次发布之后再回过头来重新做一遍。"

Mike 回答："我看不到所谓'以后'是什么时候。Bill 已经清楚地提出了要求，我们必须拿出产品，没有时间使代码尽善尽美。现在没有任何推延的可能，做出最佳方案来！"

Chip 报告说他的通信编码已经完成了 95%，还在继续进行，但他还有许多需要测试的东西。Mike 觉察到了 Jill 和 Thomas 鄙夷的眼神，但他决定不予理睬。

直到 11 月 15 日，项目组仍在努力工作，14 日和 15 日几乎工作得通宵达旦，但他们还是没能完成 11 月 15 日应当交付的版本。到了 16 日上午，项目组已经筋疲力尽了。最感丧气的是 Bill，Stacy 已经告诉了他 11 月 15 之前开发组没能交付功能完整的测试版本。就在上周，另一个项目经理 Claire 了解到项目的进展后说，他们将不会按时交付测试版本。Bill 认为 Claire 极端保守，他不喜欢她。他向执行委员会汇报说项目在正常进行，他保证项目组正按计划推进最后的版本。

Bill 告诉 Mike 召集项目组会议，他照办了。项目组看起来就像打了败仗一样，一个半月每周 60 小时的工作几乎压垮了他们。当 Mike 问什么时间能交付测试版本时，他得到的反应是沉默。"你们想告诉我什么？"他说："我们今天应该有功能完整的版本，不是吗？"

"看一看，Mike，"Thomas 说，"今天我的代码可以脱手，可以称之为'功能完整'，但我可能还需要 3 周的整理工作。"Mike 问 Thomas 的"整理工作"是什么意思。"我还没有将公司的标志放到每页上，我还没有将代理点的名称和电话号码打印到每页的下边，还有一些其他类似这样的事情。所有重要的事情都已经做完了。我认为已经做完了 99%。"

Jill 也说："我也确实没有 100% 完成。我以前的项目组经常叫我做一些技术支持工作，我大约每天得为他们工作 2 小时。另外，到现在我才知道要给代理点提供在报表中加入它们名称和电话的功能，而我还没有设计输入这些数据的窗口，同时，我还得做一些处理这些窗口的工作。我本以为在'完成功能完整'的里程碑标志时间点提供的版本不需要这些功能。"

现在，Mike 也感到丧气了。"如果这就是我要听到的，你们告诉我，要具备功能完整的软件还需要 3 周，对吗？"

"至少需要 3 周。"Jill 说，开发组成员表示赞同。Mike 绕着桌子一个一个地问每个人，他们是否可以在 3 周内完成所承担的工作，每个人都表示，如果努力工作，他们可以完成。

那天，经过长时间、令人不舒服的讨论之后，Mike 和 Bill 同意将项目计划顺延 3 周到 12 月 5 日，同时要求项目组每天工作长达 12 小时，而不再是 10 小时。Bill 说他需要向老板展现的是他掌握着开发的节奏。计划的修改意味着测试和地区代理点的培训必须同步进行，这是 1 月 1 日发布软件的唯一办法。Stacy 抱怨没有给 QA 足够的时间测试软件，但 Bill 驳回了她的说法。

12 月 5 日中午前，Giga-Quote 项目组将功能完整的 Giga-Quote 程序提交测试。剩下的工作就是需要一个长时间的休息，从 9 月 1 日以来，他们几乎一直在工作。

2 天后，Stacy 发布了第 1 个问题报告，该死的报告打破了轻松的休息。2 天中，测试组在 Giga-Quote 程序中发现了 200 多个问题，包括必须处理的一类严重错误 23 个。"我看不到任何于明年 1 月 1 日将软件发给各代理点的希望。"她说，"测试组可能需要较长时间重新编写测试用例，并且，我们每小时都在发现新的错误。"

第二天上午 8 点，Mike 召开了项目组成员会议。开发人员都脾气暴躁，火气十足，他们说虽然存在严重错误，但报告中的许多问题并不是真正的错误，有些纯粹是操作上的误解。Thomas 指出，例如第 143 号错误，"测试报告中的第 143 号说在报价汇总表中，柱状图要求在页面的右侧而不应放在页面左侧。这很难说是一类严重错误，这是典型的测试问题反应过度。"

Mike 分发了测试问题报告，他要求开发人员检查测试中出现的问题，并估算修正每个错误所需要的时间。

当项目组下午再次碰面时，消息不太好。"现实一点。"Sue 说，"我估计处理已经发现的问题至少需要 3 周的时间，加上我还要完成数据库一致性工作，从现在起，我总共需要 4 周时间。"

Thomas 已经将第 143 号错误发回到测试组，申请将错误级别从一类错误改为三类错误——"修饰性错误"。测试人员回答说，Giga-Quote 所提交的汇总报告必须与主机的政策更新程序所产生的类似报告的形式相似，它们也应该与公司使用多年的市场印刷材料相符合。公司 600 多个代理点已习惯将销售柱状图放在页面的右侧，所以它必须放在右侧。因此，将其归为一类严重错误。

"记得我当初用来在同一页上显示柱状图和报表的临时方案吗？"Thomas 问，"要将柱状图放在右侧，我必须从头重写那个报表，那意味着我必须自己编写底层代码才能实现报表要求的图文格式。"Mike 小心翼翼地问那样做粗略估计需要多少时间，Thomas 说至少得花 10 天的时间，而确切时间还需要仔细研究一下才能知道。

那天回家前，Mike 告诉 Stacy 和 Bill，项目组整个假期都要工作才能在 1 月 7 日处理完已发现的所有错误。Bill 说他真的希望这是最后一次了，在开始去年夏天就已经计划的为期 1 个月的加勒比海休假前，他批准了项目计划顺延 4 周。

接下的 1 个月时间里，Mike 又把项目组召集在一起。4 个多月来，项目组成员玩命工作，他认为已经不能再逼他们了。他们每天要在办公室呆上 12 小时，但他们会花许多时间看杂志、支付账单、电话聊天，而一旦问起他们处理碰到的错误需要多长时间时，他们就会变得火冒三丈。他们每处理一个错误，测试人员就会发现两个新的错误。一些本来估计花几分钟就可以解决的问题由于牵扯到项目各方，变成需花数天时间才能解决。很快他们意识到他们无法在 1 月 7 日前处理完所有错误。

1 月 7 日，Bill 休假返回，Mike 告诉他开发组还需要 4 周时间。"糟透了。"Bill 说，"我的 600 多个地区代理已经对你们这些搞计算机的家伙愤怒不已了。执行委员会正在考虑取消这个项目。无论如何，必须在 3 周内处理完所有的问题。"

Mike 召开项目组会议，讨论解决办法。Mike 告诉大家 Bill 的态度，要求他们给出最终可以发布产品的时间，是仅仅 1 周，还是 1 个月。大家沉默不语，没人愿意冒险猜测什么时间能够发布最终产品。Mike 不知该如何向 Bill 汇报。

会后，Chip 告诉 Mike，他已经接受了另外一家公司的合约，合同于 2 月 3 日开始。Mike 开始感到项目可能会被取消。

Mike 找到了负责编写 PC-主机通信模块中主机程序的编程员 Kip，让他帮助处理本项目中 PC 的通信代码。经过与 Chip 所编代码 1 周的"鏖战"，Kip 认识到程序中存在一些深层缺陷，这意味着程序很难正确运行。Kip 被迫重新设计，并重新编写 PC-主机通信中的 PC 侧程序。

2 月中旬，Bill 由于一直忙于开会，因此决定 Claire 来继续监控 Giga-Quote 项目的进展。星期五，Claire 约见 Mike。"这个项目已经失控了。"她说，"我一直没有从 Bill 处获得有关几个月来可靠的项目估算计划。这是 6 个月的项目，现在已经拖延了 3 个月，而且还没有结论。我已经看了问题分析报告，而且，项目组还没有解决这些问题。你们一直长时间工作，但收效甚微。我要求你们周末休息，然后，我要你们做一个详细的、逐步包括所有事情的报告，我所说的所有事情是指项目剩下的事情。我不要求你们强制将项目按人为的计划执行，我想知道是否还需要另外 9 个月时间。下个星期三给我一份项目结束的报告。报告不需要那么讲究，但必须完整。"

开发组成员很高兴有了周末，并有足够的精力投入到下周准备报告的工作中。星期三，报告准时出现在 Claire 的桌子上。她与已看过问题分析报告的软件工程顾问 Charles 一起分析这份报告。Charles 建议项目组的重点应放在少数有问题倾向的模块上，对所有已处理的错误迅速开始设计和编码检查，项目组按正常作息时间工作，以确保他们能准确地找到问题，并按要求正确地解决。

3 周后，也就是 3 月的第一周，所有发现的错误第一次全部被剔除。项目组士气高涨，项目进展稳定。到 5 月 15 日，顾问建议，软件可以交付进行整体测试和可靠性测试了。由于 Giga Safe 半年费率增长在 7 月 1 日生效，因此 Claire 确定软件正式发布的日期是 6 月 1 日。

结束语

Giga-Quote 程序按计划于 6 月 1 日发布到各地区代理点。Giga Safe 的地区代理点给予了热烈的欢迎，有些地方还举行了接收仪式。

Giga Safe 向开发组每位成员颁发了 250 美元的奖金，以感谢他们辛勤的工作。几周以后，Thomas 要求长期休假，Jill 也跳槽到另外一家公司去了。

最终 Giga-Quote 产品花了 13 个月才得以交付，而不是计划的 6 个月，时间超过计划 100%。开发人员的工作量，包括加班，总计 98 个人月，超过计划的 36 人月的 170%。

最终的产品不包括空行和注释行大约为 4 万行 C++ 代码，超出 Mike 当初的粗略估计量 33%。作为分发到 600 多个地点的应用产品，Giga-Quote 是个介于 2B 和 2C 之间的混合体，这种类型和规模的产品正常应该在 11.5 个月使用 71 个人月完成，这个项目在这两方面均超过了平均值。

相关主题

有关各种规模项目粗略估算表的内容，请参考第 8.6 节。

3.2   错误对开发进度的影响

迈克尔·杰克逊（歌星，不是计算机专家）曾经唱道："孩子，一个坏苹果不会毁掉整筐苹果。"对苹果可能如此，但对于软件可能不是这样。一个坏"苹果"确实可以毁掉你的整个项目。

ITT 的调查人员采访了 9 个国家的 44 个项目，调查了 13 种因素对生产

率的影响情况 (Vosburgh 1984)。这些因素包括现代程序设计实践方法的使用、代码难度、性能要求、客户在需求分析中的参与度、人员经验及其他因素，他们将这些因素分成人们希望的低中高三类。例如，他们将现代程序设计实践方法的使用这一因素分为三类：较少使用、中度使用和重度使用，图3-1表现了调查人员所发现的"现代编程方法"因素的作用。

相关主题

有关这种特殊图形的更多讨论，参考第4.2节。

对图 3-1 研究的时间越长，你对它就会越感兴趣。该图表示了所研究的每种影响因素与生产率之间的关系。ITT 的调查人员发现，他们预期具有较低生产率的那些项目，生产率确实很低，就像图 3-1 所示低级类中生产率的范围很窄。但处于高级类中的生产率会有较大的变化，如图 3-1 所示高级类中生产率的范围很宽，有的很高，有的很低。

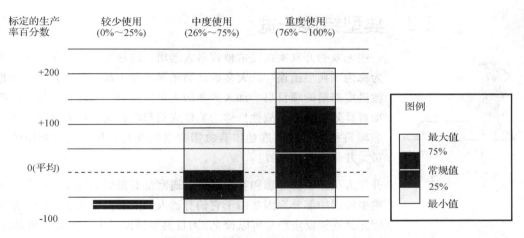

图 3-1　"现代程序设计实践"对生产率的影响 (Vosburgh et al. 1984)，仅做一些正确的事并不能保证快速开发，同时还要必须避免做错事情

相关主题

有关错误对快速开发的影响的更多内容，请参考第2.1节。

生产率预期低下的项目，生产效率确实很低，这并不奇怪。但同时也发现许多生产效率预期高的项目实际的效率却很低，这可就有点奇怪了。这张图和本书中其他类似的图说明，任何最佳实践的使用都只是必要条件，而不是实现开发速度最大化的充分条件。即便你做了一些正确的事情，如采用了现代编程方法，但有可能只做一件错事，就会使你前功尽弃。

思考有关快速开发问题时，你可能认为，一旦确定了什么是导致开发速度变慢的根源并消除它，就可以实现快速开发了。问题是存在太多导致开发速度变慢的因素。因此，试图确定导致开发速度变慢的根源并没有太大的用处，就像在问："为啥我不能1英里跑4分钟？"可能是因为"我太老了，我太胖了，我不愿刻苦训练，我没有世界级的教练或运动设施，甚至我没有年轻时那样快。可以列出很多原因。

当谈到意外获得快速开发的成功时，人们列不出成功的原因，因为要列的东西太多了。案例研究3-1中的Giga-Quote项目组在开发初期做了许多折磨软件开发人员的错事。软件开发之路充满坎坷，能否越过这些障碍决定了软件开发的快与慢。

在软件开发领域，一个坏苹果是可以毁掉一筐苹果的！你只要犯了一个大的错误，就会滑入慢速开发之中；要实现快速开发，必须避免所有的错误。下节列出常见的重大错误。

3.3   典型错误一览

CLASSIC MISTAKE

一些无效的开发实践经常被许多人选用，这种可预测会带来坏结果的行为称为"典型错误"。大多数这类错误表面上都有诱惑性，比如你想挽救进度滞后的项目吗？加入更多的人员！你想缩短项目计划时间吗？使项目计划更具有挑战性！你的某位成员与项目组其他人之间矛盾重重？等项目结束后再解雇他！有急需完成的项目？尽快找到可用的开发人员，并尽快开始项目！

开发人员、项目经理和客户做决定通常都有很好的理由，经常发生这些典型错误的部分原因是由于它们有诱人的前景。但由于它们经常发生，因此其连锁反应经常可以预见，而且典型错误很少产生人们期望的结果。

图3-2列举了36种典型错误，每种错误我个人至少都见过一次，我自己也经历过一些典型错误。可以看出，即使是主宰项目的经理和技术总监，也无力回天。许多错误在案例研究3-1中已经出现。这些错误的共同特点是，如果能彻底避免这些错误，你就可能做到快速开发；但如果避不开它，开发就只能缓慢进行。

如果这些错误似曾相识，你就要警惕了——其他许多人也是这么做的。一旦理解了它们对开发速度的影响，就可以在项目计划中使用这种错误列表，并进行风险管理。

图 3-2 软件项目受到错误的困扰（主宰项目的经理和技术主管并不能挽救项目）

有些对开发速度影响大的错误将在本书其余部分相应的章节中讨论，其他错误以后不再讨论。为便于参考，错误列表按人员、过程、产品和技术四个开发维度划分。

3.3.1 人员

以下是与人员有关的典型错误。

相关主题

有关激励的使用与误用的更多内容，请参考第11章。

典型错误 1：挫伤积极性

反复的研究表明，激励可能比其他因素对生产效率和项目质量的影响更大 (Boehm 1981)。在案例研究 3-1 中，贯穿整个项目过程，所采取的管理行为一直在挫伤人员的积极性。从项目开始时虚情假意地激励，到要求工作到深夜，从老板长时间休假而人员假期加班，到项目结束时每加班小时不足 1 美元的奖金，都是如此。

典型错误 2：人员素质低

在激励之后，项目组人员的能力或者成员之间的关系可能对生产率有巨大的影响 (Boehm 1981，Lakhanpal 1993)。聘请能力欠佳的人员极大地影响着快速开发。在案例研究中，人员的选择着眼于尽快聘请到人，而不是在项目周期中工作最好的人。这种方法可以使项目尽早启动，但不能确保项目尽快完成。

相关主题

要想进一步了解建立有效的项目组，请参考第 12 章。

典型错误 3：问题员工失控

不能很好地处理有问题的人员也会威胁开发速度，这是个很常见的问题。自从温伯格 (Gerald Weinberg) 于 1971 年出版《程序开发心理学》(*Psychology of Computer Programming*) 后，这个问题也变得很好理解了。不对有问题的人员采取措施是项目组成员对领导最常见的抱怨 (Larson and LaFasto 1989)。在案例 3-1 中，项目组知道 Chip 是个"坏苹果"，但项目组领导对此没有采取任何措施，结果就是重做 Chip 的所有工作，这是应该预料到的。

典型错误 4：英雄主义

相关主题

要想进一步了解英雄主义和项目承诺，请参考第 2.5 节、第 8.5.1 节和第 34 章。

有些软件开发人员过于强调项目英雄主义，认为某种英雄主义是有益的 (Bach 1995)。但我认为任何形式的英雄主义都将是弊大于利。在前面的案例中，中层管理者更重视积极的态度，而对项目的平稳推进和非常重要的进度报告关注不够。结果导致直到最后一刻，才发觉和认识到即将发生的进度拖延。一个小的开发组及其直接管理者肩负着整个公司的重任，他们不承认他们的进度有麻烦。强调个人英雄主义会导致发生额外的风险，也会削弱软件开发过程中多个角色的合作。

当有些项目经理过于强调必胜信念时，他们就会鼓励个人英雄主义行为。根据对准确的、有时甚至是沮丧的报告的分析，团队自信度的提高，会削弱项目经理改正错误的能力。直到损害发生时，他们才知道需要采取补救措施。正如迪马可 (Tom DeMarco) 所说，随着自信度的逐步上升，小的挫折就会演变成真正的灾难 (DeMarco 1995)。

相关主题

要想进一步了解补救延期项目的另一种措施，请参考第 16 章。

典型错误 5：给延期的项目加人

这也许是个最常见的典型错误。当项目工期拖后，认为加入人员可以提高项目组目前的生产率。布鲁克斯 (Fred Brooks) 把给延期的项目加人比作火上浇油 (Brooks 1975)。

相关主题

要想进一步了解物理环境对生产率影响，请参考第 30 章。

典型错误 6：办公环境拥挤嘈杂

绝大多数的开发人员对工作环境不满意。大约 60% 的人员抱怨他们的办公环境既不安静、也不隐蔽 (DeMarco and Lister 1987)。办公环境安静、隐蔽的人员比环境嘈杂和拥挤中的人员往往表现更好。嘈杂、拥挤的工作环境会延长项目工期。

相关主题

要想进一步了解有效的客户关系，请参考第 10 章。

典型错误 7：开发与客户之间有摩擦

有几种情况会导致开发人员与客户之间发生摩擦。例如，当开发人员拒绝在客户提出的开发计划上签字，或者他们无法履行承诺按时交付的项目时，客户可能会感到开发人员不配合，而开发人员则认为客户在已经确定需求之后固执己见地坚持不现实的项目计划或者进行需求变更。这可能只是简单的两组人员之间的个性冲突。

这种冲突的主要原因是缺乏沟通。缺乏沟通还会导致缺乏对需求的准确理解和导致用户界面设计较差，最坏的情况是客户拒绝接收已完工的产品。一般情况下，客户与开发人员之间摩擦的加剧会导致双方考虑取消项目 (Jones 1994)。这种摩擦耗费时间，它会转移客户和开发人员双方对项目工作的注意力。

相关主题

要想进一步了解设置期望值，请参考第 10.3 节。

典型错误 8：不现实的预期

导致开发人员和客户或项目经理之间产生摩擦最常见的原因之一是不现实的预期。在案例研究 3-1 中，Bill 并没有充分的理由认为 Giga-Quote 项目在 6 个月内可以开发完成，那只是执行委员会想要完成的时间。Mike 没有能力改变这个不现实的期望是导致所有问题的主要根源。

另外一些情况，根据过于乐观的计划提供资金会使项目经理或开发人员碰到麻烦，有时他们会承诺天上掉馅饼那样的功能集。

虽然，不现实的预期本身不会延长项目周期，但它会助长认为项目开发周期太长这种风气，而这是有害的。Standish Group 的调查将现实的预期作为影响商业软件项目成功的前 5 个因素之一 (Standish Group 1995)。

典型错误 9：缺乏有效的项目支持

快速开发的许多方面都需要高层对项目的支持，包括实际的计划、变更控制以及新型开发方法的采用。没有有效的高层支持，组织内部的其他高层人员会强迫你接受不现实的项目完成日期，或者进行会破坏项目的变更。澳大利亚的咨询顾问汤塞特 (Rob Thomsett)(《极限项目管理》的作者) 得出结论，缺乏有效的高层支持事实上注定了项目的失败。

典型错误 10：缺乏各种角色的齐心协力

软件开发中所有主要人员必须齐心协力专注于项目，包括高层支持者、项目领导、项目成员、市场人员、最终用户、客户和任何项目介入者。只有当你完全投入到项目中，才能允许准确调整各种角色的协同关系，没有全身心的投入，不可能达到快速开发。

典型错误 11：缺乏用户参与

调查发现，IS 项目成功的第一个原因是用户的参与 (Standish Group 1995)。没有用户早期参与的项目充满需求误解的风险，易受项目后期功能蔓延的威胁。

典型错误 12：政治高于物质

相关主题

要想进一步了解健康的政治取向，请参考第 10.3 节。

有报告提出，有四种不同政见类型的项目组 (Constantine 1995a)。"政治家"型项目组强调"管理至上"，精力主要集中在与他们经理的关系上。"研究者"型项目组的精力集中在研究和收集信息上。"独立主义者型"项目组单打独斗，建立项目分界，以划清与非项目成员的关系。"多面手"型项目组对每件事都完成一点，他们往往保持好与经理的关系，执行一些信息侦察与收集活动，并通过正常的流程保持与其他项目组的协同。报告还指出，项目初期，高层管理部门都看好政治家和多面手型这样的项目组，二者都运行很好；但一年半以后，政治家型项目组就会沦落到死亡边缘。将政治加诸于结果之上对于快速开发来说是致命的。

典型错误 13：想当然

我很惊讶怎么会有那么多软件开发问题是由于想当然造成的。你有多少次听到像这些人的说法。

· "项目组没人真正相信他们能够按给定的计划进度完成项目，但他们认为如果每个人能够努力工作，并且不出现问题，他们可能会很幸运地按时完成项目。"

· "我们项目组无须做太多协调产品的不同部分的接口工作，况且我们已经就某些事情进行了沟通，接口是相对简单的，所以，可能只花 1 ～ 3 天时间就可消除错误。"

· "我们知道那个承包数据库子系统的外包方报价较低，很难看得出以他们的水平怎么来完成他们项目建议书中确定的功能，他们没有其他外包方那样的丰富经验。但也可能他们会通过努力弥补经验的不足并按时交付产品的。"

· "我们无须向客户演示对产品原型所做的最终修改，我可以确认我们知道他们现在需要什么。"

· "项目组说他们必须付出更多的努力才能满足最后发布期限的要求，他们错过第一个里程碑已经有一些天了，但我想他们能够及时赶上。"

想当然并不是乐观主义，它是你闭上眼睛毫无理由地希望某事将像想象的那样运作。项目初期想当然会导致项目结束时的大崩溃，它会破坏整个项目计划，并可能成为许多软件问题的根源。它所产生的问题比所有其他问题的组合导致的问题还多。

3.3.2　过程

由于与过程相关的错误浪费人员的聪明才智与努力，所以它会放慢项目进程。下面是与过程相关的影响最坏的错误。

相关主题

要想进一步了解不现实的进度，请参考第 9.1 节。

典型错误 14：过于乐观的计划

构建一个历时 3 个月的应用软件所面临的挑战是完全不同于构建一个历时 1 年的应用软件所面临的挑战的。制定过于乐观的项目计划相当于自己为项目失败画出了底线，破坏了有效的项目计划，并会缩短关键性的前期开发活动，如需求分析和设计。它也向开发人员施加了额外的压力，会对长期开发人员的自信心和生产率造成巨大的伤害。这是案例研究 3-1 中存在的主要问题。

相关主题

要想进一步了解风险管理，请参考第 5 章。

典型错误 15：缺乏风险管理

有些错误并不足以称为典型错误，这些错误称为"风险"。作为典型错误，如果你不主动管理这些风险，那么只要有一件事做错就会将一个快速开发项目变成一个慢速开发项目。这种风险的管理失败就是典型错误。

相关主题

要想进一步了解外包方，请参考第 28 章。

典型错误 16：承包方导致的失败

有的公司急于完成项目，因此当不能在内部开发时，有时会把部分工作外包出去。但承包方往往延期交付，而且交付的东西质量差，无法接受，或者说不符合当初的规格说明 (Boehm 1989)。当你将外包方带入整个项目计划中时，像"不稳定的需求"和"不合规定的接口"这样的风险就可能被放大。如果对承包方不加认真管理，签约外包非但不会加快项目

相关主题

要想进一步了解编制计划，请参考第4.1.2节。

速度，反而会降低项目速度。

典型错误 17：缺乏计划

如果不订计划就进行快速开发，是达不到目的的。

典型错误 18：在压力下放弃计划

相关主题

要想进一步了解压力下计划编制，请参考第9.2节和第16章。

项目组制定了计划，但当项目遇到麻烦时就放弃计划 (Humphrey 1989)。项目失败的原因不在放弃计划本身，而是不能制定替代措施，并一头栽进编码和问题处理中去。在案例研究3-1中，当他们错过第一个里程碑后，项目组就放弃了他们的计划，这是很典型的错误。那个里程碑以后的工作是缺乏协调的和笨拙的，此时，Jill 已经开始用部分时间为她从前的项目工作了，却甚至没人知道。

典型错误 19：在模糊的项目前期浪费时间

模糊的项目前期 (fuzzy front end) 是项目开始之前的时间，通常是花在审批和预算过程中。项目前期花上几个月或几年的时间并不奇怪，然后进入压缩项目计划的关口。在项目前期节省几周或几个月的时间比将开发计划压缩同样的时间来得更容易、更廉价，风险也更少。

典型错误 20：前期活动不合要求

相关主题

要想进一步了解前期活动不合要求，请参考第9.1 节。

由于需求分析、总体设计和详细设计并不直接生成编码，因此对于急于砍掉不必要活动的项目来说，它们是最容易想到的目标。我曾接手过一个最悲惨的项目，当我要求看设计时，项目组领导告诉我："我们没有时间做设计。"

HARD DATA

这种错误——也可称作"直接跳到编码"，其结果有很多是可以预测到的。在案例研究3-1中，柱状图报表中的设计方案意味着需要进一步设计。在产品发布前，必须剔掉临时方案，用高质量的取而代之。前期被跳过的活动的项目通常在后期会以 10 到 100 倍的代价来完成 (Fagan 1976；Boehm and Papaccio 1988)。如果一项工作在项目初期需要 5 小时完成，那么在项目后期你至少需要 50 小时才能完成它。

典型错误 21：设计低劣

前期活动不合要求的一个特殊情况就是设计低劣。一个紧急项目由于没有足够的设计时间，以及由于高压环境所导致的设计缺乏周密考虑，往往导致设计失败。设计强调的重点是权宜而非质量，所以，在你完成整个系统前，往往需要几个耗时的设计周期。

相关主题

要想进一步了解质量保证，请参考第 4.3 节。

HARD DATA

相关主题

要想进一步了解管理控制，请参考第 4.1.3 节和第 27 章。

相关主题

要想进一步了解太早集成，请参考第 9.1.3 节。

相关主题

要想进一步了解经常容易忽略的任务列表，请参考第 8.3.2 节。

相关主题

要想进一步了解重新估算，请参考第 8.7 节。

典型错误 22：缺少质量保证措施

紧急项目经常会砍掉一些表面看来不重要的工作，如取消设计和编码审核、取消测试计划、只进行必要的功能测试等。在案例研究 3-1 中，为了实现项目计划，设计审核和编码审核工作被大大削减，其结果就是，当项目达到了功能完成这个里程碑之后，还有 5 个多月的麻烦事情需要处理。项目前期砍掉 1 天的质量保证 (QA) 活动，到项目后期就需要 3 到 10 倍的处理代价 (Jones 1994)，这是个很典型的结果。这种削减会破坏项目的开发速度。

典型错误 23：缺少管理控制

在案例研究中，项目过程中很少设置管理控制点，缺乏必要的计划拖延迫近警告，而仅有的几个控制点是设在项目遇到麻烦打算放弃的那几个点上。在保证项目是否按正常轨道运行前，你必须能够说出它所处的阶段和位置。

典型错误 24：太早或过于频繁的集成

产品按计划发布前，会经历一个推出产品的准备过程，进一步改进产品性能、打印最终的文档、集成最终的帮助系统、美化安装程序、剔除不能及时发布的功能等。对于紧急项目，倾向于尽早集成。由于不可能按希望的那样进行产品集成，有些快速开发项目试图在项目结束前，进行 6 次或更多次的项目集成。这种额外的集成不利于产品。它们只是在浪费时间，延长进度。

典型错误 25：项目估算时遗漏必要的任务

如果人们不能仔细记录以前项目的情况，他们就可能会忘掉一些可视性较差的任务，但这些任务是必须的。遗漏这些任务会导致项目计划延长 20% ~ 30%(van Genuchten 1991)。

典型错误 26：后期赶进度

一种重新评估的错误是对计划拖延的不适当的反应。如果你的项目为期 6 个月，花 3 个月的时间才完成 2 个月的里程碑，你会怎样做？许多项目只是简单地决定将进度赶上原计划时间，但他们从来都做不到。当构造产品时，你会学到许多有关产品的知识，包括构造产品需要什么，学到的这些东西需要反映到重新安排的计划中。

另一种重新评估错误来自于产品变更。如果你正在构建的产品发生了变更，你需要构建的时间也需要变更。在案例研究 3-1 中，原始项目建议书和启动的项目之间的主要需求变更没有体现在相应的计划和资源的重新评估上，增加了一堆新功能，但没有做相应的计划调整，这必然导致无法按期完成项目。

相关主题

要想进一步了解编码修正方法，请参考第 7.2 节。

典型错误 27：噩梦式编码

有些组织认为，直接随意地进行编码是实现快速开发的捷径。如果开发人员足够自信和理智，他们可以克服任何障碍。通过本书所揭示的种种原因可知，事实上并非如此。这种方法有时表现为开发的"企业家"方法，但它实际是传统的"边编码边修改"方法和含糊进度的结合，这种结合大多以失败告终。这是"错上加错仍然是错"的典型例子。

3.3.3 产品

以下是与产品定义有关的典型错误。

典型错误 28：需求镀金

项目开始时，有些项目具有比实际需求多得多的性能。性能往往以超出实际需要的方式提出，而这会不必要地延长软件计划时间。与市场和开发人员相比，用户往往对复杂的功能并不感兴趣，而复杂功能的增加与开发进度延长的时间简直是不成比例。

相关主题

要想进一步了解功能蔓延，请参考第 14 章。

典型错误 29：功能蔓延

即便你已成功地避免了需求镀金，在整个开发过程中，项目平均仍会有 25% 的需求变更 (Jones 1994)。这样的变更对软件计划至少会有 25% 的影响，这对快速开发项目可能是致命的。

相关主题

要想进一步了解开发人员镀金偶尔发生的案例，请参考第 14.2.1 节。

典型错误 30：开发人员镀金

开发人员着迷于新的技术，有时渴望尝试使用开发语言或开发环境中新的特性或功能，或者在自己的产品中实现那些从其他产品中发现的华而不实的功能，而不管这些功能是否需要。设计、实现、测试、文档化以及支持这些不必要的功能会延长整个项目的进度。

典型错误 31：协商与谈判

当管理者批准进展慢于预期进度的项目顺延并在进度更改之后加入全新任务的时候，会发生一种奇怪的商讨策略。这种情况的根本原因很让人费解，因为批准进展顺延的管理者已经含蓄地承认进度有问题。但一旦纠正了进度，这个人又会采取明确的行为再度犯错。这对进度毫无帮助，反而会破坏进度。

典型错误 32：研究导向的开发

Cray 超级计算机公司的设计人员克雷（Seymour Cray）说，他不想同时在两个以上领域超越工程界限，因为失败的风险太高 (Gilb 1988)。许多软件项目可能都会从克雷学习到一些教训。如果项目存在要求创建新的算法逻辑或者采用新的计算技术这样的计算机科学约束，就不能做软件开发，只能做软件研究。软件开发进度是完全有理由可以预测的，而软件研究进度甚至理论上都不可预知。

如果产品目标是追求品质完美——运算法则、速度、内存使用，等等，你就可以假定你的进度计划具有高度的投机性。如果想达到完美的目的，而项目中存在一些弱点——人员短缺、人员素质低、需求含糊不清、与外包商接口不稳定，那么，你可以将这个可预测的注定要失败的计划扔到窗外了。如果是想提高产品，那做就是了，只是不要指望它有多快。

3.3.4　技术

余下的典型错误是有关现代技术的使用与误用的。

典型错误 33：银弹综合征

在案例研究中，过于相信以前没有采用过的技术的宣传 (报表生成器、面向对象的设计以及 C++)，缺少在特定环境下使用这些工具的必要信息。当项目组锁定到一种新的方法、新的技术或严格的过程上并期望用它们来解决他们的进度问题时，注定会失望的 (Jones 1994)。

典型错误 34：过高估计了新技术或方法带来的节省量

无论组织采用多少新工具或方法，以及这些工具或方法有多好，他们很少能够大幅度提高生产率。这些方法的优点部分被学习掌握它们所花费的大量时间和过程所抵消。新的方法还要承担由此而带来的新的风险。你可能更喜欢慢慢地、有条不紊地体验与提高，而不是剧烈的变化。案例研究 3-1 中，项目组可以预估因采用新技术而带来的生产率的提高最高可达到 10%，而不能假设可以提高 1 倍的生产率。

项目重复使用以前项目的代码，是过高估算的一个特例。重用是一种非常有效的方法，但时间节省很少像预期的那样多。

中文版编注

1958 年，西蒙·克雷（1925—1996）设计建造了世界上第一台基于晶体管的超级计算机，成为计算机发展史上的重要里程碑。他还对精简指令（RISC）高端微处理器的产生做出了重大的贡献。他被誉为"超级计算机之父"。

相关主题

要想进一步了解银弹综合征，请参考第 15.5 节。

相关主题

要想进一步了解估算生产率工具带来效益，请参考第 15.4.3 节。

相关主题

要想进一步了解重用，
请参考第 33 章。

典型错误 35：项目中间切换工具

老的产品不能很好地运行时，对其改进升级，如从 3.0 版本到 3.1 版本，
有时甚至是到 4.0 版，应该讲是合理的。但当你在项目中间更换工具时，
伴随采用新工具而来的人员学习和掌握的过程、重复的工作、不可避免
的错误会彻底抵消它所带来的益处。

典型错误 36：缺乏自动源代码控制手段

缺乏自动源代码控制会使项目遭受不必要的风险。如果两个开发人员负
责开发程序的同一部分，没有自动源代码控制工具，他们就必须人工协
调他们之间的工作。他们可能同意将程序的最新版本放到主控目录中，
而每次向主控目录写入文件前必须彼此进行检查。但有些人可能总是覆
盖其他人的文件。人们在为旧接口开发新代码时，如果发现自己使用的
是错误版本的接口，就只能重新设计代码了。而由于你没有办法重建用
户正在使用的版本，你也就无法重现用户报告的错误。通常，每个月源
代码的改变量大约在 10% 左右，而人工源代码控制难以维护这样的变
更频率 (Jones 1994)。

相关主题

要想进一步了解源代
码控制，请参考第 4.2
节。

表 3-1 包含典型错误的完整列表。

3.4　逃离吉利根岛

典型错误可以列出数页，但此处列出的仅仅是最常见、最严重的错误。
就像西雅图大学的乌普瑞斯（David Umphress）指出的那样，大多数
组织机构试图避免这些典型错误的过程就像是《吉利根岛》(*Gilligan's
Island*) 的重演。在每段情节的开始，吉利根、船长或者教授，带着一个
准备逃离岛屿的繁琐计划出场了，这个计划开始的时候进行得还不错，
但随着剧情的展开，一些事情开始变糟，到了剧终，遇难者发现他们正
好回到了他们的出发地——小岛上。

很相似，许多公司在项目结束时发现他们还是犯了那些典型的错误，项
目还是超出了项目计划或者项目预算，或者两者都超出了。

列出个人的最差实践

注意典型错误，建立个人的最差实践列表，以避免在以后的项目中犯同
样的错误。可以从本章的错误列表开始，加进项目总结分析中项目组所

犯的错误。鼓励组织中其他项目组总结经验，你可以从他们的错误中受益。也可与其他组织中的同事交流项目开发中的磨难，学习他们的经验。列出潜在的错误，人们就会看到它并在日后避免犯同样的错误。

表 3-1　典型错误汇总

人员相关的错误	过程相关的错误	产品相关的错误	技术相关的错误
1. 挫伤积极性	14. 过于乐观的计划	28. 需求镀金	33. 银弹综合征
2. 人员素质低	15. 缺乏风险管理	29. 功能蔓延	34. 高估新技术或方法带来的节省
3. 问题人员失控	16. 承包方导致的失败	30. 开发人员镀金	35. 项目中途切换工具
4. 英雄主义	17. 缺乏计划	31. 协商	36. 缺乏自动化源代码控制
5. 给延期的项目加人	18. 迫于压力放弃计划	32. 研究导向的开发	
6. 办公环境拥挤嘈杂	19. 在模糊的项目前期浪费时间		
7. 开发与客户之间发生摩擦	20. 前期活动不合要求		
8. 不现实的预期	21. 设计低劣		
9. 缺乏有效的项目支持	22. 缺少质量保证措施		
10. 缺乏各种角色的齐心协力	23. 缺少管理控制		
11. 缺乏用户介入	24. 太早或过于频繁的集成		
12. 政治高于物质	25. 项目估算时遗漏必要的任务		
13. 想当然	26. 后期赶进度		
	27. 噩梦式编码		

译者评注

本章列举了软件开发中经常犯的典型错误，我们每个人都或多或少地曾经有过类似的经历。避免或减少这些错误并非很难，但为什么总在犯呢？关键是认识问题，正如作者所说的，你在初期用 1 倍的工作量可以完成的质量保证工作，如果当时没有做，到后来恐怕需要付出 5～10 倍的代价才能弥补。我们一定要重视那些可能看来是"小事"的问题，它们可是像长江大堤中的白蚁一样，小洞会毁了大事的。

第4章 软件开发的基本原则

本章主题
- 管理原则
- 技术原则
- 质量保证的基本原则
- 按照指导来做

相关主题
- 快速开发策略：参阅第2章
- 检查总结：参阅第23章

中文版编注

详情可见《让我说个故事给你们听：里德·奥尔巴赫的篮球人生》，作家出版社发行。

曾经获得职业篮球史上最有价值教练员称号的、长期担任波士顿凯尔特人队主教练的里德·奥尔巴赫 (Red Auerbach) 出版过一盘名叫 *Red on Roundball* 的录像带。里德·奥尔巴赫让人们认识到职业篮球成功的秘诀就是"打好基础"。他在录像带至少说过 20 次："只有别人接住球了，才能算得上你传球成功。"而篮板球成功的关键是拿到球。里德·奥尔巴赫依靠这些坚实的基础带领波士顿凯尔特人队连续 8 次夺得 NBA 的总冠军。

在软件开发中，成功的捷径是注意打好开发基础。你可以成为软件领域的鲍勃·库西(1970 年入选"篮球名人堂")、阿卜杜尔·贾巴尔(绰号"天勾"，最佳得分手、最佳抢篮板球手和最佳传球手)或者迈克尔·乔丹(绰号"飞人"，司职得分后卫，被誉为"篮球之神")。在项目建议书中，你可能安排了一系列的面向计划进度的实践方法，但如果不将打好软件开发基础放在开发工作的核心位置，那你就面临无法实现项目计划进度目标这样的重大风险。

每个人都想活在冠军团队里，但没有人想去实践。

奈特 (Bobby Knight)

人们经常劝导你要用好的软件工程实践，因为它们是"正确"的或者它们会提高产品的质量。这样的劝告有点"宗教般的虔诚"，但我认为不能如此迷信地考虑问题。如果这些实践方法有效，那就采用它；如果这些实践方法无效，就放弃它。我的观点是你应当采用本章介绍的基础性软件工程实践，不是因为它们"正确"，而是因为它们可以减少费用和产品面市时间。

这样的观点可能比你想象的缺少理论依据。回顾一下被选为"最佳项目"的十个软件项目，Bill Hetzel 总结到："如果说有所发现的话，那就是——最佳的项目一定是建立在最佳的软件开发基础之上的。我们都知道软件开发基础对于优秀软件的作用，但差别在于大多数软件的基础薄弱，这样不可避免地使自己陷入麻烦之中。"(Hetzel 1993)

要想查找软件开发基本原理，最好是从一本通用的软件工程教科书开始。本书不是软件工程教科书，所以本章的范畴只限定在确定软件开发的基本原则，解释它们是如何影响开发计划的，并量化它们的影响（如果可能的话），同时提供更多的参考信息。

本章将软件开发基本原则实践分为管理实践、技术实践和质量保证实践三类。有些实践无法很清晰地归入哪一类实践中，所以即便只专注于某一类实践，仍可能需要浏览所有的分类目录。但首先，应该阅读案例研究 4-1，进入相应的应用场景中。

案例 4-1

出场人物

Bill（项目经理）
Charle（顾问）

缺乏基本原则

"我想我们已经描绘出我们所做的了。"Bill 告诉 Charles，"我们的销售奖励程序 SBP 的版本 3 已经做得很好了（SBP 是用来管理支付地区代理佣金的软件）。但在版本 4，却感觉似乎每件事情都不对劲了。"Bill 是 SBP 1.0 ~ 4.0 的项目经理，Charles 是被 Giga-Safe 请来帮助分析版本 4.0 为什么会有这么多问题的顾问。

"版本 3 和版本 4 之间有什么不同吗？"Charles 问。

"我们在版本 1 和 2 时也遇到过问题，"Bill 回答道，"但是到了版本 3 我们觉得已经把所有问题都抛到身后了。开发进展很顺利，几乎没有遇到什么障碍，我们的进度估计很准确，部分原因可能是根据经验，我们对计划进度预留了 30% 的富余量。开发人员几乎没有出现遗漏任务表、工具和设计元素这样的问题。一切进行得非常顺利。"

"那么在版本 4 的开发中又发生了什么呢？"Charles 继续问道。

"完全不同了。版本 3 是一个增强性的升级版本，但版本 4 是一个重新规划开发的全新产品。"

"项目组成员试图吸取 SBP 版本 1 ~ 3 开发中积累的经验，但是在项目进行到一半时，项目进度就开始失控了。技术任务变得比预期的更为复杂，开发人员预计需要 2 天完成的任务变得需要 2 ~ 3 周才能够完成。一些新的开发工具也出现了问题，项目组没有时间去熟悉这些新工具。后期加入的项目组成员不了解团队的工作规则，由于他们经常覆盖其他成员的工作文件，导致工作的重复与时间的浪费。到最后，已经没有人能够预测版本 4 什么时候能够真正推出。版本 4 几乎比预计时间拖延了一倍。"

"听起来不太妙。"Charles 点头道，"你提到在版本 1 和 2 中也遇到过问题，可以谈谈那两个项目吗？"

"当然可以。"Bill 回答，"在开发 SBP 版本 1 时，项目可以说完全处于混乱中。整个项目估算和任务计划看起来都很随意，技术难题比预计的要困难得多，预计可以节省时间的开发工具非但没有节省开发时间，实际反而增加了开发时间。开发项目组将计划一改再改，直到真正开发完毕的最后一两天前，还没有人知道何时才能将产品开发出来。最后，SBP 产品的开发时间整整比计划超出了一倍。"

"这听起来好像和版本 4 遇到的情况一样。"Charles 说。

"是的。"Bill 点点头，"我想我们很久以前就有了这样的教训。"

"那么版本 2 呢？"Charles 问。

"在开发版本 2 时，开发进行得比版本 1 要顺利一些了。项目估算和任务计划看起来更实际一些，而且技术工作似乎都在控制之中。使用的开发工具也只遇到了一点小问题，项目组的工作进度和计划的进度基本一致，他们通过加班工作弥补了原先估算上的失误。"

"但当项目快结束时，项目组发现有几个任务没有包括在最初的计划中，同时也发现总体设计有些缺陷，这意味着他们要重做 10% 到 15% 的工作。他们进行了一个大的计划顺延调整，以完成这几项任务和需要重做的工作。他们完成这些工作后又发现了一些新问题，所以再次向后调整项目计划。最终产品交付时，项目超出计划时间的 30%。由此我们学会了给我们的计划增加 30% 余量的方法。"

"所以版本 3 就比较顺利？"Charles 问。

"对。"Bill 同意。

"我想知道版本 1 ～ 3 都是基于同一套代码吗？"Charles 问。

"对。"

"版本 1 ～ 3 都是使用同一班人马吗？"

"是的。但是版本 3 推出后，一些成员退出了，所以到版本 4 时，项目组成员中大多数人没有在以前的这个项目中干过。"

"谢谢。"Charles 说，"这些很有帮助。"

在那天剩余的时间里，Charles 和项目组的其他成员谈了谈，晚上他又与 Bill 会面了。"我们要谈的事情对你来说听起来可能不会那么舒服。"Charles 说，"作为一个顾问，我每年会看到很多项目，在我的职业生涯中我遇到过上百个公司的数百个项目。就你在版本 1～4 中遇到那些问题实际上是相当普遍的。"

"首先，你对项目的描述中暗示着你的开发人员没有使用源代码版本控制工具，这一点在下午和其他开发人员的交谈中已经证实了。我还证实了开发项目组没有进行系统设计和代码审查。尽管有许多有效的估算方法可以使用，但公司却完全依赖于粗劣的方法进行估算。"

"没错。"Bill 说，"你说的都是真的。但我们怎么做才能不重蹈版本 4 那样的覆辙呢？"

"这就是你比较难以接受的内容了。"Charles 回答道，"你无需做任何事情，而只需改进你的软件开发基本原则就可以了，否则你将一次次地遇到这种状况。你需要加强基础建设。在管理方面，需要更有效的项目进度、规划、跟踪与阶段验收机制。在技术方面，你需要更有效的对需求、设计、构建和配置的管理，同时还需要强有力的质量保证机制。"

"但是我们在版本 3 时工作得很好呀？"Bill 反问道。

"是的。"Charles 同意，"当你和有开发同样项目背景的同事来完成这个项目时，你可能会在一时做得很好，就像大多数版本 3 的开发人员都经历过版本 1 和 2 的开发一样。很多公司认为他们不需要掌握软件开发基本原则的唯一原因就是他们幸运地成功过几次。他们认为可以为特定的产品做出很好的估算与规划，他们认为他们做得很好，他们认为没有人会比他们做得更好。"

"但是，他们的开发能力是建立在很脆弱的基础之上的，实际上他们只知道用特定的方法开发特定的产品。一旦他们遇到人员、开发工具、开发环境或者产品概念发生重大变动时，脆弱的开发能力马上就会土崩瓦解，瞬间他们发现自己又回到了起点。这就是你在开发 SBP 版本 4 时使用新的开发人员重写产品时发生的问题，这也是为什么版本 1 和版本 4 的境遇会如此相像的原因。"

"以前我还真没有这么想过，不过可能你是对的。"Bill 平静地说，"可是，这听起来有许多工作要做，我不知道这样做是否值得。"

"如果不遵循基本原则，你可能在简单的项目中做得'很好'，但在复杂的项目上会一败涂地。"Charles 说，"而这些可能正是你所真正关心的。"

4.1   管理原则

深入阅读

本章的开发基本原则
的描述与软件工程研
究所称之为"可重
复的过程"是相似
的。更多细节请参考
《能力成熟度模型》
(*Capability Maturity
Model: Guidelines for
Improving the Software
Process*)。

管理原则对开发计划的巨大影响决不亚于技术原则。软件工程研究所不断地评述说，任何组织如果试图把软件工程专业训练置于项目管理专业训练前，那它注定会失败 (Burlton 1992)。管理常常控制着经典权衡三角型的三个角——进度、费用和产品，尽管有时候市场部门控制着产品规格，开发部门控制着项目进度。（实际上，开发部门控制的是实际开发进度，有时也控制着对计划进度的规划。）

管理原则由以下几部分组成：判定产品规模（包括功能、复杂度和其他产品特性）；根据产品规模分配资源；制定资源计划；监控、引导资源以保持项目方向不会偏离。在许多情况下，上级领导会明确地把这些管理任务委派给技术主管。而另外一些情况下，他们会简单地留下一个空缺，鼓励主管或开发人员来填补。

4.1.1   项目估算和进程安排

相关主题

有关估算的更多内容，
请参考第 8 章。有关
进度表的更多内容，
请参考第 9 章。

一个运行良好的项目一般通过 3 个基本步骤来制定软件开发进度表。首先，要估算项目规模大小，然后估算完成这样规模的项目需要付出的代价，最后基于这种估算制定项目进度计划。

如果估算不准确就会降低开发效率，所以说估算和项目进度计划是软件开发的基础。精确的估算是进行有效规划的必要前提，而有效的规划又是有效开发的必要条件。

4.1.2   计划编制

正如梅兹杰尔 (Philip W. Metzger) 在他的名著《管理编程项目》(*Managing a Programming Project*) 中所指出的，糟糕的计划比其他的麻烦更经常地会激起问题之源的爆发 (Metzger 1981)。他列出了以下软件开发常见问题：

·   糟糕的计划
-    不清楚的合同
·   糟糕的计划
-    多变的问题定义

CLASSIC MISTAKE

- ·　糟糕的计划。
  - 缺乏经验的管理。
- ·　糟糕的计划。
  - 行政压力。
- ·　糟糕的计划。
  - 无效的变更控制。
- ·　糟糕的计划。
  - 不切实际的最终期限。
- ·　糟糕的计划。

在黑泽尔 (Bill Hetzel) 回顾经典的成功项目时，他发现业界的最佳项目无一不具有用强大的预先制定的计划来定义任务和时间表的鲜明特征 (Hetzel 1993)。计划一个软件项目应该包括以下活动。

- ·　项目估算和时间进度。
- ·　确定项目需要多少人参与、需要什么样的技能、何时加入以及具体人选。
- ·　确定项目组运作的方式。
- ·　确定项目采用的生命周期模型。
- ·　管理风险。
- ·　确定项目策略，例如，如何控制产品的特色，是否需要购买或自建部分产品。

相关主题

有关这些专题，请参考第 12 章、第 13 章、第 7 章、第 5 章和第 14 章。

4.1.3　跟踪

相关主题

有关项目跟踪的实践，请参考第 27 章。

制定了一个项目的计划，就要跟踪检查它是否在按计划进行，包括对它的进度、费用和质量等目标的检查。典型的管理级跟踪控制包括任务列表、进展状况会议、进展报告、里程碑审查、预算报告以及走查管理等。典型的技术级跟踪控制包括技术审查、技术审计和标志着里程碑是否完结的质量关口。

黑泽尔 (Bill Hetzel) 发现，对项目状态的正确度量和有力的跟踪很明显地存在于每一个“最佳项目”之中。用于支持项目管理的状态度量好像很自然地成为了有良好计划的工作的附属品，并且成为成功的关键因素 (Hetzel 1993)。

正如图 4-1 所示，在典型的项目中，项目管理几乎是像在进行黑箱操作，基本上不知道在项目进行期间到底发生了什么，但又必须要把握住项目

的最终结果。在理想的项目中，你在项目进行的全程都具有 100% 的可
视度。在有效的项目中，你总是会有一些可视度并且往往会有较良好
的可视度。

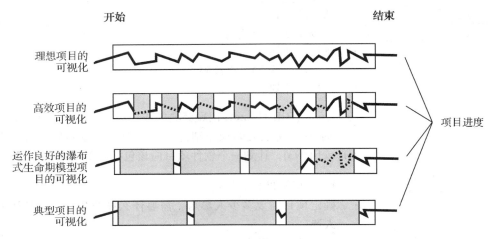

图 4-1   不同类型项目的可视化，高效开发比典型开发可视化程度高

琼斯 (Capers Jones) 说："由于缺乏对软件进展的监控，以至许多著名
的软件开发灾难在它发生的前一天都没有被预计到。"(Jones 1995b)
软件工程研究所在对 1987 年和 1993 年间的 59 个项目进行评估后发
现，75% 的项目需要改进它们的项目跟踪和漏洞检查工作 (Kitson and
Masters 1993)。对其中一些经过工作改进的公司再次评估后仍然发现，
改进工作失败的公司的最大的问题就隐藏在项目计划和跟踪与漏洞检查
之中 (Baumert 1995)。

HARD DATA

跟踪是一个基本的软件管理行为。你如果不跟踪一个项目，就不能管理
它，就决不会知道你的计划是否被贯彻执行了，也不会知道下一步该做
什么，同时你也无法监控项目的风险。有效的跟踪能使你在还有时间做
点什么来改正错误的时候，尽早发现进度表上的问题。如果你不跟踪项
目，就不能进行快速开发。

4.1.4   度量

相关主题

有关度量的更多内容，
请参考第 26 章。

保证软件公司长期可持续运作的关键是能够收集基准数据来分析软件质
量和生产率，这实质上就是收集全部项目中有关费用和进度的数据。但

只限于这些数据还无法让我们深入洞察如何减少费用或者缩短进度。

搜集多一点的数据可能会有较大帮助。如果除了搜集费用和进程等数据外，也搜集些历史数据，诸如多大的软件有多少行代码，或者其他度量数据，就可以在将来的项目中得到比光凭本能想象更好的依据。当老板这样问时："我们能够在 9 个月内开发出这个产品吗？"就可以回答："我们公司从没有在少于 11 个月内开发出过这样规模的产品，而且这样产品的平均开发周期是 13 个月。"

为了使开发更有效，你需要具有软件度量方面的基本知识。你需要了解搜集数据的尺度基准，包括要搜集至少或最多多少数据，如何得到这些数据。你还需要具有用来分析状态、质量和生产率的详细基准方面的知识。任何公司想要进行快速的开发，就要收集这些基本的尺度，这样才可以知道他们的开发速度和进度是否正在改善或者是在后退。

深入阅读

Weinberg, Gerald M. *Quality Software Management, Vol. 1: Systems Thinking*. New York: Dorset House, 1992.

Weinberg, Gerald M. *Quality Software Management, Vol. 2: First-Order Measurement*. New York: Dorset House, 1993.

Weinberg, Gerald M. *Quality Software Management, Vol. 3: Congruent Action*. New York: Dorset House, 1994.

Weinberg, Gerald M. *Quality Software Management, Vol. 4: Anticipating Change*。 New York: Dorset House, 1996.

Pressman, Roger S. *A Manager's Guide to Software Engineering*. New York: McGraw-Hill, 1993. This might be the best overview available on general aspects of software project management. It includes introductory sections on estimation, risk analysis, scheduling and tracking, and the human element. Its only drawback is its use of a question-and-answer format that might come across as disjointed to some readers. (It does to me.)

Carnegie Mellon University/Software Engineering Institute. *The Capability Maturity Model: Guidelines for Improving the Software Process*. Reading, Mass.: Addison-Wesley, 1995. This book describes a managementlevel framework for understanding, managing, and improving software development.

Thayer, Richard H., ed. *Tutorial: Software Engineering Project Management*. Los Alamitos,

Calif.: IEEE Computer Society Press, 1990. This is a collection of about 45 papers on the topic of managing software projects. The papers are some of the best discussions available on the topics of planning, organizing, staffing, directing, and controlling a software project. Thayer provides an introduction to the topics and comments briefly on each paper.

Gilb, Tom. *Principles of Software Engineering Management*. Wokingham, England: Addison-Wesley, 1988. Gilb's thesis is that project managers generally do not want to predict what will happen on their projects; they want to control it. Gilb's focus is on development practices that contribute to controlling software schedules, and several of the practices he describes in his book have been included as best practices in this book.

DeMarco, Tom. *Controlling Software Projects*. New York: Yourdon Press, 1982. Although now in its second decade, DeMarco's book doesn't seem the least bit dated. He deals with problems that are the same today as they were in 1982-managers who want it all and customers who want it all now. He lays out project-management strategies, with a heavy emphasis on measurement.

Metzger, Philip W. *Managing a Programming Project, 2d Ed*. Englewood Cliffs, N.J.: Prentice Hall, 1981. This little book is the classic introductory project-management textbook. It's fairly dated now because of its emphasis on the waterfall lifecycle model and on document-driven development practices. But anyone who's willing to read it critically will find that Metzger still has some important things to say about today's projects and says them well.

Grove, Andrew S. *High Output Management*. New York: Random House, 1983. Andy Grove is one of the founders of Intel Corporation and has strong opinions about how to manage a company in a competitive technical industry. Grove takes a strongly quantitative approach to management.

4.2　技术的基本原则

1984 年有关"现代程序设计实践方法"——技术的基本原则——的一份研究，详细论述了不使用这些基本原则就不可能有高的生产率。图 4-2 例证了研究的结果。

图 4-2 和我在第 3 章中提供的图相同，在那里，它用来说明典型错误导致的问题。技术基本原则的应用，就其本身而言，不足以创造高的生产率。一些项目使用了大量的现代程序设计实践方法，但是仍旧和那些完全没有使用该方法的项目具有一样的生产率。因此，注意开发的基本原则是很必要的，但还不足以达到快速开发的目的。

相关主题

有关这种图的总体评论，请参考第 3.2 节。

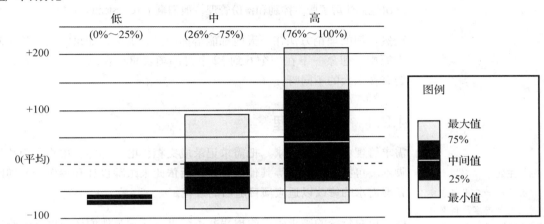

图 4-2　生产率与"现代程序设计实践方法"的关系。不广泛使用"现代程序设计实践方法"就无法有更高的生产率。本章将"现代程序设计实践方法"称为"技术的基本原则"

康斯坦 (Larry Constantine) 讲了一个关于澳大利亚计算机协会软件挑战赛的故事 (Constantine 1995)。这个挑战要求三个小组在 6 小时内分别开发完成并发布一个具有 200 个功能模块的应用程序。

Ernst 和 Young 所在的小组决定使用某种正规的开发方法——他们常用方法的一个削减版——分阶段进行开发并且具有中途交付能力。他们的步骤包括细致的分析和设计——正如本章描写的技术基本原则一样，而其他竞争者则径直开始了编码。在开始的几个小时里，Ernst 和 Young 的小组落后了。

但到中午时，Ernst 和 Young 的小组却是遥遥领先了，而到了这一天的最后，他们却失败了。导致他们失败的原因不是因为他们的正规方法，而是他们偶然错误地把工作文件覆盖掉了，导致最终提交的功能比他们在午餐时所展示的还要少。他们是被没有使用有效的源代码控制这个典型错误给打败了。所以说，要使他们最终成功，不是减少一些对正规方法的使用，而是应该更多，也就是说，需要进行包括阶段性备份等在内的正规配置管理。

这个故事的主旨看起来很清楚了，但是某些怀疑论者，包括我，还存有疑问：是不是没有了配置管理造成的混乱，Ernst 和 Young 的小组就真的能胜出吗？答案是肯定的。数月后，他们又出现在另外一个快速开发的比赛中，这次他们使用了版本控制和备份管理，他们赢了 (Constantine 1996)。

既然正规的理论方法在一天内都能给你回报，那么，如果能关注技术基本原则，想象一下在一个 6 到 12 个月的项目里，在总的时间花费方面会有多么大的不同呀。

4.2.1 需求管理

相关主题

有关传统的需求管理实践的更多内容，请参考第 14 章。

需求管理就是收集需求，把需求记录成文档、电子邮件、用户界面故事脚本、可实现的原型等其他形式，然后依此来跟踪设计和编码，并随时管理需求的修改以适应项目随后的过程。

程序员对传统的需求管理的抱怨并不罕见，通常是他们认为这样的管理太严格了。的确，有些实践确实过于严格，但没有这样的管理所带来的问题却更糟糕。一项针对 8000 多个项目的调查显示，导致项目推迟发布、超出预算、功能比预期减少的最重要的三个原因都和需求管理有关，即缺乏用户的介入、不完善的需求分析、用户不断改需求 (Standish Group 1994)。一项软件工程研究所的调查也有相同的结论：超过半数的项目都遭遇过需求管理不足的麻烦 (Kitson and Masters1993)。

HARD DATA

成功的需求管理取决于了解足够的不同的实践经验，以便能够为特定项目选择可借鉴的一种。下面是需求管理的基础。

相关主题

有关控制需求蔓延的更多内容，请参考第 14.2 节。

· 需求分析方法，包括结构分析、数据结构分析和面向对象分析。
· 系统建模实践，如类图表、数据流图表、实体关系图表、数据字典符号和状态跃变图表。
· 沟通实践，如联合应用开发 (Joint Application Development, JAD)、用户界面原型、常规会谈实践等。
· 需求管理和其他生命周期类型的关系，如渐进原型、阶段交付、螺旋型、瀑布型和编码修正。

相关主题

有关加速需求收集的更多内容，请参考第 6.5.2 节。

HARD DATA

需求管理在两个方面对加快开发速度发挥着巨大的调节作用。第一，正规的需求管理中，需求收集往往比其他软件开发活动完成得要从容些。如果你能加快这一步伐而不伤害质量，就可以缩短总的开发时间。

第二，正确地把需求摆在首位，往往要比被动地这样做所花的时间少 50 到 200 倍 (Boehm and Papaccio 1988)。一个典型项目一般要经历 25% 的需求变化。一些需求管理实践的基本原则可使你减少这种变化的数量。其他开发实践的基本原则能使你减少因需求改变而产生的费用。想象一下，如果你把需求变化由 25% 减少到 10%，同时再把每个变动导致的费用减少 5% 到 10%，那么综合效果会是怎样呢？快速开发需要你用心来领会。

4.2.2　设计

HARD DATA

正像开始建造房屋前首先创建一组蓝图非常有意义一样，在开发软件系统前创建体系结构和设计也非常有意义。一个设计上的错误如果到系统测试时才被发现，那么花费的修补时间要比它在设计阶段时被改正所花的时间多 10 倍 (Dunn 1984)。

难道不是每个人都会做良好的设计吗？不是的。我的印象是在软件开发中良好的设计和其他行为比起来更多的是在口头上，而且实际上很少有程序员真正地做设计。在微软公司工作的设计师说，6 年中他面试了超过 200 个应聘软件开发职位的人，其中只有 5 个人可以确切地解释"模块化"和"信息隐匿"的概念 (Kohen 1995)。

CLASSIC MISTAKE

模块化和信息隐匿的思想是设计的基本原则。它既是结构设计又是对象设计基础的一部分。不能论述模块化和信息隐匿的程序员就如同不会运球的篮球运动员。如果你想一想微软在面试应聘者前已经严格地筛选过了，你就会稍微有些震惊地发现，在全世界软件开发领域有多少人比这 200 人中的 195 人更加缺乏对软件设计基本原则的认识。

体系架构和设计的基本原则包括以下几个方面。

· 主要设计风格，如对象设计、结构化设计和数据结构设计。
· 基础设计概念，如信息隐匿、模块化、抽象、封装、聚合、耦合、层次、继承、多态、基本算法和基本数据结构。

- 对具有典型挑战性事件的标准设计，包括异常处理、国际化和本地化、便携性、串存储、输入／输出、内存管理、数据存储、浮点运算、数据库设计、性能和复用。
- 对特殊领域应用程序设计的独有考虑，特殊领域包括财务应用、科学应用、嵌入式系统、实时系统、安全性要求高的软件等。
- 架构安排，如子系统组织、分层结构、子系统通信方式和典型的系统架构。
- 设计工具的使用。

相关主题

有关一种设计能很好地适用于快速开发项目的详细内容，请参考第 19 章。

不先进行设计就开发一套系统也是可能的，很多系统经过大量反复编码及调试、高度狂热的工作热情和大量的加班——而没有系统设计——来实现。但无论如何，设计是系统构建、项目进度计划、项目跟踪和项目控制的基础，有效的设计是获得最快开发速度的关键。

4.2.3　构建

当开始构建时，项目成功与否大多就已经注定了。需求管理和设计对开发进度计划的调节作用比构建的调节作用大得多，这意味着，小的变动可以导致进度的重大变化。

构建也许不会给进程提供更多缩减的机会，但是构建工作非常具体并需要密集的劳作，因此做好这项工作也很重要。如果编码质量没有一个好的开始，那么你几乎很难有机会回过头来再把它改好。重做两次在时间上当然不能说是有效率的。

尽管构建是一个低层次的活动，但它的确很有可能会降低你的时间效率或使你为那些并不重要但很费时间的任务而分心。例如，你可能花时间对那些无需镀金的功能进行镀金，调试那些无用的冗余代码，或者对那些你并不知道是否需要优化的系统中的片段进行优化。

拙劣的设计可能迫使你重写系统的主要部分，但拙劣的构建实践却不会这样。拙劣的构建会给你带来细微的错误，让你花费几天或几星期才能发现并修复它。有时候查找一个数组定义错误花费的时间和重新设计、重新实现一个设计模块一样多，你不得不进行的调试工作的总工作量会比写几页新代码还要多。错误对进度计划的惩罚就是这么真实。

构建的基本原则包括以下几个方面。

- 编码实践 (包括变量和函数命名、版面布局和文档)。
- 数据相关概念 (包括作用范围、持续和捆绑时间)。
- 特定数据类型的使用方针 (包括通用的数字、整数、浮点数、字符、字符串、布尔值、枚举类型、命名常量、数组和指针)。
- 控制相关的概念,包括组织整齐的代码、条件的使用、循环的控制、布尔表达式的使用、复杂度的控制、不寻常的控制结构的使用 (如 goto、return 和递归调用过程)。
- 断言和其他以代码为核心的错误检测实践方法。
- 对例程、模块、类和文件代码打包的规则。
- 单元测试和调试实践。
- 集成策略 (如增量式集成、大爆炸式集成和渐进式开发)。
- 代码优化策略和实践。
- 与所使用的特定编程语言相关的其他事情。
- 使用构建工具,包括编程环境、群组工作支持 (如电子邮件和源代码控制)、代码库和代码生成器。

坚持使用这些基本原则会花费一些时间,但它可以在项目生命周期中节省更多的时间。在一个项目临近结束的时候,一位产品经理告诉我的一个朋友:"尽管你比组里其他程序员动作要慢,可是你很细心。工作组中有个位置很需要你这样的人,原因是我们项目中的一些模块有许多错误,我们需要重写它们。"这段话暴露出这位产品经理并不真正理解是什么导致软件项目花费了这么长的时间。

以上说了这么多,中心目的就是要说明应该将注重构建的基本原则看作一种节约时间的实践,并进行风险管理。好的构建实践可以避免像老鼠洞那样难以辨认的代码,这样的项目就不会因为某个关键人物生病、发现了关键错误或需要进行小的变动而中途停顿下来,这样的实践可以提高可预见性,使你的项目在控制之中并且增加按时完成的机会。

4.2.4 软件配置管理

软件配置管理 (SCM) 是管理项目成果的一种实践方法,能使项目在全程中保持一致的状态。SCM 包括评估变更、跟踪变更、处理多版本,以及在不同时间保存项目成果的备份等实践。项目成果管理最常见的是源代码管理，但你也可以将 SCM 应用到需求、计划、设计、测试案例、问题报告、用户文档、数据和任何其他你用于构建产品的工作中。我甚至在写本书时也应用了 SCM，因为上一本书中我没有使用它而产生了太多的问题。

许多软件开发的书籍把 SCM 视为质量保证 (QA) 的实践，然而，尽管它确实对质量有很强的影响，但把它当作 QA 的实践，可能意味着它对开发进程有不确定的或者负面的影响。SCM 有时以损害项目效率的方式执行着，但如果你想得到最快的开发速度，这是必要的。没有配置管理，在你的同事可能修改了部分设计而忘了通知你时，会使得你其后的编码和这一设计的改动有冲突，结果导致你或你的同事将不得不重新做这一部分的工作。

CLASSIC MISTAKE

缺乏自动源代码控制是很普遍而且令人厌恶的无效率的事情。软件工程研究所通过对 1987 年到 1993 年的项目的调查发现，超过 50% 的公司需要改进他们的软件配置管理 (Kitson and Masters 1993)。在较小的项目中，缺乏配置管理会给整个项目的费用添加几个百分点，而在大型项目中，缺乏配置管理就是在走一条危险的不归之路了。

深入阅读

需求管理

Yourdon, Edward. *Modern Structured Analysis*. New York: Yourdon Press, 1989. Yourdon's book contains a survey of requirements specification and analysis circa 1989 including modeling tools, the requirementsgathering process, and related issues. Note that one of the most useful sections is hidden in an appendix: "Interviewing and Data Gathering Techniques."

Hatley, Derek J., and Imtiaz A. Pirbhai. *Strategies for Real-Time System Specification*. New York: Dorset House Publishing, 1988. Hatley and Pirbhai emphasize real-time systems and extend the graphical notation used by Yourdon to real-time environments.

Gause, Donald C., and Gerald Weinberg. *Exploring Requirements: Quality Before Design*. New York: Dorset House, 1989. Gause and Weinberg chart an untraditional course through the requirements-management terrain. They discuss ambiguity, meetings, conflict resolution, constraints, expectations, reasons that methodologies aren't enough, and quite a few other topics. They mostly avoid the topics that other requirements books include and include the topics that the other books leave out.

设计

Plauger, P. J. *Programming on Purpose: Essays on Software Design*. Englewood Cliffs, N.J.: PTR Prentice Hall, 1993. This is a refreshing collection of essays that were originally published in Computer Language magazine. Plauger is a master designer and takes up a variety of topics having as much to do with being a designer as with design in the abstract. What makes the essays refreshing is that Plauger ranges freely over the entire landscape of design topics rather than restricting himself to a discussion of any one design style. The result is uniquely insightful and thought provoking.

McConnell, Steve. *Code Complete*. Redmond, Wash.: Microsoft Press, 1993. This book contains several sections about design, particularly design as it relates to construction. Like the Plauger book, it describes several design styles.

Yourdon, Edward, and Larry L. Constantine. *Structured Design: Fundamentals of a Discipline of Computer Program and Systems Design*, Englewood Cliffs, N.J.: Yourdon Press, 1979. This is the classic text on structured design by one of the co-authors (Constantine) of the original paper on structured design. The book is written with obvious care. It contains full discussions of coupling, cohesion, graphical notations, and other relevant concepts. Some people have characterized the book as "technically difficult," but it's hard to beat learning about a practice from its original inventor.

Page-Jones, Meilir. *The Practical Guide to Structured Systems Design, 2d Ed*. Englewood Cliffs, N.J.: Yourdon Press, 1988. This is a popular textbook presentation of the same basic structured-design content as Yourdon and Constantine's book and is written with considerable enthusiasm. Some people have found Page-Jones's book to be more accessible than Yourdon and Constantine's.

Booch, Grady. *Object Oriented Analysis and Design: With Applications, 2d Ed*. Redwood City, Calif.: Benjamin/Cummings, 1994. Booch's book discusses the theoretical and practical foundations of object-oriented design for about 300 pages and then has 175 more pages of objectoriented application development in C++. No one has been a more active advocate of object-oriented design than Grady Booch, and this is the definitive volume on the topic.

Coad, Peter, and Edward Yourdon. *Object-Oriented Design*. Englewood Cliffs, N.J.: Yourdon Press, 1991. This is a slimmer alternative to Booch's book, and some readers might find it to be an easier introduction to objectoriented design.

构建

McConnell, Steve. *Code Complete*. Redmond, Wash.: Microsoft Press, 1993. This is the only book I know of that contains thorough discussions of all the key construction issues identified in the "Construction" section. It contains useful checklists on many aspects of construction as well as hard data on the most effective construction practices. The book contains several hundred coding examples in C, Pascal, Basic, Fortran, and Ada.

Marcotty, Michael. *Software Implementation*. New York: Prentice Hall, 1991. Marcotty discusses the general issues involved in constructing software by focusing on abstraction, complexity, readability, and correctness. The first part of the book discusses the history of programming, programming subculture, programming teams, and how typical programmers spend their time. The book is written with wit and style, and the first 100 pages on the "business of programming" are especially well done.

Bentley, Jon. *Programming Pearls*. Reading, Mass.: Addison-Wesley, 1986. Bentley,

Jon. *More Programming Pearls: Confessions of a Coder*. Reading, Mass.: Addison-Wesley, 1988.

Maguire, Steve. *Writing Solid Code*. Redmond, Wash.: Microsoft Press, 1993. This book describes key software-construction practices used at Microsoft. It explains how to minimize defects by using compiler warnings, protecting your code with assertion statements, fortifying subsystems with integrity checks, designing unambiguous function interfaces, checking code in a debugger, and avoiding risky programming practices.

软件配置管理

Bersoff, Edward H. et al. *Software Configuration Management*. Englewood Cliffs, N.J.: Prentice Hall, 1980.

Babich, W. *Software Configuration Management*. Reading, Mass.: AddisonWesley, 1986.

Bersoff, Edward H., and Alan M. Davis. "Impacts of Life Cycle Models on Software Configuration Management," *Communications of the ACM 34*, no. 8 (August 1991): 104-118. This article describes how SCM is affected by newer approaches to software development, especially by prototyping approaches.

4.3   质量保证的基本原则

正如管理和技术的基本原则一样，质量保证的基本原则也为进行最快的软件开发提供了重要的支持。当软件产品有太多的错误时，开发人员修补它花费的时间可能比编写它所花的时间还多。大多数公司都认为，最好从一开始就远离错误。远离错误的关键就是从第一天开始就注意执行质量保证的基本原则。

CLASSIC MISTAKE

一些项目为了加快进度而试图减少花在诸如设计和代码复核等质量保证实践方面的时间。另外一些项目，由于进度已经推迟，就试图压缩测试的时间，但这种缩减是很不牢靠的，因为测试是项目将结束时最重要的必经之路。其实，高的质量（指错误率较小的情况）和短的开发时间是相辅相成的，为了要获得最快的开发速度而做出的这些决定是最坏最差的决定。图 4-3 阐述了错误率和开发时间的关系。

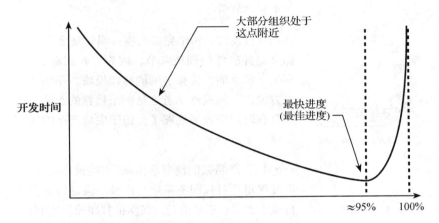

数据来源：*Applied Software Measurement* (Jones 1991) 的原始数据

图 4-3 错误率和开发时间的关系。在大多数情况下，具有最低错误率的项目也同时实现了最短日程的目标

有些公司可以达到非常低的错误率（如图 4-3 所示的最右边的曲线），在那一点以后，进一步减少错误率会增加很多的开发时间。在与生命相关的应用系统中，非常有必要花费额外的时间来进一步减少错误率，如宇宙飞船的生命保证系统，但是对于那些并不关系生命的软件系统就没有这个必要了。

IBM 是最早发现质量和软件进度相关的公司。他们发现具有最少缺陷的产品也就是具有最短开发时间的产品 (Jones 1991)。

HARD DATA

很多公司现阶段开发软件都有一定的不当之处，使得他们的开发时间比需要的长。在调查了约 4000 个软件项目后，琼斯 (Capers Jones) 递交报告说，糟糕的质量是进度被拖延的最普遍的原因之一 (Jones 1994)。他还说，中途被取消的项目中，大约有一半是由于其糟糕的质量。一项软件工程研究所的调查显示，大约有 60% 的公司遭受着不适当的质量保证体系的困扰 (Kitson and Masters 1993)。在图 4-3 的曲线中，那些公司就处于那条 95% 虚线的左边。

HARD DATA

在 95% 附近的一些点很重要，因为已剔除错误的预发布版本就出现在那些点上，在那里，项目可获得最短的开发时间、最少花费和用户高满意度 (Jones 1991)。如果在产品交付后发现产品的错误比 5% 要多，那么和质量低下有关的问题就会找你的麻烦了，并且你可能要花费更多的时间来修改软件了。

CLASSIC MISTAKE

在独立开发时，匆忙完成的项目明显缺乏质量保证。例如，当很匆忙时，你会删掉软件的细枝末节，因为"我们离交付使用只有 30 天了。与其写一个独立的、完整清晰的打印模块，不如把打印放到屏幕显示模块中更方便。"你或许知道这是一个糟糕的想法，它不利于扩充或维护，但你没有时间正确地处理了。迫于完成产品的压力，你感到被逼得不得不走捷径了。

3 个月后，产品依旧没有拿出来，那些被你删掉的细枝末节经常出来作祟。你发现用户对打印不满意，而唯一满足他们需求的方法是对打印功能进行重大扩展。不幸的是，在你把打印模块塞到屏显模块中的这 3 个月里，打印功能和显示功能已经完全纠缠到一起了。重新设计打印模块并把它从屏显模块中分离出来变成了一项艰巨、耗时、容易失误的工作。

从这个假想的项目得出的结论是，应该着重强调获取尽可能最短的进度，而不是用以下方式来浪费时间。

· 最初花费在打印程序的设计和实现上的时间完全浪费了，因为大部分代码被扔在了一边。花费在单元测试和打印代码调试上的时间也浪费掉了。

· 必须花费额外的时间来把特定的打印代码从显示代码中剥离出来。

· 必须花费额外的时间来测试和调试，以确保剥离出打印代码后的显示部分还能正常工作。

· 新的打印模块，需要被设计成系统的一个独立完整的部分，它必须融合到现有的系统中去，而这一点在开始设计时却未被考虑进去。

其实，如果在恰当的时间做出了正确的决定，那么唯一需要做的就只是设计和实现一个单独的打印模块。

HARD DATA

这种例子并不罕见。在过大的时间压力下发布的产品，其错误率是正常情况下的 4 倍 (Jones 1994)。进度有问题的项目经常是在进行艰苦的工作而不是轻松活跃的工作，关注质量被认为有些奢侈。但其结果却是项目大多进展迟缓，并陷入更深的进度问题中。

在项目早期不注意漏洞检查的决策，导致在项目进行中一再拖延检查漏洞的时间，直到检查工作变得更加昂贵和耗费时间。在时间非常珍贵的今天这不是个理智的决定。

如果可以尽早地预防并修正漏洞，你就在进度的安排上占了先机。研究表明，重做有缺陷的需求、设计和编码通常花费整个软件开发成本的 40% ~ 50%(Jones 1986b, Boehm 1987a)。作为经验之谈，你花费在预防漏洞上的每个小时，会帮你减少将来 3 到 10 个小时的修补时间 (Jones 1994)。最糟糕的情况下，在运行中的软件项目只修改一次软件需求问题的花费通常是在需求分析阶段所花时间的 50 到 200 倍 (Boehm and Papaccio 1988)。大约 60% 的错误通常在设计阶段就存在了 (Gilb 1988)，所以，在软件测试前尽早发现漏洞，可以节省大量的时间。

HARD DATA

消除没能发现的错误的成本是多少？

　　本书引用了一些量化的数据，由于这些数据比较相似，容易混淆，所以在此再次列出。

- 在设计阶段花 1 小时进行质量保证工作，可以为今后节省 3 ~ 10 小时的修补错误时间。
- 需求分析中的失误，如果遗留到了构建或维护阶段，则消除该失误所花的时间比在需求分析阶段消除它要多 50 ~ 200 倍。
- 大多数情况下，在项目的下游 (测试阶段) 消除缺陷的成本，是在项目的上游 (需求和设计阶段) 消除错误成本的 10 ~ 100 倍。错误发现得越早，花费的成本就越少。

4.3.1　易错模块

对快速开发特别重要的一个方面就是对易错模块的质量保证。易错模块是那些容易存在或多或少漏洞的模块。例如，在 IBM 的 IMS 项目中，57% 的漏洞存在于 7% 的模块中 (Jones 1991)。鲍伊姆 (Barry Boehm) 的报告说，程序中 20% 的模块包含了 80% 的错误 (Boehm 1987b)。

高错误率的模块开发起来要比其他模块更加昂贵和耗时。如果普通模块开发每个功能点要花费 $500 到 $1000，那么易错模块每个功能点就要

HARD DATA

花费 $2000 到 $4000(Jones 1994)。易错模块往往比系统中其他模块更复杂，缺乏结构化，或者不同寻常的庞大，并且常常在背负额外的时间压力下开发，往往没有被完全测试过。

如果开发速度很重要，那么就需要鉴别出哪些是易错模块并将其优先处理。如果模块的错误率达到每千行 10 个错误，就要回顾一下以决定是否需要重新设计或实施。如果发现模块是缺少结构化，过于复杂，或者过长，就要从最基础开始重新设计和实施。这样做，才能让你达到节约时间并改善产品质量的目的。

4.3.2 测试

最寻常的质量保证实践就是毋庸置疑地进行测试，即运行程序，查错，并看看发生了什么。两种基本的测试方法是单元测试——程序员检查他或她自己的代码是否工作正常，和系统测试——独立测试员检查整个系统是否如期望的那样正常运行。

HARD DATA

测试的有效性的差异是巨大的。单元测试可以找到程序中 10% 到 50% 的漏洞。系统测试可以发现 20% ～ 60% 的程序漏洞。加在一起，累积的漏洞检测率经常少于 60%(Jones 1986a)。剩下的错误要么通过其他查错技巧（如回顾）发现，要么就是在产品发布后被最终用户发现。

在质量保证实践中的测试与开发速度发生冲突时，它就可能由于拖慢了进度而被匆忙地完成，但它常常是间接影响进度的。测试发现产品的质量太低不能发布，要延迟到它有所改进后才能发布。测试因此成为传递影响进度的坏消息的信使。

平衡测试和快速开发的最佳办法是在坏消息出现之前做好计划，设置对坏消息的测试，尽早发现问题。

4.3.3 技术审查

技术审查包括在需求、设计、编码、测试等事件中用于查错的所有类型的审查。回顾在形式上和效果上是多样的，它在开发速度上比在测试上扮演更重要的角色。下面总结了最常见的几种回顾。

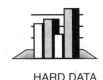

HARD DATA

1．走查

最平常的审查可能就是非正式的走查了。术语"走查"具有最广泛的定义，是指任何两个以上的开发人员以增进软件质量为目的所召开的回顾技术工作会议。走查对于快速开发很有用，因为这样可以在测试前就发现漏洞。举例来说，测试能够发现需求漏洞的最早时间是需求刚被列入清单、设计和编写的时候。走查可以在写设计说明书时，在设计和规范编写完成之前就发现漏洞。走查可以发现 30% 到 70% 的程序漏洞 (Myers 1979, Boehm 1987b, Yourdon 1989b)。

2．代码阅读

代码阅读是比走查要正式些的审查方式，但仅适用于代码。代码阅读时，写这段代码的程序员把代码清单交给两个或更多的审阅者审阅。审阅者阅读代码，并把发现的错误报告给作者。NASA 软件工程实验室的一项研究发现，代码阅读能发现的漏洞是测试时能发现的漏洞的两倍 (Card 1987)。这意味着，在快速开发时，将代码阅读和测试结合在一起，会比仅仅测试在时间进度上更有效率。

3．检查

相关主题

有关检查给进度带来好处的总结内容，请参考第 23 章。

检查是一种正式的技术审查，它被认为是在整个项目中最具效率的查错方式。使用检查的方法，开发人员要接受关于检查的特殊训练，并且在检查中扮演重要的角色。在检查会议之前，"仲裁人"发布产品要被检验评估的消息。"审阅人"在会议前检查程序，并且用检查列表激励他们的回顾工作。在检查会议上，"作者"通常解释要检验的东西，"审阅人"鉴别错误，"书记员"记录错误。在会后，仲裁人写一份报告说明每个漏洞和该如何处理它。贯穿整个检查过程，你需要收集漏洞的数据，花些时间改正漏洞，花些时间再进行检查，以便可以分析软件开发进程的效率并不断改进它。

HARD DATA

和走查一样，你可以使用检查的方法在测试之前就发现漏洞。你可以在项目中使用它对需求分析、用户界面原型、设计、编码以及其他人为的过程查错。检查可以查出程序中 60% 到 90% 的漏洞，这点比走查或测试要好。因为可以在开发周期的早期应用，因此，检查方法被证明可以节约 10% 到 30% 的开发时间 (Gilb and Graham 1993)。一项对大型程序的调查结果显示，在检查上每花 1 小时，就可以避免在维护上 33 个小时的花费。检查比测试有效 20 倍以上 (Russell 1991)。

4．对技术审查的说明

技术审查是对测试很有用和重要的补充。审查比测试更趋向于发现不同的错误 (Myers 1978; Basili, Selby, and Hutchens 1986)。发现漏洞越早，对开发进度的加快就越有好处（如图 4-4 所示）。由于回顾既能发现表面的漏洞又能同时发现潜在的漏洞，因此在成本花费方面也是比较经济的。测试只能发现表面的漏洞，程序员还要通过调试来找到原因；而回顾往往找到更多的漏洞，并能给程序员提供一个互相共享最佳实践知识的论坛，随着时间推移可以增强他们快速开发的能力。技术回顾是每个希望达到最短开发时间的项目的一个重要组成部分。

图4-4   别让它发生在你身上！未被发现的漏洞存在时间越长，修复时间就越长。应该在漏洞很小且容易控制的时候就纠正

深入阅读

软件质量

Glass, Robert L. *Building Quality Software*. Englewood Cliffs, N.J.: Prentice Hall, 1992. This book examines quality considerations during all phases of software development including requirements, design, implementation, maintenance, and management. It describes and evaluates a wide variety of methods and has numerous capsule descriptions of other books and articles on software quality.

Chow, Tsun S., ed. *Tutorial: Software Quality Assurance: A Practical Approach*. Silver Spring, Md.: IEEE Computer Society Press, 1985. This book is a collection of about

45 papers clustered around the topic of software quality. Sections include software-quality definitions, measurements, and applications; managerial issues of planning, organization, standards, and conventions; technical issues of requirements, design, programming, testing, and validation; and implementation of a software-quality-assurance program. It contains many of the classic papers on this subject, and its breadth makes it especially valuable.

测试

Myers, Glenford J. *The Art of Software Testing*. New York: John Wiley & Sons, 1979. This is the classic book on software testing and is still one of the best available. The contents are straightforward: the psychology and economics of program testing; test-case design; module testing; higherorder testing; debugging; test tools; and other techniques. The book is short (177 pages) and readable. The quiz at the beginning gets you started thinking like a tester and demonstrates just how many ways a piece of code can be broken.

Hetzel, Bill. T*he Complete Guide to Software Testing, 2d Ed*. Wellesley, Mass.: QED Information Systems, 1988. A good alternative to Myers's book, Hetzel's is a more modern treatment of the same territory. In addition to what Myers covers, Hetzel discusses testing of requirements and designs, regression testing, purchased software, and management considerations. At 284 pages, it's also relatively short, and the author has a knack for lucidly presenting powerful technical concepts.

评审和审查

Gilb, Tom, and Dorothy Graham. *Software Inspection*. Wokingham, England: Addison-Wesley, 1993. This book contains the most thorough discussion of inspections available. It has a practical focus and includes case studies that describe the experiences of several organizations who set up inspection programs.

Freedman, Daniel P., and Gerald M. Weinberg. *Handbook of Walkthroughs, Inspections and Technical Reviews, 3d Ed*. New York: Dorset House, 1990. This is an excellent sourcebook on reviews of all kinds, including walkthroughs and inspections. Weinberg is the original proponent of "egoless programming," the idea upon which most review practices are based. It's enormously practical and includes many useful checklists, reports about the success of reviews in various companies, and entertaining anecdotes. It's presented in a question-and-answer format.

Fagan, Michael E. "Design and Code Inspections to Reduce Errors in Program Development," *IBM Systems Journal*, vol. 15, no. 3, 1976, pp. 182-211.

Fagan, Michael E. "Advances in Software Inspections," *IEEE Transactions on Software Engineering*, July 1986, pp. 744-751.

4.4   按照指导来做

在我七年级时，我的美术老师强调说，任何学生只要遵照他的指导做至少能得 B，而无须是艺术天才。他是一位体重 220 磅的退休海军军官，他的建议每周他最少要讲一遍。让我吃惊的是，仍然有相当多七年级的学生并不会照他的指导去做，因而也得不到 B。从他们的行为上看，那既不是因为他们不想得到一个好的分数，也不是因为他们艺术视觉有障碍，他们只是想表现得不同寻常而已。

在我成年以后，我经常看到软件项目失败都只不过是因为做这个项目的程序员和经理没有按照指导（本章提及的软件开发的基本原则）去做。当然，不掌握基本原则也可以开发软件，甚至有时候还开发得很快。但根据大多数人的经验来看，如果不先掌握开发的基本原则，你就会缺乏对项目快速开发的控制，常常直到项目的最后也不会知道自己的项目将会成功还是失败。

中文版编注

整架飞机至少需要 250 公斤涂料，喷一层抛光漆就需要 25 公斤。

假设要做一个刷油漆的项目，并阅读了油漆罐上的说明。

1.   准备表面: 剔除木材或金属的表层,将表面磨平,用溶剂去除残渣。
2.   用适当的底漆给表面上漆。
3.   当表面干燥后（最少 6 个小时），涂上一层薄薄的漆。空气温度需要在华氏 55 度到 88 度之间，让它干燥 2 小时。
4.   再涂第二层薄漆，并且让它干燥 24 小时，然后就可以使用了。

如果不按照说明去做会怎样呢? 设想你在一个炎热的周二傍晚给狗窝刷漆，你可能只有两个小时的时间来完成工作，因为小狗晚上需要有地方睡觉。你没有时间按照说明去做，或许决定跳过步骤 (1) 到 (3)，而把步骤 4 中的涂薄漆工序换成涂厚漆。如果天气合适并且小狗的屋子是木头的，而且不太脏，你的这一快速方法可能会顺利成功。

在接下来的几个月里，油漆太厚的地方可能会破裂，或者没有打底漆的钉子上油漆会剥落，害得你可能明年重新刷一遍漆，但这无关紧要。

但如果不是狗窝，而是波音 747 呢? 那样的话，你最好按照说明一字一字地去做。如果不把以前的漆剥掉，就会招致严峻的燃料效能问题和安全问题: 747 的油漆表层重达 400 到 800 磅，对飞机的有效负荷会造成影响；如果没有准备适当的表面，每小时 600 英里速度的风和雨对它的损害可比落在小狗屋子上的柔风细雨厉害多了。

如果你是在油漆一个介于狗舍和波音 747 之间的东西呢，比如房屋。这时对于劣质的工作的惩罚要比波音 747 轻些，但又比油漆狗舍大许多。你不想每年都给整幢房屋一遍漆吧，应把这项工作成果的标准定得比漆狗舍高。

大多数有进度问题的软件项目的规模都类似于房屋或更大，而这些项目正是本书讨论的范畴。对于这种项目，遵循开发的基本原则可以达到节约时间的目的。如果足够了解它们，执行起来也不必像油漆罐上的步骤那么严格，它们也可以根据需要灵活处理。但是，如果想抛开这些指导，那就无异于是在冒险了。

深入阅读

Sommerville, Ian. *Software Engineering*, 6th Ed. Reading, Mass.: Addison-Wesley, 1996. The sixth edition of this book is a balanced treatment of requirements, design, quality validation, and management. It contains helpful diagrams and each subject has an annotated further-reading section. At 700 pages, it isn't necessarily a book you'll read cover to cover, but if you want a thumbnail description of a topic, it's probably in here. It has a good index.

Pressman, Roger S. *Software Engineering: A Practitioner's Approach, 3d Ed*. New York: McGraw-Hill, 1992. This is an excellent alternative to Sommerville's book and is similar in scope and size. Don't be misled by the Practitioner's Approach in the title; excellent as it is, this book is better suited to provide an overview of important issues than to serve as a practitioner's handbook.

译者评注

在阅读本章时，我一直在想著名的篮球运动员迈克尔·乔丹的一段名言，他是这样说的："常言道，做事的方式有对有错。你可能每天练习 8 小时的投篮，但是如果你的投篮技术动作是错误的，那么，你就将成为一个擅长于错误动作的投篮人。不论做什么事，掌握好基本功，你的水平就会提高。"开发软件和打篮球是一个道理，就是要掌握"基本功"。软件开发的基本功是什么？作者在这里列举了管理原则、技术原则和质量保证原则。用好这些原则，软件开发的成功才能有所保证。

第 5 章　风险管理

本章主题

- 风险管理要素
- 风险识别
- 风险分析
- 风险优先级
- 风险控制
- 风险、高风险和冒险

相关主题

- 快速开发策略：参阅第 2 章
- 典型错误：参阅第 3 章
- 软件开发的基本原则：参阅第 4 章
- 需求修正：参阅第 32 章
- 10 种主要的风险：参阅第 41 章

如果您想赌得安全些，那就去拉斯维加斯玩老虎机吧。俱乐部精心计算了概率，并确定即使机器"吐出"97% 的收入仍能获利。概率是这样的：游客花一天时间向老虎机里塞进 1000 美元，最多只能赢回 970 美元。如果你觉得老虎机还不够冒险与刺激，可以去玩 21 点，一旦赢了，可以赢得更多（当然输的概率大大增加）。

但是，如果比起软件开发所冒的风险，拉斯维加斯的赌博简直就可以称为"安全的冒险"了。软件项目所面临的不断变换的用户需求、糟糕的进度估算、不可信赖的外包方、欠缺的管理经验、人员问题、伤筋动骨的技术失败、政府政策的改变、性能欠佳⋯⋯等不胜枚举的风险，使大型项目按时完成的概率几乎为 0，大型项目被取消的概率和赌博一样成败参半 (Jones 1991)。

HARD DATA

1988 年，马威克 (Peat Marwick) 针对 600 家成功公司的调查结果显示，35% 的公司有过软件项目失控的经历 (Rothfeder 1988)。软件项目失控造成的危害使得拉斯维加斯的赌博变得"就像喝茶一样"安全。1982 年，

中文版编注

好事达保险公司成立于
1931 年。2018 年收入
为 398 亿美元，在《财
富》500 强美国公司中
排名第 79 位。2020 年
初疫情期间，向大多数
客户返还 4 月和 5 月保
费的 15%，全美将返
还超过 6 亿美元，无论
客户所在的州是否宣布
隔离政策。

好事达 (Allstate) 保险公司宣布其公司运营全部要实行自动化。他们启动了一个将耗时 5 年投资 800 万美元的大型项目，而在花了 6 年 1500 万美元后，好事达公司重新调整了目标和最终期限，重新调整后的预算大约是 1 亿美元。1988 年，西太平洋银行 (Westpac Banking Corporation) 决定重新设计他们的信息系统。他们做了 5 年 8500 万美元的计划。3 年后，在花了 1.5 亿美元却依然收效甚微时，Westpac 为减少损失，而取消了这个项目，并为此裁员 500 人 (Glass 1992)。怎么样？拉斯维加斯的赌博也不至于这般血腥吧！

有很多风险管理实践可以帮助你阻止这样的灾难发生，而且学起来比学习 21 点的数牌技巧更容易掌握。当然许多玩 21 点的人并不费心去学如何数牌，正如许多软件项目管理人员并不费心去学习风险管理一样。但不容置疑的事实是：如果你不管理风险，就无法做到快速开发。正如吉尔伯 (Tom Gilb) 说的：“如果你不主动地击败风险，它们就会主动击败你。”

风险管理确实会带来一些“缺点”。进行有效风险控制的项目比那些没有风险控制的项目少了些令人焦灼不安的经历。你不会再有机会拼命冲去告诉老板说，由于自己从未考虑到的问题使得项目不得不推迟 3 个月，也不会成为 6 个月如一日没日没夜努力工作的英雄。对于我们大多数人来讲，这确实是与我们的生活相关的“缺点”。

软件行业的风险管理是个相当新鲜的话题，但涉及的问题太多，很难在本书的一章内全部囊括。本章主要探讨进度计划的风险，不考虑费用风险和产品风险，除非它影响了项目进度。另外，本章更侧重于进度风险管理的实际操作。风险管理理论很有趣、也很重要，但由于它在这里没有直接的作用，所以我基本忽略了它，取而代之的只是在本章最后的深入阅读部分介绍如何找到更多的信息。

案例 5-1

出场人物

Kim（项目）
Eddie（项目经理）
Chip（外包方）

缺乏对外包方的风险管理

“Square-Plan 2.5 通过审批了。”Kim 告诉 Eddie。Kim 和 Eddie 都是商业封装软件公司 Square-Tech 的项目经理。“我要在 4 个月内交付产品，我想这将是个令人震撼的产品。”Kim 的上一个项目 Square-Calc 3.0 拖延了很长时间。Eddie 的上一个项目 Square-Plan 2.0 做得很好，Kim 因此急于证明她刚刚完成的产品比 Eddie 的产品复杂得多。

　　"我现在还不能太乐观。"Eddie 告诉她，"我看了 2.5 版的详细说明，我想用现在的开发小组，你至少需要 6 个月的时间。你还用 2.0 的开发小组吗？"

　　"是的，而且我已经有了将计划缩短为 4 个月的办法。我上周读了一篇关于工作外包的文章，而且我已经找到了一个外包方，他可以为我们做图形处理部分的升级工作。这可以将计划节省 2 个月的时间。"

　　"噢，我希望你能知道自己正在做什么。"Eddie 说，"我知道好多人被外包方害得焦头烂额。你的风险管理计划是什么呢？"

　　"我已经选择了一个信誉良好的外包方，"Kim 说，"我检查了他们的证明材料，我相信他们会做得很好，我只要经常去看看就可以了。这本来就是有风险的事情，有一些风险是不可避免的。我还有很多实际的工作要做，没有必要把时间浪费在没有用的管理上。"

　　Eddie 认为她应该多加小心，但之前他和 Kim 有过类似的争论，他已经学会了当她已经决定要做的时候不去与她争论。"祝你好运！"他说。

　　Kim 马上约见外包方并把要升级的图形部分的规格说明交给了他。外包方 Chip 说，规格说明已经很清楚了，他会立刻开始。

　　6 周后，Kim 打电话给 Chip 询问开发进度。"一切进展顺利。"他说，"我正在做另一家公司很急的项目，所以现在的进度不像希望的那样快。但我还有 3 个半月时间来完成 2 个月的工作量，所以我看没什么问题。"

　　"听起来很好。"Kim 回答道，"如果需要什么，请告诉我，6 周后我会再与你联络，那时我们可以谈谈集成的问题。"

　　6 周后，Kim 再次电话检查进度。"上个项目花费的时间比我想象的要长。" Chip 说，"我已经开始图形处理部分的升级工作了，我正在疯狂地工作，但经过我仔细地分析研究，我认为这项工作可能最少要花 3 个月的时间。"

　　Kim 气得几乎背过气，这将使整个开发进度从 4 个月增加到 6 个月。"3 个月！你在开玩笑？我需要在 2 周内对那部分代码进行集成，我以为你现在应该已经基本上做完了！"

　　"对不起。"Chip 说，"但这不是我的错，这项工作比你估计的多得多，我会尽快完成的。"

> 　　Chip 在 3 个月后完成了工作，项目又花了 1 个月的时间与内部开发的代码相集成，最后整个开发时间由计划的 4 个月变成了 7 个月。Kim 断定是 Eddie 推脱他自已也无法完成的项目，从而坑了她。

5.1　风险管理要素

软件风险管理工作就是在风险成为影响软件项目成功的威胁之前，识别、着手处理并消除风险的源头。你可以在几个层次上定位、管理风险。表 5-1 描述了风险管理的某些层次。

表 5-1　风险管理的层次

1.　危机管理——救火模式，即在风险已经造成麻烦后才着手处理它们。
2.　失败处理——察觉到了风险并迅速做出反应，但只是在风险发生之后。
3.　风险缓解——事先制定好风险发生后的补救措施，但不做任何防范措施。
4.　着力预防——将风险识别与风险防范作为软件项目的一部分加以规划和执行。
5.　消灭根源——识别和消除可能产生风险的根源。

数据来源：A Manager's Guide to Software Engineering (Pressman 1993)

本章的目的是描述如何定位第 4、5 个层面上的软件进度风险，而不理会第 1、2、3 层面上的风险。如果关注第 1、2、3 层面上的风险，那么你已经在这场计划进度的战役中战败了。

总体上讲，风险管理由风险评估和风险控制组成，而它们又分别由图 5-1 所列的几个子类别组成。下面的两小节对它们做了概要介绍。

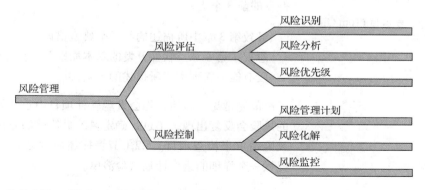

数据来源："Software Risk Management" (Boehm 1989)

图 5-1　风险管理由风险评估和风险控制组成

5.1.1　风险评估

风险评估由风险识别、风险分析和风险优先级组成。

- 风险识别：提出一个潜在破坏项目进度的风险列表。
- 风险分析：评估每一个风险出现的可能性及其影响，判定风险的级别。
- 风险优先级：按风险影响大小排出一个风险优先级，这个风险列表将作为风险控制的基础。

5.1.2　风险控制

风险控制由风险管理计划、风险化解和风险监控组成。

- 风险管理计划：制定方案分别应对每个重要风险的，同时应确保每一个单独的风险管理计划相互之间以及与整体项目计划之间保持一致。
- 风险化解：每个重要风险所对应计划的执行。
- 风险监控：对解决风险的过程进行监控。风险监控还可以包括识别新的风险并将其反馈到正在进行的风险管理进程中等方面的工作。

以下阐述管理软件进程风险时应当注意的几个方面的问题。

5.2　风险识别

如果不征集风险信息，你就是在给自己找麻烦。

吉尔伯 (Tom Gilb)

管理风险的第一步就是识别那些可能将风险带到项目计划中的因素。对任何快速开发项目，有 3 种常见的风险对应着在第 2 章中所描述的快速开发的前 3 个支柱。

- 导致第 3 章中所描述的某一个典型错误。
- 忽视了第 4 章"软件开发的基本原则"中描述的开发基础。
- 没有能力管理本章所描述的风险。

了解前述常见风险后，你会发现软件项目中也有如此多不同的风险。有的风险会反复出现，不过，确定风险最简单的方法之一是对照进度计划风险清单来检查项目。5.2.1 节将描述最常见的进度计划风险。之后会提供一个详细的进度计划风险清单。

5.2.1　最常见的进度计划风险

表 5-2 列出了最常见的进度计划风险。

表 5-2　最常见的进度计划风险

1. 功能蔓延	2. 需求镀金或开发人员镀金
3. 质量不定	4. 计划过于乐观
5. 设计欠佳	6. 银弹综合征
7. 研究导向的开发	8. 人员薄弱
9. 外包方导致的失败	10. 开发人员与客户之间发生摩擦

资料来源：*Software Risk Management*(Boehm 1989) 以及 *Assessment and Control of Software Risks* (Jones 1994)

如果觉得表中这些风险看起来很熟悉，那是因为它们曾在第 3 章中作为典型错误出现过。典型错误和风险的唯一区别就是典型错误是被证明曾犯过许多次的错误，而风险可能并不常见，或者对你的项目来说是独有的。表 5-2 中所列出的所有风险在第 3.3 节中已进行了详尽的描述，在本章稍后一些的表 5-6 中将描述如何控制它们。

5.2.2　进度计划风险的完整列表

表 5-3 列出了详尽的可能对软件进度有负面影响的潜在风险。只有少数风险会影响大多数的项目。这些风险分类不太清晰，也没有特定的顺序。如果列表看起来很凌乱，你可以将注意力集中在如 5.1 节所述的那 3 类最常见风险上。

除了这里所列的风险，大多数项目都有其项目特定的风险，如"Joe 要退出项目小组，除非允许他可以带着自己的小狗来上班，而管理层还没有决定是否同意他这样做。"这样的风险就只能靠你自己识别了。

表 5-3　潜在的进度计划风险

计划编制风险
1. 计划、资源和产品定义全凭客户或上层领导口授，并且不完全一致
2. 计划是优化的，是"最佳状态"（但不现实，只能算是"期望状态"）
3. 计划忽略了必要的任务
4. 计划基于使用特定的小组成员，而那些小组成员其实靠不住

5. 在限定的时间内无法建成已定规模大小的产品

6. 产品规模比估计的要大（代码行数、功能点、与前一产品规模的百分比）

7. 工作量大于估算数（按代码行数、功能点、模块等）

8. 进度已经拖延的项目在重新评估时过于优化或忽视项目历史

9. 过度的进度压力造成生产率下降

10. 目标日期提前，但没有相应地调整产品范围或可用资源

11. 一个任务的延迟导致相关任务的连锁反应

12. 涉足不熟悉的产品领域，花费在设计和实现上的时间比预期的要多

组织和管理

1. 项目缺乏一位有凝聚力的最高领导人

2. 由于前期乏力，项目长时间被搁置

3. 解雇和削减开支导致项目小组能力下降

4. 管理者或市场人员坚持要进行技术决策，导致计划进度延长

5. 低效的项目组结构降低了生产率

6. 管理者审查 / 决策的周期比预期时间长

7. 预算削减打乱项目计划

8. 管理者做出了打击项目组积极性的决定

9. 非技术的第三方的工作比预期延长（预算批准、设备采购批准、法律方面的审查、安全保证等）

10. 计划性太差，无法适应期望的开发速度

11. 项目计划由于压力而放弃，导致开发混乱、低效

12. 管理者强调英雄主义，而忽视客观确切的状态报告，这会降低发现和改正问题的能力

开发环境

1. 设施没有及时到位

2. 设施到位，但不充足（如没有电话、网线、家具、办公用品等）

3. 设施拥挤、杂乱或者破损

4. 开发工具未能及时到位

5. 开发工具不能像期望地那样工作，开发人员需要时间创建工作环境或者切换新的工具

6. 开发工具的选择不是基于技术需求，不能提供所计划的生产率

7. 新开发工具的学习期比预期的长，内容繁多

最终用户

1. 最终用户坚持新的需求

2. 最终用户对于最后交付的产品不满意，要求重新设计和重做

3. 最终用户不买进项目产品，因此不提供所需支持

4. 最终用户的意见未被采纳，造成产品最终无法满足用户期望而必须重做

客户

1. 客户坚持新的需求

2. 客户对规划、原型和规范的审核 / 决策周期比预期的要长

3. 客户没有或不能参与规划、原型和规范阶段的审核，导致需求不稳定和耗时的变更

4. 客户沟通的时间（如回答或澄清与需求相关问题的时间）比预期长

5. 客户坚持技术决策而导致进度计划延长

6. 客户对开发进度管理过细，导致实际进展变慢

7. 客户提供的组件无法与开发的产品匹配，导致额外的设计和集成工作

8. 客户提供的组件质量欠佳，导致额外的测试、设计和集成工作，以及额外的客户关系管理工作

9. 客户要求的支持工具和环境不兼容、性能差或者功能不完善，导致生产率降低

10. 客户不接受提交的软件，尽管它满足了所有的规范

11. 客户期望的开发速度是开发人员无法达到的

外包方

1. 外包方没有按承诺提交组件

2. 外包方递交的组件质量低下无法接收，必须花时间改进质量

3. 外包方没有买进项目开发需要的工具，进而无法提供需要的性能水平

需求

1. 需求已经成为项目基准，但变化还在继续

2. 需求定义欠佳，而进一步的定义会扩展项目范畴

3. 添加了额外的需求

4. 产品定义含混的部分比预期需要更多的时间

产品

1. 错误发生率高的模块需要比预期更多的测试、设计和实现工作

2. 校正质量低下不可接受的产品，需要比预期更多的测试、设计和实现工作

3. 在一个或多个领域推广最新计算机技术而使计划进度不可预期地延长

4. 由于软件功能的错误，需要重新设计和实现

5. 开发错误用户界面而导致重新设计和实现

6. 开发额外的不需要的功能（镀金）延长了计划进度

7. 要满足产品规模与速度要求，需要比预期更多的时间，包括重新设计和实现的时间

8. 严格要求与现有系统兼容，需要进行比预期更多的测试、设计和实现工作

9. 要求与其他系统、其他复杂系统或其他不受本项目组控制的系统相连，导致无法预料的设计、实现和测试工作

10. 要求在不同操作系统下运行将花费比预期更长的时间

11. 在一个不熟悉或未经检验的软件环境中运行会导致无法预料的问题

12. 在一个不熟悉或未经检验的硬件环境中运行会导致无法预料的问题

13. 开发一种对组织全新的模块将比预期花费更长时间

14. 依赖某种正在开发中的技术将延长计划进度

外部环境

1. 产品依赖政府规章，而规章的改变是不可预期的

2. 产品依赖草拟中的技术标准，而最后的标准是不可预期的

人员

1. 招聘人员所花时间比预期的长

2. 作为先决条件的任务（如培训、其他项目的完成、工作许可证）不能按时完成

3. 开发人员和管理者之间关系不佳导致决策缓慢，影响全局

4. 项目组成员没有全身心投入项目，进而无法达到需要的产品性能水平

5. 缺乏激励措施，士气低下，降低了生产能力

6. 缺乏必要的规范，增加了工作失误与重复工作

7. 某些人需要更多时间适应不熟悉的软件工具和环境

8. 某些人需要更多时间适应不熟悉的硬件环境

9. 某些人需要更多时间适应不熟悉的编程语言

10. 项目结束前，合同制人员离开团队

11. 项目结束前，雇员辞职

12. 项目后期加入新的开发人员，额外的培训和沟通降低了现有成员的效率

13. 项目组成员不能有效地在一起工作

14. 由于项目组成员间的冲突，导致沟通不畅、设计欠佳、接口错误和额外的重复工作

15. 有问题的成员没有调离项目组，结果损害了项目组其他成员的积极性

16. 项目的最佳人选未能加入项目组

17. 项目的最佳人选已加入项目组，但因政策或其他原因未能合理使用

18. 没有找到项目急需的具有特定技能的人

19. 关键人物只能兼职参与

20. 项目人员不足

21. 任务的分配与人员技能不匹配

22. 人人员作的进展比预期的慢

23. 项目管理人员怠工导致计划和进度失效

24. 技术人员怠工导致工作遗漏或质量低下，工作需要重做

设计和实现

1. 设计过于简单，无法确定主要事件，并导致重新设计和实现

2. 设计过于复杂，导致一些不必要的工作，影响实现效率

3. 设计质量低下，导致重复设计和实现

4. 使用不熟悉的方法，导致额外的培训时间和重复工作，以修正前期使用这种方法所导致的错误

5. 产品采用低级语言来实施（如汇编），导致生产率比预期的低

6. 一些必要的功能无法使用选定的代码和库实现，开发人员必须使用新的库或者自行开发所要的功能

7. 代码和库的质量低下，导致需要额外的测试、错误修正或重做

8. 过高估计了增强型工具对计划进度的节省量

9. 分别开发的模块无法有效集成，需要重新设计或重做

过程

1. 大量的纸面工作导致进程比预期的慢
2. 进程跟踪不准确，导致无法预知项目是否已落后于计划进度
3. 前期的质量保证行为不真实，导致后期的重复工作
4. 质量跟踪不准确，导致无法得知影响进度的质量问题
5. 太不正规（缺乏对软件开发策略和标准的遵循），导致沟通不足、质量问题和工作重做
6. 过于正规（教条地坚持软件开发策略和标准），导致过多耗时无用的工作
7. 向管理层撰写进程报告占用的开发人员的时间比预期的多
8. 风险管理粗心大意，导致没有发现重大的项目风险
9. 软件项目风险管理花费的时间比预期的多

资料来源：*Principles of Software Engineering Management* (Gilb 1988), *Software Risk Management* (Boehm 1989), *A Manager's Guide to Software Engineering* (Pressman 1993), *Third Wave Project Management*(Thomsett 1993), 以及 *Assessment and Control of Software Risks* (Jones 1994).

5.3　风险分析

在确定了项目的进度风险后，下一步是分析每个风险可能造成的影响。可以使用风险分析方法帮助你从不同开发方案中选择最合适的一种，也可以用它来管理已选定方案中相关的风险。就总体风险评估而言，可能是很棘手的工作，但是一旦确定将计划进度风险作为主要的关注点，那么风险评估就变得简单多了。

5.3.1　风险暴露量

一种很有用的风险分析方法就是确定每个风险的"风险暴露量"。风险暴露量常被缩写为"RE."(Risk Exposure，有时又叫"风险影响")。风险的一个定义就是"不希望的损失"。风险暴露量就等于"不希望的损失"的概率乘以损失的程度。举例来说，如果你认为实际进度比计划进度延长 4 周的概率是 25%，那么风险暴露量就是 4 周 ×25%=1 周。

由于只关心进度计划风险，因此可以用周或者月（或者其他时间单位）来计量风险，这样就可以很容易地进行比较。

可以建立一个由风险、发生概率、损失大小和风险暴露量组成的风险评估表。表 5-4 是风险评估表的一个例子。

表 5-4   风险评估表的例子

风险	发生概率	损失大小（周）	风险暴露量（周）
计划过于乐观	50%	5	2.5
由于要完全支持自动从主机更新数据而造成的额外需求	5%	20	1.0
由于市场变化而增加额外的功能（特指未知的）	35%	8	2.8
图形格式子系统接口不稳定	25%	4	1.0
设计低劣——要求重新设计	15%	15	2.25
项目审批超过预计时间	25%	4	1.0
设施未能及时到位	10%	2	0.2
为管理层写进程报告占用开发人员的时间比预期的多	10%	1	0.1
外包方的图形格式子系统推迟交付	10% ~ 20%	4	0.4 ~ 0.8
新的编程工具没有节省预期的时间	30%	5	1.5

在表 5-4 所示的风险评估表中，列出了可能给该假设项目造成项目进度延长 1 周到 20 周的潜在的风险，风险发生的概率范围在 5% 到 50% 之间。在现实的项目中，你可能会列出比此表要多得多的风险。

怎样确定风险发生的概率和损失大小呢？因为必须估计出数字，因此不能指望它们很精确。

5.3.2   估计损失的大小

损失的大小常常比损失发生的概率更容易受到控制。在上面的例子中，完全可能很精确地估计出由于增加完全支持自动从主机更新数据而增加的研发时间是 20 个月。又例如，根据执行委员会将在哪个月讨论项目建议书的估计，也可能知道项目不是在 2 月 1 日就是 3 月 1 日会被批准，如果假定项目会在 2 月 1 日被批准，那么项目被批准的风险，即比预计批准的时间最多长多少，就是 1 个月时间。

如果有时损失的大小不容易直接估计出来，还可以将损失分解为更小部分，分别对它们进行评估，之后将各个小的独立评估结果累加形成一个合计评估值。举个例子，如果你使用了 3 种新的编程工具，你可以单独评估每种工具未达到预期效果的损失，然后再把损失加到一起，这要比进行综合的评估容易多了。

5.3.3 评估损失发生的概率

评估损失发生的概率要比评估损失大小更具有主观性。这里有许多实践方法可以提高主观评估的准确度：

· 由最熟悉系统的人评估每个风险的发生概率，然后保留一份风险评估审核文件。

· 使用 Delphi 法或少数服从多数的方法。使用该方法，必须要求每个人对每个风险进行独立地评估，然后讨论（口头或纸面上）每个评估的合理性，特别是最高和最低的那个。一轮一轮地讨论，直到达成共识。

· 用类似打赌的方法："你接受这个赌注吗？如果设施及时到位，你赢得 125 元，如果没有，你输我 100 元。"逐步调整赌注，直到使双方都满意为止。风险概率就是赌注中的下限被全部数额除的结果。例如，在以上例子中，设施没有按时提供的概率是 100 元 /(100 元 +125 元)=44%。

· 使用"形容词标准"。首先让每个人用口头语中表示可能性的形容词短语选择风险的级别，如非常可能、很可能、可能、或许、不太可能、不可能和根本不可能。然后把口头的评估转换为量化的评估 (Boehm 1989)。

5.3.4 整个项目的延期和缓冲

实际上，表 5-1 中对风险暴露量的计算来源于一个被称为"期望值"的统计术语。设计欠佳引起的风险如果真正发生将花费你 15 周的时间。既然它不是 100% 地会发生，那么当然不能预计损失 15 周时间。但它也不是没有可能发生，所以也不应指望不会发生损失。统计学认为，预计损失的数量是概率乘以损失大小，即 15% 乘以 15 周。在这个例子中，预计的是损失 2.25 周。由于我们只是谈论进度风险，所以，可以累加所有的风险暴露量来得到项目全部可预料的超出预期值。这个项目可预料的超出预期值是 12.8 到 13.2 周，这就是如果不做任何风险管理的话有可能超过计划进度的时间。

超出预期值的大小为整个项目风险控制级别的确定提供了依据。如果例子中的项目是个 25 周的项目，超出预期值 12.8 到 13.2 周就很明显需要进行风险管理了。

相关主题

有关进度计划增减的限定符的更多信息，请参考第 8.3.3 节。

可以改变计划进度以适应预期的变化吗？是的，可以。在完成了风险管理计划后，重新计算所有的风险暴露量，然后将其加到你的计划进度中，可以起到缓冲作用。这样的缓冲值比起只凭经验确定的数值更有意义。另外，可以简单地发布一个每个风险导致的进度增减列表，一旦风险发生，可以及时调整计划安排。

5.4   风险优先级

一旦建立了进度风险列表，下一步就是要确定这些风险的优先级，及便明确风险管理要专注的重点。项目通常花费 80% 的金钱来解决 20% 的问题，所以风险管理的重点是关注那最重要的 20% 的部分 (Boehm 1989)。

当消除风险已无济于事及减小风险令人怀疑时，风险管理本身实质上已经成为了一种风险。

德鲁克 (Peter Drucker)

如果只关注进度计划风险而不是关注所有的风险，确定风险优先级的工作就变得比较容易了。首先，用风险损失的发生概率乘以风险损失大小，得到风险暴露量，在风险评估表中，按风险暴露量从大到小排序，看看会得到什么结果。表 5-5 是按风险暴露量进行排序的风险评估表的一个例子。

表 5-5   带优先级的风险评估表的例子

风险	发生概率	损失大小（周）	风险暴露量（周）
由于市场变化而增加额外的功能（特指未知的）	35%	8	2.8
计划过于乐观	50%	5	2.5
设计低劣——要求重新设计	15%	15	2.25
新的编程工具没有节省预期的时间	30%	5	1.5
由于要完全支持自动从主机更新数据而造成的额外需求	5%	20	1.0
图形格式子系统接口不稳定	25%	4	1.0
项目审批超过预计时间	25%	4	1.0
外包方的图形格式子系统推迟交付	10% ~ 20%	4	0.4 ~ 0.8
设施未能及时到位	10%	2	0.2
为管理层写进程报告占用开发人员的时间比预期的多	10%	1	0.1

风险评估表按风险暴露量排序后，实际上就生成了一个粗略的风险优先级列表。如果能成功地处理风险列表中的前五个主要风险，就有希望将超出预期计划的时间减少 10.05 周。如果能成功地处理最后五个风险，则只能将超出预期计划的时间减少 2.7 到 3.1 周。一般情况下，你的时间最好花在控制风险列表中靠前的风险上。

列表的排序只是粗略的，原因在于你可能愿意将损失更大的风险排在优先级更高的位置。在表 5-5 中，需要增加完全支持自动从主机更新数据的功能的概率只有 5%，但这种风险的发生会对项目时间有 20 周的影响，大于其他任何风险。如果 20 周对你的项目是灾难性的损失，那么，即使它们发生的可能性很小，也应该管理好这类规模的风险，确保它们不会发生。

同样，你可以将一些关联的风险排在比其各自优先级更高的位置。在此例子中，图形格式子系统接口不稳定是个风险，同时，外包方的交付计划也是风险。让外包方开发图形格式子系统接口，其组合风险要远大于它们各自的风险。

这里确定的风险优先级是比较粗略的，这是因为用于确定它的所有数据都是估计的。风险暴露量的准确性和优先级排序是受风险发生的可能性和损失大小制约的。将估计的数据变成一个硬性的风险暴露量数值，使得优先级看起来似乎比较准确，但是优先级的准确性取决于所估计数据的准确性，而由于这种估计是主观的，因此，优先级本身也就是个很主观的东西。所以，对风险的客观公正态度，是风险管理的必要组成部分。

确定完高风险项目之后，风险的优先级就可以清楚地告诉我们哪些风险可以忽略。没有必要去管理那些损失较小同时发生概率也较低的风险。在前面的示例中，很容易在管理设施未能及时到位这样的风险上花费（比放任它不管所造成的损失）更多的时间。风险优先级管理对那些被繁多的风险管理工作包围的项目经理来说，可以起到事半功倍的作用。

5.5   风险控制

当确定了项目的风险并分析了它们的可能性和量级、排出了风险的优先级后，就可以准备对它们进行控制了。本节描述控制风险的 3 个方面：风险管理计划、风险化解和风险监控。

5.5.1　风险管理计划

编制风险管理计划的重点是制定一个计划，以处理每个在前面的风险分析中确定的高优先级风险。风险管理计划可以简单地理解为一段一段的风险管理描述，如每个风险是谁引起的、表现形式是什么、可能什么时候发生、在哪发生、为什么发生以及是怎样发生的。它同时也包含监控风险、关闭已经化解的风险、确定紧急风险等内容。

5.5.2　风险化解

特定风险的化解在许多情况下都取决于特定风险本身。针对设计低劣风险的实践应用到项目组占满办公室这样的风险上时并没有什么效果。

假设你是一个外包方，而且你既关心设计低劣风险（该产品领域对你来说是陌生的），也关心办公区可能被公司其他项目组占据这样的风险。这里有一些能化解设计风险和办公空间风险的一般方法。

深入阅读

有效的风险化解经常取决于发现一个针对特定风险的创造性的解决方案。关于如何解决许多软件项目风险的一个好主意的来源是 *Assessment and Control of Software Risks*(Jones 1994)。

1．避免风险

不要做冒险的活动。例如，可以负责大部分的系统设计工作，但不要承担不熟悉部分的设计工作，让客户去设计不熟悉的部分。在办公空间问题上，与想要占用办公空间的项目组协商，说服他们不要与你争抢。

2．将风险从系统的一部分转移到另一部分

有时项目这部分的风险对项目另一部分来说就不再是风险，因此可以将它移到另一部分去。例如，在设计客户端交易区域时，说服客户由他们设计你不熟悉的交易区部分，而由你设计原计划由他们设计的那部分系统。或者可以请他们审核或修改你的设计，这样可以有效地将一些风险责任转移到他们的肩上。在办公室问题上，有没有其他进度计划不是非常急迫的项目组可以代替你的小组调整办公空间，或者等到系统交付后再搬。

总而言之，消除关键环节上的风险，调整项目其他部分，这样即便风险发生，项目整体也不会拖延。

3．花钱获取关于风险的信息

如果不能确切知道风险的严重性，那么可以做一些调研。例如开发一个设计原型以测试设计的可行性，也可请外面的咨询顾问评估你的设计。

在办公室问题上，应制定计划把办公设备先搬进你在项目期间工作的办公室，以便占上位置。

4. 消除产生风险的根源

如果系统某部分的设计面临异常问题，可将其作为一个研究项目彻底重新设计，并将其从正在进行的版本中剔除。在办公室问题上，用其他的办公室吸引要占用你办公室的项目组，或要求办公室计划管理部门承诺在项目期间保证你的办公空间的使用权。

5. 接受风险

接受风险的情况也可能会出现，这时不要做任何特殊处理。如果后果较小，而处理它们的代价很大，那么滚动处理可能是最有效的途径。平静地接受设计低劣或办公室冲突这样的风险。

6. 发布风险

让上级领导、市场人员、客户知道有关的风险及可能的后果，这样如果风险发生了，他们也就不会再感到惊讶了。

7. 控制风险

要接受风险可能会发生这一现实，制定风险无法化解时可能的处置计划。分配额外的资源来测试设计中令人担心的那部分系统，并留出额外的问题处理时间。在办公室问题上，要尽量提前向办公室计划管理部门提出使用申请，确保搬家平稳进行；做好周末搬家计划，以将其对工作的影响减到最低；聘请临时工帮助打包、拆包。

8. 记住风险

为未来的项目建立一组风险管理计划。

为更好地表示如何控制风险，表 5-6 列出了控制大多数常见计划风险的方法。

表 5-6　控制大多数常见进度计划风险的方法

风险	控制方法	哪里可以找到详细信息
1. 功能蔓延	使用面向客户的实践	第 10 章
	使用增量开发实践	第 7 章
	控制功能集	第 14 章
	变更设计	第 19 章

风险	控制方法	哪里可以找到详细信息
2. 需求镀金开发 人员镀金	筛选需求	第 14.1 节
	限时开发	第 39 章
	控制功能集	第 14 章
	使用阶段交付	第 36 章
		第 7.6 节
	使用舍弃原型实践	第 38 章
	面向进度的设计	第 7.7 节
3. 质量低劣	给 QA 留出时间，注重质量 保证基础	第 4.3 节
4. 计划过于乐观	采用多个估算实践、多个估算 员和自动估算工具	第 8 章
	使用原则谈判法	第 9.2 节
	面向进度的设计	第 7.7 节
	使用增量开发实践	第 7 章
5. 设计低劣	要有清晰的设计活动和 足够的设计时间	第 4.2 节
	进行设计检查	第 4.3 节 第 23 章
6. 银弹综合征	要有粗略的生产率要求	第 15.5 节
	建立软件度量计划	第 26 章
	建立软件工具库	第 15 章
7. 研究导向的开发	不要试图在进行研究的 同时使开发速度最快	第 3.3 节
	使用基于风险的生命周期模型	第 7 章
	谨慎管理风险	本章内容
8. 人员素质低	招募顶尖人才	第 12 章 第 13 章
	项目开始前招聘或预定关键成员	第 12 章 第 13 章
	培训	第 12 章 第 13 章
	团队建设	第 12 章 第 13 章

续表

风险	控制方法	哪里可以找到详细信息
9. 外包方失败	检查参考资料	第 28 章
	外包前分析外包方的能力	第 28 章
	积极管理外包方	第 28 章
10. 开发人员与客户发生磨擦	采用面向客户的实践	第 10 章

5.5.3　风险监控

当我们制定了风险防范计划后，虽然风险还存在，但软件生命周期的控制可能就变得更为简单了。由于风险在项目推进过程中会增大或者减弱，所以需要进行风险监控，以检查每个风险的化解程度，并确定随着它们的消失而带来的新的风险。

1. 前 10 大风险清单

最有效的风险监控工具之一就是建立前 10 大风险的列表，该列表包含每个风险当前的级别、以前的级别、已经上表的次数和从上次审核后风险化解的步骤等。表 5-7 是前 10 大风险列表的一个示例。

前 10 大风险列表中是否要精确地列出 10 个风险并不重要。正如表中最后一项表明的那样，此风险列表中还应该包含自上一次评审以来已从列表中清除的那些风险。

表 5-7　前 10 大风险

本周排序	上周排序	已上列表周数	风险	风险化解进展
1	1	5	功能蔓延	采取分阶段交付的方式；需要对市场人员和最终用户解释
2	5	5	设计低劣——要求重新设计	按已定规范设计，并请专家按规范审核
3	2	4	测试领导还未到岗	优秀候选人员已经确定，等待主管负责人分配人员
5	8	5	外包方开发的图形格式子系统延迟交付	约见有经验的合同联络人要求外包方指派正式的联络人；但还未获得回应
6	4	2	开发工具延迟交付	7 个工具中已交付 5 个采购小组已将余下的工具列为高优先级

续表

本周排序	上周排序	已上列表周数	风险	风险化解进展
7	—	1	项目经理审核周期变长	按规范评估
8	—	1	客户审核周期变长	按规范评估
9	3	5	计划过于乐观	按计划准时完成第一阶段里程碑
10	9	5	增加完全支持自动从主机更新数据的功能	研究手动更新的可行性 参考功能蔓延风险
—	6	5	设计负责人的时间花在以前的项目上	以前的项目组已经转到其他办公室

对于快速开发项目，项目经理和项目经理的上司应该每周都审核前 10 个风险列表。前 10 大风险列表最有意义的方面是促使你定期查看风险，定期思考这些风险，并对重要的变化给予警告。

2．中间检查

虽然前 10 大风险列表可能是最有效的风险监控手段，但一个快速推进的项目也应该包括项目过程的中间检查。许多项目经理直到项目结束时才进行检查，这对于后续项目会有好处，但不会对你真正需要的正在进行的项目有帮助！为发挥检查的作用，在完成每个主要里程碑后进行一次小规模的检查是非常有益的。

3．风险官员

有些企业发现任命风险官员很有用。风险官员的工作就是警告项目风险，防止项目经理和开发人员忽略计划中的风险管理。有了这种严格把关的人，在测试和相互审查时，就可以消除人们的心理障碍，找出所有项目可能失败的原因。对于大型项目 (50 人以上)，风险官员可能是全职的。而对于较小的项目，你可以将这种责任赋予某些人，由他们在需要的时候承担起这种责任。出于上面提到的心理原因考虑，被赋予这种责任的人一般不应是项目经理。

5.6　风险、高风险和冒险

为实现快速开发，有些项目是有风险的，有些项目的风险会很高，有些项目则是在冒险。很难发现没有风险的软件项目。"只是单纯有风险"的项目是最适合达到开发速度最大化的，项目从始至终允许你高效直线地推进。在没必要从容地进行开发时，懂得本书中的策略和方法的人员将会比较好地实现快速开发。

高风险和快速开发是个很难调和的组合。风险往往延长开发进度计划，高风险往往延长得更多。即便项目涉及许多风险——需求含糊不清、人员未经培训、不熟悉的产品应用领域、很强的研发成分等，有时现实的业务中还是要求你提交具有挑战性的开发计划。

如果你发现自己在这样的环境下被迫提出了一个艰巨的进度计划，请注意许诺的性质。只要存在二三个高风险区域，那么即便是最佳的进度规划也几乎没有意义。请注意向依赖于你的进度计划的人们解释你所承受的、经过计算的风险，特别是高风险，以说明并不是你不想交付每个人希望得到的东西。在这种情况下，只有得力的风险管理才能帮助你摆脱困境。

在风险范围的极限内，有些项目计划安排得过于紧张，已经不折不扣地变成了冒险——他们更像在买彩票而不是在进行业务决策。约有 1/3 的项目在项目开始前就注定了它具有不切实际的计划进度、功能集和资源组合。在这样的环境下，项目开始前已经注定 100% 的失败。由于没有可能通过已知的开发实践来达到计划进度的要求，所以只好采用边编码边修复这类开发方法去博取千分之一的获胜机会。尽管他们的确需要最快的开发速度，但具有讽刺意味的是，这样的项目反而是将高效的、面向速度的实践抛到了窗外。

不可避免的结果是侥幸方式不能奏效，项目交付延迟，项目拖延的时间远比建立了风险管理机制而不是不顾一切地冒险的项目更长。

业界是否真的有 1/3 的项目需要不顾一切地冒险呢？是否 1/3 的项目都需要以侥幸方式进行业务运作呢？我认为不需要。要做的是，注重项目的风险级别并将其归入风险或高风险类别中。

我们需要有能力评价企业决策水平，这不仅仅是一种对待风险的态度，它也是一种风险特性。既然如此，我们能够处理或者不能处理的风险到底是什么？它是很少见但异常重要的风险吗？还是那些不管有何差别我们不得不处理的风险？

德鲁克 (Peter Drucker)

相关主题

有关计划进度、功能集和资源都已经指定的项目的更多内容，请参考第 6.6 节。有关编码和修正的更多内容，请参考第 7.2 节。

系统性的风险管理

Square-Calc 3.0 版已经变成了一个灾难，它超出计划进度的 50%。Eddie 同意接管 3.5 版项目，他希望比上一个项目经理做得好些。

"大家都知道，Square-Calc 3.0 版没有预期做得好，"在第一次计划会上他告诉项目组，"计划需要 10 个月时间，实际花了 15 个月。我们需要做得更好些，我们有 4 个月时间来完成一个中等规模的升级版，我认为以这个时间完成这个工作是合理的。风险管理排在最高优先级的位置，我要做的第一件事就是任命风险员，他负责找出项目中存在的各种可能做错的事情。哪位感兴趣？"

Jill 比上一个项目工作得更为努力，她愿意帮助防止再次出现错误。她说："我有兴趣，需要我做些什么？"

"你需要做的第一件事情就是建立已知的风险列表。"Eddie 回答，"我想你今天下午可以和每个开发人员一道工作，找出我们应该注意的风险，然后，今天下午我想和你一起讨论。我们可以看一下这些风险以及它们从何而来。"

那天下午，Jill 和 Eddie 在 Eddie 的办公室开会。"每个人，包括我自己，都认为最大的风险是 Square-Calc 3.0 版的底层代码。它实在太糟了，"Jill 说，"我们没人想对它做大的改动，有些模块我们甚至都不敢碰。"

"第二个较大的风险是用户手册进度。上次交付延迟的部分原因是用户文档的协调出现了问题，不过我们已经得到不会再次发生这样的事情的保证了。"

"最后一个大的风险是需求蔓延。3.5 版已经有许多不能砍的功能了，我担心市场人员还会硬塞进一些功能。"Jill 又连续提出了一打（12 个）较小的风险，但只有前 3 个是大的风险。

"OK，我想我们应该为这些风险制定一个风险管理计划。"Eddie 说，他给她解释了前 10 个风险列表这样的想法，并说他想每周和项目组成员一起检查前 10 个风险。

为管理代码风险，他们决定分析问题数据库，以确定系统中的哪些模块有问题倾向。他们将从 4 个月的项目时间中拿出 1 个月来重点重写那些有问题倾向的模块。

为避免用户文档风险，他们决定开发一个小的临时用户界面原型，该原型将与即将编写的代码所表现出来的界面完全匹配。他们不允许与原型背离。在每周的风险管理会议上，他们也进行对用户文档的检查，以确保他们与文档工作的协同一致。

对于功能蔓延这一风险，Eddie 保证了会与市场部门沟通。"我知道他们首要的目的是保证产品按时推出。"他说，"3.0 版项目进度出现问题后，我们需要重新树立客户的信心，我认为我们应该砍掉一些功能。"他们也邀请市场部门的 Carlos 参加他们的风险会议，目的是让市场人员理解他们所面临的所有风险，而不要自己弄一堆新的风险。

在接下来的 4 周中，已经按进度确认并更换了有问题倾向的模块，已经重写了 5% 的模块，清除了 50% 的错误。他们认真地重新设计并更换了这些模块，每步都进行彻底检查。到他们做完时，令他们欣慰的是代码库已经能够支撑 3.5 版本所需要做出的其他修改。

在第 6 周的风险会议上，Jill 发布了一个新的消息。"正像你们所知道的那样，除了大的风险外，我一直在监控一些低风险优先级的风险，而其中有一个已经变得很重要了。Bob 一直致力于提高一些科学计算函数的计算速度，几周前他告诉我，他没有把握能够满足修改后的规范要求。显然，他研究的是可能的最佳算法，并实现了它，现在已将函数速度提高了 50%。但规范要求提速 100%，所以，Bob 一直试图找到更快的算法。我告诉他我要在计划中设置一个红色的报警点，如果到了那点他还没有完成工作，我会举起报警小旗。昨天，我们已经碰到了红色警告点，而 Bob 说他没有办法解决。基本可以讲，我认为 Bob 是在做软件研究，没有办法预测他需要花多少时间才能解决那个问题。"

Carlos 从市场的角度说："我是改进速度的推动者，我认为 100% 这个数值是可以灵活考虑的。对我来讲更重要的是按时推出产品，而不是满足性能要求。至少我们可以向我们的客户表明我们是负责任的。"

"很有道理，"Eddie 说，"我认为我们已经将速度提高了 50%，这已经足够了，所以，我会重新分配 Bob 做其他的工作。无须担忧这样的风险。"

从此以后，再没有令人震惊的事情，只有较小的风险信号，并且在很小的时候就被处理了。与上一个项目相比，这个项目似乎缺少了惊险，但没人在意。一些市场人员试图加入一些功能，但 Carlos 明白项目进度目标的重要性，所以在开发人员听到这些需求前，他已经挡住了大部分的申请。项目组效率卓著，他们在预期的 4 个月内交付了 Square-Calc 3.5 版。

深入阅读

Boehm, Barry W., ed. *Software Risk Management*. Washington, DC: IEEE Computer Society Press, 1989. This collection of papers is based on the premise that successful project managers are good risk managers. Boehm has collected a nicely balanced set of papers from both technical and business sources. One of the best features of the book is that Boehm contributed about 70 pages of original writing himself. That 70 pages is a good introduction to software risk management. You might think that a tutorial published in 1989 would seem dated by now, but it actually presents a more forward-looking view of software project management than you'll find most other places.

Boehm, Barry W. "Software Risk Management: Principles and Practices." *IEEE Software*, January 1991, pp. 32-41. This article hits the high points of the comments Boehm wrote for Software Risk Management and contains many practical suggestions.

Jones, Capers. *Assessment and Control of Software Risks*. Englewood Cliffs, N.J.: Yourdon Press, 1994. Jones's book is an excellent complement to Boehm's risk-management tutorial. It says almost nothing about how to manage software risks in general; instead, it describes 60 of the most common and most serious software risks in detail. Jones uses a standard format for each risk that describes the severity of the risk, frequency of occurrence, root causes, associated problems, methods of prevention and control, and support available through education, books, periodicals, consulting, and professional associations. Much of the risk analysis in the book is supported by information from Jones's database of more than 4000 software projects.

Gilb, Tom. *Principles of Software Engineering Management*. Wokingham, England: Addison-Wesley, 1988. This book has one chapter that is specifically devoted to the topic of risk estimation. The software development method that Gilb describes in the rest of the book puts a strong emphasis on risk management.

Thomsett, Rob. *Third Wave Project Management*. Englewood Cliffs, N.J.: Yourdon Press, 1993. The book contains a 43-question risk-assessment questionnaire that you can use to obtain a rough idea of whether your project's risk level is low, medium, or high.

译者评注

从项目管理的角度来看，有 5 大硬性知识领域，即范围管理、进度管理、成本管理、质量管理和风险管理。风险会出现在以上的 4 个领域的各个过程中。只有有效地阻止可能发生的危险因素，才能确保项目的顺利推进。有些人错误地认为，风险识别是项目早期的工作，实际上项目的风险贯穿于整个项目过程。全生命周期的有效风险管理是必须要坚持的。

第 II 部分
快速开发

第6章 快速开发中的核心问题

本章主题
- 一个标准是否适合所有情况
- 你需要什么样的开发方法
- 按时完成的可能性
- 感知与现实
- 时间花到哪里去了
- 开发速度的平衡
- 典型的进度改进模式
- 向快速开发前进

相关主题
- 快速开发策略：参阅第2章

你已经了解了如何避免典型错误的发生，掌握了开发基础及风险管理方法，你现在需要关注的是以进度为导向的开发实践。而第一步要了解的是存在于最大开发速度中的一些问题。

6.1 一个标准是否适合所有情况

与开发一个录像带库存跟踪系统相比，你应该用不同的实践方法去开发心脏起搏器。如果一个软件错误引起千分之一的录像的丢失，它可能给你造成微小的利润损失，这不算什么。但如果一个错误会引起千分之一的心脏起搏器的失败，那就成了一个危及生命的问题。

不同的项目具有不同的快速开发的需求，尽管它们都需要尽可能快地开发。一般来说，分布广的产品比分布狭窄的产品需要更为仔细地去开发。可靠性要求高的产品比可靠性要求一般的产品需要更为认真地去开发。图6-1举例说明了在分布程度和可靠性方面的变化。可以看出，在开发心脏起搏器过程中被认为是蹩脚的实践方法，在网上食谱的开发中可能认为它又过于严格了。

相关主题

有关对特殊项目需要
定制软件过程的更多
内容请参考第 2.4 节。

图中引用的具体内容只是一些例子而已。也许你对于视频显示驱动软件或税务程序是否需要更高的可靠性，或者桌面排版软件或电子制表软件的应用范围是否更为广泛等问题有异议，但关键是要认识到不同软件的分布广度和对可靠性的要求也有很大的不同。软件的失败能造成时间、工作、金钱或人的生命损失。一些为取得市场成功而完全可以接受的面向进度的实践方法，在关系到人类生命的开发项目中，却可能会完全不予考虑。

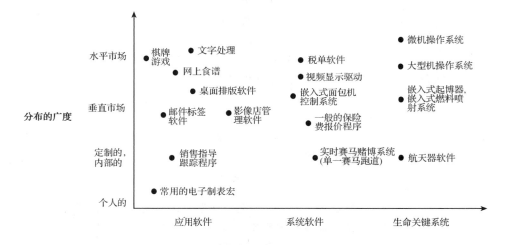

图 6-1   不同种类软件要求不同的解决方案

另一方面，在开发生命临界系统时被认为是蹩脚的实践活动，在开发客户商务系统时，却可能是过于严谨了。有限分布的用户软件的快速开发可以想象是由广域分布软件的各个"工作区"构成的。把能够解决今天的问题的模块今天就黏合在一起，不要等到明天，明天可能就太迟了——一个迟到的解决方案是没有价值的。

由于开发目标的这种巨大差异，你不可能在不知道具体细节的情况下就对用户说这是您要的快速开发方案。正确解决问题的方法是，你首先应把自己定位于图 6-1 中的正确位置上。但是，除了可靠性程度和分布广度外，引起产品多样化的因素还很多，所以也很难确切认定产品在图中的位置。这就意味着，大部分用户都需要为它们的具体情况定制解决方案。像图 6-2 中提出的，一种尺寸的帽子不适合所有的人戴。

图 6-2   均码的帽子不适合所有的人

6.2   你需要什么样的开发方法

快速开发这一部分中涉及的最核心问题是确定在快速开发中需要采用的方法。你需要的是具有微弱速度优势的方法？有更好的可预测性的方法？有较好的发展前景的方法？低费用的方法？还是不惜代价的开发方法？

我为本书搜集背景资料时，在许多令我惊讶的事情中发现了一个共同点，即许多最初具有快速开发需求的人们，最终发现他们需要的却只是低费用，或者具有更好的可预测性的开发方法，甚至只是一个能够避免灾难性失败发生的简单方法。

你可以提出下面几个问题来帮助决定到底需要什么样的快速开发方法。

· 　产品进度的限制力度有多大？
· 　由于表面上像快速开发项目，那是否因此而提升了对项目进度的重视程度？
· 　是否会由于项目本身局限而阻碍快速开发的顺利进行？

以下内容就回答了这些问题。

6.2.1   进度计划有严格限制的产品

对于确实需要全力以赴提高开发速度，而不很注重费用和可预测性的产品来说，它与典型产品相比具有不同的时间价值曲线。如图 6-3 所示，典型产品的价值是随时间的推移而向下倾斜的，但是具有强进度限制的产品则有一个产品价值急剧下落的点。典型产品与时限要求高的产品相比，它们对完成时间要求的迫切程度是不一样的。

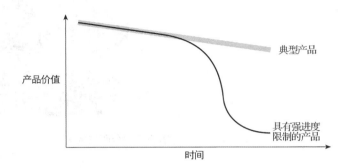

图 6-3　随着时间推移，典型产品和具有强进度限制的产品的价值变化

对于典型产品，有效开发通常提供了一个开发费用和进度时间表的最好组合。但是，有可能你的产品在圣诞节这个销售季节到来前必须及时完成，否则你不得不等待下一个销售年度；你需要及时完成对工资单系统的修改，使它符合新税法；你的公司将要破产，你需要用产品的收入去挽救公司；你需要以蛙跳的速度开发一个竞争产品，并且先于竞争对手6 星期而不是两星期发布你的产品，以击败市场上的竞争对手，从而获得双倍的收入。

正像图中显示的，这些项目大多具有这么一个时间点，如果在此点之前不能发布你的产品，就根本没必要再继续开发它。在这些例子中，专注于能够提高开发速度的实践方法就很重要了。

6.2.2　表面上的快速开发

在一些实例中，快速开发的需求是采用迂回的方式由用户、消费者或上级主管提出的。他们要求在难以置信的压力下快速开发产品，但事实上有时他们真正需要的是低费用和承担低风险。他们只是不了解如何提出这些要求，或者不知道这些要求不能与全力以赴的开发速度需求共同得到满足。

在确定项目是否对进度的要求（最短）胜于对费用（最少）、风险（最低）和功能（最好）的要求之前，应挖掘真正的需求。有些表面上的快速开发项目，好像需要的是全力以赴的开发速度，但实际上，它们有其他的需求。这些问题在以下小节展开讨论。

1．防止失控状态

如果一个软件组织有过因项目失控造成拖延工期或超预算的历史，那么客户会要求进行"快速开发"。但是在这种情况下，客户的真正需求是希望项目能保证按规定的进度和在规定的预算内完成。

你可以用客户提供的对开发速度的要求来区分项目是否是表面上的快速开发项目：是否要求尽可能快而没有具体的进度目标，或者有具体的进度目标，但没有人可以说明它的重要性。项目失控的历史给我们的一个启示就是，对这种情况的解决方案不是选择面向进度的实践方法，而是需要较好的风险管理、项目预算和管理控制来保证项目的顺利执行。

2．可预测性

在很多实例中，客户需要将项目中的软件开发部分与项目收入、市场、个人计划和其他软件项目协调一致。虽然他们要求"快速开发"，但他们实际要求的是通过对相关工作的调整以达到高度的可预测性。如果你的客户强调"准时"完成软件，同时没有外部的约束，如展示会等，那么或许与开发速度相比，他们更关心预期的结果。这种情况下，应选择有效开发，并强调能减少进度风险的实践方法。

3．最低的费用

对于软件开发项目，用户希望费用最低的现象并非罕见。在这种情况下，他们谈论的是尽快开发软件，但他们实际更强调对预算的控制，而非对进度的关心。

相关主题
要想进一步了解进度压力，请参见第 8.6 节。

对于一个项目来说，如果用户第一位关心的是费用的话，显然过于关注开发进度是不适宜的。虽然最短的开发进度同样也能够保证最低费用的这个假设是符合逻辑的，但在现实中，用于最低费用的实践和用于最短开发时间的实践是不同的。在有些情况下，将进度适当延至正常进度之后，同时再压缩团队规模，实际上会减少开发的总费用。一些快速开发的实践却会增加开发的总费用。

4．注意转折点

如图 6-3 所示，随着时间的推移，一个产品的价值有时是逐渐下落的，而有时在某点之后是陡峭下落的。如果有陡峭下落的点，那么这样说似乎也是符合逻辑的："我们要求全力以赴地提高开发速度，以便我们能够保证产品在那个时间点之前发布。"

但是否需要快速开发实质上是依赖于你有多少时间来完成项目以及你利用有效开发方法去开发项目将花费多少时间。图 6-4 显示了两种可能性。

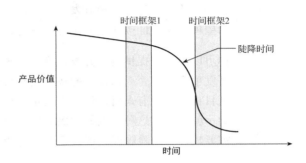

图 6-4   是否需要使用快速开发实践取决于需求软件的急迫程度。如果能够在时间框架 1 中利用有效开发实践完成项目，就应该那样做并将风险保持在低水平上，而不应采纳以速度为导向的实践，那可能会造成风险的增加

如果你能够用有效开发实践，在时间框架 1 内（在陡降时间点之前）完成项目，并且在开发的同时关注于减少风险而不是开发速度，那么，项目的按时完成就有了充分的保证。有些快速开发的实践在缩短开发时间的同时也增加了进度的不确定性，在这种情况下采用扩大进度风险的实践方法就是一个错误。

如果单独采用有效开发实践尚不足以在最终期限前完成项目（比如只能在时间框架 2 内完成项目），那就需要使用注重速度实效的开发实践，以便有机会按时结束项目。

5．渴望自愿加班

在一些实例中，客户（或管理者）是利用他们对快速开发的关心来掩饰他们希望开发人员利用免费加班来突破快速开发底线的愿望。客户利用雄心勃勃的进度而产生的急迫感帮助达到这一目的。

这种表面上的快速开发与真正的快速开发是很容易区别的，因为在这种情况下，客户在强调进度的重要性的同时会拒绝提供用于提高开发速度的任何支持，除了自愿加班以外。客户不愿意支付因为需要更多的开发人员、改善硬件工具、改善软件工具或是其他方面的支持所需的费用。客户也不愿意通过对软件功能集的平衡，来达到加快进度的目标。在一个真正的快速开发项目中，客户对任何能够加快进度的方法都是很愿意考虑的。

如果达成项目进度的重要程度大得使你感到有压力，那么它的重要性也足以让客户增加对项目的支持。如果公司要求开发人员更加努力地工作，那么它自己也一定也乐于更加努力地工作。如果你发现客户只是想让你的团队无偿的工作，而不提供任何支持，那么无论你做什么都无济于事。要求进行这种软件开发实践的客户心目中，并不关心你的利益。对于这样的项目，你最明智的选择是拒绝这样的工作或是更换工作。

6.2.3　你是否真正需要全力开发

现实生活中的客户（包括最终用户、市场营销人员、管理人员和其他人员）经常为新的特色和新的版本而呼吁。但是客户同样察觉到产品的升级可能引起的破坏。要意识到客户希望你能在产品、费用和进度上保持平衡。自然，他们会要求你在低费用和短进度控制下提供最好的产品，但是往往你只能三中选二。在短进度控制下产生低质量的产品通常是一个错误的组合。如果你准时发布的产品是一个低质量的产品，人们通常记住的是产品的低质量，而非你能准时完成产品。如果你发布了一个令他们五体投地的重量级的迟到产品，那么你的用户记住的是令人倾倒的产品；回想起来，准时发布还是推迟发布已无关紧要。

为确定客户是否需要全力以赴的开发方案，应首先判断这个产品的价值曲线是否与图 6-3 中所示的热门产品或具有强进度约束力的产品的价值曲线相似。确定是外部时间在驱动项目进度，还是只是要"尽可能地快"。最后，看看你的高级主管是否在你全力以赴的开发过程中给你提供支持的平台。如果要你单独全力以赴完成开发工作，那其实没什么意义。

如果不能确定开发速度是最高优先级的话，那么就把时间花费在开发令你骄傲的产品上。开发一个值得人们等待的程序；快速开发的平庸的产品很难与高质量的产品相比。

在微型计算机软件产业的历史中充满了这种产品推迟发布，但获得巨大成功的例子。在 Windows 1.0 平台上的 Word，最初的进度计划是 1 年

相关主题

有关基于 Windows 的
Word 产品开发的更多内
容，请参考第 9.1.1 节。

的时间，结果持续了 5 年。Windows 95 比预期的发布时间推迟了 1 年半，但成为软件历史中销售最快的产品之一。我曾经参与的一个财务软件的发布时间比预期晚了 50%，但是它还是成为了该公司 25 年历史当中最受欢迎的软件产品。对于这些产品中的每一个，尽管每个人都认为开发进度在当时是很重的，但按时发布（按照最初制定的时间）产品并不是最关键的因素。

6.3   按时完成的可能性

我们感觉很多项目进展缓慢，但是，引起进展速度缓慢的原因却各有不同。一些开发工作是真正的慢，而另一些却是因为没有能实现预先的估算目标而显得慢。

软件项目估算的一个观点是每个项目都会有一个准确的完成时间。这种观点认为，如果一个产品开发顺利，那么将有 100% 的把握在一个特定的时间内完成。图 6-5 用图形表现了这一观点。可以看出，在指定的时间点前项目有 100% 的可能性按时完成。

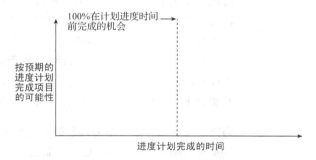

图 6-5   一个有关软件进度的观点

许多开发人员的经历并不支持这一观点。不少无名英雄在为软件进度默默做着奉献。随着环境的改变，他们在构造产品的过程中学到了许多构造产品的方法。一些实践活动比预期的好，其他的要比预期差些。

软件项目包含太多的可变因素，以至于不能够 100% 准确地设定它的开发进度。一个项目的完成绝没有一个准确的时间，任何项目有的都是一个完成项目的时间范围，在这个时间范围内，完成的可能性有的很大，有的很小。该时间范围的可能性分布看起来就如图 6-6 中的曲线所示。

图中，因为在软件项目进度中注入了未知因素，因此，有些完成日期很接近，有些则不然，但没有一个日期是确定的。

这个概率曲线的形状表达了几种假定。一是在完成一个特定项目时有一个最快完成速度的绝对极限值。以更短时间完成项目那不仅仅是困难的，而是不可能的。另一个假定是在曲线的前一段和后一段，曲线的形状是不一样的。虽然对项目完成有多快有一个极限值，但对项目完成的速度有多慢没有一个极限状态的描述。因为导致项目拖延的因素比促使项目尽快完成的因素多，所以曲线的倾斜度在后一部分比前一部分缓。

相关主题

有关可能的最短进度的更多内容请参考第8.6.2 节。

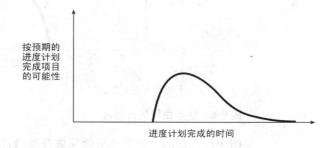

按预期的进度计划完成项目的可能性

进度计划完成的时间

图 6-6　软件进度的形状

迪马可 (Tom DeMarco) 建议，应该安排好项目进度，以便使项目提前完成的可能性与项目推迟完成的可能性一样 (DeMarco 1982)。换句话说，即安排合理的项目进度，使项目有 50/50 的可能性按时完成，如图 6-7 所示。可以看出，对于项目完成有多快有一个时间极限值，但对于需要花费多长时间完成项目则很难有个极限值。这个进度使项目有 50/50 的可能性按时完成。

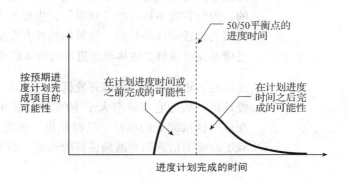

按预期进度计划完成项目的可能性

50/50平衡点的进度时间

在计划进度时间或之前完成的可能性

在计划进度时间之后完成的可能性

进度计划完成的时间

图 6-7　制定一个平衡的项目进度

这个平衡进度的策略对彻底了解开发速度慢的本质很有帮助。你可以先将可能性图形分割成为几个部分，每一部分代表不同的开发速度，如图6-8所示。很多项目在最初瞄准了不可能开发的区域（他们并不知道那是不可能的），而最终在慢速开发区完成（尽管他们并不想这样）。

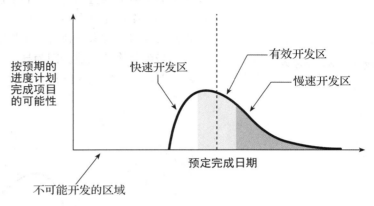

图 6-8   进度曲线的计划区

图中最左边的区域是不可能完成开发项目的区域。不存在某种生产力的水平能在这个区域内完成项目。计划在这一区域完成的项目肯定是要超出它们的计划进度的。

曲线左边的区域是"快速开发区"，在此区域内完成的项目被认为是快速的，因为在预定时间完成的概率小于50%。在此区域完成项目的开发团队已经成功打败"概率"。

曲线中间的区域是"有效开发区"。在此区域完成的项目被认为是有效的，因为它既不算打败"概率"，也谈不上被"概率"击垮，其完成时间相当接近预估的时间。有效的软件开发组织一向是在这一区域中确定进度并完成项目，这体现出进度与成本的很好的组合。

曲线的右边区域是"慢速开发区"，在这一区域内完成的项目被认为是慢速的，因为它本来有大于50%的可能性可以更早结束。至于进度，在这一区域完成的项目，已经超出了预定计划进度。50/50的成功率依赖于准确的估算和对准确估算的认可，相关主题将在第8章和第9章详细讨论。

6.4　感知与现实

假设你打算从现在起用 6 个月的时间在 100 公里以外的新城镇建一所新房子，然后搬到那里去住。首先，你选择 Honest Abe 建筑公司为你造房子。你们商定，总共需付 100 000 美元给 Honest Abe 公司，Honest Abe 公司保证在 6 个月内帮你建好房屋，让你在 6 个月后搬到这个城镇时能够住上新房。你已经买下一块地，并且 Abe 也认为那里适合建造房屋。在你们握手达成协议后，你给 Abe 公司一半的费用作为预付金，并开始等待房屋建成。

几个星期之后，你很想知道建造房子的进展情况。于是，找一个周末驱车 100 公里去现场看个究竟。令你惊讶的是，你看到的是夷成平地的一块土地，没有地基，没有房屋结构，没有进行任何工作。你打电话给 Honest Abe 公司："我的房屋建得怎样了？" Abe 回答："由于有一个已完工的房屋导致你的房屋建造工程启动慢了。不过我在你的房屋建造估算时间上留有余地，因此你不必有任何担心。"

以后的一段日子，你工作繁忙，无暇顾及此事，而当你再次有机会去考察房屋的进展情况时，3 个月已经过去了。你再次驱车前往查看，这次已经浇筑了地基，但是其他工作仍然没有进行。你又打电话到建筑公司，Abe 回答说："没问题，我们正在按项目计划顺利进行。"你还是感到不安，但是你相信从 Abe 那里获得的消息。

一转眼，第 4、第 5 个月过去了，你给 Abe 打了几次电话确认房子的进展情况，并且每次得到的回答都是"进展顺利"。在刚进入第 6 个月时，你决定在房子完工前再驱车去工地看一眼。你怀着兴奋的心情前往，但是当你到达那里时，所能看到的只是房屋的结构，没有屋顶、墙壁、管道、线路、供暖系统和空调系统。你一下紧张起来，决定调查 Honest Abe 公司。经过查询，发现在所有 Abe 管理建造的房屋中仅有一次是按承诺完成的，大部分情况，不管在什么地方建造的房屋都要拖延 25% 到 100% 的工期。你愤怒了："现在已是 6 个月工期里的第 5 个月了，但是你们几乎什么都没做。"你向他们吼着，"我什么时候能住进我的房子？从现在起还有一个月的时间我就要搬进去了。" Abe 说："我们全体人员都正在尽力工作，相信我，你会按期得到你的房子了。"

这个时候你还相信 Abe 吗？当然不可能！迄今为止你所看到的进展没有

一个可信任的记录。

软件开发与房屋的建造具有相似的周期（具有相似的时间界定，而投资可能更大），但我们期望我们的客户在工作进度里程碑标识方面的要求比客户向建筑商提出的要求要少。在给客户展示工作成果之前，我们期望用户停止提出其他需求，并且能耐心等待几星期、几个月甚至几年。客户变得紧张就不足为奇了，让客户感觉软件开发需花费很长时间也就不足为奇了。

即使按时完成了任务，要知道，开发速度慢的感觉与事实上的速度慢，是一样能够影响你的项目成果的。现实情况下即使我们一直不停地在做，也没有理由期望用户缄默地等几个月直到项目结束，应意识到让客户定期知道项目的进度情况是我们工作的一部分。

6.4.1 不切实际的用户期望

相关主题

有关与不切实际的进度计划相关的更多内容请参考第 9.1 节。

有时，克服开发速度慢的感觉需要的不仅仅是提供稳定的项目进展情况的报告。当前的许多项目将进度制定在快速开发区域内，或不可能达到的区域内。还有许多缺乏规划和资源承诺的项目却要求在冒进的进度内完成。项目的规划者常常认识不到他们的进度计划是多么艰巨，如图 6-9 所示，其实他们通常只能在慢速开发的区域内完成。同时可以看出，由于不切实际的期望，尽管项目在有效开发或快速开发的时间区域内完成了，但是还是被认为开发速度缓慢。

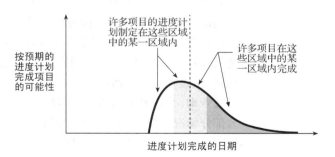

图 6-9 关于软件进度曲线的典型规划

预定的计划完成时间与实际完成时间之间的差距导致了软件开发速度缓慢的感觉。如果一个项目进度制定在一个不可能的区域内，但是在有效区域内完成，人们还是认为这个项目是失败的，即使它已经是在给定资源条件下以尽可能快的进度完成了。

6.4.2　克服慢速开发的感觉

在一般情况下，可以采用以下两种方法克服慢速开发的问题。

· 将事实上的慢速开发重新定位。将实际的进度缩短，将原定在慢速开发区域的进度移到有效开发区域，将原定在有效开发区域的进度重新制定在快速开发区域。

· 将感觉上的慢速开发重新定位。摆脱痴心妄想，延长计划进度时间，缩小计划完成时间与实际完成时间之间的差距，使计划进度更现实。加强进度的可见度。有些时候用户并不认为开发速度越快越好，他们只是想与原来承诺的速度一致。

当前所在的开发速度区域决定了你是该聚焦于真正的慢速开发区域，还是聚焦于感觉上的慢速开发区域。大多数情况下，需要利用以上两种方法去重新定位项目。

6.5　时间都去哪儿了

相关主题

有关搞清项目时间开销的详细内容，请参考第 26 章。

完成快速开发的一个策略是首先确定典型项目中消耗大多数时间的区域，然后试着缩短这个时间。相较而言，有的区域更容易压缩，有的则不然，而且，尝试压缩某些区域甚至还可能在无意中延长进度。

你可以从不同的角度观察软件项目中花费的时间，而不同的角度产生了对时间去向的不同观点。下一小节介绍典型的（逐阶段）观点，其后的小节介绍其他观点。

6.5.1　典型的观点

许多项目开始于需求定义的前一阶段，这一阶段未经良好定义，则可能会延续很长一段时间。一些观点认为，需求的搜集应尽早开始，在随后的某一点上，是项目的真正开始。在需求之后的活动是项目定义比较好的部分。表 6-1 通过对有效运行的小项目和大项目的比较，对需求定义之后各项工作所花费的时间提供了一个粗略的认识。

表 6-1　依据项目的大小对各项活动的分解

活动	小型项目 (2500 行源代码)	大型项目 (500 000 行源代码)
架构 / 设计	10%	30%
详细设计	20%	20%
编码 / 调试	25%	10%
单元测试	20%	5%
集成	15%	20%
系统测试	10%	15%

资料来源：改编自《代码大全》(McConnell 1993)

CLASSIC MISTAKE

在小型项目中，大部分时间花费在有关详细设计、编码 / 调试、单元测试等构建工作中。如果你能神奇地消除这些工作，就可能减少了项目工作的 65%。然而在大型项目中，构建工作在全部的工作中占据了很少的比例，消除这些工作，只能减少项目工作的 35%。

HARD DATA

我们中的许多人已经从教训中认识到，不能任意减少架构和设计的上游工作。减少 5% 的设计时间似乎缩短了开发进度的 5%，但是在项目的后期，很有可能会让你连本带利地偿还在设计过程中所缩短的时间。(实际上，你偿还的是一个高利贷。) 换言之，一个在设计阶段需要花费 1.5 小时修正的设计错误，如果在系统测试阶段才被发现，那么将花费 2 天到 1 个月的时间去修正它 (Fagan 1976)。

比尝试任意减少前期工作更有效的战略是尽可能有效地去做这些工作，或者是挑选只需要进行较少设计的实用方法。(例如，可以利用系统中的代码库。) 更有可能缩短总体开发时间的方法是将更多的时间花费在上游的工作上。

6.5.2　可以改进的问题

HARD DATA

在调查了 4000 多个项目之后，琼斯 (Capers Jones) 得出结论：在整个软件产业中只有 35% 的时间是有效的 (Jones 1994)，另外 65% 的时间花费在有害的或是无效益的工作中，如使用不能工作的生产工具、修改粗糙的开发模块、由于缺乏配置控制导致工作内容的丢失，等等。可以从哪些地方挽救时间呢？下面几个小节讲述这方面的问题。

相关主题

有关避免返工的重要性的更多内容，请参考第 4.3 节。

1．返工

对有缺陷的需求、设计、代码进行返工，普遍需要花费软件开发总费用的 40% 到 50%(Jones 1986b，Boehm 1987a)。在早期对缺陷进行修正是最廉价的，这时所花的时间也取代了以后的返工时间，这也表明这是一个缩短项目时间的良机。

2．功能蔓延

需求的变化和开发人员的镀金能够引起功能的蔓延。典型项目会在其开发过程中经历 25% 的需求变更，这会为项目增加 25% 以上的工作量 (Boehm 1981，Jones 1994)。对最本质的需求变化不加以限制是影响开发效率的首要错误，所以避免功能蔓延的产生对减少项目进度的拖延是很有帮助的。

相关主题

有关功能蔓延的更多内容，请参考第 14.2 节。

3．需求定义

在表 6-1 中未显示出的一项工作是需求定义。和表 6-1 中显示的各项工作都与制定一个问题的解决方案相关不同，需求定义则是对问题本身的定义。它比其他开发工作涉及的内容更加广泛，并且你可以花费大量时间搜集需求，而不受构建程序所需的总体时间的限制。你可以花 12 个月的时间为需要花费 36 个月构建的系统收集需求，或者可能花费同样 12 月的时间在几个团队之间进行调解，以便定义一个仅需要 6 个月构建时间的系统。一般情况下，需求定义要花费项目全部时间的 10% 到 30%(Boehm 1981)。

相关主题

有关需求分析的更多内容，请参考第 14.1 节。

因为需求收集是这样一种无所限制的工作，所以也可能会花费大量不必要的时间。在需求定义阶段进行适当的督促，对避免引起项目结束前的恐慌失措是很有帮助的。

已经发展成为在需求定义期间节省时间的有效手段的快速开发实践包括：联合应用开发 (Join Application Development，JAD)、渐进原型、阶段提交和不同的风险管理方法。这些实践活动会在本书的其他部分介绍。

4．模糊的项目前期

在表 6-1 中还有一项工作没有描述，即"模糊的项目前期"。开发一个软件产品的全部时间是从一个产品在某人眼中的闪现开始，一直延伸到这个工作软件产品放到客户手中的全过程所花费的时间。有时一个软件在某人眼前闪现后，即有"去做"的决定产生，于是一个软件开发项目

CLASSIC MISTAKE

正式开始。从最初的概念闪现到"去做"的决定产生之间的时间，可能会很长。在这种"模糊的项目前期"活动中，可能在获得产品市场信息方面花费大量的时间，案例分析 6-1 中描述的就是一个典型的例子。

案例 6-1   **模糊的项目前期中的曲折**

　　Bill 是 Giga 安全保险公司的一个管理人员。下面是他对保险报价软件项目 Giga-Quote 1.0 的批准过程的记录。

　　10 月 1 日：我们打算为我们的地区代理商开发一个新的报价软件。我们希望软件具有每天晚上向总公司上传日报价信息的功能。这一功能的开发将花费 12 个月的时间，所以我们无法赶在一月份费用增加之前完成软件，但是我们可以赶在下一次费用增加之前（从现在起 15 个月的时间）完成。我们的目标是在 11 月 1 日完成（从现在起 13 个月的时间），以便在新的费用造成的影响到来之前有时间培训地区代理商。我将在这个月底的执行委员会上建议这个项目。

　　1 月 2 日：Giga-Quote 计划在执行委员会的议程中连续两个月遭到扼杀。最后在 12 月底提出它时，我获准拟订一份商情分析报告。

　　2 月 1 日：商情分析报告已经完成，仅需要审阅了。

　　3 月 1 日：两位主要的销售管理人员休假，商情分析报告只有在他们审阅后才能通过。

　　4 月 15 日：全部审阅完成，项目进入执行阶段。执行委员会仍然希望项目在 11 月 1 日完成，因此开发团队最好现在就开始编码。

因为没有适当的正规管理控制——没有进度、没有预算、没有方向、没有目标——这一时期的进度可能难以跟踪。此外，由于对经费的影响还很遥远，因而管理者往往给这一阶段以低优先级。下面几种情况会使你在前期失去宝贵的时间。

· 　没有指派人员具体负责产品开发。
· 　对于做还是不做 (go/no go) 这个产品的决策没有紧迫感。
· 　没有机制去阻止产品滑入睡眠状态。
· 　没有机制去唤醒已落入睡眠状态的产品。
· 　产品生存的关键问题（技术可行性和市场需求）只有在得到预算支持

的情况下才能探究。

· 在得到预算支持之前，产品必须在年度产品批准周期或预算周期中等待。

· 开发产品的团队不是申报产品的团队。重组开发团队，熟悉产品和移交等消耗了很多时间和精力。

在项目的前期通常花费是较少的，但是由于拖延推出到市场的时间所造成的损失可能很大。这使得夺回在前期浪费的一个月的时间损失的唯一方法变成了在后期缩短一个月的开发周期。但要清醒地认识到的是，将全面开发工作缩短一个月时间的费用要远远超过在项目前期缩短同样时间所耗费的费用。项目前期提供了一个最便宜且最有效地进行快速开发的有利时机。

深入阅读

有关模糊的项目前期的更多内容，请参考 *Developing Products in Half the Time* (Smith and Reinertsen 1991)。

6.6　开发速度的平衡

罕见的是，最初的资源估算和进度往往不能被接受。这不是因为程序设计者工作有差错，而是由于用户通常希望得到的（产品特性）比他们提供的（时间及费用）多。如果工作不能与提供的进度和资源相适应，那么工作或者必须被削减，或者就是导致时间和资源的增加。

汉弗莱 (Watts Humpbrey)

增强本书说服力的其中一种哲学观点认为，你睁着双眼比闭着眼睛能更好地平衡你的判断。如果开发速度真正作为最高优先级，那么就应该继续前进并且增加项目的成本，同时对产品的功能进行折衷以保证准时交付产品。但是你要懂得你所做的决定的含义。不要闭上眼睛并期望在同一时间能够同时对项目进度、成本和功能做到最优化。这是不可能的。相反，其结果将是最终没有一项能得到优化，你将浪费了时间和金钱，并且最终交付的是比应有功能少的产品。

6.6.1　进度、费用和产品的平衡

在一般的管理原则中，平衡三角形的三个角是进度、费用和质量。但是在软件方面，在平衡三角关系上有一个"质量"角是不会有什么意义的。关注质量的某些方面可以减少费用并且缩短进度，而在另一些方面却能增加它们。在软件的竞技场上，被认为较好的平衡关系是在进度、费用和产品之间保持的。产品包括质量和其他与产品相关的属性，包括功能、复杂性、可用性、可修饰性、可维护性和缺陷率等。图 6-10 举例说明了这种平衡关系。为了项目的成功，不得不进行进度、费用和产品的平衡。

要维持三者之间的平衡，必须处理好进度、费用和产品之间的关系。如果需要在三角关系的产品上加载，也必须在费用或进度或两者上都加载。

其他组合也一样。如果想改变三角关系中的一个角，则至少必须改变其中的另一个角以保持这种平衡关系。

图 6-10　软件平衡关系

为帮助我思考哪一个是应操作的选项，在进行计划进度讨论期间，我喜欢用形象化的在三个角上标着"进度""费用"和"产品"的大纸板三角形。客户拿着他们想要控制的一个角或几个角，而作为软件开发人员，我们的工作是让客户给我们看他们拿的是哪些角，然后告诉他们如何做才能平衡这个三角关系。如果客户正拿着"产品"和"费用"，我们就应该告诉他们"进度"必须是什么样的。如果他们仅拿了"产品"，我们可以提供各种各样的费用和进度的组合方案。但是作为开发人员的我们，必须至少拿着一个角。如果你的客户不愿给你三角关系中的任何一个角，那你通常是无法进行这个项目的。

相关主题

有关在不同环境下的谈判问题的更多内容，请参考第 9.2 节。

麦卡锡（Jim McCarthy）在他非正式的测试报告中发现，大约有30%～40%的开发项目经历了在产品功能、资源和进度方面同时受到牵制的情况（McCarthy 1995a）。如果进度、费用和产品最初就不能平衡（这种情况很少见），那么暗示着开发项目中的30%～40%是在没有能力保证项目成功的项目特性下开始的。当一个用户交给你一个产品的定义、一个固定的费用和一个固定的进度，他们通常是在尝试将10磅的产品放入一个能够承载5磅的袋子中。你可以尝试强制将10磅的东西放入袋子，拉长袋子，然后撕破袋子，但是做到最后你将被拖垮——因为它是不适合的。然后你将不得不决定要么找一个大一点的袋子，要么往袋子里少放一些东西。

相关主题

有关缺陷率和开发时间关系更详细内容，请参考第 4.3 节。

6.6.2　质量的权衡

对软件产品的质量要求分为两种类型，它们对进度有不同的影响。一种类型是只要求软件具有较低的缺陷率。由于低缺陷率与短的开发周期已

相关主题

有关如何使用这种类型的质量要求来缩短开发时间的详细内容，请参考第 14 章。

经胶合在一起，因此这种情况下没有什么更好的办法来为进度平衡质量。可能使进度更短的方法在于第一次获得的产品是正确的，以便你不必花费时间对设计和编码进行返工。

另一种质量要求是产品包括所有的高质量产品应有的特性——可用性、有效性、健壮性等。对这种产品质量的关注延长了开发的时间，因此也就使我们需要针对进度去平衡这种质量的要求。

6.6.3　个人效率的权衡

在尝试达到个人最大生产率和发挥进度最大效率方面存在冲突吗？是的，存在。达到每人最大生产率的最简单的方法是保持小规模团队。缩短进度最简单的方法是扩大团队的人数，这将增加整体生产率，但通常会使每个个体的效率更低。快速开发并非总是高效的。

6.7　典型的进度改进模式

软件组织提高开发速度、改善开发效率遵循着一个可预知的模式。假设有100 个典型项目，你会发现它们最终按时完成的机会就如图 6-11 所示的那样。可以看出，典型项目制定的进度计划几乎没有达成的机会。

在典型项目中，项目性能分布的范围比较宽，并且许多项目严重超时。看看在典型项目中，如图 6-11 中的曲线所示，有多少位于计划的进度线的右边。这些典型项目中，不管是什么类型的项目，很少有接近其费用或进度目标的。

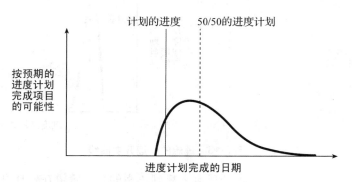

图 6-11　典型开发进度曲线

深入阅读

有关类似的讨论，请参考《软件成熟度模型》(Paulk et al. 1993)。

如图 6-12 所示，在有效开发的项目中，进度的分布范围是较狭窄的，有许多项目出现了接近它们的费用和进度目标的情况。同时，在有效开发的项目中，计划的进度线长于典型项目，但实际的进度较短。大约有一半的项目比目标日期更早地完成了，另一半迟于目标日期完成。计划的进度线比它在典型开发中的要长一些，但是实际的进度线要短些。这有两个原因：一是人们学会了怎样更实际地设置目标；二是人们学会了如何较快地开发软件。在从典型开发到有效开发的转变过程中，所要完成的最大部分工作是从痴心妄想转变到有意义的项目计划。

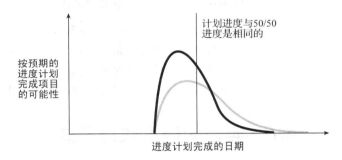

图 6-12　有效开发的进度曲线

一旦已经实现了有效开发，那么改进的模式将依赖于是要改进开发速度呢，还是改进预计的进度，或两者都希望改进。理想的情况下，可以通过实践得到一个又高又瘦的曲线，如图 6-13 所示。如果每一件事情都按计划行事，结果将使项目同时具有较快的速度和较高的可预见性。

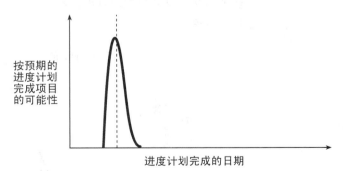

图 6-13　理想的快速开发曲线

但令所有人感到不幸的是，希望在软件开发领域达到图 6-13 中那种理想曲线的状态就像时尚的节食减肥一样困难。如图 6-14 所示，要么采用提高开发速度的实践，要么采取缩减进度风险的实践，但两种方法不能同时使用。

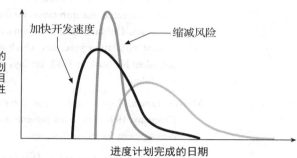

图 6-14 进度选择

选择快速开发实践时，需要判断是希望增大尽早交付产品的机会呢，还是希望减少拖延到某一日期后交付的风险。本书后面的章节描述了这些面向快速开发的实践。

6.8 向快速开发前进

本部分后续的章节描述实现快速开发的方法，相应的实践如下：

· 生命周期计划
· 估算
· 进度计划
· 面向客户的开发
· 激励
· 团队合作
· 团队结构
· 功能限定
· 生产率工具
· 项目修复

以上的部分内容我们在"开发基础"或"有效开发"部分中曾经讲过。之所以我们在这一部分还要讨论，是因为以上内容是指导获得最快开发速度的关键方法。

深入阅读

DeMarco, Tom. *Controlling Software Projects*. New York: Yourdon Press, 1982. This book contains much of the inspiration for this chapter's discussion of the shape of software schedules. DeMarco paints a humorous and sometimes painfully vivid picture of current estimating practices-which as far as I can tell haven't changed since he published his book in 1982. He lays out one approach for improving estimation and scheduling.

Martin, James. *Rapid Application Development*. New York: Macmillan Publishing Company, 1991. This book presents a different perspective on the core issues of rapid development for IS applications.

Smith, P.G., and D.G. Reinertsen. *Developing Products in Half the Time*. New York: Van Nostrand Reinhold, 1991. Although not about software development specifically, this book contains many insights that relate to developing software products more rapidly. Chapter 3 contains a full discussion of the "fuzzy front end."

译者评注

作为项目经理，首先需要清楚客户在时间、成本和产品三个指标的平衡中更看重哪一个。三者是不可能都排到第一位的，要保证其中的一个目标实现，就必须在另外两个目标中做调整。例如，产品功能扩大了，就不能还要求在原定的时间和费用范围内完成。不能"又让马儿跑，又让马儿不吃草"。快速开发不总是高效的。

第 7 章　生命周期计划

本章主题
- 纯瀑布模型
- 编码修正模型
- 螺旋模型
- 经过修改的瀑布模型
- 渐进原型
- 阶段交付
- 面向进度的设计
- 渐进交付
- 面向开发工具的设计
- 商品软件
- 为你的项目选择最快速的生命周期

相关主题
- 渐进交付：参阅第 20 章
- 渐进原型：参阅第 21 章
- 阶段性交付：参阅第 36 章
- 瀑布生命周期模型概要：参阅第 35 章
- 生命周期模型选择概要：参阅第 25 章

任何软件的开发都要经历一个"生命周期"，它包括了从 1.0 版在某个人的脑中开始闪现到 6.74b 版在最后一个用户的机器上最后一次使用之间的所有活动。生命周期模型说明了从第一声啼哭到最后一次呼吸之间所发生的一切事情。

按照我们的看法，生命周期模型的主要功能是确定这样一种次序，项目以这种次序确定规格、建立原型、设计、实现、检查、测试或执行一些其他活动。它建立了一种标准，据此，你能确定在软件开发过程中是否是以某种次序一个任务接着一个任务地进行。本章的重点是生命周期全过程中的一个有限阶段，即从产生一个想法到第一次发布产品。你可以把这个重点套用到开发一个新产品或者是维护、更新已有的软件上。

人们最熟悉的生命周期模型是著名的瀑布生命周期模型，但是它的弱点也同样出名。其他生命周期模型也有不少，而且在很多要求快速开发的情况下，是比瀑布模型更好的选择。（瀑布模型在下一节"纯瀑布模型"中介绍。）

作为一个项目的主要计划，你所选择的生命周期模型对项目成功的影响和你所作的任何其他计划决策同样重要。恰当的生命周期模型可以使你的项目流程化，并帮助你一步一步接近目标。选择适宜的生命周期模型，可以提高开发速度、提升质量、加强项目跟踪和控制、减少成本、降低风险，或是改善用户关系。选择错误的生命周期模型，必定会导致工作拖沓、劳动重复、无谓的浪费和遭受挫折。不选择生命周期模型也将导致同样的结果。

生命周期模型有很多种，在下面几节，我会逐个介绍这些模型。在最后一节，我会讲述如何为项目选择一种最合适的生命周期模型。

案例 7-1

出场人物

Randy（上司）
Bill（项目经理）
Mike（技术主管）
Sue（开发）
Jack（代理商经理）

选择效率低下的生命周期模型

　　Giga-Safe 公司的地区代理商吵嚷着要升级 Giga-Quote 1.0，以改正错误并修改一些令人厌烦的用户界面上的小问题。在 Randy 的建议下，在 Giga-Quote 1.0 项目后期被调离的 Bill 又重新当上了 Giga-Quote 1.1 项目的项目经理。

　　"这些就是你的任务。"Randy 说，"上次的进度安排出现了很多问题，所以这次你必须按全力以赴的速度来组织项目。原型法是速度最快的方法，让你的团队采用这种方法。"Bill 想想觉得不错，过几天开会时，他告诉大家要采用原型法。

　　Mike 是项目的技术主管，他觉得很惊讶。"Bill，我不同意你的想法，"他说道，"我们有 6 个星期来修改一系列的错误，并对用户界面作一些小的改动。你用原型干什么呢？"

　　"我们需要采用一个原型来提高项目开发速度。"Bill 暴躁地说，"原型法是最新、最快的方法，这就是为什么我要求你采用的原因。对此还有什么问题吗？"

　　"好吧！"Mike 说，"如果那就是你想要的，我们会去开发一个原型。"

　　Mike 和另外一个开发人员 Sue 开始做原型。因为和现有系统几乎一样，所以他们没几天就做出了整个系统的仿制品。

第2周刚上班，他们给代理商经理 Jack 演示了原型。"该死！我怎么能告诉我的地区代理要用这个东西！"Jack 大声叫道，"这和现在的程序相比几乎没有什么改进！我的地区代理们只不过想要更好用的，我对一些新的报表有点想法而已。就在这儿，我给你们看看。"Mike 和 Sue 耐心地听着。开完会，Mike 找到了 Bill。

"我们给 Jack 演示了原型。他想增加一些新的报表，而且很坚决。可是我们的工作计划都安排满了。"

"我看不成问题。"Bill 说，"他是经理。如果他说要这些新报表，他们就肯定是需要的。你们这些家伙该做的就想想办法怎么给他们按时做出来。"

"我试试看吧。"Mike 说，"但是我得告诉你，如果增加这些报表，我们按时完成任务的机会只有1%。"

"好吧，你们反正得做。"Bill 说，"也许现在采用了原型，工作进展会比你预期的要快。"

两天后，Jack 去了 Mike 的办公室。"我看了那个原型，我想我们还得增加一些数据录入窗口。我昨天在每月的地区代理例会上给我们的一些代理看了你们做的原型。他们说有些想法得和你谈谈。我给了他们你的电话号码，希望你别介意。"

"知道了。"Mike 说完后滑入了自己的椅子。后来，Mike 问 Bill 是否该和 Jack 谈谈变更的问题，但是 Bill 说："不用。"

第二天，Mike 接到了两个参加了地区代理例会的代理的电话。他们都想再调整一下系统。接下来的两个星期，他每天都接到电话，需要修改的内容累积了一大堆。

他们的项目只有6个星期的时间，在第4个星期末，Mike 和 Sue 估计他们收到的改动要求足够干6个月了，但却要在2个星期内完成。Mike 又去找了 Bill。"我对你很失望，"Bill 说，"我答应过 Jack 和那些代理会按他们的要求进行修改。看来你没有很好地利用原型模型，这下麻烦大了。"

"麻烦早就有了。"Mike 这么想，"只是没想到竟会落到我的头上。"但是 Bill 还是固执己见。

在第8个星期末，Bill 开始抱怨 Mike 和 Sue 工作不够努力。到了第10个星期末，Bill 开始每天两次去他们的办公室检查进展情况。快到第12个星期末的时候，代理们开始抱怨。于是，Bill 说："我们得拿点什么东西出来了，就把你现在已经完成的部分交付给用户吧。"因为新的报表和新的数据录入窗口都没有完成，因此 Mike 和

> Sue 中断了相关的开发编码工作，简单修改了一些原来计划中要修改的主要错误和用户界面上一些粗糙的地方，就交付了成果。但是他们原计划 6 个星期的时间变成了 12 个星期。

7.1　纯瀑布模型

所有生命周期模型的老祖宗都是瀑布生命周期模型。尽管它有很多问题，但它是其他更为有效的生命周期模型的基础，所以放在第一节介绍。在瀑布模型中，项目从始至终按照一定顺序的步骤从初始的软件概念进展到系统测试。项目确保在每个阶段结束时进行检查，以判定是否可以开始下一阶段工作，例如，从需求分析到架构设计。如果检查的结果是项目还没有准备好进入下一阶段，它就停留在当前阶段，直到当前阶段工作完成。

瀑布模型是文档驱动的，这意味着从一个阶段传递到下一个阶段的主要工作成果是文档。在纯瀑布模型中，各阶段不连续也不交叠。图 7-1 说明了纯瀑布模型是如何工作的。

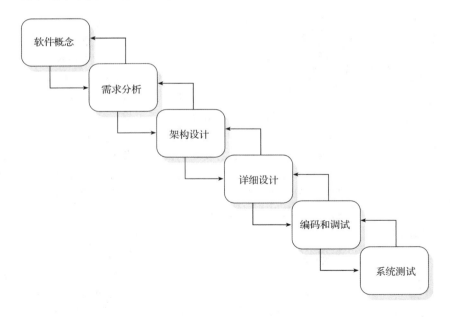

图 7-1　纯瀑布模型。瀑布模型是最著名的生命周期模型，在某些情况下提供了不错的开发速度。当然，其他模型常常能提供更快的开发速度

当你有一个稳定的产品定义和一种被充分理解的技术解决方案时，纯瀑布模型特别合适。在这种情况下，瀑布模型可以帮助你及早发现问题，降低项目的阶段成本。它提供开发人员所渴望的稳定需求。如果你要对一个现有版本进行定义得很好的维护，或将产品移植到一个新的平台上，那么瀑布生命周期模型是快速开发的一个恰当选择。

纯瀑布模型能够降低计划管理费用，因为你可以预先完成所有计划。它不提供有形的软件成果，除非到生命周期结束时。但是，对于熟悉它的人，它所产生的文档提供了对贯穿生命周期的进展过程的充分说明。

对于那些已被充分理解但很复杂的项目，采用瀑布模型比较合适，因为你可以用顺序的方法处理复杂的问题。在质量需求高于成本需求和进度需求的时候，它表现得尤为出色。由于在项目进展过程中基本不会产生需求的变更，因此，纯瀑布模型避免了一个常见的、巨大的潜在错误源。

当开发队伍的技术力量比较弱或者缺乏经验的时候，瀑布模型更为适宜，因为它给项目提供了一种结构以帮助你努力减少浪费。

相关主题

有关传统规范说明所存在的问题，请参考第 14.1.1 节。

纯瀑布模型的缺点是在项目开始的时候，在设计工作完成前和在代码写出来前，很难充分地描述需求。

开发人员抱怨用户不知道他们自己想要些什么，而且常常把自己扮演的角色给颠倒了。想象一下，你是用户，你向一位汽车工程师详细说明你要的汽车。你告诉工程师，你想要发动机、车身、车窗、方向盘、油门踏板、刹车踏板、紧急刹车、座位，如此等等。但是，你能了解汽车工程师制造你要的汽车需要的所有部件吗？

假设你忘记了列出倒车时要打开的倒车灯。工程师干了 6 个月，给了你一辆没有倒车灯的车。这时你才说："啊呀！我忘记说倒车的时候车需要能自动打开的倒车灯了。"

工程师跳将起来："你知道把车拆开，再将电源线接到车后面需要花多少钱吗？我们得重新设计车后的面板，插入倒车灯电缆，加上传感器。这些改变就算不花几个月的话也得花几个星期的时间！为什么你不一开始就告诉我？"

你一脸苦相，觉得委屈，因为它看起来只不过是个小小的要求……

明白为什么错了吗？而对于外行来说，汽车是个非常复杂的东西。许多软件也同样复杂，而对软件任务进行说明的人，通常不是计算机专家。他们很可能一直要等到看见可运行的产品，才想起忘记了一些看起来很简单的事情。如果你采用瀑布模型，遗漏需求可能是代价高昂的错误。你一直要等到开始测试的时候才会发现一些需求忘了或是错了。

因此，瀑布模型最主要的问题是缺乏灵活性。你必须在项目开始的时候说明全部需求，也许在你开始软件开发工作前就花了几个月甚至几年。这显然与现代商业的需求背道而驰，在现代商业需求中，奖励常常是给那些在项目结束阶段实现最主要功能的开发人员。正如微软的夏尔曼(Roger Sherman) 指出的，目标并不是实现项目开始时确定的目标，而是在有限的时间和资源下提高可能性 (Sherman 1995)。

有些人责备瀑布模型不允许人们返回去改正错误，这不完全对。正如图 7-1 所示，回溯是允许的，但是很困难。能形象地说明这个问题的瀑布模型的另一种表现形式是鲑鱼生命周期模型，如图 7-2 所示。

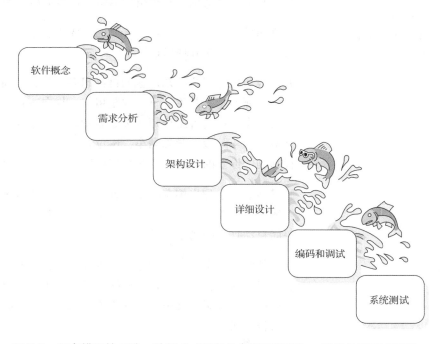

图 7-2　瀑布模型的另外一种形式"鲑鱼生命周期模型"，倒退并不是不可能，只是很难

逆流而上是允许的，但是结果可能是死路一条！在架构设计的最后，你需要做几件事，以说明你完成了这个阶段的工作，如进行设计检查，在正式的架构设计文档上签字等。如果你在编码和调试阶段发现了一个架构的缺陷，是很难逆流而上进行架构改变的。

瀑布生命周期模型存在一些明显的弱点。例如，如果一些工具、方法和活动跨越了瀑布的几个阶段，那么这些活动就很难适应瀑布模型的不连续阶段的特性。对于一个要求快速开发的项目，瀑布模型可能导致过多的文档。如果你试图保留灵活性，更新文档会成为一项专门工作。使用瀑布模型，在开发过程中很少有什么能看得到的东西，一直要等到非常后面的阶段才有。这会给人一种开发速度慢的印象，即使它并非如此。用户喜欢看到实在的东西以保证项目能准时完成。

总而言之，传统纯瀑布模型的不足往往使其很难适用于快速开发项目，即使是在其优点足以掩盖其不足的情况下，修改后的瀑布模型也比它更胜一筹。

7.2　编码修正模型

编码修正模型是一种不太有用的模型，但是比较常见。编码修正模型是一种不规范的模型，它比较常见的原因是因为它简单，而不是能起很好的作用。如果你没有明确地选择其他生命周期模型，你可能默认就是用的编码修正模型。如果不做足够的项目规划，毫无疑问，你用的就是编码修正。配合一个简略的进度计划，编码修正 (code-and-fix) 就成了噩梦式编码 (code-like-hell)。

在使用编码修正模型的时候，你一般是从一个大致的想法开始工作，可能有一个正式的规范，也可能没有。然后你结合使用一些无论如何都称不上正规的设计、编码、调试和测试方法，以便你能完成产品开发。图 7-3 说明了这种过程。

相关主题
编码修正通常是与基于承诺的开发方法结合在一起的，详细内容请参考第 2.5 节。

编码修正模型有两个好处。第一，它不需要什么管理成本：你不需要在除了纯粹编码工作以外的项目规划、文档编制、质量保证、标准实施或任何其他活动中花费时间。因为直接进入编码阶段，你能立即展示进展情况。第二，它只需要极少的专业知识：写过计算机程序的任何人都非常熟悉编码修正模型。任何人都能使用它。

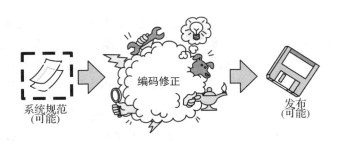

图 7-3　编码修正模型

对于一些非常小的、开发完以后会很快丢弃的软件，例如，一些小的概念验证程序、寿命很短的演示程序或者是要被丢弃的原型，这种模型还是挺好用的。

对于任何稍微大一点的项目，采用这种模型都是很危险的。它虽然不需要什么管理成本，但是它也不提供评估项目进展情况的手段。你只是在编码，直到干完，在此过程中它不提供任何质量评估或风险识别的手段。如果干了 3/4 的工作才发现设计时就有错，那你别无选择，只能全部返工。而使用其他的模型，却可以让你及早发现这种根本性的错误，并减少修改工作的成本。

所以，除非是对于那些无足轻重的小程序，这种生命周期模型在快速开发项目中毫无用处。

CLASSIC MISTAKE

7.3　螺旋模型

和编码修正模型相对的是非常成熟的螺旋模型。螺旋模型是一种以风险为导向的生命周期模型，它把一个软件项目分解成一个个小项目。每个小项目都标识一个或多个主要风险因素，直到所有主要风险因素都被确认。"风险"的概念在这里有所外延，它可以是需求或者架构没有被理解清楚、潜在的性能问题、根本性的技术问题，如此等等。在所有的主要风险因素被确定后，螺旋模型就像瀑布模型一样中止。图 7-4 说明了螺旋模型，有些人形象地称之为"桂皮卷"。在螺旋模型中，项目范围逐渐展开。项目范围展开的前提是降低风险，使其能到下一步扩展可以接受的水平。

图 7-4 是个复杂的图形，值得研究。它所包含的基本思路是，从一个小

范围的关键中心地带开始寻找风险因素，制定风险控制计划，并交付给下一步骤，如此迭代。每次迭代都把项目扩展到一个更大的规模。你卷起一层桂皮，检查并确认那就是你想要的之后，再开始卷下一层。

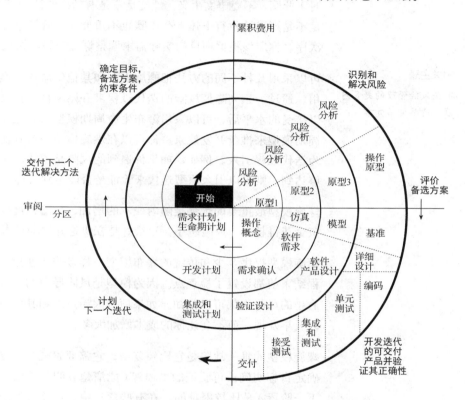

资料来源：改编自 A Spiral Model of Software Development and Enhancement (Boeham 1988)

图 7-4 螺旋模型

每次迭代都包括螺旋最外围用粗体表示的 6 个步骤。

1. 确定目标、方案和约束条件。
2. 识别并解决风险。
3. 评价备选方案。
4. 开发本次迭代可供交付的内容并检查其正确性。
5. 规划下一个迭代过程。
6. 交付给下一步骤，开始新的迭代过程（如果想继续的话）。

在螺旋模型中，越早期的迭代过程成本越低。规划概念比需求分析的代价低，需求分析比开发设计、实现产品和测试的代价低。

对于此图，不要望文生义。螺旋是不是有精确的四个环并不重要，同样，是不是严谨地执行上述 6 个步骤也不重要，尽管通常那是个很好的工作次序。你应该根据项目的实际需求调整螺旋的每次迭代过程。

相关主题

有关风险管理的更多内容，请参考第 5 章。

可以采用几种不同的方法把螺旋模型和其他生命周期模型结合在一起使用。通过一系列降低风险的迭代过程来开始项目；在风险降低到一个可以接受的水平后，可以采用瀑布生命周期模型或其他非基于风险的生命周期模型来推断开发效果。你可以在螺旋模型中把其他生命周期模型作为迭代过程引入。例如，如果你遇到的风险是不能确定性能指标是否能够达到，则可以引入原型迭代来验证是否能达到目标。

螺旋模型最重要的优势是随着成本的增加，风险程度随之降低。时间和资金花得越多，风险越小，这恰好是在快速开发项目中必不可少的。

螺旋模型提供至少和传统的瀑布模型一样多的管理控制。在每个迭代过程结束前都设置了检查点。因为模型是风险导向的，因此对于任何无法逾越的风险你都可以预知。如果项目因为技术和其他原因无法完成，可以及早发现，而不会让你的成本增加太多。

螺旋模型的唯一缺陷是它比较复杂。它需要责任心、专注和宏观管理。确定目标明确、可验证的里程碑（能清楚表明是否已经准备就绪可进入下一阶段）是比较困难的。在有些项目中，产品开发的目标明确、风险适度，就没有必要采用螺旋模型提供的适应性和风险管理。

7.4 经过修改的瀑布模型

在纯瀑布模型中标识的所有活动都是软件开发过程中固有的，无法避开它们。你需要以某种方式获取软件概念，需要从某个地方得到需求。虽然不是必须使用瀑布生命周期模型来收集需求，但也必须使用某种方法。同样地，你无法避开架构，也无法避开设计或编码。

纯瀑布模型最大的弱点不是这些活动本身，而是该模型把这些活动看作是不连续的、有顺序的阶段来处理。因此，可以通过相对小的调整来改正纯瀑布模型的主要弱点：可以通过调整使得阶段重叠，可以减少对文档编制的强调，可以允许做更多的回溯。

7.4.1　生鱼片模型

德格雷斯 (Peter DeGrace) 把瀑布模型的一种改版叫"生鱼片模型"，即把阶段重叠起来的瀑布模型。模型的名字来自于一种日本硬件开发模型 (源自富士通 - 施乐)，源于把切成薄片的生的鱼片互相叠放在一起的一道日本菜。(事实上，这个模型虽然用到了鱼这个概念，但和鲑鱼生命周期模型一点关系也没有。) 图 7-5 表示了生鱼片模型是如何工作的。可以通过重叠瀑布模型的各阶段来克服其中的某些弱点，但这种方法又导致了新的问题。

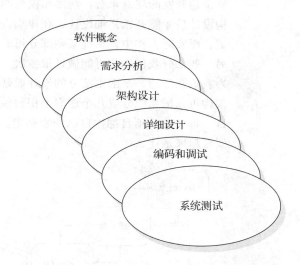

资料来源：改编自 *Wicked Problems, Righteous Solutions* (DeGrace and Stahl 1990)

图 7-5　生鱼片模型

传统的瀑布模型在每个阶段结束进行检查的时候允许存在最低限度的重叠，而生鱼片模型建议的是一种大幅度的重叠。例如，在需求分析完成之前可以充分进行架构设计和部分进行详细设计。我认为对于很多项目来说，这是一种合理的方法，这些项目将注意力集中在开发过程中要干什么，而在严格的顺序开发计划中要做到这点很难。

在纯瀑布模型中，理想的文档是在任何两个阶段交接时一个团队交给另一个完全隔离的团队的完整的文档。问题是"为什么要这样做"？如果建立软件概念、需求分析、架构设计、详细设计、编码、调试等阶段使用的是同一组开发人员，那么实际上不需要那么多文档。这时，你可以采用经过修改的瀑布模型，以充分减少文档需求。

生鱼片模型也有问题，因为阶段重叠，里程碑非常不明确，很难准确地进行过程跟踪。并行执行活动可能导致无效的沟通、错误的想法以及效率低下。如果你在做一个小的、定义得很好的项目，类似于纯瀑布模型的这种模型是可用的最有效的模型。

7.4.2 具有子项目的瀑布模型

从快速开发的观点来看，纯瀑布模型的另一个问题是必须在全部完成架构设计后才能开始详细设计，在详细设计全部完成后才能进行编码和调试。而实际工作中，系统某些部分可能在设计上确有独特的地方，但是另一些部分我们以前可能做过很多次，没有什么特别的。为什么仅仅因为我们在等待一个困难部分的设计而延迟容易执行部分的设计呢？如果架构可以把系统分成几个逻辑上相对独立的子系统，就允许我们拆分项目，每一个子项目都按自己的步调走。图 7-6 用鸟瞰图说明了这样的模型看起来是什么样子。

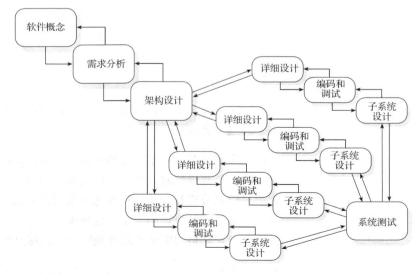

图 7-6　包含子项目的瀑布模型

这种方法的主要风险是相关性无法预料。你可以在架构时或者等到详细设计之后，再把项目分解成子项目来排除部分依赖性。

7.4.3　能够降低风险的瀑布模型

瀑布模型的另一个弱点是它要求在开始架构设计前，完整地定义需求，这一点看起来很有道理，但这就要求你在开始架构设计前首先完整地了解用户的全部需求，这在实际工作中其实是比较困难的。再次稍微修改一下瀑布模型。在瀑布模型的顶端引入降低风险的螺旋以便确定需求风险。你可以先开发一个用户界面原型，采用系统情节串连图板，引导用户提出需求，记录用户与原有系统的交互操作情况，或者采用其他你认为合适的获取用户需求的方式。

图 7-7 显示了能够降低风险的瀑布模型。需求分析和架构设计用灰色表示，以指出它们会在降低风险阶段处理而不是在瀑布阶段。为了克服与瀑布模型的僵化相关的问题，可以在使用瀑布模型的时候，对需求分析和架构设计阶段采用降低风险的螺旋模型。

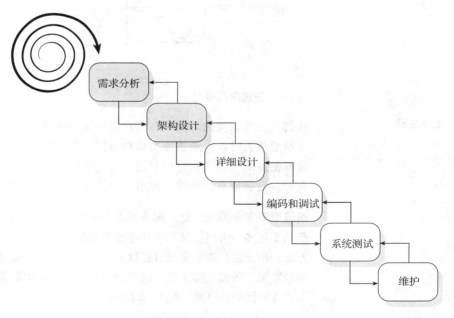

图 7-7　能够降低风险的瀑布模型

降低风险模型并不局限在需求分析阶段，你可以用它降低架构风险或项目的其他任何风险。如果项目依赖于开发一个高风险的系统内核，那么在交付完整的项目前，可以通过一个风险降低循环去开发高风险内核。

7.5   渐进原型

渐进原型是从开发系统概念开始项目的一种生命周期模型。通常是从开发系统最显著的方面开始，向用户展示完成的部分，然后根据用户的反馈信息继续开发原型。重复这一过程，直到你和用户都认为原型已经"足够好"。然后，完成结尾工作，将该原型作为最终产品交付。图 7-8 形象地描述了这个过程。采用渐进原型，应从设计和实现原型程序中最显著的部分开始，然后增添、精炼原型，直到完成所有的工作。原型最终变成可以交付的软件。

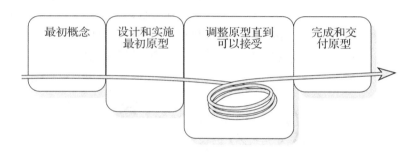

| 最初概念 | 设计和实施最初原型 | 调整原型直到可以接受 | 完成和交付原型 |

图 7-8   渐进原型模型

相关主题

有关渐进原型的详细内容，请参考第 21 章。

在需求变化很快的时候，在用户很难提出明确需求的时候，在你和用户无所适从的时候，渐进原型特别有用。当开发人员对最佳的架构或算法没有把握的时候，它也很有用。它能生成固定、可见的项目进度标记，在对开发速度有强烈需求的项目中，这一点尤其有用。

渐进原型主要的缺点是，你不可能在开始的时候知道开发一个令人满意的产品要花多长时间，甚至不知道究竟要反复多少次。不过，比起采用其他方法，由于用户能看见项目进展情况，对什么时候能最终得到产品不至于神经紧张，所以实际上这个缺点会有所缓和。采用渐进原型也有可能会陷入"我们就保持原型，直到延时或超支，然后声称我们做完了"的套路中。

渐进原型的另一个缺点是这种方法很容易成为采用编码修正模型的借口。

真正的渐进原型包括真正的需求分析、真正的设计和真正的可维护的代码，只是与传统的方法相比，你会发现每次重复时实际的进展比较小而已。

7.6　阶段性交付

阶段性交付模型是另一种生命周期模型，该模型可以持续地在确定的阶段向用户展示软件。和渐进原型不同，在阶段交付的时候，你明确地知道下一步要完成什么工作。阶段交付的特点是不会在项目结束的时候一并交付全部软件，而是在项目整个开发过程中持续不断地交付阶段性成果（这种模型以"增量实现"而知名）。图 7-9 显示了阶段交付模型的工作流程。

如图 7-9 所示，对于你想要构建的程序，如采用阶段交付模型，则首先需要针对整个程序完成软件概念定义、需求分析、架构设计等瀑布模型的步骤，然后在以后的几个阶段内进行详细设计、编码、调试和测试。可以看出，阶段交付避免了瀑布模型的问题，即除非全部完成，系统没有任何一部分是可用的。一旦设计完成，你可以分阶段逐步实现和交付成果。

相关主题

有关阶段性交付的详细内容，请参考第 36 章。

阶段性交付的主要优点是能够在项目结束交付 100% 的成果前，分阶段把有用的功能交到用户手中。如果你慎重地规划了各个阶段，就可以尽可能早地交付给用户最重要的功能，你的用户在那个时候就可以开始使用软件了。

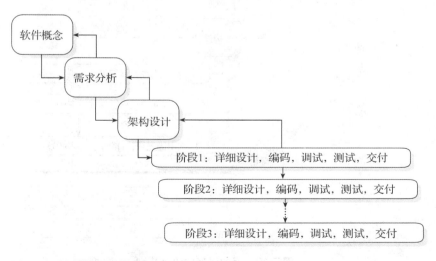

图 7-9　阶段性交付模型

阶段交付相比增量方法，能更早提供具体的项目进展标记。此类进度标记对合理控制进度压力有很大帮助。

阶段交付的主要缺点是，如果管理层和技术层面上缺乏仔细的规划，工作就无法进行。在管理层面上，应确信所规划的阶段对用户是有意义的，而且在工作安排上应保证项目开发人员能及时在项目的最后期限完成工作；在技术层面上，应确信考虑了不同产品组成部分所有的技术依赖性。一个通常会犯的错误是把一个组件的开发推迟到第四阶段，而没想到在第二阶段没有那个组件就不能继续工作了。

7.7   面向进度的设计

面向进度的设计 (design-to-schedule) 生命周期模型类似于阶段交付生命周期模型，二者的相同之处是，都在连续的阶段规划开发产品。差异是面向进度的设计生命周期模型在开始的时候不必知道究竟能达到什么样的预定目标。你可能规划了五个阶段，但是因为你有不可改变的最后期限，仅仅完成了三个阶段。图 7-10 说明了这种生命周期模型。

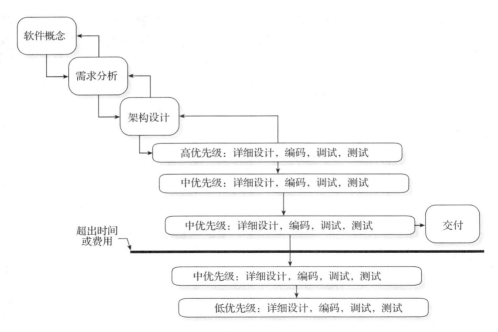

图 7-10   面向进度的设计模型

这种生命周期模型是一个能确保你按照一个确定的日期发布产品的可行策略。如果因为贸易展、年末或者其他不可改变的日期必须及时地交付软件，这种策略能保证你到时交付一些成果。这个策略对于不需通过关键路径得到的产品部件特别有用。例如，Microsoft Windows 操作系统包括了一些小应用程序：写字板、画笔和红心大战。Microsoft 可以为这些小应用程序采用面向进度的设计来避免它们在总体上耽误 Windows 的开发。

如图 7-10 所示，和阶段交付类似，当系统有一个无法改变的交付期限的时候，面向进度的设计是很有用的。这种生命周期模型的一个关键因素是按优先级区分系统特性，规划开发阶段，保证前面的阶段包括高优先级的特性，低优先级的特性放在后面阶段。如果要求的发布日期比你完成所有阶段的时间要早，你也不必把关键特性省去，因为你正在花时间实现的是不太重要的特性。

这种方法的最大缺点是如果你不完成所有的阶段，就会在指定、构架和设计那些不会发布的功能上浪费时间。如果你不把时间消耗在很多不会发布的不完整功能上，就能挤出时间完成一两个完整的功能。

是否使用面向进度的设计取决于你对于自己安排工作的能力是否有足够的信心。如果你非常确信你能达到进度目标，则这是个效率低的方法；如果你不那么自信，本模型就很有用了。

7.8　渐进交付

渐进交付是一种横跨在渐进原型和阶段交付两种模型基础上的生命周期模型。你开发了产品的一个版本，展示给用户看，然后根据用户的反馈改善你的产品。渐进交付和渐进原型的相似程度，实际上取决于计划满足用户需求的程度。如果计划满足用户的绝大部分需求，渐进交付就和渐进原型差不多。如果计划满足少量的变更需求，渐进交付就和阶段交付差不多。图 7-11 说明了这种方法的工作过程。这种模型综合了阶段交付便于控制和渐进原型的灵活的优点，可以调整它以适应你对控制和灵活性的需求。

渐进原型和渐进交付的最大不同不在于基本方法，而在于其着重点。在渐进原型中，最初强调的是系统的看得见的样子，然后回来堵住系统基础上的漏洞。在渐进交付中，最初的重点是系统的核心，其中包括了不太可能会因为用户反馈意见而改变的底层系统功能。

相关主题

有关渐进交付的更多内容，请参考第 20 章。

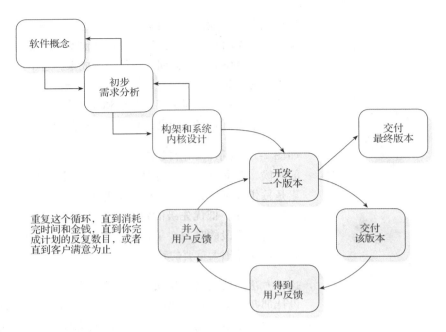

图 7-11   渐进交付模型

增量开发实践

"增量开发实践"是指允许程序以阶段方式开发和交付的开发实践。增量实践通过把项目分解成子项目来降低风险。完成小的子项目比完成集成项目容易。增量开发实践显著地增进了在完成全部可用的系统之前，不断提供已完成的、可用的部分的能力。这些实践使你可以在中途改变方向，因为系统在开发过程中有好几次到达了可发布状态。你可以采用任何一个可发布的版本作为终结，而不必等到快结束的时候。

支持增量开发的生命周期模型包括螺旋模型、渐进原型、阶段交付和渐进交付模型。

7.9   面向开发工具的设计

面向开发工具的设计生命周期模型是一种历史上只在对时间异常敏感的环境中用过的极端方法。而随着完整的应用系统框架、可视化编程环境、丰富的数据库编程环境等开发工具的发展完善，开发工具变得更灵活、

相关主题
有关生产率工具的更多
内容，请参考第 15 章
和第 31 章 。

更强大，因此可以采用面向开发工具的设计模型的项目也越来越多。

面向开发工具的设计模型的隐含意思是只在现有软件工具直接支持的情况下增强产品的功能。如果它不支持，就放弃这些功能。所谓的"工具"，我指的是代码和类库、代码生成器、快速开发语言和其他能有效地减少实现时间的软件工具。

如图 7-12 所示，面向开发工具的设计可以提供不同寻常的开发速度，但是与其他生命周期模型相比，只提供了比较少的对于产品功能的控制。采用这种模型的结果是，你不可避免地无法实现你理想中要包括的全部功能。不过，如果谨慎地选择工具，你可以实现想要的绝大部分功能。当时间成为约束条件时，采用本模型实际上可以比采用其他模型实现总量更多的功能——但这些功能是工具最容易实现的，而不是你最想要的。

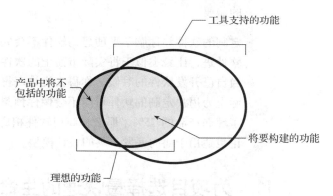

图 7-12　面向开发工具的设计模型的产品概念

这个模型可以和其他灵活的生命周期模型结合在一起使用。例如，可以采用初始阶段的螺旋来判断现有软件工具的能力，确定核心需求和面向开发工具的设计是否有用；可以采用面向开发工具的设计方法去实现一个临时的原型，其中只包括通过工具可以很容易实现的能力，然后采用其他生命周期模型实现真正的软件；你也可以将面向开发工具的设计和阶段交付、渐进交付、面向进度的设计结合起来使用。

面向开发工具的设计的主要缺点之一，就是会使你失去很多对产品的控制。你不可能实现你想要的所有特性，而且也不可能准确按照自己的想法实现其他想要的特性。你变得更加依赖商用软件厂商，包括其产品策略和财务稳定情况。如果只是写个随便用用的小程序，倒不成什么问题，但是，如果写的程序是打算要用上几年的，那些你用到了其产品的厂商将可能成为产品链上的一个薄弱环节。

7.10   商品软件

相关主题

有关技术产品外包的承约商可靠度的详细内容，请参考第28章。

当你兴冲冲地想做一个新系统的时候，一个经常忽略的选择就是买现成的软件。尽管商品软件很少能够满足你所有的需求，但是它也有以下几个显而易见的优点。

首先，商品软件可以立即使用。从你购买商品软件到你能够交付自己开发的软件之间的这段时间，你的用户至少能获得一些有价值的功能，并在你能够为他们提供定制的软件之前，学习在有一定局限性的产品下工作。随着时间推移，商品软件也可能会被进一步修改，以便更加适应你的需要。

定制的软件和你脑子里理想的软件不会完全符合。将定制的软件和商用软件进行比较类似于将实际市面上的软件和理想中的定制软件相比较。当自己开发软件的时候，你得去设计，得考虑成本和安排进度，而且实际上为用户定制的软件可能不会像你预想的那么完美。如果你仅仅交付了理想产品的75%，那么和商用软件相比又能好到哪里去呢？（这种讨论也适用于面向开发工具的设计模型。）

7.11   为项目选择最快速的生命周期

尽管项目都需要尽快地开发出来，但不同的项目有不同的需求。本章已经讨论了10种软件生命周期模型以及它们的变种和组合，给你提供了一个全面的选择。但哪个最快呢？

没有任何事情像"快速开发生命周期模型"和项目需求结合得那么紧密，因为最有效的模型完全依赖于项目需求（见图7-13）。没有一个生命周期模型对于所有项目来说都是最好的。对于任何独特的项目来说，最好的生命周期模型完全依据项目本身的需求。某个生命周期模型有时会被吹捧成比其他的模型快得多，但实际情况却是，每个生命周期模型都会在某些合适的情况下最快，而在其他情况下最慢。如果滥用的话，一个通常很好用的生命周期模型会表现得很差（就像案例研究7-1中的原型法）。

晚餐菜单

欢迎光临快速生命周期咖啡厅，视你好胃口！

正餐

螺旋模型
手工烤鸡，外配风险减少调味料
15.95美元

渐进交付模型
用水拌成的阶段交付及渐进原型
15.95美元

阶段交付模型
五门课程酒席，详情洽询服务员
14.95美元

面向进度的设计
各种方法学，特别适合快速行动
11.95美元

纯瀑布模型
按经典的原有菜谱制作
14.95美元

沙拉

面向工具的设计
烤鸭肉填各式丝状豆角
时价

商业软件
名厨手艺，每日变化
4.95美元

写代码和查询
大碗面，上浇冒烟设计
全天供应，5.95美元

图 7-13　选择生命周期模型

表 7-1 生命周期模型的优势与弱势

生命周期模型的能力	纯瀑布	编码修正	螺旋	经过修改的瀑布模型	渐进原型	阶段交付	渐进交付	面向进度的设计	面向开发工具的设计	商品软件
没有充分理解需求	差	差	好	介于一般到好之间	好	差	介于一般到好之间	介于差到一般之间	一般	好
没有充分理解架构	差	差	好	介于一般到好之间	介于差到一般之间	差	差	差	介于差到好之间	介于差到好之间
开发高可靠性的系统	好	差	好	好	一般	好	介于一般到好之间	一般	介于差到好之间	介于差到好之间
开发带有极大成长性的系统	好	介于差到一般之间	好	好	好	好	好	介于一般到好之间	差	N/A
管理风险	差	差	好	一般	一般	一般	一般	介于一般到好之间	介于差到一般之间	N/A
可以强制执行预先定义的进度	一般	差	一般	一般	差	一般	一般	好	好	好
低管理费用	差	好	一般	好	差	一般	一般	一般	好	好
允许中途变更	差	介于差到好之间	一般	一般	好	差	介于一般到好之间	介于差到一般之间	好	差
给用户提供可视的进展情况	差	一般	好	一般	好	一般	好	一般	好	N/A
给管理者提供可视的进展情况	一般	差	好	介于一般到好之间	一般	好	好	好	好	N/A
需要极少的管理和开发经验	一般	好	差	介于差到一般之间	差	一般	一般	差	一般	一般

为了替项目选择最有效的生命周期模型，请检查项目并回答以下问题。

- 在项目开始的时候，我和用户对需求的理解是否充分？在项目进行过程中，对需求的理解有可能出现改变吗？
- 我对系统架构的理解是否充分？是否有可能在项目进展过程中对架构进行重大改变？
- 我需要有多大可靠性？
- 需要在项目中为未来的版本提前进行多少计划和设计？
- 项目要承受多大的风险？
- 是否被迫预先确定进度？
- 需要在进展过程中进行变更的能力吗？
- 需要在项目整个进展过程中给用户提供可视的进展情况吗？
- 需要在项目整个进展过程中给管理者提供可视的进展情况吗？
- 需要多少经验和技巧来成功地使用这种生命周期模型？

相关主题

要想进一步了解一个线性的类似瀑布的方法为什么是最有效的，请参考第 14.2.3 节。

在回答完这些问题后，表 7-1 可以帮助决定采用哪种生命周期模型。一般来说，越多地采用线性的、类似瀑布的方法并有效地实现之，开发速度就会取得越好的效果。贯穿本书所讲述的内容都是基于这个前提。但是，如果有理由认为线性的方法不行，那么比较安全的做法是选择更灵活的方法。

每个等级分别是"差""一般"或"好"，在这个层次上再进一步精确区分的意义就不大了。表中的等级是基于那个模型的最好的可能性，任何生命周期模型的实际效果都取决于如何去实现它。和表中所显示的结果相比，任何更坏的结果都可能出现。另一方面，如果你知道在一个特定领域里这个模型的弱点，可以尽早地在计划中标识出来并设法弥补——也许是通过采用几种模型的混合。当然，这个表里的许多准则受到许多开发因素的影响，而不只是受模型选择的影响。

以下是对表 7-1 中的生命周期模型准则的详细说明。

- 没有充分理解需求：是指当开发人员和用户没有很好地理解系统需求或者是用户倾向于改变需求时，生命周期模型的工作适应性。它表明了模型是否能更好地适应探索性的软件开发。
- 没有充分理解架构：是指当开发一个新领域的应用或者是在一个熟悉的领域开发不熟悉的部分时，生命周期模型的工作适应性。

- 开发高可靠性的系统：是指在实际操作过程中，系统开发采用的生命周期模型可能会带来多少缺陷。

- 开发带有极大成长性的系统：是指是否能比较容易地在系统的生命周期中调整系统的大小和做不同的改变。其中包括那些并不在设计人员最初预料之内的改变。

- 管理风险：是指生命周期模型对定义和控制进度风险、产品风险和其他风险的支持能力。

- 可以强制执行预先定义的进度：是指生命周期模型对存在不可改变的交付日期的项目是否能很好地支持。

- 低管理费用：是指有效地使用生命周期模型带来的管理费用和技术费用的节省量。这些费用包括规划、状态跟踪、文档写作、产品包装和其他不直接涉及软件开发本身的活动。

- 允许中途变更：是指在开发过程中对产品进行重大变更的能力。这些变更不包括对产品基本定义的改变，但是包括显著的扩展。

- 给用户提供可视的进展情况：是指生命周期模型可以自动生成一些阶段标识以便用户跟踪项目进展状态的能力。

- 给管理者提供可视的进展情况：是指生命周期模型可以自动生成一些阶段标识以便管理者具备跟踪项目进展状态的能力。

- 需要极少的管理和开发经验：是指成功地使用生命周期模型所需要的教育和培训水平。其中包括使用模型来跟踪进度、避免模型固有风险、避免使用模型而引起的时间上的浪费以及认识到促使我们第一时间就采用模型的那些有利因素所需要的复杂过程。

案例 7-2

出场人物

Eddie（项目经理）
Rex（首席执行官）
George & Jill（开发）

选择有效的生命周期模型

　　Eddie 主动要求监理 Square-Tech 公司新的科学制图软件包 Cube-It 的开发工作。首席执行官 Rex 觉得他们原来开发的 Square-Calc 给这个项目的开发奠定了良好的基础，使他们有望成为科学制图市场的领先者。

　　Eddie 找了两个开发人员 George 和 Jill 来进行项目规划。"对于我们来说这是个新的领域，所以我想在这个项目中把公司的风险降到最低。Rex 告诉我他想在一年内完成初步产品开发。我不知道这是否有可能，所以我想你们应该采用螺旋生命周期模型。在螺旋的第一次迭代中，我们可以知道这是纯粹的幻想还是我们实际上可以做到。"

　　George 和 Jill 工作了两个星期，然后和 Eddie 一起评估他们确定的可供选择的方法。"这就是我们所发现的。如果项目目标是成为科学制图软件市场的领先者，有两个基本方案：通过功能或者是通过操作简便来打败竞争者。就目前而言，操作简便更容易实现。"

"我们分析了各种方案的风险。如果走全功能路线，为开发业界领先的产品，最少需要 200 人月。而我们的约束条件是一年内交付产品，团队成员不到 8 人。在这样的条件下，我们不能交付功能齐全的产品。如果我们走操作简便的路线，大约需要 75 个人月。这比较适合项目的约束条件，并且对于我们来说市场空间更大。"

"干得好，"Eddie 说，"我认为 Rex 会喜欢后一种方案。"Eddie 那天的晚些时候见了 Rex，然后第二天早上回来找 George 和 Jill。

"Rex 指出我们需要发展一些公司内部的关于软件可用性方面的专家参加你们的工作，他认为开发一个强调可用性的产品是一个很好的战略举动，所以竖起了大拇指。现在我们需要计划螺旋的下一个迭代。我们的最终目标是细化产品规格，尽量减少开发时间，尽可能提高可用性。"

George 和 Jill 花了 4 个星期去完成这次迭代，然后他们去找 Eddie 讨论他们所发现的问题。"我们做了一张表格，对初步的需求按优先级排了序。"George 汇报道，"表格先按可用性的优先级排序，然后是估计的实现时间。我们对每个特性都做了最好和最坏两种估算。可以看到其中有很多变数，大多数变数都与我们如何对每个特性进行定义有关。换句话说，我们对产品要花多少时间实现有很多控制方法。"

"因为我们清楚我们的主要目标是最容易使用，因此我们比较容易做决定。一些实现起来最花费时间的特性也最少被使用。我建议去掉一些此类特性，这样无论对进度还是产品都有好处。"

"很有意思。"Eddie 回答，"你想讨论什么样高水平的方案？"

"我们推荐两种可能的方案。"Jill 说，"一种是'安全的'版本，采用经过检验的技术，把重点放在可用性上；一种是'风险的'版本，可以推动可用性的发展。任何一种选择都会比现在市场上的同类软件的可用性好得多。风险版本将让竞争对手更难追上我们，但是和安全版本 40 个人月的需求相比，大约需要 60 个人月。那还不是全部的差别，就最坏的情况来说，风险版本需要 120 个人月，安全版本需要 55 个人月。"

"嗬！"Eddie 说，"真是个好消息。是否有可能先实现安全的版本，但是设计上超前一些，以便我们可以在第二版中推动可用性的发展？"

"我很高兴你问这个问题，"Jill 说，"我们估计为第二版做了超前设计的安全版本的实现大约需要 45 个人月，最坏的情况是 60 个人月。"

"那就很清楚了，不是吗？"Eddie 说，"我们现在只剩下 10.5 个月的时间了，所以我们就先做安全的版本，并在设计上为第二版进行超前设计。在你们集中注意技术风险的时候，我已经注意到了人员安排的风险，而且我已经准备了 3 个开发人员。现在我们把他们增加到队伍中，然后开始下一次迭代。George，你提到进度中有很多不确定因素都与每个特性最终被如何定义有关，对吗？在下一次螺旋迭代过程中，我们必须将注意力集中在最小化设计和实现的风险上。这就意味着在我们对于可用性的最终目标持一致意见的同时，要尽可能地把那些特性用最少的时间实现。我还希望新参与的开发人员重新检查一下你的估算，以避免任何估算错误的风险。"George 和 Jill 都同意了。

下一个迭代过程集中在设计上，花了 3 个月，这样项目进行到了 4.5 个月的阶段标志。他们重新检查并确信他们的设计是可靠的，并已经包括了为第二版进行的超前设计。设计工作使得他们能更加精确地估算，现在他们估计剩余的工作需要 30 个人月，最坏的情况是 40 个人月。Eddie 认为很不错了，因为这意味着即便在最坏的情况下，也只要推迟两个星期就能交付软件。

在编码迭代过程的开始阶段，开发人员把代码质量低和状态可视度差作为主要风险。为了把风险程度降到最低，他们建立了代码复查制度以便检查和改正代码错误，并且设置了较短的里程碑以提供最好的状态可视度。

他们的估算并不完美，最后的迭代过程多花了 2 个星期。他们推迟到第 11 个月才递交了第一个候选版本进行系统测试，而不是原定的 10.5 个月。但是产品的质量非常高，最后只用了两个版本候选。Cube-It 1.0 准时发布了。

深入阅读

DeGrace, Peter, and Leslie Hulet Stahl. *Wicked Problems, Righteous Solutions*. Englewood Cliffs, N.J.: Yourdon Press, 1990. The subtitle of this book is "A Catalog of Modern Software Engineering Paradigms," and it is by far the most complete description of software lifecycle models available. The book was produced through an unusual collaboration in which Peter DeGrace provided the useful technical content and Leslie Hulet Stahl provided the exceptionally readable and entertaining writing style.

Boehm, Barry W., ed. *Software Risk Management*. Washington, DC: IEEE Computer Society Press, 1989. This tutorial is interesting for the introduction to Section 4, "Implementing Risk Management." Boehm describes how to use the spiral model to decide which software lifecycle model to use. The volume also includes Boehm's papers, "A Spiral Model of Software Development and Enhancement" and "Applying Process Programming to the Spiral Model," which introduce the spiral lifecycle model and describe an extension to it (Boehm 1988; Boehm and Belz 1988).

Jones, Capers. *Assessment and Control of Software Risks*. Englewood Cliffs, N.J.: Yourdon Press, 1994. Chapter 57, "Partial Life-Cycle Definitions" describes the hazards of not breaking down your lifecycle description into enough detail. It provides a summary of the 25 activities that Jones says make up most of the work on a successful software project.

译者评注

"对症下药"是我们经常说的一句话，对于软件开发项目更是如此。采用什么样的生命周期模型要依据项目的特点而定：需求非常清楚的，可能使用瀑布型更有效；需求很模糊的，可能原型法会尽早地给用户一个可视化的结果；风险比较大的，我们可能用螺旋型会更好。总而言之，对于项目经理而言，充分正确地理解要管理的项目是根本所在。

第8章 估算

本章主题
- 软件估算的故事
- 估算步骤概述
- 规模估算
- 工作量估算
- 进度估算
- 大致的进度估算
- 估算修正

相关主题
- 进度计划：参阅第 9 章
- 度量：参阅第 26 章
- 50/50 进度安排：参阅 6.3 节

HARD DATA

有些估算做得很仔细，而有些却只是凭直觉的猜测。大多数项目超过估算进度 25% 到 100%，但也有少数一些组织的进度估算准确到了 10% 以内，而能控制在 5% 之内的还没有听说 (Jones 1994)。

准确的进度估算是最大可能加快开发速度的基础之一，没有准确的进度估算，再有效的进度计划也无从谈起。(参见案例研究 8-1。)

本章提供软件工程估算的入门课程，讲述怎样做一个有用的估算——怎样处理数据，怎样利用这些数据做出合理的估算。当然，如果你提出的估算不能被接受，那么估算再准确也没有任何意义，所以，下一章将讨论怎样处理在软件工程进度安排中的人际关系因素。

案例 8-1

出场人物

Carl（开发主管）
Bill（监委会领导）

凭直觉估算

    Carl 负责 Giga-Safe 公司库存控制系统 (ICS)1.0 版本的开发。在参加项目监督委员会第一次会议的时候，他对期望的功能已经有了总体设想。Bill 是监督委员会的领导，他问，"Carl，ICS 1.0 需要多长时间？"

Carl 回答：“大概要 9 个月，不过现在这只能是粗略的估算。”

“不行，”Bill 说，“我真希望你说 3 个或 4 个月。我们一定要在 6 个月内拿出系统，能完成吗？”

“我不能肯定。”Carl 坦白地说，“我还得仔细研究一下，不过我可以试着找到办法在 6 个月内完成。”

“那么把 6 个月当成项目完成的目标。”Bill 说，“无论如何我们都必须这样做。”委员会的其他人一致同意了这个决定。

到第 5 周的时候，又增加了一些产品概要设计工作，这使 Carl 更确信项目花费的时间更接近原先 9 个月的估计而非 6 个月，然而他还是认为运气好的话仍有可能在 6 个月内完成项目。他不想被别人认为是惹麻烦的人，所以决定等等再说。

Carl 的团队卖力工作，进展稳定，但需求分析的时间比期望的要长。预定 6 个月完成的项目已经过去 4 个月了。“2 个月无论如何也做不完剩下的工作。”他只好告诉 Bill，项目需要延长 2 个月，总共需要 8 个月的时间。

几个星期后，Carl 意识到设计进度也不像期望的那么快。“先做容易的部分，”他告诉项目组人员，“其余的部分遇到时再考虑。”

Carl 再次向监督委员会汇报。“8 个月的项目已经过去了 7 个月。详细设计基本完成，工作卓有成效，但是 8 个月内还是无法完成。”Carl 通报了第 2 次进度的拖延，并将完成目标定为 10 个月。Bill 对拖延产生了抱怨，并要求 Carl 想办法把进度计划仍安排为 8 个月左右。

第 9 个月，项目组已经完成了详细设计，但部分模块的编码还没有开始。很显然项目仍无法在 10 个月内完成，Carl 只好又要求第 3 次进度延期——12 个月。在宣布项目延期的时候，Bill 的脸涨红了，Carl 明显感到非常强烈的压力，他认识到他的工作已经处于紧要关头了。

编码非常顺利，但一些地方需要重新设计和重新实现。项目组没有把这些地方的详细设计调整好，一些实现过程相互冲突。在第 11 个月的监督委员会会议上，Carl 宣布了第 4 次进度拖延——13 个月。Bill 脸色铁青，“你知道自己在做什么吗？”他大声嚷嚷着，“你根本不知道！你根本不知道项目什么时候做完！让我告诉你什么时候做完！13 个月的时候必须完成，否则就是失职！我简直受够了被你们

> 这帮家伙软打整！你和你的项目组每周要工作 60 个小时，直到拿出成果！" Carl 感到血压又在升高，自从 Bill 把他引到一个不现实的项目进度中之后，他的血压就一直没有正常过。但他知道 4 次进度拖延已经使自己临近失信的边缘，他觉得必须服从强制加班，否则饭碗不保。
>
> 　　Carl 向项目组通报了会议的有关情况，并要求他们努力工作设法在 13 个月结束的时候交付软件。额外的实现过程掩盖不了额外的设计缺陷，但每人每周工作 60 小时，辛勤的汗水和顽强的意志最终保证他们完成了项目并交付了产品。

8.1　软件估算的故事

做软件估算是很困难的，某些人所做的软件估算甚至在理论上都是不可能的。但高层管理人员、低层管理人员、客户和一些开发人员似乎还不明白为什么估算会如此困难。不懂得软件估算内在困难的人会使已经很困难的估算工作雪上加霜，而他们在其中扮演了不知情的角色。

人们对现实生活中的例子总比枯燥的说教要容易理解，有一个例子能讲述为什么软件估算很困难。我想作为开发人员都需要先讲述一下这个例子，我们必须确认客户和组织中各级领导已经听过并理解它。

这个软件估算实例的中心就是要说明软件开发是一个逐渐改进的过程，刚开始的时候，你对要做的工作只有模糊的认识，随着项目工作的进行，认识才越来越清晰。由于开始时对要开发的软件的认识比较模糊，所以对开发时间和工作量的估算也就比较模糊。估算只有随着对软件本身的认识清晰后才可能逐渐清晰，这其实意味着软件工程估算实际上是一个逐渐改进的过程。

以下的几小节详细描述了这个实例。

8.1.1　软件和建筑

某一天，你找到你的建筑师朋友 Stan，告诉他你要建一幢房子，并问 Stan 能否用 10 万元建一幢带有三个卧室的房子。Stan 说可以，但同时也告诉你依据要求的细节费用会有所变化（见图 8-1）。除非明确知道客户想要什么，否则你很难知道能否在期望的时间段内建成客户想要的产品。

"一年的时间建成这样一幢房子，没问题！"

"太好了，那我们赶快开工吧。"

图 8-1　客户的需要

如果你愿意接受 Stan 的设计，那么他有可能按照估算完成工作。但是如果你对想要的房子有特殊的要求，比如坚持要有能容纳三辆车的车库、美食厨房、日光浴室、桑拿房、游泳池、书房、两个壁炉、镀金家具、意大利大理石天花板和地板，另外还要选择州内风景最好的地点，那么即使当初建筑师曾经告诉你用 10 万元可能建成一幢带有三个卧室的房子，最终房子的造价仍可能会是最初估算 (10 万元) 的好几倍。

8.1.2　软件开发是一个改进的过程

智者满足于事物本身所允许的精确度，而不是在真相大致显现时寻求百分之百的准确度。

亚里士多德

盖一幢新房子要花多少钱呢？这取决于房子本身。一个新的计费系统要花多少钱呢？这也取决于计费系统本身。一些组织希望在按需求定义投入工作前就把成本估算的误差控制在 10% 以内。尽管如果能在项目早期就估算出这样的准确度是非常棒的，但这甚至在理论上都是不可能的。在那么早的阶段，估算的准确度能达到 50% 已经很不错了。

只有详细地理解了每个功能，你才有可能准确估算出软件开发的成本。软件开发是一个不断细化的过程：产品概念将逐步细化为需求说明，需求说明又细化为概要设计，概要设计再细化为详细设计，详细设计最终细化为编码。而在每个阶段，都可能做出影响项目最终成本和进度的决策。由于在做决策前并不清楚这些决策会是什么样的，所以产品本质上的不确定性也就导致了估算的不确定性。

以下有一些各类问题的例子，它们导致了估算的不确定性。

· 客户会要求 X 功能吗？
· 客户要的是 X 功能的便宜版本还是昂贵版本呢？同一功能的不同版本的实施难度至少有 10 倍的差别。
· 如果实施 X 功能的便宜版本，客户会不会以后又想要昂贵的版本呢？
· X 功能怎样设计？同一功能的不同设计在复杂度方面至少有 10 倍的差别。
· X 功能的质量级别是什么？依据实施过程中细致程度的不同，首次提交的 X 功能中的缺陷数量会有 10 倍的差别。
· 调试和纠正 X 功能实施过程中的错误要花多长时间？研究发现，调试和纠正同样的错误，同样经验水平的不同程序员所花的时间有 10 倍的差别。
· 把 X 功能与其他功能集成起来要花多长时间？

相关主题

有关可能影响设计和实现时间的不确定性的类别的详细例子，请参考第 14.2.1 节。

正如你所看到的，仅仅单一功能的不确定性就能在项目早期估算中导致许多的不确定因素。对整个项目来说，只有在数以千计的规格、设计和实施的决策做出之后，项目的最终成本才可能最终得出。而且，能够提前做出的决策越多，估算的准确度就越高。

8.1.3 可能细化的数量

研究人员发现，项目估算在项目的不同阶段都在某一可预测的准确度范围内。图 8-2 所示的估算收敛图表明了随着项目的进行，估算是怎样逐步变准确的。可以看出，对于任何给定的功能集，估算准确度只能随着软件自己变得更精练而改善。

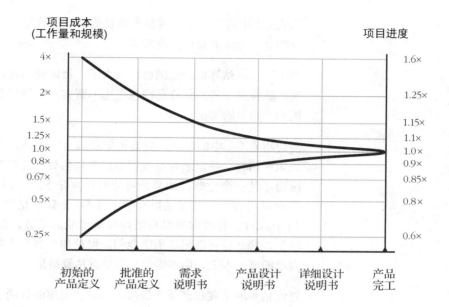

资料来源：改编自 *Cost Models for Future Life Cycle Processes: COCOMO 2.0*
(Boehm et al. 1995)

图 8-2　估算收敛图

图 8-2 抓住了软件估算困难的原因。当开发人员被要求提供粗略估算的时候，最高工作量的估算值可能是最低工作量估算值的 16 倍。即使在需求分析完成之后，对所需要的工作量的了解程度也只在 50% 以下，而大多数组织这时要求的是将估算转换成货币值。图 8-2 显示的估算范围用数字表示如表 8-1。

表 8-1　基于项目阶段的估算误差系数

阶段	工作量和规模		进度	
	乐观	悲观	乐观	悲观
初始的产品定义	0.25	4.0	0.60	1.60
批准的产品定义	0.50	2.0	0.80	1.25
需求说明书	0.67	1.5	0.85	1.15
产品设计说明书	0.80	1.25	0.90	1.10
详细设计说明书	0.90	1.10	0.95	1.05

资料来源：改编自 *Cost Models for Future Life Cycle Process: COCOMO 2.0* (Boehm et al. 1995)

从表 8-1 中可以看出，对整个项目的估算应该是开始比较笼统，随着项目的进行才逐渐变得准确起来。

表中给出的估算误差范围已经很大了，但即使如此，仍有一些极端的情况，就像再出格的估算范围也考虑不到客户坚持"要意大利大理石天花板和地板"的情况。

要使用表 8-1 中的系数，只要把单点最可能的估算乘以乐观系数就能得到乐观估算，乘以悲观系数则得到悲观估算，这样表达估算就是一个范围而不是一个定数。如果最可能的估算是 50 个人月，而且已经完成了需求说明书，你就要乘以 0.67 和 1.5，得到的估算范围是 34 个人月到 75 个人月。有时你的客户坚持要最可能的估算，你也感觉必须提交给他们，那么也可以把结果给他们。但是如果客户不要求，那么除了记在自己的笔记本上，你不需要公布单点估算结果。

进度估算的乐观和悲观系数与工作量和规模的这两个系数是不同的，原因在本章的后面会解释。这里是假定你首先估算了工作量，然后才由工作量估算出最可能的进度（这种做法的过程本章后面会解释）。如果你是首先粗略地估算出进度，那么最好不要使用列在"工作量和规模"下面的系数。

相关主题

要想进一步了解进度和工作量之间的关系，请参考第 8.5 节。

8.1.4　估算与控制

大多数软件客户开始时总是希望提供的资源少一些，而得到的功能多一些。大多数软件项目在开始时，期望的功能和可用的资源之间不匹配，但随着项目的进展，功能或资源（或两者）必定要互相匹配。如图 8-3 所示，这实际上意味着他们要么是更关注于产品，要么是更关注所愿意提供的资源。有时客户则愿意部分专注于资源，部分专注于功能，即让二者都能部分得到满足。

功能如何与可用的资源匹配呢？在建房子的例子中，应该在一开始就告诉建筑师 Stan："我不能确切描述我想要的，但我知道我肯定不需要桑拿房和游泳池，也不必选择本州最好的地段。我没有奢侈的生活习惯，只想要一幢普通的房子。这样的话，能用 10 万元建成一幢房子吗？"

Stan 会说："我肯定能用 10 万元建成一幢房子，但关于怎么建房子，你必须给我一些控制权。我要使用建筑工人熟悉的图纸，使用标准的门、

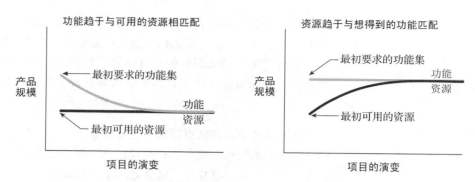

图 8-3　期望的功能与可用资料

窗、用具和设备，但厨房工作台、地毯和油漆等少数部分可以由你来选择，否则你得不到自己想要的房子。"

"好吧。"你说，因为 10 万元是你的限制条件。

软件开发人员也面对着估算准确性和项目控制之间的选择。如果你面对的产品的功能是柔性的，那么你就在相当程度上控制了项目的成本和进度，使得你成为能按预算开发的人。每次选择加入功能和剔除功能时，可以选择剔除它；每次选择实施更好的功能和花费更少费用时，可以选择花费少的费用，如此等等，不一而举。如果你可以既实施了更好的功能而恰好花费又更少，你就可以不做估算了（这是不可能的！）。但是，你做的只是普通软件开发，如果客户接受不了估算方法中的节制与权衡条件，就只能去接受项目早期估算中的许多不准确性。

8.1.5　合作

到目前为止，我们的例子中主要关注的是我们不能提供人们希望得到的准确估算，所陈述的原因的确也是情有可原的。然而，人们对希望得到准确的估算也有充分的理由，而且我认为我们的确也有责任尽可能地为他们提供与估算有关的信息。

相关主题

要想进一步了解如何与客户合作，请参考第 9.2 节、第 10 章和第 37 章。

帮助你的客户，告诉他们你能估算的项目部分。如果你能估算出当前阶段的结束时间，告诉他们；如果你知道什么时候会有更好的估算，告诉他们。不要让他们感觉到他们完全游离在项目之外，告诉他们下一个里程碑在哪里。

通过向客户完整地描述你制定估算的总体设想，有助于客户理解你对整个项目的战略方针。告诉他们你会在产品定义、需求说明书、产品设计和详细设计阶段结束的时候修订估算。在按预算开发有助于完成项目的情况下，你可以这样做，但要确认客户理解本方法中包含的所有折衷方案。

如果客户还要求你提供更准确的进度估算，那就告诉他们你不能，因为你自己也还不知道。但在这种时候，一定要表达清楚你想合作的意愿，告诉他们："我一旦知道，就会立刻让你们知道的。"

估算和实际之间的交汇点

客户在关于估算的合作中也扮演着重要的角色。如果客户要求的是可能的最短进度，他们就不应该强迫你减少估算或提供易让人误解的"精确"估算。

正如图 8-4 所示，最短的实际进度来自于最准确的有计划的进度 (Symons 1991)。如果估算过低，计划的无效性会抬高项目的实际成本；如果估算过高，帕金森定律 (时间充裕时，工作随之膨胀；收入增加时，花销随之增长) 会抬高项目的实际成本。过低或过高的估算都会导致实际进度比最佳进度长。

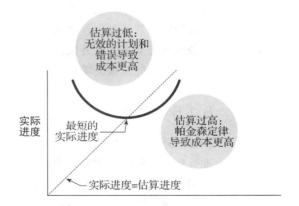

图 8-4   估算工作量和实际工作量之间的关系

我们需要掌握的诀窍是，估算既不要过高也不要过低，应该正好与费用相符。估算的目标是寻找估算和实际情况的交汇点。按照定义，估算和实际情况的交汇点就是软件交付的时间点。两条路径汇合得越快，你和你的客户就能做出越好的商业和产品决策，你所规划的项目的一切因素之间的依赖关系也越紧密，开发人员、经理、客户、市场人员和最终用户之间的关系就越好，你也能获得更快的开发进度。

8.1.6 估算实例概要

在讲述估算的例子时，还需要对以下四点进行解释。

· 开发软件就像盖房子，除非你确切知道"它"是什么，否则无法说明它的确切花费。

· 盖房子时，你可以盖梦想中的房子(不考虑费用)，也可以按预算盖。如果你想按预算来盖，那么产品的功能就必须具有很大的灵活性。

· 无论是否是按预算进行软件开发，软件开发本身都是一个逐渐改进的过程，所以某些不准确也是难以避免的。不像盖房子，对软件来说，改进产品概念进而改进估算的唯一方法就是实际进行软件开发。

· 估算在整个项目过程中都能得到改进。应向客户承诺在每个阶段向他们提供更加准确的估算。

本章最后的案例研究 8-2 解释了估算过程怎样应用于实际的项目中。

准确和精确

"准确"(accuracy)和"精确"(precision)是两个相关但又不同的概念，两者之间的不同对软件估算很重要。准确指的是结果与目标之间有多近：用 3 代表 π 比用 4 更准确。(取 7 位小数，π 等于 3.1415927。)精确指的是结果有多少有意义的位数：3.14 代表 π 比用 3 代表更精确。

一个结果可以不准确但精确，也可以不精确但准确。3 可以准确代表 π，但不精确。3.3232 可以精确代表 π，但不准确。航班时刻通常精确到分，但不是很准确；测量人的身高用整英尺是准确的，但不精确。

在软件估算中，错误的精确是准确的敌人。40 至 70 个人月的工作量估算可能是你能做的最准确和最精确的估算。如果把它简化成 55 个人月，那就如同用 3.3232 而不是 3 来代表 π 一样。这样做看起来更精确，实际并不准确。

可能的最短软件开发进度是通过建立最可能的准确估算而不是最精确的估算达到的。如果你想获得最快的开发速度，就要避免错误的精确。

8.2   估算步骤概述

既然我们已经详尽探讨了估算困难的原因，那么实际工作中怎样做估算呢？创建一个准确的开发进度的过程包含以下三个步骤。

1.   估算产品规模（代码行或功能点）。虽然一些项目能够直接跳到估算进度本身，但有效的估算需要首先估算要开发的软件的规模。目前为止这一步是脑力上最难的，这也可能是人们经常跳过它的部分原因。

2.   估算工作量（人月）。如果你有了准确的规模估算，而且你的组织中有类似项目的绩效的历史数据，计算工作量就很容易了。

3.   估算进度（日历月份）。一旦估算了规模和工作量，估算进度就变得近乎微不足道了，原因本章后面会解释。但得到一个实际可接受的进度估算是项目中最难的一部分。下一章将集中讨论这个主题。

这三步是最一般的步骤，后续步骤如下。

4.   提供某一范围内的估算，并且随着项目的进行，定期改进范围，以提供更高的精确度。

以下几节详细描述以上的每一步骤。

人们通常认为"估算"是什么意思？

"估算的通常定义是：估算是对未来事实非零可能性的最乐观的预测。"

"接受这个定义，必然将引出一个方法，即最早在哪一天才能证明已完成估算。"

——迪马可（Tom Demarco）

8.3   规模估算

估算项目规模可以用以下几种方法。

·   用估算算法进行估算。如功能点估算是从程序功能来估算程序规模。
·   用规模估算软件。这种方法是按照程序功能（如屏幕、对话框、文件、数据库表等）的描述对项目规模进行估算。

相关主题

要想进一步了解如何度量项目，请参考第 26 章。

- 如果你参与过类似的项目，并知道它的规模，那么按百分比形式估算新系统每个主要部分相对旧系统相似部分的规模。把每部分估算规模加起来就可以得到新系统总的估算规模。

大多数估算软件和一些算法都要求在使用前按环境调整估算准则。无论使用哪种类型的估算方法，准确的历史项目度量是长期成功的关键。

相关主题

关于计算功能点的规则，可以在本章末的"深入阅读"中找到更详细的内容。

程序规模

本章中用到的"规模"，指的是某个程序在非常普通意义上的总的范围。它包含功能集的深度和广度，以及程序的难度和复杂性。

项目早期考虑规模最准确的方法常常是功能点。有时用比较型的词汇来度量规模很有用，比如，"Umpty-Fratz 2.0 比 1.0 多出 30% 的功能"或"Umpty-Fratz 2.0 的规模大约应当是 Foo-Bar 4.0 的四分之三。"

当项目从需求分析进展到实现和测试阶段时，项目规模的概念也在不断改变，典型情况下，即从需求阶段的功能点数转变到设计阶段的类和模块数，再转变到实现和测试时的代码行数。

8.3.1　功能点估算

相关主题

要想进一步了解功能点和代码行之间的关系，请参阅第 31 章。

功能点是对程序规模的一个综合量度，经常用于项目早期阶段 (Albrecht 1979)。根据需求说明书来确定功能点比根据代码行来确定更容易，而且它们能帮助我们准确估算程序规模。现在有许多不同的计算功能点的方法，我描述的方法最接近"1984 IBM 方法"，这个方法是 IBM 和国际功能点用户团体 (IFPUG) 现有实践的基础 (Jones 1991)。

程序中功能点的数量建立在以下各项的数量和复杂度之上。

- **输入**　最终用户和其他程序添加、删除或改变程序数据的屏幕、表单、对话框、控件以及消息。包括任何具有唯一格式或唯一处理逻辑的输入。
- **输出**　程序产生的由最终用户以及其他程序使用的屏幕、报表、图表或者消息。包括任何具有不同格式或要求和其他输出类型有不同处理逻辑的输出。
- **查询**　输入输出的结合，其中输入能导致快速简单的输出。这个词起源于数据库，表示用单关键字 (通常情况) 对特定数据的直接搜索。现代 GUI 应用中查询和输出的界限很模糊；通常查询直接从数据库检索数据，只提供初步的格式，而输出能处理、结合或总结复杂数据，可以高度格式化。

· **内部逻辑文件** 完全由程序控制的最终用户数据或控制信息的主要逻辑组。一个逻辑文件可能由单一文件或关系数据库中的单一表组成。

· **外部接口文件** 由其他程序控制的文件，人们认为程序由于这些文件而相互影响。包括进入和离开程序的数据或控制信息的主要逻辑组。

功能点方法中的术语相当部分是面向数据库的。基本的方法适合各种软件，但是如果你不是开发数据库型的系统，则必须根据环境对方法进行一些调整。

如表 8-2 所示，要计算程序中的功能点，可以把程序中一般复杂的输入数量乘以 3，一般复杂的输出数量乘以 4，依此类推。结果的和就是"未经调整的功能点总数"。

表 8-2   功能点系数

程序功能	功能点		
	一般复杂	中等复杂	很复杂
输入数量	×3	×4	×6
输出数量	×4	×5	×7
查询	×3	×4	×6
内部逻辑文件	×7	×10	×15
外部接口文件	×5	×7	×10

资料来源：改编自 *Applied Software Measurement*(Jones 1991)

接着根据 14 个对程序有影响的因素计算"影响系数"，这些因素包括数据通信、联机数据条目、处理复杂性和安装容易度等。影响系数在 0.65 到 1.35 之间变化。

把未调整的总数乘以影响系数得到功能点数，表 8-3 的例子说明了怎样得到这个数。表中列举的输入、输出、查询、内部逻辑文件和外部接口文件的特定数量是任意编写的，这些数和影响系数是专门为举例而用的。

表 8-3 列举的程序算出共有 350 个功能点。如果你得出这个数，把它和以前项目的规模和进度进行比较，就能据此估算出进度。另外，还可以用 Jones 的一阶估算实践进行估算（此估算实践在本章后面部分进行描述）。

表 8-3 计算功能点数的例子

程序功能	功能点		
	一般复杂	中等复杂	很复杂
输入数量	6×3=18	2×4=8	3×6=18
输出数量	7×4=28	7×5=35	0×7=0
查询	0×3=0	2×4=8	4×6=24
内部逻辑文件	5×7=35	2×10=20	3×15=45
外部接口文件	9×5=45	0×7=0	2×10=20
未调整功能点总数			304
影响系数			1.15
调整后功能点总数			350

8.3.2 估算技巧

以下是进行项目规模估算时要注意的原则。

CLASSIC MISTAKE

1．避免无准备的估算

无准备的估算常常给开发人员带来危害。你的老板问："Giga-Tron 项目实现打印预览功能需要多长时间？"你回答："不知道，可能要花 1 个星期，我要查一下。"你回到办公桌，看了看你被问及的程序的设计和编码，发现经理问你的时候你忘记了考虑一些因素，增加这些变化大概要花 5 个星期。你匆忙跑到经理办公室汇报对最初估算的更改，可经理在开会。那天的晚些时候你遇到了经理，还没有开口经理就说："因为看起来这是一个小项目，所以下午的预算会议上我请求批准了对打印预览功能的开发。预算委员会的其他人对新功能都很感兴趣，简直等不及下周才看到它。今天能开始工作吗？"

发生了什么呢？管理不善？开发不成功？沟通不良？可能三者都有一点，我发现为防止这样的情况发生，最简单的策略仅仅是不要做无准备的估算。你不会知道它所造成的后果，试图在估算失误后增加条件是徒劳的，人们永远只会记住估算结果本身，却似乎从不记得你所附加的条件。

2．留出估算的时间，并做好计划

匆忙的估算不会是正确的估算。如果你在估算一个大项目，那么把估算本身就作为一个小项目来做，花时间计划好估算活动，以便你能做得好一些。也许是苏格兰血统的反映，我很惊诧许多公司经常根据表面上的估算就在一个系统上花 100 万美元。如果是我的钱，我宁愿在预算上花足够的钱，以便搞清楚系统实际要花费的是 100 万还是 200 万。

CLASSIC MISTAKE

3. 使用以前项目的数据

到目前为止最普遍使用的估算方法是仅依据个人记忆与过去相似的项目比较 (Lederer and Prasad 1992)，这个方法与成本超支和进度拖延密切相关。猜测和凭直觉的估算方法也很普遍，这也与成本超支和进度拖延相关。不过，使用过去类似项目中记录下的文档数据与成本超支和进度拖延并没有关系。

4. 使用以开发人员为基础的估算

由不参与项目工作的人员做出的估算，没有由参与项目工作的开发人员做出的估算准确 (Lederer and Prasad 1992)。估算师和开发人员一起进行估算工作，结合他们的估算，肯定能够反映实际的工作能力。如果没有开发人员的参与，估算师可能会低估了项目 (Lederer and Prasad 1992)。

5. 走查估算

项目组成员分别估算项目的各个部分，然后开一个走查会议比较所有的估算。充分讨论估算的差别并了解出现差别的原因，一直到估算范围的高低界限达成一致意见才算完成工作。

6. 分类法估算

简单地把内容划分为容易、中等和难，每一类分配固定规模，累加各个规模数值得到总的项目规模。

7. 详细的较低层次上的估算

估算建立在详细检查项目活动的基础之上，通常检查越仔细估算越准确。大数定律表明，和的误差大于误差的和。换句话说，某一具有 10% 误差的大部件其误差可能高于 10%，也可能低于 10%，而 50 个有 10% 误差的小部件因各自的误差会有高有低，所以它们之间会相互抵消。任务工期总和与成本超支和进度拖延是负相关的 (Lederer and Prasad 1992)。

8. 不要忽略普通任务

人们通常不会有意忽略任务，然而如果要求在可能的最短时间内开发一个产品，人们就不会故意寻找额外任务。以下是常常被忽略的任务和事

CLASSIC MISTAKE

件列表：资源耗尽、数据转换、安装、定制、β 测试程序管理、向客户或用户演示程序、参加变更控制会议、项目进行中现有系统的维护、项目进行中现有系统的技术支持、缺陷修正、缺陷跟踪的相关管理、与质量保证人员协调、用户文档支持、技术文档评审、集成、休假、节假日、人员病假、公司和部门会议以及培训。

9．使用软件估算工具

软件估算工具可以在更广范围内估算，包括项目规模、项目类别、团队规模、人员编制混合和其他项目变数。对大型项目，软件估算工具比人工估算方法安排日程更准确，成本超支可能性更小 (Jones 1994b)。

10．使用几种不同估算技术，并比较它们的结果

尝试几种不同的估算技术，研究一下不同技术的结果。经验最丰富的商业软件生产商倾向于至少使用三种估算工具，然后在进度估算中寻找收敛性和发散性。收敛表明他们可能得到了好的估算，发散表明可能有忽略的因素，还需要更好的理解。

仅使用本章提供的信息，可以在评估以下两条的基础上估算进度。

· 　表 8-8 到表 8-10 中的代码行和进度。
· 　功能点和 Jones 的一阶估算实践（本章的后面有描述）。

11．随着项目的进展而改变估算做法

项目初始阶段，用算法进行估算或查表估算是最准确的，所以在这些阶段，可以使用估算软件或本章的表 8-8 到表 8-10 进行估算。接近中期设计阶段时，单独估算每个任务并相加，可以得到项目其余阶段还需要多少时间和费用 (Symons 1991)。

8.3.3　估算的表达方式

如果自己都不知道自己在说什么，那么你所说的东西肯定不正确。

约翰·冯·诺伊曼

最初表达估算的方式对以后更改估算会产生很大的影响。软件估算包含很大的风险和不确定性，好的估算应该捕捉到这些风险和不确定性。

以下是一些表达进度估算的技巧。

1．加减限定

使用加减方式的估算可以表明估算中不确定性的数量和方向。即使你被

迫承诺在不现实的时间段完成软件，也可以通过加减方式表达估算结果，让周围人明白进度的风险。一个 6 个月的估算，±1/2 个月表明估算很准确，满足估算的机会很大；+3 个月，−2 个月表明估算不准确，满足估算的机会不大；+6 个月，−0 个月表明估算太乐观了，可能不现实。

2．范围

加减方式估算的一个问题在于有时人们只注重估算中值的部分，而加减的因素被忽略了，这会导致信息的重大损失。如果是这样，另一种有效的方法是使用估算范围而非加减方式的估算。比如你的估算是 6 个月 +3 个月 /−1 个月，那么用 5 ~ 9 个月来代表你的估算。

3．风险量化

加减估算的一种扩展是解释估算中加减代表的意义。例如，不是简单地说"6 个月，+3 个月，−2 个月"，而是把估算放到表 8-4 所示的格式中以增加信息。

表 8-4　量化有风险估算的例子

估算：6 个月，+3 个月，−2 个月	
+1 个月 延迟交付图形格式子系统	−1 个月 招聘开发人员比预计时间少
+1 个月 新的开发工具没有期望的好用	−1 个月 新的开发工具比期望的好用
+0.5 个月 人员病假	
+0.5 个月 低估规模	

相关主题

要想进一步了解如何处理软件项目风险，请参考第 5 章。

在估算中记录下不确定因素的来源时，也就向你的客户提供了减少项目风险的信息，这样如果风险真的发生，你也已经为解释进度更改打下了基础。

当你用这种形式表达估算时，一定要准备好回答关于怎样确定风险和如何利用潜在的进度缩短的优势的问题。

4．情况

许多风险量化估算是基于情况的，可以用最佳情况、最差情况、计划情况和当前情况来表达估算。各种各样不同估算之间的关系很有趣，比如，如果计划情况和最佳情况相同，当前情况和最差情况相同，你的项目就麻烦了。表 8-5 显示了一个项目的不算太糟的估算样例。

表 8-5　基于情况估算的例子

情况	估算
最佳情况	4 月 1 日
计划情况	5 月 15 日
当前情况	5 月 30 日
最差情况	7 月 15 日

鲍伊姆 (Barry Boehm) 指出，"计划情况"或"最可能"的估算趋于向"最佳情况"一边靠拢，而实际结果则趋于向"最差情况"一边靠拢 (Boehm 1981)。建立和修正情况集的时候应切记这点。

准备好向客户解释为达到"最佳情况"或变成"最差情况"会发生什么，客户需要了解这两种可能性。

5. 粗略的日期和时间段

如果估算是粗略的，那么应使用明显粗略的数字，比如 97 年 3 季度或 10 人年，而不要用误导性的精确数字，比如 1997 年 7 月 19 日或 520 人周。除了表达出日期是近似的信息外，粗略数字的优点还在于，如果要简单化，你不用冒丢失信息的风险。类似"6 个月，+3 个月，−1 个月"的估算简化时会变成"6 个月"，而"97 年 3 季度"这样的估算则不受此类简化的影响。

6. 置信度

相关主题

要想进一步了解规划进度如何使你有 50% 的机会按时完成项目，请参考第 6.3 节。

关于进度，人们经常会问满足这个日期的机会有多大？如果使用置信度方法，就能提供如表 8-6 的估算来回答这个问题。

表 8-6　置信度估算的例子

交付日期	按期或提前交付的概率
4 月 1 日	5%
5 月 1 日	50%
6 月 1 日	95%

通过使用"最可能"点估算和表 8-1 中项目适当阶段的系数，可以近似得出置信区间。如果遵循本书的建议，就能建立"最可能"估算，这时

就可以使用有 50% 的把握这样的词汇；把 "最可能" 估算乘以表 8-1 中的乐观系数，得出的估算可以使用有 5% 的把握这样的词汇；乘以悲观系数，得出的估算可以使用有 95% 的把握这样的词汇。

8.4 工作量估算

一旦掌握了规模估算，就可以转入估算的第二步工作——工作量估算。尽管对于软件进度估算来说，工作量估算不是严格必须的，但你仍旧需要进行工作量估算，这样才能知道项目中需要投入多少人。掌握了工作量估算能很容易得到进度估算。

得到工作量估算是一个直接的过程，这儿有一些方法用来把规模估算转换成工作量估算。

· 　使用估算软件直接从规模估算得出工作量估算。
· 　使用表 8-8 到表 8-10 的进度表把代码行形式的规模估算转换成工作量估算。
· 　使用组织中的历史数据确定具有已估算规模的先前的项目花了多少工作量。除非你有过硬的理由表明新项目和以前近似规模的项目是有区别的，否则我们假定它们的工作量是成比例的。再重复一遍，这个阶段你能得到的最有用的信息是组织内项目的历史数据（不是个人记忆）。
· 　使用诸如 COCOMO 模型 (Boehm 1981) 或生命周期模型 (Putnam and Myers 1992) 算法把代码行估算转换成工作量估算。

前几节描述的规模估算的技巧同样可以应用于工作量估算。

8.5 进度估算

软件项目估算的第三步是进度估算。方程式 8-1 是以经验得出的按照工作量的大小估算进度的一种方式。

$$进度（以月为单位） = 3.0 * 人月^{1/3} \qquad (8\text{-}1)$$

假如你已经估算出完成一个项目要 65 人月，那么方程式 8-1 指出最佳进度是 12 个月 ($3.0 * 65^{1/3}$)。它还暗示最佳团队大小是 65 人月除以 12

个月——5 或 6 个人员。

和软件项目估算中的其他主题不同，关于进度估算，人们已经公开发表了许多类似的研究结果 (Boehm 1981)。不同的看法只是关于方程式中的"3.0"是该取 3.0 还是取 4.0 或 2.5，再就是当你试图以更快（比方程式指出的）的进度开发时会发生什么事情。但是假如你没有掌握更多自己组织的准确数据，那么方程式 8-1 就是一个好的估算方法。

在表 8-1 中，工作量的估算范围比进度的估算范围更宽，方程式 8-1 说明了这个理由。较大的项目用时较长，但团队较大；而较大的团队带来的低效率则意味着工作量的增加比进度的增长更快，而且不成比例。表 8-1 的进度范围假定，只要你弄清楚项目的范围，就可以增加或减少团队成员。假如团队大小保持不变，则进度范围与工作量范围恰好相同。

下面是根据工作量估算来计算软件进度的其他一些方法。

· 　根据团队规模和工作量估算，利用估算软件估算进度。
· 　利用组织的历史数据。
· 　利用进度表——表 8-8 至表 8-10——查找基于规模估算的进度估算。
· 　利用某一算法（例如，COCOMO) 中的进度估算步骤，提供一种调整得更好（比方程式 8-1 的估算）的估算。

进度估算的一个共性问题是估得过粗，人们会夸大估算的进度以留出改正错误的余地。有时人们会作充分的夸大，有时则不会。

相关主题

在规定"不夸大"的情况下，对某些特定的风险增加缓冲是有用和明智的。详情请参见第 5.3.4 节。

方程式 8-1 和周期改进法允许你停止这种夸大的做法。夸大是个坏主意，因为它会让客户误会，觉得进度不可信。夸大法会说："我认为我们的估算不很好。"周期改进法估算则说："估算得很好，但现阶段不可能准确。只要我们继续进行估算，它会变得更准确。"

利用软件估算工具、算法和本书的检查表，结合估算范围的应用，你会消除对夸大的要求，并有助于清楚地讲述估算过程。

8.5.1　基于承诺的进度安排

一些组织直接从需求出发去安排进度而不进行中间的工作量估算。典型的做法是，他们在基于承诺的文化中，要求每个开发人员做出进度承诺

相关主题

要想进一步了解基于承诺的进度安排，请参考第 2.5 节和第 34 章。

HARD DATA

CLASSIC MISTAKE

相关主题

要想进一步了解功能点，请参考第 8.3.1 节。

而非进度估算。这种做法把估算规模和估算工作量的任务推给了各个开发人员。这有利于开发人员对进度的关注，有利于开发人员在接受承诺后士气高昂，也会使开发人员自愿加班加点。

这种做法也有一些不足之处。对估算和实际进度的调查发现，开发人员的估算比现实要乐观，大约低 20 至 30 个百分点 (Van Genuchten 1991)。在基于承诺的文化氛围下，乐观主义受到鼓励，而且不会受到全面的检查，总的影响就是容易产生大的估算误差。

在快速开发中，承诺有一定作用，但基于承诺的计划按通常的实践看并不利于缩短进度。我们需要做的是，承诺应该现实可行，以使你的团队会不断成功而不是不断失败。无论是基于承诺还是其他，唯有准确的进度表才是完美的。

8.5.2　一阶估算实践

假如你有了功能点总数，你就能够根据该数使用琼斯 (Capers Jones) 描述的"一阶估算"直接计算出一个粗略的进度。要使用它，先取功能点的总和，然后从表 8-7 中选取合适的幂次将它升幂。表中的幂次是琼斯 (Capers Jones) 根据数千个项目的基本数据分析而得到的。

表 8-7　由功能点计算进度的幂次

软件类型	最优级	平均	最差级
系统软件	0.43	0.45	0.48
商业软件	0.41	0.43	0.46
封装商品软件	0.39	0.42	0.45

资料来源：改编自 *Determining Software Schedules*(Jones 1995c)

假如估算出项目功能点的总数是 350，而且是在一个具有平均水平的封装商品软件公司工作，那么取 350 的 0.42 次幂 ($350^{0.42}$)，结果是大约为 12 个月的粗略进度。假如你是在一个具有最优水平的封装商品软件公司工作，你将取 350 的 0.39 次幂，结果是 10 个月的进度。

这个实践不能取代更仔细的进度估算，但是它提供了一种获得粗略进度估算的简单方法 (比猜测好)。它也提供了一种快速的真实性检查方法。假如你想在 8 个月内开发一个 350 个功能点的封装商品软件，就应当重新进行考虑了，因为即使是最优级的组织，其开发进度也需要 10 个月，而大多数组织并不具有最优级别。Jones 的一阶估算可以让你提早知道是否需要调整你的功能集、进度期望值或者两者都要调整。

8.6 大致的进度估算

对于有意义的软件进度表，一个最棘手的障碍是难于获得软件进度的具体可用信息。这些信息通常以下列两种方式得到：一种是在软件估算程序中获得，目前这类信息很昂贵 (1000 美元到 10 000 美元甚至更多)；另一种是在有许多方程式和系数的书本里，而要用这些书中的知识，就算你只做一个大致的估算，也要花费数天时间充分地学习。

成本估算师三年的教育培训简单得像是五年级的算术。

奥古斯汀
(Norman R. Augustine)

关于一个特定大小的程序的计划进度该取多长，人们正在寻找一个大致的估算，正如表 8-8 至表 8-10 所提供的。这些表中的数据准确度与你组织的项目的数据准确度并不相符。但是如果你的组织没有保留以前项目的详细记录，那么这些数据比直觉更准确。

8.6.1 背景

表 8-8 到表 8-10 描述了三种类型的项目：

· 系统软件
· 商业软件
· 封装商品软件

对于这类软件的定义，请参见第 2.4 节。

这里定义的系统软件不包括固件 (firmware)、实时嵌入软件、航空电子工学 (avionics) 软件、过程控制软件及类似的软件，这些系统的生产率更低。

如果你的项目不属于以上三种类型，可以将两栏或三栏的数据合并，做一个近似估算。例如，你的项目是一个纵向市场的产品，大约 60% 属于商业产品，40% 属于封装商品软件，则可以把 60% 的商业软件进度加到 40% 的封装商品软件进度中来计算产品的进度。

1. 进度

进度根据日历月数列出，它们包括完成项目所必须进行的设计、构建及测试所需的时间，但不包括做需求说明所需的时间。进度要给出 1 位或

2 位有效数字，更高的精度是没有意义的。

2．工作量

工作量是用开发团队人月数给出的，精确到两到三位有效数字。（只是在需要更精确地表明相邻条目之间的关系时，才需要给出三位有效数字。）

相关主题

有关缩短和延长进度的更多内容，请参考本节稍后的描述。

你可以用工作量（人月数）除以进度月数来计算团队的平均规模。进度并不能代表进度与团队规模的所有可能组合。如果你对稍晚（较表中进度）一些完成软件不介意的话，可以通过延长进度和缩小团队规模来减少整个项目的支出。一个较小的团队需要更少的管理和沟通费用，这样可以提高生产率 (DeMacro 1982)。

延长进度（超过额定值）和保持团队规模不变，并不能获得类似的节省。在这种情况下，帕金森 (Parkinson) 定律会起作用，工作将延长占完全部可用时间。

3．系统规模

表 8-8 到表 8-10 中列出的系统规模是按代码行计算的。代码行是非空、非注释性的语句。在 C 语言和 Pascal 语言中，代码行数近似等于分号的数量；在 Basic 语言中，它是源文件中非空、非注释性文本的行数。根据表的含义，一条格式化的语句占用空间超过一自然行的仍按"一行代码"计算。

4．小项目

表中没有包含代码行低于 10 000 的项目的进度，这种大小的项目通常由一个人完成，工作量和进度估算主要依赖个人完成工作的能力。很多人从事小项目，我本来也愿意给他们提供有用的信息，但最后我总结出，我提供的任何数据都是毫无意义的，分配从事这种工作的人最有资格估算这种项目。不过，你仍然可以用本章其余部分的估算准则来改进对那些小项目的估算。

5．代码行

项目大小在表中以代码行数给出。代码行度量的方法近年来遭到抨击，一些人建议用"功能点"代替。

代码行的确有一些大问题，但它们比功能点更通俗易懂，而且对于任意特定的语言，功能点与代码行之间都有高度的相关性 (Albrecht and Gaffney 1983；Kemerer 1987)。

功能点在类似这些表中是没有用的，因为如果你不懂得使用的专用语言，就难于很好地转换成工作量，而且我并不清楚你使用的是什么语言。宏编译器完成 50 个功能点花费的时间是 C++ 相同情况下的 3 至 4 倍，但编写 1000 行代码花费的时间两种语言是相同的。因而代码行是与其他方法同样好的程序规模度量方法 (无论如何，在针对表中的进度估算和工作量估算时)。

6. 估算准确度

一些人可能会批评这些表过于简化，以致难以做出有用的估算。这些表的确很简单，但这正是其目的。事实上，来自你们自己行业、组织或群体的历史数据可以让你做出比这些表更准确的估算。不过，尽管它们简单，但表 8-8 到表 8-10 给出的有针对性的估算与一些更复杂的估算模型比起来一样准确。

克默尔 (Chris Kemerer) 把 5 个模型的工作量预测与 15 个项目的样本加以比较，他发现最准确的估算模型生成的工作量估算平均来说也只在实际工作量的 100% 之内 (Kemerer 1987)。当接受克默尔 (Chris Kemerer) 的检验时，由这些表得到的估算与他检验过的最准确的估算模型相比，平均误差更小。

鉴于此，表 8-6 到表 8-8 的估算确实达到了提供大致正确的估算的目的，而且比直觉更准确。对于任何声称有更准确估算数据的人，我说，太好了！把你的数据做成简易可用的形式，公开使用。

8.6.2 可能的最短进度

相关主题
有关对不同的开发活动分配时间的建议，请参考第 6.5 节。

本节包含表 8-8 "可能的最短进度"。当你面对一个大项目时，一两年似乎是无限长的一段时间,仿佛你一年内就能完成任何项目,但事实并非如此。

使用表 8-8 的进度作为稳妥性的检验有助于确信你的进度至少是大致正确的。如果你认为 10 个开发人员在 9 个月内开发 75 000 行封装商品应用软件程序不成问题的话，那么就需要再想想了！从表 8-8 可以看出，这样一个应用程序的可能的最短进度是 14 个开发人员开发 10 个月，而且在可能的最短进度中,已经包含了所有进度缩短实践。几乎可以肯定,任何这样的项目都将耗费 10 个月以上的时间。可实现的乐观进度仍然会引发不少问题,但是如果确信最初的估算至少在可能范围内的话,成功的机会将会更大。

可以看看这些进度并且想一想,"可能的最短进度?我绝不可能在 10 个月内开发 75 000 行的封装商品应用程序"。如果你这样想,我相信你是对的。这些进度是最短的进度,是由最理想的软件开发团队完成的,大多数团队都无法做到。正如你在图 8-5 中看到的,即使是有机会完成可能最短进度的团队,也要冒很大的延期风险。

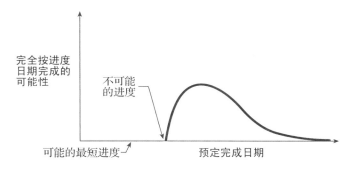

图 8-5   一个不可能的进度

1. 假定

由于表 8-8 中的进度是可能的最短进度,所以他们包含了很多非常乐观的假定。

相关主题

人员配备模式的更多内容,参考本章结尾处的"深入阅读"部分。

· **人员**   表 8-8 中的进度假定你的团队已经从人才库中选出了属于前 10% 的最拔尖的人才。这就意味着做需求分析的分析师属于拔尖的 10% 内,开发人员也在拔尖的 10% 中,每个人都有几年应用编程语言(正在使用)和编程环境(正在开发)的工作经验。开发人员掌握了应用领域的详细知识,每个人都目标明确,分享相同的成果,与别人和睦相处,每个人都努力工作,不存在人员调整问题。

· **管理**   这些进度假定项目具有理想的项目管理,开发人员不必分散精力干一些与技术无关的事。项目采用矩形人员模式配备人员——即全体人员在项目开始的第一天全部上班工作,一直持续到项目提交为止。

表 8-8　可能的最短进度

系统规模（代码行）	系统软件		商业软件		封装商品软件	
	进度（月）	工作量（人月）	进度（月）	工作量（人月）	进度（月）	工作量（人月）
10000	6	25	3.5	5	4.2	8
15000	7	40	4.1	8	4.9	13
20000	8	57	4.6	11	5.6	19
25000	9	74	5.1	15	6	24
30000	9	110	5.5	22	7	37
35000	10	130	5.8	26	7	44
40000	11	170	6	34	7	57
45000	11	195	6	39	8	66
50000	11	230	7	46	8	79
60000	12	285	7	57	9	98
70000	13	350	8	71	9	120
80000	14	410	8	83	10	140
90000	14	480	9	96	10	170
100000	15	540	9	110	11	190
120000	16	680	10	140	11	240
140000	17	820	10	160	12	280
160000	18	960	10	190	13	335
180000	19	1100	11	220	13	390
200000	20	1250	11	250	14	440
250000	22	1650	13	330	15	580
300000	24	2100	14	420	16	725
400000	27	2900	15	590	19	1000
500000	30	3900	17	780	20	1400

资料来源：数据改编自 *Software Engineering Economics*(Borhm 1981)，*An Empirical Validation of Software Cost Estimation Models*(Kemerer 1987)，*Applied Softeare Measurement*(Jones 1991)，*Measures for Excellence*(Putnam and Myers 1992) 和 *Assessment and Control of Software Risks*(Jones 1994)

· **工具支持**　先进的软件工具唾手可得，并且开发人员可以毫无限制地使用电脑资源。办公环境是理想的，并且整个项目组位于相互靠近的区域内。所有必要的联络工具，如个人电话、有声邮件、传真、工作组网络和带文档的 E-mail 使整个工作环境一体化。辅助的交流技术，像可视化交谈，必要时也可以用。

· **方法**　还使用了最具时效的开发方法和开发工具。在设计工作开始时已经完全了解各种需求，并且不再改变。

· **压缩**　根据这些假设，尽可能地把进度压缩可低于普通进度，不能再进一步压缩。

2．两个事实

当谈论到进度时，有几个我们虽然不喜欢却又无法改变的活生生的事实，知道它们是什么或许会有点安慰。这里是其中比较重要的两个。

存在一个可能的最短进度，而且不可能突破它。在某些时候，增加更多软件开发人员会减慢开发速度而不是加快。想一想，如果一个人在 5 天内能写 1000 行程序，那么 5 个人在 1 天内能写同样多的程序吗？ 40 个人在 1 小时内也能写那么多吗？

在这个简单的例子中，很容易看到过多的交流和综合所起到的作用。对于进度较长的较大项目，要认识到这一点的影响或许比较困难，但是限定因素是相同的。

正如图 8-6 所示，对于一个特定大小的项目，存在某一个点，开发进度不可能比那一点更短。无论怎样努力地工作，无论怎样聪明地工作，无论怎样寻求创造性的解决办法，无论怎样组织较大的团队，就是不可能做到。完成有效进度的费用大大低于完成最短可能进度的费用。

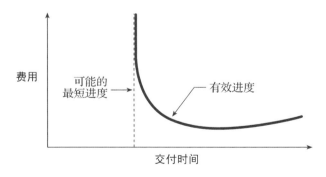

图 8-6　软件项目费用与进度之间的关系

难以想象哪个项目能具有进度表中假设的全部条件，所以也就难以想象哪个项目能实实在在地达到任何可能的最短进度。如果你的项目不能和达成这些进度的假设相匹配，那么就不可能把进度排定在可能的最短的进度范围内。没有一个项目的进度可以规划得比表 8-8 中的进度还短。

当你把进度缩短得比普通进度还短时，费用将迅速上涨。一旦你的工具和方法到位，你就能简单地通过增加开发人员的数量或加班加点来缩短进度，称之为"进度压缩"。然而如图 8-6 所示，另一个活生生的事实是，将开发时间缩短到低于普通进度时，费用将变得非常高而无人问津，这是因为你承担了过多的沟通和管理费用，而且必须使用相对无效的人员配备模式。

研究人员已经提出了许多不同的方法来估算进度压缩的费用。一种对多数项目足够准确的经验由赛蒙斯 (Charles Symons) 提出 (Symons 1991)。第一步先估算初始工作量和初始进度，然后把这些估算与期望进度相结合，利用方程式 8-2 来计算进度压缩因子。

$$进度压缩因子 = 期望进度 \div 初始进度 \tag{8-2}$$

如果项目的初始进度是 12 个月，而你要求在 10 个月内完成该项目，那么压缩因子是 0.83(10 ÷ 12)。假如初始工作量是 78 个人月，那么把 0.83 用于压缩进度工作量方程式 8-3。

$$压缩进度工作量 = 初始工作量 \div 进度压缩因子 \tag{8-3}$$

于是得到 94 人月 (78 ÷ 0.83) 的压缩进度工作量，其含义是，进度缩短 17%，工作量增加 21%。

HARD DATA

大多数研究人员已经得出结论，不可能获得低于 0.75 或 0.80 的进度压缩因子 (Boehm 1981；Putman and Myers 1992；Jones 1994)。这意味着，对于通过增加人员和要求加班加点来缩短进度，存在一个限制范围，这个范围最大也不过是 25%。如果压缩因子低于 0.75，就需要缩小产品规模或延长进度，而不是仅仅依赖于进度压缩。

顺便提一句，这些压缩因子也可以反过来用。如果你愿意稍稍延长进度，那么你可以通过大幅度地缩小团队规模来降低项目费用。采用方程式 8-2 和 8-3，你能计算出不压缩项目进度的效果。

相关主题

要想进一步了解有效开发，请参考第 2.3.1 节。

8.6.3 有效进度

本节包含表 8-9 "有效进度"。表 8-8 给出的可能的最短进度几乎对所有团队都是做不到的，最现实的做法是根据下面提供的有效进度或普通进度来规划你的进度。

1. 假定

有效进度假定你做对了大部分事情，但是那些用于达成可能的最短进度的理想情况的假设不包括其中。

相关主题

要想进一步了解人力组合模式，请参考本章结尾处的"深入阅读"部分。

这些进度假定你从人才库中获取了最好的人才（顶尖的前 25% 的人才），无论是分析师还是开发人员。每个人在编程语言和环境上都有一年的工作经验，人员调整每年少于 6%，团队不算很有凝聚力，但是对项目目标有共同的看法，互相没有严重冲突。项目组织采用有效的人员配备模式，即著名的瑞利 - 诺 (Rayleigh-Norden) 曲线分布的人力资源组合模式。

除了这些假定以外，表 8-9 的进度采用了与可能的最短进度同样的假定：有效使用编程工具、使用现代编程思想、主动的风险管理、优良的物理环境、集成使用沟通工具、采用快速开发实践，等等。

这些进度没有压缩到比使用以上假设的普通进度短。你可以使用所描述的实践结合方程式 8-2 和 8-3，再将进度最多压缩 25%。

如果你不能确定是用表 8-9 提供的有效进度还是表 8-10 提供的普通进度，该怎么办呢？如果大部分时候都是按照第 1 章至第 5 章描述的有效开发实践工作的话，就采用有效进度。如果项目在开发基础上比较薄弱，那么采用表 8-10 的普通进度。

2. 可能的最短进度和有效进度之间的关系

关于表 8-9 中的进度，有趣的一点在于它所描述的项目比可能的最短进度表（表 8-8) 描述的项目花的全部工作量要少——尽管可能的最短进度使用了更乐观的假定。这个结果正是因为可能的最短进度是尽可能地压缩进度，而压缩是要付出代价的。

最大化压缩有效进度（缩短 25%) 会产生近似可能的最短进度的进度周期，然而由于乐观假定更少，导致花费更高。

表 8-9 有效进度

系统规模（代码行）	系统软件		商业软件		封装商品软件	
	进度（月）	工作量（人月）	进度（月）	工作量（人月）	进度（月）	工作量（人月）
10000	8	24	4.9	5	5.9	8
15000	10	38	5.8	8	7	12
20000	11	54	7	11	8	18
25000	12	70	7	14	9	23
30000	13	97	8	20	9	32
35000	14	120	8	24	10	39
40000	15	140	9	30	10	49
45000	16	170	9	34	11	57
50000	16	190	10	40	11	67
60000	18	240	10	49	12	83
70000	19	290	11	61	13	100
80000	20	345	12	71	14	120
90000	21	400	12	82	15	140
100000	22	450	13	93	15	160
120000	23	560	14	115	16	195
140000	25	670	15	140	17	235
160000	26	709	15	160	18	280
180000	28	910	16	190	19	320
200000	29	1300	17	210	20	360
250000	32	1300	19	280	22	470
300000	34	1650	20	345	24	590
400000	38	2350	22	490	27	830
500000	42	3100	25	640	29	1100

资料来源：改编自 *Software Engineering Economics*(Borhm 1981). *An Empirical Validation of Software Cost Estimation Models*(Kemerer 1987), *Applied Software Measurement*(Jones 1991), *Measures for Excellence*(Putnam and Myers 1992) 和 *Assessment and Control of Software Risks*(Jones 1994)

对大多数项目，有效进度代表了"最佳情况"进度。可能的最短进度简直是无法实现的，但如果一切进展顺利，有效进度是可以实现的。

8.6.4　普通进度

本节包含表 8-10 普通进度。普通进度是为一般项目使用的。从定义可以看出，既然大多数项目是普通的，那大多数项目应该使用普通进度，而不是有效进度或可能的最短进度。

1．假定

普通进度比其他进度更少使用乐观假定。它假定团队从人才库中获取了中等以上的人才，项目团队的一般成员对编程语言和环境熟悉，但不必非常熟悉。团队平均起来在应用领域还是有经验的，但经验也不必特别丰富。这些团队不是很有凝聚力，但在解决冲突上有一定经验。他们经历过每年 10% 到 12% 的人员调整。

编程工具和现代编程思想在一定程度上使用，但不像有效开发项目中使用得那么频繁。本书中的一些快速开发实践可以使用，但未必能发挥最大优势。风险不会像理想情况那样管理得力。通信工具诸如个人电话、声音邮件、传真、工作组网络、电子邮件等很容易使用，但不一定能集成到普通工作流中。办公环境有些不理想，但足够了，开发人员可能在小房间工作而没有私人办公室，但他们不会在开放式或嘈杂的环境下编程。

与有效开发进度相似，这些进度没有压缩得比普通进度短，所以可以再最多压缩 25%。

这些进度没有有效开发进度那样快，但不会是最差情况的进度。假定你很多事都做得正确，那么对一个一般的项目达到任意一种普通进度都有 50% 的把握。

2．为什么要进行有效开发？

这些进度不仅比相应的有效进度花的时间长，而且费用也高。250 000 代码行的封装商品软件应用程序的有效开发花费 470 个人月，时间跨度 22 个月。同样的项目以普通方法开发花费 800 个人月，时间跨度 26 个月。

表 8-10 普通进度

系统规模（代码行）	系统软件		商业软件		封装商品软件	
	进度（月）	工作量（人月）	进度（月）	工作量（人月）	进度（月）	工作量（人月）
10 000	10	48	6	9	7	15
15 000	12	76	7	15	8	24
20 000	14	110	8	21	9	34
25 000	15	140	9	27	10	44
30 000	16	185	9	37	11	59
35 000	17	220	10	44	12	71
40 000	18	270	10	54	13	88
45 000	19	310	11	61	13	100
50 000	20	360	11	71	14	115
60 000	21	440	12	88	15	145
70 000	23	540	13	105	16	175
80 000	24	630	14	125	17	210
90 000	25	730	15	140	17	240
100 000	26	820	15	160	18	270
120 000	28	1000	16	200	20	335
140 000	30	1200	17	240	21	400
160 000	32	1400	18	280	22	470
180 000	34	1600	19	330	23	540
200 000	35	1900	20	370	24	610
250 000	38	2400	22	480	26	800
300 000	41	3000	24	600	29	1000
400 000	47	4200	27	840	32	1400
500 000	51	5500	29	1100	35	1800

资料来源：改编自 *Software Engineering Economics*(Borhm 1981)，*An Empirical Validation of Software Cost Estimation Models*(Kemerer 1987)，*Applied Software Measurement*(Jones 1991)，*Measures for Excellence*(Putnam and Myers 1992) 和 *Assessment and Control of Software Risks*(Jones 1994)

压缩普通进度能产生和有效进度相似的周期但花费高很多，这是因为开发实践效率低。250 000 代码行的封装商品软件应用程序压缩到与有效开发相同的 22 个月完成，花费是 950 人月，相当于有效开发的两倍。使用有效开发实践的组织能获得不菲的收益。

8.6.5　对大致的进度首先应怎么办

看到这些进度，大多数人首先做的一件事是从最近的项目中提取记录，比较一下它们是怎样处理表中的数据的。他们的项目进度是否尽可能地快？是不是有效？是不是普通进度？这实际上是你这时候最应该做的工作，因为这是了解项目的最好方法。如果表中的数据比上一个项目估算得过高或过低，在使用它们估算下一个项目前你就知道应该怎样去调整了。

8.7　估算修正

经理和客户经常问的一个问题是，"如果我给你额外一个星期做估算，你能修正它以减少不确定性吗？"这是个合理的要求，可惜不可能按他们想的那样起作用。有研究表明，软件估算的正确性依赖于对软件定义的细化程度 (Laranjeira 1990)。定义修正得越好，估算越正确。直觉上这很有道理，因为系统越确定，带给估算的不确定就越少。

研究暗示，细化软件定义所要做的工作就是软件项目本身的工作，即细化需求说明书、产品设计、详细设计。在需求说明书阶段简直不可能确信一个进度有 ±10% 的准确度。你可以控制准确度向低的方向靠拢，然而如果让项目任意进行，那么准确度不会好于 +50%，-33%。

项目进行中修正项目估算是可能的，你也应该那样做。人们遵循的典型过程是尽早进行单点估算并一直负责到底。比如，假设团队领导在项目整个过程中做了一套如表 8-11 的估算。

当团队领导使用这种单点方法，第一次增加估算时客户会认为项目超过预算而且进度落后——从 100 个人月增加到 135 个人月。从那以后，人们会认为项目陷入更多的麻烦之中。这很可笑，因为当为了进行有意义的估算而得出 100 个人月的估算时，人们对项目的了解还不够多。最终 170 个人月的数量才实际体现了最佳效率。

表 8-11 单点估算历史记录的例子

项目点	估算（人月）
初始产品概念阶段	100
已批准的产品概念阶段	100
需求说明书阶段	135
产品设计说明书阶段	145
详细设计说明书阶段	160
结束阶段	170

把以上情形和下面这个案例比较一下。团队领导提供一定范围内的估算，随着项目进行范围不断缩小，如表 8-12 所示。

表 8-12 范围估算历史记录的例子

项目点	估算（人月）
初始产品概念阶段	25~400
已批准的产品概念阶段	50~200
需求说明书阶段	90~200
产品设计说明书阶段	120~180
详细设计说明书阶段	145~180
结束阶段	170

这些估算包含很大的不精确性，除了最老练的客户，其他的各方人士都试图要你缩小范围。但是你不可能提供比表 8-12 更准确的估算——唯一的可能只能是撒谎或对此根本没有经验，一无所知。不精确并非表明估算很差，这是软件开发本质的一部分。不承认不精确反而表明估算很差。

在表 8-12 的例子中，团队领导修正了估算，管理者或客户会认为项目一直在期望范围内。应该通过拒绝提供非理性的精确性和一直满足客户的期望来建立信心，而不是一个接一个的进度延迟使客户丧失信心。

细化估算的次数会影响到它能否被接受。如果你提前解释了估算的历程并许诺在定期的里程碑提供不断改进的估算，那就有利于创造一个有序、可视的项目过程，正如表 8-12 所示。

估算的再修正

假定有一个 6 个月的进度计划，你计划 4 周内达到第一个里程碑，而实际花了 5 周。当你错过进度日期时，一个问题是怎样修正进度。是否应该像下面这样。

1.　假定在后续进度中能弥补损失的一周？
2.　把这一周加到整个进度中？
3.　把整个进度乘以拖延的幅度（本例应该乘以 25%）？

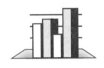

CLASSIC MISTAKE

HARD DATA

一般来说，人们最容易选择的是第一个答案。理由如下："需求花的时间比预期长，但是现在它是固定的，所以我们一定要在以后节省时间。我们要在编码和测试中弥补不足。"

1991 年对 300 多个项目的调查表明，项目几乎不能弥补损失的时间——它们总是更加拖延 (Van Genuchten 1991)。这样第一个选择就去掉了。

估算倾向于不准确总是由于遍布整个进度的系统原因，比如来自管理者的压力要求使估算过于乐观。除了有过实际经验的部分，整个进度的其他部分也不可能准确。这样第二个选择也去掉了。

相关主题

有关再修正的更多内容，请参考第 27.1 节。

无一例外，对错过的里程碑的正确回答是选择 (3)。这个选择分析上最有道理，而且最符合我的经验。如果你不愿意把进度延长到那个数量，人们通常也不愿意，那么你可以晚一些做决定，通过监控你在完成第二个里程碑时你是怎么做的来获得更多数据。但是如果你在完成第二个里程碑时仍旧不愿意延长 25%，那在今后就更难采取纠正措施了，而且采取的措施与第一个最佳时机时采取的措施相比，起作用的机会也要小得多。

当然，在错过或者实现一个里程碑以后改变估算不是唯一的选择，你还可以改变进度 - 产品 - 成本这个三角关系的"产品"或"成本"，可以改变产品规格以节约时间，可以花更多钱。唯一不能做的是保持进度、产品和成本不变的同时期望项目得到改善。

与进度延期相关联的问题主要是信任问题。如果你签约确认执行最佳情况估算，那么延期意味着你已经失败了或离失败不远了。你没有达到计划的进度，而且没有根据能知道实际完成的日期。

但是如果已经提前描述了估算是怎样随着项目成熟而成熟并且按范围提

供了估算，延期就会减少。只要在范围内，你做得就很棒。"延期"指
的是完全超出估算范围，而这是难得发生的。

案例 8-2

出场人物
George（团队主管）
Kim（项目经理）
Rex（首席执行官书）
Carlos（市场代表）

仔细的项目估算

Square-Tech 正在开发 Cube-It 2.0，巧的是它正和案例研究 8-1
讲述的 ICS 1.0 项目规模一样。团队负责人 George 接触了项目经理
Kim，市场代表 Carlos，还有 CEO Rex。Kim 和 Carlos 都向 Rex 汇报
工作。

"Cube-It 1.0 已经相当成功，我们需要在对手赶上我们之前尽快
拿出升级版本，"Carlos 说，"我们要在 6 个月内完成较大的升级。"

"根据我看到的初步产品定义，这不大可能，"George 说，"现
在我估计进度在 2 至 5 个季度之间，最可能是 3 个季度。"

"3 个季度，不是在开玩笑吧？我要比这更明确的估算。"
Carlos 说。

"产品概念还没有修正，不足以提供更准确的估算。"George 说，
"由于产品定义的所有不确定性，甚至在理论上都不可能。我必须知
道要构建什么东西，才能算出需要花多长时间。如果在定义功能集的
时候可以去掉很多功能，我们当然可以花更少的时间开发出来。不过
据我所知，我们需要的是一个具有完整功能的版本。"

Rex 大声说："对，我们的 1.0 版本产品品质较好但比较简单，
这虽然给了我们一个非常好的开端，但是我们还是已经发现了它有一
些重要的功能缺陷，需要在版本 2.0 中加入。"

"那么我必须坚持 2 至 5 个季度的估算。"George 说。

"这不够，你要给我们一个更明确的估算。"Kim 说，"你说
有可能在 2 个季度完成，那把目标定成 6 个月吧。"

"对不起，我不赞成。"George 说，"我们只是在骗自己。6 个
月是实施最小功能集的最低限度时间。我'最可能'的估算是 3 个季
度那是 9 个月，不是 6 个月。"

"相信我，我希望说些你们想听的话。"George 继续说，"和
一群比我级别高的人坐在一起不容易，告诉你们我不能给你们想要的
也不容易。然而如果我给了你们更精确的估算也毫无价值，这样的话
下次你们根本不会相信我。我宁愿现在告诉你们真实的情况。"

George 走到白板前画出了估算收敛图。"我能承诺的是随着

工作的进行，估算在稳步地修正。一旦需求完成，我将提供准确到 ±15% 以内的估算，完成详细用户界面设计准确到 ±10% 以内，一旦做完详细设计，我提供的估算将准确到 ±5% 以内。"

"我同意。"Rex 说，"我们依据这些需求进行吧，这样能算出多快交付一个产品。"

到第 5 周，George 完成了产品概念设计，他把估算修正为 3 到 5 个季度，"最可能"5 个季度。他又接触了 Carlos、Kim 和 Rex。Carlos 和 Kim 迫切要求一个详细的交付日期，但 George 婉言拒绝了。"产品概念中仍有很多不确定性。"他解释道，"从上次会议至今，虽然我们已经确定了很多，但仍有数百条细节要敲定，累计要花很多时间。"

"范围现在是 3 到 5 个季度，不是 2 到 5 个季度，"Kim 指出，"这是否意味着没有可能 6 个月内交付下一个版本？"

"这正是我要说的。"George 说，"根据市场部认定的不成则败的功能的数量，没办法在小于 3 个季度的时间内完成。"

"为什么'最可能'进度估算从 3 个季度增加到了 5 个季度？"Rex 问。

"市场部要求的产品功能比我原先设想的多，"George 说，"但是仍有很多时间可以重定义功能集，这样能用更少时间完成项目。"

"应该这样做，"Rex 说，"我们需要功能，但 2.0 版本绝对不能等 5 个季度。和 Carlos 一起定义功能集，保证最多 4 个季度交付产品，也不一定要太完美了。"

17 周时 George 和他的团队完成了需求说明书。他们定义了更小的产品功能集，George 修正了估算，项目要花 9 到 12 个月，最可能 10 个月。

"10 个月！太棒了！"Rex 说，"我开始还以为整个项目你都会坚持用'季度'这个词呢。由于你和 Carlos 的工作才把范围统一，什么时候能提供更明确的估算？"

"产品设计结束的时候能拿出来，误差在 ±10% 以内。大约两个月内做完。"George 说。

第 24 周，Cube-It 小组完成了产品设计。George 修正了估算，项目花费 43 到 52 周，最可能 48 周完成。"按最长进度 52 周做计划比较保险，不会比这个时间再长了。"他告诉 Kim、Carlos 和 Rex。

毫无疑问他们接受了 52 周的估算。

第 7 个月，Cube-It 小组完成了详细设计，George 又修正了进度。他汇报项目看起来要花 47 到 51 周，最可能 49 周完成。

Cube-It 小组在第 50 周结束时交付了产品，Rex 祝贺 George 工作完成出色。

George 休息了几周，在 Cube-It 2.0 开始后的第 55 周，他开始了一个新项目。他估算新项目要花 2 至 4 个季度。"这对进行的工作还很不够，必须更明确一些，"一个新上任的高层经理抱怨。

"不，他不会那样做。"Kim 一边在白板上画估算收敛图一边解释，"进度中有不确定性，因为软件本身有不确定性。George 要花很多时间修正估算以便和依赖它的计划协调一致。"

尾声

本章两个案例研究中的项目规模一样。第一个案例研究中的项目花了 56 周而不是 50 周，因为最初估算很糟糕。糟糕的估算导致了糟糕的计划决策和草率、容易出错的设计。

两个案例研究中的项目进度调整次数相同。在 Giga-Safe 案例研究中，Carl 第一次调整进度，管理者就认为项目失控，他们把进度调整看作项目延期。进度调整越多，项目看起来越失控。在 Square-Tech 案例研究中，管理者认为项目从始至终受控，每次 George 调整进度，项目看起来更加受控。

项目结束时，Carl 的项目被认为失败，而且个人信誉全无；George 的项目被认为成功，而且他打下了基础，下次项目计划上会少一些对立。

深入阅读

一般估算

Boehm, Barry W. *Software Engineering Economics*. Englewood Cliffs, N.J.: Prentice Hall, 1981. This monumental book contains a thorough discussion of software estimation and scheduling, which is presented in terms of Boehm's COCOMO cost-estimation model. Because the book contains so many equations, graphs, and tables, it can look overwhelming, but most of the data Boehm presents is provided for reference purposes, and the part of the book that you actually need to read and understand isn't as long or complicated as it first appears.

Papers on an updated version of COCOMO have begun to trickle out. One is "Cost

Models for Future Software Life Cycle Processes: COCOMO 2.0" (Boehm et al. 1995). Be on the lookout for an update to the material in Boehm's book sometime soon.

DeMarco, Tom. *Controlling Software Projects*. New York: Yourdon Press, 1982. Part III of DeMarco's book (Chapters 15 through 18) describes several software estimation models or "cost models." In the schedule tables in this chapter, I describe the assumptions that went into the schedules, but I don't describe why the assumptions affect the schedules the way they do. DeMarco explains why various factors affect software projects' costs and schedules. In complexity, his explanations are about halfway between the explanations in Boehm's book and the ones in this chapter.

Putnam, Lawrence H., and Ware Myers. *Measures for Excellence: Reliable Software On Time, Within Budget*. Englewood Cliffs, N.J.: Yourdon Press, 1992. Somewhat less daunting than Boehm's book, Putnam and Myers's book also presents a full-fledged software-project estimation methodology. The book is mathematically oriented, so it can be slow going. But I think it's worth the price just for Chapter 14, "A Very Simple Software Estimating System," which explains how to calibrate a simple cost-estimation model to your organization and how to use it to estimate medium to large projects. It discusses the phenomenon of lengthening a schedule slightly to reduce a project's cost, and it describes manpower-buildup patterns, including the Rayleigh curve.

Jones, Capers. *Assessment and Control of Software Risks*. Englewood Cliffs, N.J.: Yourdon Press, 1994. Although not specifically about estimation, this book contains discussions that relate to the topic. Of particular interest is a useful outline of the components of a typical estimate in Chapter 43, "Lack of Reusable Estimates (Templates)."

Gilb, Tom. *Principles of Software Engineering Management*. Wokingham, England: Addison-Wesley, 1988. Gilb provides practical advice for estimating software schedules. He puts a different emphasis on estimation than other authors, focusing on the importance of controlling the project to achieve your objectives rather than making passive predictions about it.

下面三本书包含了对功能点分析的完整讨论。

Dreger, Brian. *Function Point Analysis*. Englewood Cliffs, N.J.: Prentice Hall, 1989.

Jones, Capers. *Applied Software Measurement: Assuring Productivity and Quality*. New York: McGraw-Hill, 1991.

Symons, Charles. *Software Sizing and Estimating: Mk II FPA* (Function Point Analysis). Chichester, England: John Wiley & Sons, 1991.

译者评注

软件估算一直是项目经理的一个难题，作者在本章论述了在估算中的相关问题。在项目的初期，在我们对产品的功能还没有完全搞清楚的情况下，做出一个准确的估算是不可能的。只有随着工作的深入，估算才能越来越准确。作者列举了三种进度，即最短进度、有效进度和普通进度，特别提出了一个理念：对于一定规模的软件而言，如果要求的进度比表中的最短进度还短，项目是不可能在这个期间完成的。这一点也许能给我们项目经理一个护身符，我们在与客户谈判时，不妨作为证据之一。

我看过温伯格的一本关于软件质量管理的书，他提出"两倍估算理论"，大体意思是，如果根据你的经验，在正常情况下，完成一个项目需要 X 月的话，那实际的完成时间需要 2X 月。我以往的经验是 3X 月，那时我对项目管理认识还相当肤浅。我想 2 至 3 倍应当是合理的。

第 9 章　进度计划

本章主题

- 过分乐观的进度计划
- 战胜进度压力

相关主题

- 项目估算：参阅第 8 章
- 50/50 进度计划：参阅第 6 章
- 开发速度的权衡：参阅第 6 章
- 基于承诺的进度计划：参阅第 6 章和第 8 章
- 客户关系：参阅第 10 章
- W- 理论管理方法：参阅第 37 章
- 自愿加班：参阅第 43 章
- 有原则的谈判方式纵览：参阅第 29 章

这里讲的是我的亲身经历。某个项目运作初期，我所在的小组花了几天时间做了一份详细的项目估算。首先，我们将项目划分为若干个特性，每人对其中一个特性单独做估算；接着，用两天的时间逐个讨论这些特性的估算，从而确定每项估算可能产生的变动；最后，分别用几种不同的方法将这些单个特性的估算加以综合，从而估算出整个工期约为 15 个月，上下浮动不超过 3 个月。

相关主题

有关一阶估算实践的详细信息，请参考第 8.5.2 节。

为验证上述结论，我们还参照以前做过的类似项目，利用当前项目与该项目的规模比及后者的实际进度进行对比，计算出的结果也是 15 个月。而应用某个商业估算工具和一阶估算实践得出的工期估算值均为 16 个月。这与我们最初的结论都是相符的。

一周后，在去往项目预审会的途中，上司向我询问项目估算的情况，我如实相告。

"太长了。"他说，"早就让你们缩短一些。会上我将向委员会提出进度估算为 9 个月，这样，即便会有所延迟，我们也能在 12 个月内完成。"

我提出异议："9 个月的依据是什么？ 15 个月的进度计划是我们经过多方面论证得出的。9 个月！简直不可思议。"

"但这次会上必须这么做。"上司态度很强硬。这时，其他参会人员已陆续到达，终止了我们的谈话。我只有听凭上司宣读了强加于我们的不可能实现的进度计划。

这件事情表明，在理想状况下，你可以使用前面几章介绍的方法进行项目估算，并按照拟订的进度计划工作。然而，在现实世界中，你的上司、客户、市场人员或者上司的上司都可能按照主观意愿迫使你压缩计划进度。他们并不明白，计划进度的削减丝毫不能达到他们预期的目标。

如何分析进度计划才能有利于快速开发呢？答案是，做进度计划时应当营造一种良好的开发氛围，摈弃草率和易错的决策机制，倡导计划的有效性、设计的合理性和质量保证的省时性。

一份分析准确的估算，并不能保证一定被批准。即使被批准，也不能确保能够被有效地执行。项目估算和进度计划是我们面临的两大难题，在二者之中，我认为后者更为迫切。

前面各章节着重描述的是如何制定准确的项目估算，本章则阐述如何使其为他人所接受。

进度计划从何而来？

"我认识的大多数 IS 人士，无论是否是管理者，从来都无权控制他们自己的进度计划。进度计划通常由市场部或高层管理部门直接下达，就像"天使"（哦，也有人说是鸟粪）从天而降。

就此问题，我曾与 IS 领域中许多人士进行过交流。大家一致认为当前 IS 领域面临的最大难题，既不是掌握快速更新的技术，也不是探求新的管理哲学，而是被迫接受根本无法达成的进度计划。"

——格拉斯 (Robert L. Glass)

9.1　过分乐观的进度计划

或许有人认为不合理的进度计划只是刚出现不久的现象。但实际上，在软件开发项目中制定过分乐观的进度计划早已屡见不鲜。早在 1967 年，

科林斯基 (Gene Bylinsky) 便提出："所有大型软件程序设计正面临危机。"(Bylinsky 1967)20 世纪 70 年代，布鲁克斯 (Fred Brooks) 指出："进度失控给软件项目带来的损失超出其他所有因素之和。"(Brooks 1975)约 10 年后，卡斯特罗 (Scott Costello) 经过调查，得出结论："完成期限的压力是软件工程最大的敌人。"(Costello 1984)

到了 20 世纪 90 年代，这种情形丝毫未得到改善。琼斯 (Capers Jones) 认为，进度压力是软件工程中最为普遍的问题。"过紧或不合理的进度计划可能是软件开发过程中唯一最具破坏力的杀手"(Jones 1991，1994)。长期工作在极度的进度压力下成为软件行业的普遍现象。半数左右的项目在需求调查与分析完成之前便制定了进度计划，并且不留出足够的备用时间。其中，客户的意志起了决定性作用的情况并不少见，他们常常坚持他们认为合理的费用和进度，而按照相应的规范，这在技术上是根本不可行的。

HARD DATA

9.1.1 一个关于过分乐观的进度计划的实例

Microsoft Word for Windows 1.0 的开发过程可以说明过分乐观的进度计划究竟产生了怎样的效果。Word for Windows，简称 WinWord，一共包含 249 000 行代码，投入 660 人月，前后历时 5 年 (Iansiti 1994)。实际花费的时间大约是预期时间的 5 倍。表 9-1 展示了 WinWord 的开发历程。

表 9-1　Word for Windows 1.0 的进度历程

提交报告日期	预期交付日期	预期到完成交付还需要的开发时间	实际到完成交付所花费的开发时间	估算偏差率
84 年 9 月	85 年 9 月	365 天	1887 天 *	81%
85 年 6 月	86 年 7 月	395 天	1614 天	76%
86 年 1 月	86 年 11 月	304 天	1400 天	78%
86 年 6 月	87 年 5 月	334 天	1245 天	73%
87 年 1 月	87 年 12 月	334 天	1035 天	68%
87 年 6 月	88 年 2 月	245 天	884 天	72%
88 年 1 月	88 年 6 月	152 天	670 天	77%
88 年 6 月	88 年 10 月	122 天	518 天	76%

续表

提交报告日期	预期交付日期	预期到完成交付还需要的开发时间	实际到完成交付所花费的开发时间	估算偏差率
88 年 8 月	89 年 1 月	153 天	457 天	67%
88 年 10 月	89 年 2 月	123 天	396 天	69%
89 年 1 月	89 年 5 月	120 天	304 天	61%
89 年 6 月	89 年 9 月	92 天	153 天	40%
89 年 7 月	89 年 10 月	92 天	123 天	25%
89 年 8 月	89 年 11 月	92 天	92 天	0%
89 年 11 月	89 年 11 月	0 天	0 天	0%

* 表示近似值。

资料来源：改编自 *Microsoft Corporation: Office Business Unit* (Iansiti 1994)

相关主题
请参考表 8-8。

WinWord 采用了近似疯狂的进度计划。类似规模的项目可能的最短开发周期约为 460 天，而 WinWord 1.0 的进度计划中，预计开发周期的最大值也仅有 395 天，比通常认为的最短可能周期足足少了 65 天。

以下列出了造成 WinWord 1.0 开发延迟的几个主要因素，它们均可视为由过紧的进度计划直接导致的恶果。

· 项目初期制定的开发目标是不可能实现的。比尔·盖茨给项目组下达的指示是用最快的速度开发"迄今为止最好的字处理软件"，争取在 12 个月内完成。实现这两个目标（质量和时间）中的任何一个都是很困难的，同时达到则是不可能的。

· 过紧的进度计划降低了计划的准确度。如表 9-1 所示，在多次进度调整中只有一次的预期周期多于 1 年，而事实上有 10 次的实际开发周期超出 1 年。在开发的前 4 年里，预期进度估算误差率达到了 60% 到 80%。

· 开发过程中频繁换人。5 年中共换了 4 个组长，其中有 2 人因进度压力离职，1 人是出于健康的原因而离职。

· 迫于进度压力，开发人员匆匆写出一些低质量的和不完整的代码，然后宣称已实现某些性能。这造成了 WinWord 不得不将用于提高软件稳定性的时间由预计的 3 个月增加到了 12 个月。

WinWord 试图缩短开发周期，可真的将发布时间提前了吗？没有。5 年的时间生产出 250 000 行代码的软件产品显然不能称为快速开发。尽管制定了很短的进度计划，WinWord 的开发周期却远远超出同等规模项目通常所花费的时间（通常同等规模的软件开发周期为 26 个月）。

WinWord 应当作为快速开发项目来安排进度吗？答案也许是否定的。因为在此项目中，创新比速度更重要，在制定进度计划时应考虑到这一点。如果 WinWord 的项目规划人员已将 WinWord 规划为一个"有效"开发项目，就应该将进度计划定为 22 个月。这虽是原计划的近两倍，但减轻了进度压力，从而避免了频繁更换负责人和稳定化阶段超时。

当你希望一个项目在 12 个月内完成时，当然不情愿别人把进度定为 22 个月。然而，主观愿望不能替代科学分析，使产品以最快速度面世的计划首先应是最准确的计划，以主观愿望来引导项目开发将付出超时数周甚至数月的代价。WinWord 的开发过程就是有力的例证。

9.1.2　产生过分乐观的进度计划的根源

过分乐观的进度计划之所以产生有着深层的、多方面的原因。下面列出其中几个。

相关主题

除了在本章中讨论的以外，关于准确的进度的价值的更多内容，请参考第 8.1.5 节。

相关主题

一种过度优化的进度类型就是那种把进度、资源和功能都确定了以后交给开发者的进度，更详细内容请参考第 6.6 节。

· 为了赶在某些特定时间前展示或出售产品，如计算机交易展示会、新税法出台前、圣诞节期间等。
· 管理人员和客户拒绝接受仅给出范围的估算，而是按照他们所认为的"最佳情况"单点估算来制定进度计划。
· 项目管理人员和开发人员为了享受接受挑战的乐趣或在压力下工作的刺激，而故意缩短进度计划。
· 管理部门或市场部门为赢得投标而故意缩短进度计划。
· 开发人员为获取经费以开发自己感兴趣的项目，而违心地缩短计划。
· 项目管理人员认为较紧的进度计划能够促进开发人员努力工作。
· 高层管理部门、市场部门或某重要客户希望在特定时间内完成，而项目管理人员无法说服他们。
· 项目初期制定的进度计划是合理的，但在开发过程中，新的性能不断加入使得原来合理的计划相对于新的性能需求来说，变成了过分乐观的进度计划。
· 进度估算过程本身不够充分。

在以上情况下要出台合理的开发计划，基本上是无法想象的。

9.1.3 过分乐观的进度计划产生的不良后果

当希望以可能的最短时间完成某项目时，人们很自然地会想到先制定一个较短的计划，他们认为这样即使有所延迟，也应该会比采用宽松的计划省时。可是，这种方法或许能够促使挖沟的工人提高挖掘速度，但能够激励软件开发人员提高设计和编程的速度吗？

答案是很显然的，在软件开发项目中这样的做法是无效的。（也许对类似挖沟的工作也一样。）原因是对如下方面产生了不利影响。

相关主题

有关 50/50 进度计划编制的更多内容，请参考第 6.3 节。

HARD DATA

1. 进度计划的准确性

过分乐观的进度计划降低了进度的准确性。如图 9-1 所示，若取中间虚线为进度完成日期，则如期完成的概率为 50%，实际上恰好取到这个时间点是很难做到的。开发人员制定的进度往往比上述的缩短了 20% 到 30%(van Genuchten 1991)，如图 9-1 中实线所示，按照这一进度计划，能如期完成的概率小于 50%。

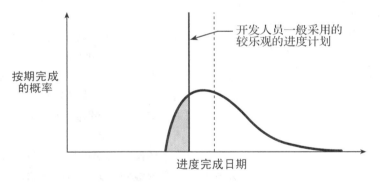

开发人员一般采用的较乐观的进度计划

按期完成的概率

进度完成日期

图 9-1 典型的由开发人员制定的进度计划。开发人员制定的开发周期常常比理想周期短 20% 到 30%，这使得如期完成的概率小于 50%

开发人员经过分析得到的"最可能的"进度估算，其准确度尚且达不到人们的期望值，那采用过分乐观的进度计划（图 9-2），则几乎没有如期完成的可能。

2. 项目规划的质量

过分乐观的进度计划使得在制定诸如阶段规划、人员水平级别规划、人员选择规划、人员组成规划、模块开发规划、集成规划、测试规划及文档规划等时加入了一些不正确的假设，只有发生了天上掉馅饼之类的

CLASSIC MISTAKE

事情，那么这些基于错误假设的规划恐怕才能得以顺利执行！但遗憾的是，这种情况不可能发生，错误假设必将导致无效的项目规划（见图 9-3）。

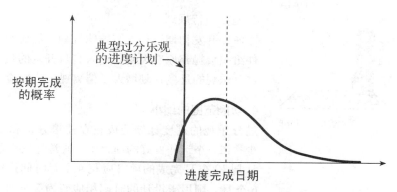

图 9-2 典型的过分乐观的进度计划。人们往往认为采用较短的进度计划能够增加提前完成的机会，但事实上这不仅降低了计划的准确性，而且增加了延迟的可能

"每个人都认为我们应该计划在 6 周内穿过这一山口，但我认为我们可以在下雪之前花 3 周过这个山口。我们准备了 4 周的粮食，这样我们还可以有 1 周的充足时间。"

图 9-3 错误的进度计划

HARD DATA

CLASSIC MISTAKE

过分乐观的进度计划使实际进度与计划进度相比产生了很大的偏差。小型项目平均偏差超过一倍 (Standish Group 1994)，大型项目则为 1 年左右 (Jones 1994)。有如此大偏差的计划实际上是完全无用的计划。

3. 坚持执行规划

即使在开发初期进行了有效的规划，然而当面临进度压力时，大多数软件组织会抛弃原有规划，走入盲目开发的歧途 (Humphrey 1989)。采用过分乐观的进度计划增大了偏离规划的风险。

4. 功能范围的缩小

过分乐观的进度计划造成花在需求分析和设计等上游工作上的时间过少。在一个运作良好的项目中，通常将三分之一的时间用于设计。比如，计划 12 个月完成的项目应花 4 个月时间进行设计。若计划周期缩短为 6 个月，则用于设计的时间相应变为 2 个月，比合理的时间少了一半。在较充足时间内做的需求分析都很难保证设计全面细致，一旦时间被压缩，则更无暇顾及设计的合理性了。短的进度计划通常在需求分析阶段敷衍了事，设计内容不完备，更谈不上能够仔细论证了。

若试图在项目早期阶段节省时间，则必将在后续阶段加倍补偿。在需求分析和设计时缩短了时间，到测试、排错、重新设计与返工时则需付出正确情况下所花费时间的 10 到 100 倍的代价 (Fagan 1976，Boehm and Papaccio 1988)。

CLASSIC MISTAKE

来自 Loral 的官员承认，正是由于为迎合客户不切实际的进度要求而缩短了最初计划周期，才导致 1994 年开发的 FAA 高级自动化系统比预期计划晚了 5 年才完成，并超预算 10 亿美元。因此，采用不可实现的进度计划，某些关键步骤和功能上的仓促实现，造成日后返工，反而将大大延迟产品上市的时间 (Curtis 1994)。

5. 项目推进

除了对技术方面的工作产生影响外，过分乐观的进度计划还分散了项目管理者的精力，使其无法专注于项目的推进工作。一旦开发不能如期完成，项目管理者就不得不重新制定进度计划，并向上级部门及客户等去解释超时的理由和新计划的合理性等。每一次项目的超期，都需要重复这样的过程，白白浪费管理者和开发人员的时间与精力。

6. 客户关系

相关主题

有关客户关系的更多信息，请参考第 10 章。

富兰克林 (Benjamin Franklin) 说过，他宁愿做一个悲观主义者，而不愿做乐观主义者，因为悲观主义者常常会获得意想不到的惊喜。在项目开发时也是一样。如果进度计划过紧而无法如期完成，即使项目正在平稳地推进，客户、管理者及最终用户也会感到失望，他们很自然地认为开发陷入困境或失控。项目管理者的精力再次从管理项目转移到协调客户关系上，开发人员也不能专注于按计划进度工作，而是不得不先完成能明显看出进度的表面工作，以安抚客户。

项目一拖再拖，客户会逐渐失去对项目管理者和开发人员的信任，客户关系势必受到影响。

7. 仓促收尾

CLASSIC MISTAKE

艺术品的雕刻，总是先有粗胚，最后再打磨。家庭装修时，也是先布线，设置插座及安装冷暖系统，然后再铺地砖或墙纸。同样，软件产品只有在验证了功能完备性和运行可靠性后才能被正式交付。然而在过分乐观的进度计划的压力下，往往做不到这一点。

一个为期一年的项目，在计划交付日期的 8 到 12 周之前就应当开始做准备，完成如下用以保证交付顺利进行的较耗时的工作。

· 关闭代码中的调试语句。
· 优化软件性能。
· 去除产品交付前无法完成的特性。
· 对于一些无法充分实现的必备性能，可以先快速开发应急版本。
· 改正低优先级错误。
· 检查帮助文件和用户文档中的拼写错误，调整不同源文件的页码，插入准确的交叉引用及在线帮助跳转，建立索引，生成最终的屏幕截图等。
· 进行系统综合测试，将错误信息输出到错误报告系统中。

以上工作我认为是产品顺利收尾的保证。若为节省时间而匆匆收尾，那么迟早要返工，因为这些工作一样也少不了。

重复工作造成效率的降低只是仓促收尾的弊端之一，除此之外，还有其他时间方面的浪费。例如，在软件未经充分调试的情况下就进行测试，测试人员将发现更多的错误，这时，他们必须将错误输入错误跟踪系统中，而这样增加测试及开发的时间开销。为解决错误，不得不重新加入调试语句及已被去除的部分性能。这些为赶工而草草完成的修改导致的不可靠性与不可维护性将会像恶魔一样困扰开发人员。仓促收尾的目的是将交付日期提前，结果却适得其反。

更为严重的恐怕是对开发人员士气的影响。就像赛跑中运动员听到最后一圈的鸣枪示意后便全力冲刺一样，当软件开发进入收尾阶段时，开发人员全力以赴，希望很快能达到预期目标。然而目标被一再后移，总是有大量工作要做，开发人员的精力将会被消耗殆尽。

管理越好的项目就能越早地发现进度计划存在的问题，管理不善的项目却总是到无法收尾的时候才意识到进度计划可能有问题。仓促收尾的项目有以下几种特征。

· 　要排错只能将系统拆分后再进行，一个小的变动要花很长时间。
· 　开发人员清楚地知道系统中存在大量"不重要的"应做修改却未做的地方。
· 　测试人员发现错误的速率大于开发人员排错的速率。
· 　排除已发现错误的同时，产生了大量新的错误。
· 　由于软件变化频繁，难以保证用户文档的同步更新。
· 　项目估算多次调整，软件交付日期一拖再拖。

一旦第一次收尾工作无法进行，就必须返回去继续工作，然后准备再次尝试收尾。过度乐观的计划所导致的仓促收尾和反复收尾都将延迟项目的进度。

9.1.4　超负荷的进度压力

CLASSIC MISTAKE

当面临无法如期完成的局面时，客户和管理人员的第一反应就是向开发人员施压，加班加点追赶进度。约有 75% 的大型项目和几乎 100% 的超大型项目都曾出现过这样的情形 (Jones 1994)。近 60% 的开发人员认为压力在不断加重 (Glass 1994c)。

进度压力根深蒂固地存在于软件开发过程中，许多开发人员已将其视为生活的一部分。深为不幸的是，他们中的一些人甚至没有意识到进度压力是应当而且可以设法避免的。过分乐观的进度计划对实际开发造成了很多方面的危害，进度压力是最为严重的一种。下面就此进行详细阐述。

1. 产品质量

大约 40% 的软件错误都是因压力而产生的，若进度计划合理，不给开发人员过分施压，这些是可避免的 (Glass 1994c)。在超负荷进度压力下开发出的产品中蕴涵的错误是通常的 4 倍左右 (Jones 1994)。超负荷进度压力也是造成易出错模块出现的最主要原因 (Jones 1991)。

处于超负荷进度压力下，开发人员很容易专注于做他们自己的工作，而忽略了质量保证问题。比如说，现在有一小时时间，让开发人员选择是利用这一小时检查别人的代码，还是写自己的代码，多数人会选后者，而将代码检查任务寄托于以后完成。因此软件质量无法保证。

在开始阶段就致力于将错误减至最少的项目通常会有最短的进度。而过重的压力会使得软件质量被忽略，开发后期才猛然发现这样做反而大大阻碍了项目的进度。

2. 冒险心理

由于过分乐观的进度计划按照规范有效的开发方法是不可能实现的，因此，项目管理和开发人员破釜沉舟，抱着赌一把的心理进行开发，而不去估算风险值。"我不能确定 Gig-O-Matic CASE 工具是否真能将生产力提高 100%，可如果不用它，则注定无法如期完成，既然这样，为什么不试一试呢？"

在快速开发的项目中，应当尽量减少风险。软件开发要求事先估算风险值，而不能听之任之。进度压力使得风险管理难以执行，错误百出，从而降低了开发速度。

3. 激励效应

软件开发人员喜欢富于挑战性的工作，因此制定一个略微紧凑却可实现的进度计划能够起到激励作用。然而当超出某种限度后，便丝毫达不到激励的效果了。

过分乐观的进度计划会造成开发人员付出了巨大努力，却总被看作失败者，其原因是即使他们的工作进度无可指责，但没有达到目标 (不可实现的目标)。除非缺乏经验或过分天真，大多数开发人员都清楚这一点，他们不会接受一个不切实际的进度计划并为之勤奋工作。因此，任何希望以过紧的进度计划来产生激励作用的尝试会注定以失败告终。

相关主题

有关易错模块的更多内容，请参考第 4.3.1 节。

相关主题

要想进一步了解缺陷级别和进度之间的关系，请参考第 4.3 节。

相关主题

要想进一步了解快速开发中出现的风险，请参考第 5.6 节。

相关主题

要想进一步了解进度压力和激励，请参考第 11 章和第 43.1 节。

4. 创造性思维

软件开发的诸多方面（如产品说明书、设计及构架等）均需要创造性的思维。创造性源于专注并且持久的思考，直至灵感来临。只有内部激励才能使专注持久的思考成为可能，过重的外部激励（即压力）会减少内部激励，从而抑制了创造性 (Glass 1994a)。

除此之外，充满压力的环境也不利于创造性思维的产生。因为当人们试图寻找一个问题的解决方案时，其思维应处于放松的、沉思的状态。

HARD DATA

开发相同功能的软件，不同开发人员生产出的代码数也各不相同，差距约为 10 倍 (Sackman，Erikson，and Grant 1968；Weinberg and Schulman 1974；Boehm，Gray，and Seewaldt 1984；De Marco and Lister 1989)。快速开发不应在一种人人恨不得将成本压缩为应有成本的 1/10 的充满压力的氛围中进行。

5. 精疲力竭

如果在一个项目中加班过多，必将影响开发人员在下一个项目中的工作。他们会在一个项目之后的几个月里，懒散地混日子——清理一下文件系统、悠闲地注释一下源代码、修改一些自己感兴趣的却并非在当前版本中迫切需要改正的低级错误（现在也不是迫切需要）、打打乒乓球、整理一下邮件、美化一下设计文档、翻阅工业技术方面的出版物等。倘若进度过紧（比如仓促收尾），那么可能当前项目尚未结束开发人员便开始懈怠了。

6. 中途退出

过度乐观的进度计划及随之而来的压力往往使许多人中途申请退出，这些人通常是被认为最有能力的人 (Jones 1991)。更换新人并进行培训必然推迟进度。

7. 长期的快速开发

过度加班加点减少了开发人员用于自我提升的时间。开发人员不能持续学习补充新知识，这将使公司今后长远的快速开发能力受挫。

8. 开发人员与管理人员的关系

进度压力扩大了开发人员与管理人员之间的距离。开发人员认为对方不尊重自己，不为自己考虑，提出不可实现的目标说明，对软件开发缺乏足够的理解和认识（图 9-4）。恶劣的关系会导致士气低下，彼此间难以相互沟通，造成一些影响生产力的后果。

"如果书上说可能的最短开发时间是 6 个月，那么你就得加班加点，在 4 个月内完成。"

图 9-4　进度计划不切实际，由此而来的压力会使开发人员不再尊重管理人员

9.1.5　底线

有些人认为应当为软件开发制定较乐观的进度计划，因为它比一般的工业过程具备更多的冒险成分。他们认为进度压力能提高兴奋感。

果真如此吗？假设你在经历一次真正的冒险活动，如乘狗拉雪橇去南极探险，预计最少花 60 天，那么你能接受将计划定为 30 天吗？只带 30 天的食物？只准备 30 天的燃料？你的狗在 30 天（而非 60 天）后便丧失工作能力？这样做无异于自我毁灭。对软件开发项目来讲，压缩项目进度计划虽然不至于危及性命，但与自我毁灭没什么两样。

在《高质量软件管理》(Quality Software Management) 一书中，温伯格 (Gerald Weinberg) 建议应将软件项目看作一个系统 (Weinberg 1992)。每个系统都接受一定的输入，产生相应的输出。一个有准确进度计划的项目的系统图解如图 9-5 所示。与之相反，采用过分乐观的进度计划的项目的系统图解如图 9-6 所示。比较二者，显然，前者优于后者。

综合所述，我反对过分乐观的进度计划，因为它减少了计划的有效性，影响了开发人员的个人生活，损害了客户关系，导致项目频繁换人，产

品质量低下，并由于妨碍个人技术进步而使整个行业元气大伤，并使人产生开发人员言而无信的印象。

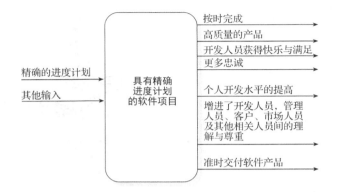

图 9-5   进度计划准确的软件项目系统图解。大多数参加这样项目的开发人员从中获得了快乐和成就感

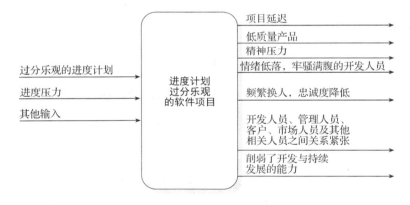

图 9-6   进度计划过分乐观的软件项目系统图解。大多数参加这样项目的开发人员易产生受挫感

我对过分乐观的进度计划最为反对的一点是，这样的计划不起任何作用，不但没有缩短实际进度，反而使其变长了。微软的 WinWord 1.0、FAA 的高级自动化系统，以及我所知道的每一个采用不现实的进度计划的项目的开发过程均说明了这一点。

最快速的开发源于最准确的进度计划。每一个发生进度问题的项目都应从其采用的进度计划的可实现性方面查找根源。

如果不被激怒，便引不起你的注意。

史迪克 (Bumper Sticker)

9.2 战胜进度压力

进度压力是软件开发项目的通病，它导致了两个不同层次上错误的、目光短浅的行为。从局部角度看，它鼓励项目走捷径，实际上这会损害项目本身。从全局角度看，它鼓励人们以救火的精神对付进度压力，火起来一处才去扑灭一处。尽管每个项目都存在着进度压力带来的问题，尽管进度压力被认为是软件工业的特征之一的时间已至少 30 年了，人们还是常常认为进度压力只是当前项目特有的问题。

进度压力是快速开发中的首要问题。如图 9-7 所示，进度压力造成了更重的负担、更多的错误、更加偏离计划以至更大的进度压力之间的恶性循环。

图 9-7　进度压力与计划偏离间的恶性循环。若想实现快速开发，必须首先解决过重进度压力的问题

作为一个行业，软件开发及其从业人员必须学会如何战胜进度压力。只有暂时停止一味开发而思考怎样提高工作质量和效率才是长远的解决方法。

以下列出与软件进度计划设定方面的大量问题相关的三个主要因素：

· **主观愿望**　客户、管理人员以及最终用户当然希望投资物有所值，开发尽快完成。大多数软件项目的进度计划都制订得短得不现实。想想吧，是大多数，而不是个别现象。9.1 节已经阐述了应当放弃按主观愿望制定计划的所有理由。

· **对软件估算的故事及过分乐观的进度计划的实际效果缺乏认识**　在软件开发初期阶段无法对项目进行可靠的估算。这种可靠估算在逻辑上本身就是不可能的。然而我们却被迫接受他人强加的不可实现的估算。8.1 节中描述的估算实例详细阐述了这方面的内容。

· **缺乏谈判技巧** 米兹格尔(Philip Metzger)于 15 年前就通过观察指出，开发人员非常善于做进度估算，然而在说服他人接受估算方面表现出较弱的能力 (Metzger 1981)。15 年过去了，开发人员的说服力似乎没有什么长进。

开发人员之所以谈判能力较差，可能是由于以下几个原因。

相关主题
有关普通开发人员概况的更多内容，请参考第 11.1 节。

首先，开发人员通常比较内向。在一般人群中，只有三分之一的人表现出内向的性格，而在开发人员中，这个比例占到了四分之三。开发人员能够做到与他人友好相处，但社交不是他们的强项。

其次，进度计划的制定应当是在开发方面与管理方面以及管理方面与市场方面的谈判与交涉的基础上进行的。温伯格 (Gerald Weinberg) 指出，市场人员通常具有 10 年以上谈判经验，因此他们拥有娴熟的、专业的谈判技巧 (Weinberg 1994)。在进度谈判中，开发人员往往处于不利的地位。

再次，开发人员的性格使得他们反对所谓的谈判技巧。这些技巧与他们所主张的技术上的准确与公正相悖。即使明白客户、市场人员或者管理者在谈判初期将提出很低的费用报价，他们也不会针锋相对地报出较高的估算。

我认为开发人员应当学会成为出色的谈判家，在本章接下来的篇幅中将阐述如何做到这一点。

进度谈判为何如此困难

"与其他工程学科相比，软件工程领域中为迎合投资者意愿而制定错误的进度计划的现象更为普遍。对于由管理人员草率做出的、没有经过定量分析、缺乏数据支持的进度估算，让开发人员冒着失去工作的风险坚决予以反对，这的确有些勉为其难。"

—— 布鲁克斯 (Fred Brooks)

9.2.1 原则谈判法

提高谈判能力的一个好的起点是学习《谈判力》(*Getting to Yes*) [Fisher and Ury 1981] 中介绍的原则谈判法策略。我对该策略中所包含的几方面观点很感兴趣。虽然它也阐述了当别人使用谈判技巧时应如何应付，但

相关主题

与双赢策略相关的内容，请参考第 37 章。

该谈判策略的中心是致力于探求一种双赢的解决方案。你不应试图击败谈判对手，而是应该努力与其达成共识，从而取得双赢。这是一种开放式策略。不必担心对手也学过并掌握了原则谈判法，如果这样反而会对双方的谈判都更加有利。

原则谈判法策略涉及人、利益、备选方案及标准四个部分：

- 将人从困境中解脱
- 关注共同利益，不要过分坚持立场
- 提出对双方均有利的备选方案
- 坚持客观标准

下面详细阐述这四个方面的内容。

9.2.2　将人和问题分开

任何谈判都首先与人有关，其次才是利益与立场。当谈判双方由于个性不同而产生了对某些看法上的争执（例如，开发人员与客户之间有个体差异），这通常可以通过谈判来协调。

相关主题

人们的期望值会影响谈判。有关期望值的更多内容，请参考第 10.3 节。

首先应站在他人立场上加以考虑。我曾经多次被不懂技术的管理人员出于商业利益的考虑而强行指定完成期限。其中有一次，管理人员从市场营销部门和他的上司处得到指示，必须在 6 个月内完成应花 15 个月的项目。然后他命令我 6 个月内完成软件开发。当我告诉他至少需要 15 个月时，他说："你别无选择，我们的客户希望在 6 个月后见到它。"我回答："很抱歉，我也希望能满足他们的要求，但是我最多能在 15 个月内完成。"他愣在那里足足盯视了我两三分钟。

他为什么会愣住？他在利用这段时间考虑下一步的交涉吗？或许是。但我更倾向于认为他对此感到束手无策了。他已向上司允诺 6 个月内完成开发，可现在操纵开发的人员告诉他那个承诺无法实现。

要对管理者多加理解，他们可能受到投资机构的陈腐规定的限制。有些机构将软件项目投资与软件开发方法分离，它们不允许项目管理人员申请只用于开发产品概念的费用，也不会批准由此提交的合理的成本估算。为了做出像样的预算，管理者都不得不竭尽全力为整个项目权衡费用的使用。待预算做出后，如果又将其推翻或重新提出合理的预算，这会让管理人员感觉很难堪，甚至会影响他们的职业生涯。因此，这种投资机构中的高层决策人士，应当多参考一些软件估算方面的例子，以期制定出明智的投资方案。

大多数中层管理人员之所以坚持按照开发人员认为不可能的进度计划执行，并非由于愚蠢或不通情理。他们仅仅是由于对技术实现缺乏足够的认识而不清楚进度计划的不现实性，或是迫于上司、客户或其他高层领导的压力。

相关主题

有关软件估算的故事
的更多内容，请参考
第 8.1 节。

作为开发人员，应当怎么做呢？我认为，应该以合作的态度努力改善与管理人员和客户的关系，制定比较现实的进度估算，设法让每个人都理解前面所讲述的软件估算故事的启示。当遇到进度麻烦时，要成为好的建议者，不要扮演对立的角色。提出能够缩短项目进度的变更计划，但该计划必须基于科学的论证，而非仅做表面文章。

另一个有用的办法是不必总坚持谈判各方达到绝对平衡。最简单的方式是当对方发脾气的时候，不要针锋相对，要耐心地听他把话说完。你可以这样说，"我明白你提的要求都是当务之急，你可以将你的处境告诉我，我会尝试站在你的立场上考虑问题。"当对方说完后，要对他们的冲动表示理解，然后重申双方应探求一个双赢解决方案的提议。原则谈判法的其他几个部分能够帮助这个提议得以实现。

9.2.3　关注于共同利益，不要过分坚持立场

假设你想将汽车卖掉换艘汽艇，经过估算，汽车至少得卖 5000 美元你才能凑足买汽艇的钱。一个买主看中了车，但他只出 4500 美元。你说："少于 5000 美元不卖。"他也坚持："我最多只能出 4500 美元。"

在上述例子中，谈判是基于立场而不是利益来进行的。对于立场之争，其结果必然是一赢一输。

现在假设上例中的买主这样提议："4500 美元实在是我的上限，但我知道你正想买一艘汽艇，而我恰好是一家大的汽艇公司的地区代理。我能以低于别家 1000 美元的价格卖一艘汽艇给你。现在你能重新考虑我的报价吗？"看，4500 美元的出价不仅不低，还为你节省了 500 美元。

摈弃讨价还价的对立立场，基于双方的利益进行谈判，将给谈判的顺利进行带来更大的可能性。上司或许提出这样的要求，"Giga-Blat 4.0 必须在 6 个月内完成。"而你认为所需时间至少得 9 个月。上司的真正意图可能是遵守向销售机构许下的允诺，你却是想避免在此后 6 个月内每周工作 60 小时以上。此时，你应当考虑适当让步，因为 6 个月内生产出令销售机构满意的产品对你并非完全不可能。充分考虑双方的利益有助于双赢方案的产生。

项目进度的谈判中容易出现的问题之一是双方只针对进度计划争论不休。注意，一定要避免对立的立场，尽量从各个角度提出多种备选方案——不要空头支票。如果有人一定要坚持按照指定进度完成项目，你可以从下面提到的几个方面去说服他们。

1. 真正提高开发速度

你应当指出，过分乐观的进度计划造成的最大恶果便是阻碍了实际开发速度，并解释 9.1 节中讲述的过分乐观的进度计划的一些负面影响。真正的快速开发必须符合实际，包括制定比较现实的进度计划。

2. 增加成功的机会

你可以说明你是经过多方论证才得到了当前的估算，而且只有一半的把握能够按照这样的进度估算完成项目。若将计划进度缩短，则如期完成的概率也相应地减小。

3. 援引以前类似项目的失败教训

指出以前的某些项目之所以延迟正是由于进度估算过短而造成的，并且还产生了其他很多由超时引发的各种问题。尽量使他人明白不应再犯相同的错误。

9.2.4　提出对双方均有利的备选方案

相关主题

有关合作的价值的更多信息，请参考第 8.1.5 节。

不要将谈判看作你死我活的角斗游戏，应从解决问题的角度进行协商。真正明智的谈判者会努力达到双赢的解决方案。

在进行进度谈判的过程中，最有用的谈判优势是能提供其他人想不到的多种备选方案。我们拥有通向技术知识宝库的金钥匙，肩负想出创新方案的职责，这是作为谈判对方的非技术人员难以企及的。

相关主题

有关进度、费用和产品
三角形的更详细内容，
请参考第 6.6.1 节。

在筹划软件项目时，最好先确认一下其中存在多少可以灵活调整的内容。灵活度的基本范围是由进度计划、费用和产品三角所确定的，为保证项目顺利完成，必须综合考虑这三方面因素，并加以平衡。然而，可调整内容有多种不同的组合，你的谈判对手可能会认为某些组合方案更具吸引力，此时，可以从以下几方面提出建议。

1. 与产品有关的灵活变通

· 将一些设计功能放到下一版本实现。大多数人在提出需求时，并不清楚这些需求是否必须全部在当前版本被满足。
· 分阶段交付产品，如版本 0.7，0.8，0.9 以至 1.0，每个版本优先实现最迫切的功能。
· 砍去某些实现起来费时或者需要谈判后才能确定的特性，包括与其他系统的整合能力、与旧版本兼容的能力、产品性能等。
· 对某些特性不必精雕细琢，只需实现到某种程度即可。
· 放宽各特性的详细功能需求。可以通过使用一些预置商业组件来尽可能贴近功能要求。

2. 与项目资源有关的灵活变通

· 如果处于进度的早期，则增加更多的开发人员。
· 增加高层次的开发人员（如特定领域的专家）。
· 增加更多的测试人员。
· 在管理方面给予更多的支持。
· 提高对开发人员的支持力度。例如更安静、更独立的工作间，速度更快的计算机，有技术人员随时可对网络或机器故障进行维修，同意为开发所需的各种服务提供高额支出，等等。
· 少做官样文章。从实际有效的角度考虑项目的运作。
· 提高最终用户的参与度。最好在项目组中配备一个能对功能设置拍板的全职的最终用户。
· 提高主管人员的参与度。如果你想在公司里推广 JAD Sessions 却苦于缺少行政管理人员的支持，这正是一个好机会。

3. 与进度计划有关的灵活变通

· 在详细设计、产品设计或至少是需求分析完成之前，只提出一个进度目标，而不是为整个项目设定一个确切期限。
· 如果是在项目初期，则在修正产品概念、功能要求和详细设计时，

　可以探求缩短开发时间的方法。
·　应同意先给出进度估算范围或大概的进度估算值，然后随着项目的
　进展逐步准确。

4．其他

你还可以提出其他在特定环境下的灵活变通方法。不过它们有可能是缩
短进度的良方，但也可能成为争吵的导火索。因此，除非谈判对手表现
出赞同的倾向，否则还是免谈为妙。

·　为开发人员提供额外的支持，以保证他们能集中精力于项目的开发，
　例如，购物服务、供餐、洗衣、清扫住所等。
·　采取更多的激励措施，例如支付加班工资，保证一定的休闲时间，
　利益共享，到夏威夷的全免费旅游，等等。

不管采用什么样的方法，要始终牢记项目特性的功能设置必须使进度计
划、费用和产品三角形保持平衡。

在谈判过程中，要着重陈述你能做到什么，而避免强调你不能做到的事
情。如果对方提出的功能要求、费用投入及进度计划，你认为不可能同
时达到，则应当这样提出："以现在的项目组完成所有特性要比预期时
间多 4 周；如果增加一个人，则能够在预期时间完成所有功能；如果将
特性 X、Y 和 Z 去除，则现有项目组在预期时间内能够完成剩余的其他
功能。"

关键是要注意避免双方的大声争吵，"我做不到！""你必须这样
做！！""不，我不能！！！""你必须能！！！""肯定做不到！！！！"
应当提出多个备选方案，强调你能做到的事情。

警告：在因随心所欲的讨论而带来的合作融洽的气氛中，很容易头脑发
热，草率地签署了协议，结果第二天一早便后悔不迭。所以，在对某重
要问题的决策进行变更前，一定要先经过冷静客观的分析。

9.2.5　坚持客观标准

将制定进度计划的权力紧握不放，所导致的最终结果是，对进度计划实施负有责任的开发人员对该计划没有发言权。

麦卡锡（Jim McCarth）

在软件行业中最奇怪的现象之一是，当经过科学客观的分析得到的进度
估算达不到客户和管理人员的期望值时，他们往往将之弃于一旁，置之
不理（Jones 1994）。即使这个估算出自估算工具或估算专家，即使以前

有过不止一次超出预算的失败教训，也丝毫没有改变他们的做法。对一份估算提出质疑无可厚非，但简单地将其扔到一边，以主观愿望取而代之的做法是不可原谅的。

在原则谈判法中打破僵局的一种有效方法是使用客观标准。或者，也可以比拼毅力，谁坚持到底，谁便获胜。我曾亲眼见到过上百万美元项目的进度计划决定于谈判双方坚持盯视对方的时间的长短。对大多数软件企业来讲，采用一种较有原则的方式会有利于这种境况的改善。

在原则谈判法中，当谈判陷入僵局时，你应设法使用客观标准将其打破。与他人共同探讨最为适用的准则，用心听取对方的意见。最重要的一点是，只能向原则妥协，而不能向压力屈服。

以下是保证进度谈判围绕客观原则而不是主观意愿进行的几条方针。

1. 谈判不要局限于估算本身

你可以就估算的输入条件进行谈判（所谓输入条件，就是指前面部分所讲述的可灵活变通的选项），而不要纠缠于估算本身。如图 9-8 所示，可将估算看作根据一定的输入按照某种规律计算出的输出。当输入条件被改变因而得到不同的替代方案时，应当采取合作协商的态度，但如果这种改变导致与你的估算产生较大偏差，则应当坚持陈述不能接受的理由，并提出其他替代方案。

图 9-8   将估算看作根据一定的输入按照某种规律计算出的输出，应就输入条件进行谈判，如果输入不变，则不能改变输出

假如你面对的是一个内部客户，那么你可以这样跟他说："这是我能做出的最佳估算。我也能给出一个较短的时间，但那并不起任何作用，就像我能开出一张大额支票，但却并不意味着我很有钱一样。就算按此进度计划执行，尚且只有一半的把握在计划时间内完成预期功能，如果再将计划缩短，则于事无补，只会增大项目延迟的风险。"

指出不可实现的进度计划的不合理之处并表示拒绝接受，这才是真正为

相关主题

如果希望像公正的专家那样使用软件评估工具，请参见 *Theory-W Software Project Management: Principles and Examples*(Boehm and Ross 1989) 中第 2.3.2 节所提供的图解。

客户利益着想。以公司曾经在类似项目上由于进度计划过紧而造成的进度延迟为例，向内部客户表明你不希望你们双方任何人再犯同样的错误。只要表现出寻求双赢方案的诚意，让客户听从你的建议并非一件难事。

2. 坚持由专业组织进行进度估算

有时谈判会陷入很尴尬的境地，客户对软件开发一窍不通，却坚持采用自己规定的开发时间。这时，应当坚持由具备资格认证的专业人士主持进度估算的意见，而这样的角色最后通常会由作为开发人员的你来承担。

有些软件企业成功创建了相对独立的估算机构。这些机构的工作非常有效，因为他们是中立的，既不需绞尽脑汁琢磨如何将开发时间缩至最短，又不必设法尽量避免繁重的开发工作。因此，当谈判无法进行时，不妨求助于第三方，一旦该方做出估算，谈判双方应无条件接受。

另一种变通的方法是请一位顾问或有名的专家对进度计划进行审查。(有时，一位非领域专家的意见更客观。)有些企业利用软件估算工具也达到了很好的效果，他们认为这些工具使得开发人员能够不带任何偏见地从客观实际出发考虑多种备选方案。

3. 坚持科学的估算过程

第 8 章中讲述了制定软件项目估算的基本概念和步骤。估算过程应遵循以下原则。

- 进行估算前先明确功能特性要求。这就像只有详细了解一幢房屋后才能对其估价一样，只有对系统需求有了深入认识后，才能对其进行费用和进度的估算。
- 不要提供不现实的精确度。估算时应先给出范围，然后随着项目的推进逐步细化。
- 条件发生变化后应重新估算。如果开发过程中增加了许多新的功能特性，则继续沿用原计划显然不合理。

事实上，如果你认为自己的做法正确，则没必要听别人说三道四。

康利坦 (Larry Constantine)

千万不要迫于压力接受不可达到的期限要求。这样不会令任何人受益，只会严重损害你的信用。领会上司与客户的真实意图并提出他们易接受的方案是增加信用的一个非常好的途径。

4. 顶住压力

也许每个人对压力的承受能力各不相同，但当客户、管理人员或市场人员不停地增加新需求，却又不愿延长进度时，对开发人员来讲，最好的方法就是礼貌而坚决地拒绝这种要求。与其承担后期的进度与费用严重超支，不如在前期忍受估算引来的暴风雨般的抨击。

案例 9-1

出场人物

Tina（项目经理）
Bill（上司）
Catherine（财务）

一次成功的进度谈判

　　Tina 领导的项目组经过大量的工作，估算出项目 Giga-Bill 1.0 的进度时间为 12 个月。她的上司 Bill 对此估算很不满意，认为应当再短些。在项目预审会上，Tina 发现自己被 Bill 出卖了。

　　"项目组估算 6 个月内能开发出产品。"Bill 说。

　　"呃哼！"Tina 清了清喉咙，"Bill 的意思是在理想状况下最短需要 6 个月，这要求在开发过程中不能有任何差错。而各位都很清楚软件的开发过程，其中每一件事都无法保证毫无瑕疵。因此我们认为最现实的估算为 12 个月，浮动范围为 10 至 15 个月。"Tina 真希望有一块手帕能擦擦额头上不断冒出的汗。

　　来自财务部门的 Catherine 问："不能再短些吗？"

　　"我也希望能，"Tina 回答，"但这个进度计划是经过我们小组全体成员的仔细分析才得出的。我当然可以报一个较短的时间，但它的价值如同一张白纸一般，不但对开发速度的提高不起作用，相反还增加了延迟的可能。事实上，产品的定位还有很多待推敲的地方，对其精练的同时也可能可以缩短开发进度。"她开始讨论估算收敛曲线，并由于进入自己熟悉的话题而感到些许轻松。

　　"上述过程并非是唯一的，"Tina 总结道，"还有很多通过调整产品定义和资源投入来缩短进度的方法，选择范围还是很大的。"她接着解释了几种不同组合的备选方案。

　　委员会成员就这些方案提了些问题，并对 Tina 的回答表示满意。

　　"我会认真考虑你的建议。"Catherine 说，"12 个月确实有些长，但你给我们提供了许多具有吸引力的备选方案。"Tina 表示欢迎她随时打电话提出问题或讨论更多的方案。

　　会后，Bill 还在生气。"下次不要跟我玩花样。"他瞪视着 Tina，"为什么在会上改变我的估算？"

　　"你的'估算'？"Tina 反问，"你哪里在做什么估算？你只有一个不现实的目标。我们不想不自量力地试图达到根本无法实现的进度计划，12 个月是这个项目得以完成的最短时间。咱们公司，包括你，以前曾有过进度与费用超支的教训，我只是不希望你再犯同样的错误。刚才我已尽力不使你难堪，我想委员会能接受我的提议。"

"情况确实比我想象中要好，" Bill 承认，"这次我不再追究，但不能有下一次。"

"好的。" Tina 答应着，怀疑自己是否还需要有下一次。会上纠正 Bill 的时候她紧张得胃疼，但她明白，如果现在不阻止，9 个月后还得那么做，而这 9 个月中开发人员将不得不紧张而无序地工作，生产出的低质量代码将使可能项目完成时间超出 12 个月。总的来说，Tina 认为自己做了正确的事情。

深入阅读

DeMarco, Tom. *Why Does Software Cost So Much*? New York: Dorset House, 1995. The title essay contains an insightful investigation into the topic of software costs. DeMarco is as eloquent as ever, and he places himself squarely on the side of sensible, effective, developer-oriented development practices.

DeMarco, Tom, and Timothy Lister. *Peopleware: Productive Projects and Teams*. New York: Dorset House, 1987. Several sections of this book contain energetic attacks against unrealistically ambitious software schedules, and the whole book provides moral support for anyone who's feeling too much pressure.

Maguire, Steve. *Debugging the Development Process*. Redmond, Wash.: Microsoft Press, 1994. Chapter 5, "Scheduling Madness," discusses how to make a schedule aggressive but not damagingly aggressive, and Chapter 8, "That Sinking Feeling," explores the problems associated with excessive overtime.

Gilb, Tom. *Principles of Software Engineering Management*. Wokingham, England: Addison-Wesley, 1988. Gilb provides practical advice for working with bosses and customers to align expectations with reality. The book includes a nice chapter on "Deadline pressure: how to beat it."

Costello, Scott H. "Software engineering under deadline pressure." *ACM Sigsoft Software Engineering Notes*, 9:5 October 1984, pp. 15-19. This is an insightful peek into the many effects that schedule pressure has on good software-engineering practices. Costello has a keen sense of the pressures that developers feel and how they respond to them, and he advances a three-pronged solution that managers can use to counteract the damaging effects of deadline pressure.

Fisher, Roger, and William Ury. *Getting to Yes*. New York: Penguin Books, 1981. Although it's not about software, this is one of the most valuable 154-page books you're likely to read. The book arose from work conducted by the Harvard Negotiation Project. Unlike some negotiation books that consist mainly of tricks for beating the other side, this book focuses on win-win negotiating and lays out the method of "principled negotiation." It describes how to counter negotiating tricks without stooping to the use of tricks yourself.

Iansiti, Marco. "Microsoft Corporation: Office Business Unit." Harvard Business School Case Study 9-691-033, revised May 31, 1994, Boston: Harvard Business School, 1994. This is a fascinating study of the development of Word for Windows 1.0.

译者评注

前一章的估算技术能帮助我们做出一个比较准确的进度计划，但是这样的进度计划是否能被客户或上司所接受还是一个严重的问题。本章所建议的坚持双赢理论、多提出备选方案等给我们提供了一些解决问题的技巧。我曾经给一些为固定行业的客户开发软件的公司提过建议，让他们出钱请项目管理专家专门给客户们做项目管理培训，请专家给客户们分析过于乐观的进度计划的危害，这对于达到双方的理解和合作是有帮助的。

第 10 章　面向客户的开发

本章主题

- 客户对于快速开发的重要性
- 面向客户的开发方法
- 合理控制客户的期望值

相关主题

- 生命周期规划方法：参阅第 7 章
- 原则谈判法：参阅第 9 章
- W- 理论管理方法：参阅第 37 章

有个故事是这样的：

CLASSIC MISTAKE

一个软件开发小组和他们的客户一起乘火车前往一个软件交易会。每个客户都买了一张火车票，但这些开发人员中只有一个人买了一张票。客户认为软件开发人员肯定超级愚蠢。

其中一名开发人员说："检票员来了。"所有开发人员都纷纷挤到盥洗室。检票员走近说道："请出示您的车票。"每个客户都拿出了自己的票。然后，他走向盥洗间，开始敲门，并说道："请出示您的车票。"开发人员从门缝递出票。检票员检完票后，就离开了，几分钟后，这些开发人员从盥洗室走出来。这时，客户们这才觉得自己才是真正的傻瓜。

软件交易会结束后，返程路上，认为自己这一次一定要学聪明点的客户只为他们小组买了一张票。但这一次开发小组甚至一张票都没买，有的客户开始讥笑他们。过了一会儿，负责望哨的开发人员叫道："检票员来了。"所有开发人员都挤入一间盥洗室。所有客户都挤入另一间盥洗室。然后，在检票员走过来之前，其中一个开发人员走出盥洗室的门，敲了敲对面盥洗室的门，说道："请出示您的车票。"

这个故事的寓意是，并非所有软件开发人员想出的解决方案都适合客户（迟早客户也会发现这一点）。

"面向客户"听起来意思有些含糊，使人难以明白它究竟对提高开发速度能够起多大的作用。但不管怎样，那些将客户关系置于首位的软件企业确实解决了开发过程中的许多问题，包括进度缓慢问题。

当你最终明白客户对开发速度的认可是所有问题的关键时，关注客户的需要变得更加重要。如果客户不喜欢产品，他们不会为之付款，而你对此毫无办法。即使开发速度很快，次品终究是次品。管理人员、市场人员及高级主管之所以关注开发速度，是因为他们认为客户对此很关心。如果你能满足客户的需求，其实也就同时满足了上司、老板以及其他任何人的需求。

"客户"一词的所指在不同项目中具有不同的含义。对某些项目来说，客户是指想花200美元购买一个商业封装软件的人。在另外一些项目中，客户是出资定制专用项目的人，负担整个开发过程的所有费用。还有一些项目，其中的客户是同一企业内部其他部门的人。不考虑项目投资方，将最终用户看作客户具有很大的好处。在不同情况下，可能分别将"顾客""市场部门""最终用户"或"上司"看作"客户"。在所有项目中，通过改善客户关系提高开发速度是一条普遍适用的原则。

本章穿插介绍了有助于维系良好客户关系的一些常规做法。其他一些特殊方法，请参见本书第Ⅲ部分"最佳实践方法"。

案例 10-1

出场人物

Carl（技术主管）
Catherine（财务）
Claire（上司）

需求分析论坛之一

　　Carl 刚刚接受完需求分析培训，急切地希望将所学到的新知识用于工作中。这次培训使他明白了项目开发时首先建立一组稳定的需求是非常重要的，在开发过程后期变换需求所花费用是需求始终保持不变时所花费用的 50~200 倍。他希望今后的开发能在这一原则的基础上做得更好。

　　Carl 在培训后参加的第一个项目是将公司内部使用的票据处理系统升级为 Giga-Bill 2.0。他领导项目组成员在该系统的用户——财务部内做了广泛调研，列出一份详尽的需求列表。在进行系统设计之前，Carl 先将此列表递交给财务部负责人 Catherine，Catherine 看完后签字表示同意。基于这份详细需求，项目组预计在 5 个月内能够完成开发。财务部对此进度计划予以认可，这表示到 11 月 1 日，即可使用该系统，此时距年终大量票据处理任务来临还有一段很充裕的时间。

　　项目组于第一个月搭建了系统架构，第二个月末完成了所有系统设计。这时，Carl 接到了 Catherine 打来的电话。

　　"我们想知道在系统中加入一些新的报表难度有多大。"她说。

Carl 解释说开发正在按着需求进行，并提醒她需求是经过她确认的。"我知道。"Catherine 说道，"但是很多人需要这些报表，我们希望能在这一版本中加入。"Carl 以前曾经历过这样的情形，他明白中途添加新的需求会破坏进度计划，现在答应 Catherine 的要求将为后续工作开一个不好的先例。于是他表示抱歉，由于已进入编码阶段，所以需求不能改变。但他允诺在下一版本中加入那些报表。几星期后，Catherine 提出要求在已有的表中添加一些新数据项，Carl 同样拒绝了。

到第四个月末，距离完成期限不远了，人人都努力工作，满心盼望能够如期交付产品。离交付日期还有三个星期的时候，Catherine 再次约见了 Carl，这次她提出只增加两个新报表。由于此前的要求均被拒绝了，Catherine 显得有些恼火："其他报表可以暂时不做，但这两个是我们年终处理票据时一定要用到的。我很抱歉在需求中没有它们，但这是应 IRS(美国国税局)的要求而产生的，我们必须得做。"

"现在已经无法加入了。"Carl 语气坚决，"编码阶段已经完成，现在所剩的任务是系统测试。若要加这两个报表，必须单独为它们编码，制作输入界面，还要修改数据库。我们的开发是基于需求分析的，如果不能执行拟定的需求，那么制定它还有什么意义呢？现在加入那些报表所花费的代价是最初就将其设为需求的 5~10 倍。如果现在开始修改，那我甚至不能保证年终你能使用系统的任何部分。我们必须坚持按照需求进行开发以确保项目的成功。你已经同意了我们所做的需求分析，难道不记得了吗？还有，你也在报告上签字表示同意了，不是吗？"Catherine 指出自己无法控制 IRS 的要求，但 Carl 拒绝在项目后期做任何需求变更。

Catherine 去找 Carl 的上司 Claire，抱怨 Carl 将需求确认书作为挡箭牌，不理会她的任何要求。"我是客户，对吗？"她说，"为什么他从不听我的意见呢？我不管是否会多花两个月，那些报表是必须要有的。"

HARD DATA

对项目开发来说，只有两方面最重要，一个是客户，另一个是产品。如果你对客户给予充分的重视，则他们会成为回头客。但如果仅关注产品，产品却是不会自己找上门的。

马柯思 (Stanley Marcus)

Claire 让 Carl 加上那两个新报表。"你让他们怎么做呢？拒不执行 IRS 的要求？算了吧。"Carl 抱怨说是 Catherine 同意了最初的需求报告，现在更改可能会造成原本可以如期完成的项目延期，但他最终还是同意了。两个项目组成员取消了项目完成后应有的假期，在 12 月 31 日前完成了要更改的内容。

用户对新系统的反应很冷淡，认为其缺乏灵活性。但由于它毕竟产生了他们所需要的新报表，所以也就没有过多的抱怨。Catherine 要求 Claire 今后不要让 Carl 再参与她的项目。Claire 将 Carl 调到了一个新的位置，但不再给他任命任何技术主管职务。

10.1 客户对于快速开发的重要性

Standish Group 所做的一次关于 8000 多个项目的调查结果显示，项目成功的第一要素是用户的参与 (Standish Group 1994)。一些快速开发方面的专家指出，融洽地与最终用户相处是快速开发项目成功的三个要素之一 (Millington and Stapleton 1995)。

在 Standish Group 的调查中发现，造成项目完成时间延迟、成本超出预算、达不到预期功能的前三个因素分别是缺乏与用户沟通、需求说明不完备以及中途变更需求说明。你可以通过使用面向客户的开发方法克服这几方面的问题。类似地，也可以用这种方法解决使项目被取消的大部分问题。

以下是在快速开发项目中需要花费精力经营客户关系的两个主要理由。

· 良好的客户关系能够提高实际的开发速度。如果拥有与客户的合作而非敌对的关系，能够与之进行较好的沟通，实际上就是消灭了一个导致开发低效、产生严重错误的主要来源。

· 良好的客户关系能够让客户感觉开发速度较快。许多客户之所以关心开发速度，是因为他们害怕你根本完成不了项目。如果在开发时提供较好的进度可视性，则会增加客户对开发人员的信任度，其对速度的关注将相应减少，而把注意力转向功能和质量等方面，从而使开发速度仅成为众多因素之一。

下面详细阐述对客户关系的关注是如何达到上述两方面效果的。

10.1.1 提高效率

对于一个客户软件项目来说，客户的参与是非常关键的。通常客户并不清楚为支持快速开发需要做些什么。他们很少花时间审阅文档，管理及监控进度，甚至不考虑自己真正的要求是什么。客户往往不会意识到对一个重要文档的审阅如果拖延了一周，则将导致产品的交付时间也推迟一周。最常见的情形是客户中不同的人提出了若干不同的观点，开发人员无法确定某特定问题上由谁来做决定。所以说，在项目早期便关注客户关系，你就能利用面向客户的开发实践来减少以上这些使效率降低的现象出现。

10.1.2　减少返工

CLASSIC MISTAKE

软件开发中不应出现的代价最大的错误之一便是由于开发出的软件被客户否定而不得不重新开发。在这种情况下，快速开发是不可能做到的。通常客户并不否定整个软件，而是否定其中的某些部分，这意味着必须对这些部分重新设计和实现，其直接后果就是系统交付日期被延误。因而，避免无谓返工是实现快速开发的关键。

10.1.3　降低风险

相关主题

与客户相关的风险，请参考表 5-3。

客户有时会给进度计划的执行带来风险，表现为以下几个方面。

·　客户不完全明白自己的需求。

·　客户对开发人员制定的书面需求不认可。

·　在成本和进度估算确定后，客户又坚持追加新的需求。

·　开发人员与客户的交流不够。

·　客户不愿或没有能力参与评审开发的各个环节。

·　客户对技术实现不了解。

·　客户不愿让其他人做自己的工作。

·　客户对软件开发过程缺乏充分理解。

·　一个新客户的出现带来了特殊风险发生的不可知性。

建立良好的客户关系有助于在项目运作过程中及时发现和监控风险。

10.1.4　消除矛盾

"偶尔，我发现自己会在想，如果我不是在为客户服务，这项工作将非常有趣。"

卡顿 (Naomi Karten)

当你不能与客户友好相处时，就不得不花更多的时间用于管理客户关系。这不仅费时，而且分散精力。在设计软件体系的同时，潜意识里还在琢磨怎样向客户解释软件交付时间得推迟 3 个星期之类的问题。效率因此而降低，积极性也被挫伤。在自己不喜欢的客户身上额外投入时间是件很痛苦的事。

在软件行业中由于与客户的矛盾而引发的问题随处可见。对于来自组织外部的软件项目 (此时涉及的是真正意义上的客户)，开发人员与客户间的矛盾有时会激化到双方都考虑取消项目的地步 (Jones 1994)。约 40% 的外包项目和 65% 的费用固定的项目曾经历过这样的危机。

HARD DATA

矛盾有时源于开发人员，有时出自客户。由客户引发的矛盾通常是：向开发人员提出不可接受的交付日期；追加新需求而不愿增加投资；在合同中省略清晰的承诺标准；坚持在软件的第一个版本中消灭所有"臭虫"；对合同进度的监控缺乏力度等。

由开发人员引发的矛盾包括：承诺在不可能达到的时间内交付产品；人为地降低报价；在缺乏必要技术准备的前提下即开始项目开发；产品质量低劣；不能如期交付；提供的状态报告不够充分等。

将客户纳入项目组中，能使得他们更好地理解技术条件的限制，消除"我现在就要所有的功能都被实现"的想法。客户渐渐会采取合作的态度寻求现实的、双方均满意的、技术上可行的解决方案。

10.2 面向客户的开发方法

面向客户的开发方法对开发过程有多方面的影响，对以实现快速开发为目标的项目，具体体现为以下 4 个方面。

· 规划：面向客户的开发方法有助于增加客户对项目的满意度。
· 需求分析：面向客户的开发方法能帮助开发人员理解客户的真正需求，从而避免返工。
· 设计：面向客户的开发方法有益于对客户的需求变更做出快速反应。
· 实现：面向客户的开发方法使开发过程充满信心。

这 4 个方面将在下面的部分中予以详细讨论。此外，10.3 节还将论述如何合理控制客户的期望值。

相关主题

有关这些实践的详细内容，请参考第 7 章、第 20 章、第 36 章和第 37 章。

10.2.1 规划

使用以下关于如何做规划的方法可以增加客户对项目的满意度。

· 选择恰当的生命周期模型。应当能够让客户切实看到稳步前进的进度标识。可用模型包括：螺旋模型、渐进交付法、渐进原型法、阶段交付法等。
· 弄清项目最终是让谁满意。有时你需要取悦的人并非是接触最多的人。比如，你正为企业内部的另一机构开发软件，则应花最多的时间同该机构的项目联系员进行沟通，然而你的真正意愿是让上司感到满意。又比如，你为一个外部客户开发软件，而该客户所派出的代表对该项目并不持有生杀大权。因此，一定要弄清楚谁是真正的决策者，并使项目的运作符合他们的意愿。

- 建立有效的客户沟通渠道。应尽可能地坚持客户方只指派一人负责项目协调工作。或许在有些情况下这个人需要听取来自客户方的各种不同意见并服从多数人的意愿，但在一个快速开发项目中，任何一项决策都要征得若干客户代表的同意显然会影响开发效率。
- 力争采用双赢的解决方案。首先应用 W- 理论管理方法来确定项目涉及各方的利益所在，然后制定一个符合各成员利益的计划，最后调整该计划以使各方获利大致均衡。
- 进行风险管理。要特别注意风险管理和风险监控计划中与客户有关的部分。

10.2.2　需求分析

CLASSIC MISTAKE

需求分析中最具挑战性的问题是如何获取真正的需求。客户的真正需求有时同开发人员收集到的需求信息是相互冲突的，真正的需求往往被忽略了。在很多情况下，必须突破表面现象进行深层次的挖掘才能得到实际的需求信息。正如案例 10-1 中所描述的，Carl 根据书本知识进行需求分析，但在一开始他便忽略了两份关键报表。客户所提的需求通常很模糊，开发人员易产生误解。对同一份需求报告，客户倾向于认为该需求报告已经足够明确，而开发人员则恰恰相反，这是又一个产生矛盾的根源。

面向客户的需求征集方法能够帮助开发人员发掘客户的真正需求，并最大限度地理解这些需求。显然，在掌握真实需求上花的时间越多，此后用于应付客户额外要求的时间就会越少，也就能在最短时间内交付用户满意的产品。

图 10-1 显示了使用和没有使用该方法所收集到的需求信息之间的差异。

HARD DATA

一个基于经验的研究表明，若客户在需求分析和功能说明的制定过程中有"很高"的参与度，则能将软件生产率提高 50% 左右 (Vosburgh et al. 1984)。如图 10-2 所示，客户的参与度为"中"的时候，生产率比通常大约高出 10%，而若客户参与度为"低"，则软件生产率比通常约低 20%。

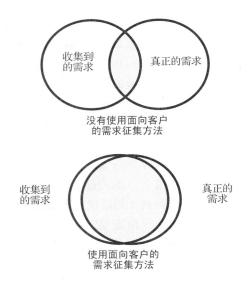

图 10-1   面向客户的需求征集方法增大了收集到的需求和真正需求间的交集

相关主题

有关此观点的详细内容，请参考第 3.2 节。

图 10-2 也显示了另一方面的问题，即随着客户参与度的升高，生产率的最大值和通常值都显著变大，而最小值却没有明显变化。这说明客户的参与确实有助于极大地提高开发速度，但仅凭这一方面来提高生产力是远远不够的。

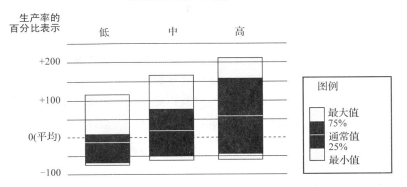

图 10-2   在需求分析中客户的参与度对生产率的影响 (Vosburgh et al. 1984)。客户的高度参与能大幅度提高软件生产率，但这并不能保证项目一定成功

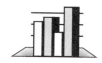

HARD DATA

深入阅读

有关使用录像带改进软件使用性的技巧,请参考 *Constantine On Peopleware*(Constaintine 1995a)。

在说明需求时让客户多参与固然重要,但同时需要注意的是,需求说明书不能完全由客户编写,否则同样会使生产率降低。这是上述研究的另一个结论。事实上,50% 以上由客户制定的需求说明被推翻重写 (Vosburgh et al. 1984)。

下述几个方法可用于提高客户在需求征集中的参与程度。

- 使用需求诱导方法帮助客户找出真正的需求。例如,用户界面原型法、渐进原型法、联合应用开发 (JAD) 会话法等。
- 组成一个中心攻关组,帮助搞清用户到底需要什么。
- 把用户使用软件的情况录在录像带上。
- 进行客户满意度问卷调查,以便得到你同客户的关系的量度值。

在实际应用中,到底使用哪些面向客户的需求分析方法,取决于“客户”的具体身份。如果是内部客户,可用 JAD 会话法与渐进原型法,而对于希望购买封装商业软件的外部客户,中心攻关组和客户满意度问卷调查法更为适合。

麦卡锡 (Jim McCarthy) 讲述的一个故事生动地阐述了发现客户真实需求的价值所在 (McCarthy 1995a)。他曾参加过 Visual C++1.0 版的开发,那时 Microsoft 在 C++ 市场上正受到来自 Borland 公司的威胁。麦卡锡所在的开发小组做了大量市场调查,并成立了几个专门小组收集需求,结果发现程序员在使用 C++ 方面的最大挑战不是掌握 C++ 的高级特性,而是如何入门。于是,Microsoft 将 Visual C++ 1.0 版的主要开发目标定为让程序员不必经过繁杂的学习就能用 C++ 构建应用程序。与此同时,Borland 公司仍继续将目光关注于高级 C++ 程序员,增加应用模板和异常处理功能,以及其他一些 C++ 的核心特性。

为实现让 C++ 易于使用的目标,Visual C++ 小组则致力于构造应用程序向导,该工具能够自动创建 C++ 应用程序外壳。结果呢? Visual C++ 1.0 一问世,便抢占了九十个百分点的市场份额。

相关主题

有关良好的设计实践的更多内容,请参考第 4.2.2 节和第 19 章。

10.2.3 设计

需求分析阶段的需求征集工作可能完成得很好,也可能不好。因此,在设计阶段还应该可以进一步实现面向客户的目标,即使用在系统设计中允许客户偶尔提出需求变更的设计实践。

这就要求尽可能想到项目运作过程中可能发生的变化，并有效地利用需求表面之后的隐藏信息。在案例研究 10-1 中，开发组制定的计划甚至不能在不影响系统大目标的前提下增加两个新的报表，这种缺乏灵活性的设计是该项目的一大弱点。

10.2.4   实现

若在规划、需求分析、设计等各阶段均打下了良好基础，则到了系统实现阶段，开发人员可以不必过分操心客户的需求了，因为此时客户对开发过程更为关注。

下面所列的几个面向客户的方法有助于在实现阶段做得更好。

相关主题

有关这些实践的详细内容，请参考第 4.1.3 节和第 27 章。

- · 编写易读易改的代码，这能提高应对客户需求变化的能力。
- · 采用诸如小型里程碑等进度监控方法，以便客户了解项目进度。
- · 选择一个能为用户提供稳定明显的进度标识的生命周期模型。这在实现阶段尤显重要，否则项目看起来似乎停滞不前了。

选用增量式生命周期模型的好处之一是可以连续不断地向客户交付工作成果。每周或每月交付一次阶段性产品比一份常规的状态报告在展示进度方面更具说服力。对客户来说，进度远比口头承诺重要，他们尤其喜欢自己亲自掌握项目进度或者在计算机屏幕上直接看到项目进展情况。

10.3   合理控制客户的期望值

HARD DATA

软件开发领域中的诸多问题，尤其是关于开发速度的争执，大都源于客户对项目持有的不现实的期望。一份调查结果表明，10% 的项目由于上述原因被取消了 (Standish Group 1994)。作为开发人员，应尽量客观准确地设定自己的期望值，以免客户对进度计划或交付日期寄予不现实的希望。

造成不现实的期望的原因之一来自于进度计划。许多项目在需求和资源尚未确知的情况下，便由客户制定了进度计划。正如本书其他地方提到的，对一份不现实的进度计划表示同意，必然会使客户产生不现实的期望值。因此，协助用户在制定进度计划时树立现实的期望是项目成功的关键之一。

相关主题

有关与过分乐观的进度相关的问题的详细内容，请参考第 9.1 节。

深入阅读

关于管理客户期望值的更多内容，请参考 *Managing Expectations*（Karten 1994）。

努力弄清客户的期望值可以减少大量的矛盾和额外工作量。1992 年，我参与开发的一个运行于 Windows 操作系统下的软件产品已进入 Beta 版测试阶段。这时，客户希望能在产品中做两项改动，并且强调非做不可。第一项改动是在一个工具栏上增加一个按钮，单击按钮可插入新的输出页，而此前完成这一功能需要通过多层菜单导入。第二项改动是增加一张"空白输出"页，用户可直接将在字处理软件、表格处理软件、图表生成系统或其他应用程序中生成的页面拖放到本系统中，并建立热点链接，当这些页面在相应系统中被修改时，本系统中的页面也自动随之更新。

完成第一项改动是没有问题的，只需花半天时间编写代码，然后再用一点时间设计一个新的测试方案，仅此而已。第二项改动实现起来却是非常困难的，需要完全的 OLE 支持，而在 1992 年，这项工作是应当由一个程序员在整个项目运作期间专职负责的。

经过一些询问后，逐渐明白了在这两个特性中，客户认为在工具栏上增加按钮是当务之急。而一旦理解了第二项改动的实现需要 6 到 9 个月的全力投入后，他们说"算了！这个功能并不是特别重要，先不必考虑它了。"客户之所以提出第二项要求，是由于在 Windows 下拖放操作非常容易，于是他们想当然地认为实现起来也很容易，不过一两天的工作量而已。

也许你有过这样的经历：开发人员没想到客户不了解系统设计及实现的一些基本知识。例如，客户有时认为，凡是原型系统中有的功能，都必须在产品中实现。他们不能理解为什么无法全部包含他们想要的功能。他们把磁盘颠倒着反向插入驱动器，他们认为在显示器上看到的彩色画面应该能在激光打印机上输出，他们在把鼠标移到桌子边缘后不知道接下来又该怎么移动鼠标。他们认为无需多加解释，开发人员也应当完全明白他们的需求。（这些不是假设，都是实例。）

但尽管发生过以上现象，客户却并不是愚蠢的，他们只是对软件开发能做什么没有充分的认识。这很正常，因为有时开发人员也不理解客户的商业环境，此时客户也会认为开发人员愚蠢。

培训客户以使他们更好地理解软件开发过程，是开发人员应当承担的工作，这使得达到客户的期望值成为可能（见图 10-3）。一旦客户对开发有了较充分的认识，在通用软件及办公自动化软件使用方面储备了经验，并参与了软件项目开发后，整个项目的生产力便会相应提高 (Jones 1991)。

图 10-3　开发人员和客户看待同一件事情的角度往往截然不同

有时按照客户的期望值，项目根本不可能成功。我就知道这样一个例子，一个企业内部的软件机构在三个月内向一个内部客户交付了三个产品。第一个项目提前完成了，客户指责开发人员没有按估算的计划执行。第二个项目如期完成了，客户说估算过于保守，并指责开发人员为赶进度而匆匆完工。第三个项目交付延期了，客户又说开发人员没有尽力。

CLASSIC MISTAKE

以任何理由（为使一个有争议的项目上马、为给一个项目争取足够的资金、为获得项目开发权等）使客户对项目进度、费用或功能产生不切实际的期望，都会给项目带来不能克服的风险。软件项目开发想达到中等的期望值都非常艰难，如果期望值过高，即使项目运作良好，也会看起来处于困境之中，即使开发人员做得很好，也总像一个失败者。期望值过高的开发人员将损害自己的可信度，并且破坏同客户的关系。轻率的许诺在项目初期可能会令各方满意，但从长远看，是非常有害的。因此，设定现实的期望值也是开发人员的主要任务之一。

案例 10-2

出场人物

Mike（项目经理）
Catherine（财务）
Mike & Chip（开发）

需求分析论坛之二

Mike 领导了 Giga-Bill 3.0 的开发。在项目伊始，他便找到 Catherine 讨论项目规划。"这次我们将尽量做到能够满足一些变更要求，"他告诉 Catherine，"但是，这并不意味着可以无休止地提出变更，不过我们会努力做到不让你们过分为难。"Catherine 对此表示满意。

同 Chip 及其开发组成员在 Giga-Bill 2.0 的开发过程中一样，Mike 先是领导开发小组做了常规的需求征集工作。在该项工作完成后，Mike 小组为新报表做了一个生动的输入界面原型，并给 Catherine 做了演示。"以前我从未注意到，"她说，"但确实应当将这两个报表组合为一个。"

"没问题，"Mike 说，"还有其他要求吗？"Catherine 说希望能让会计部门的其他人员看一下输入界面和报表，于是双方约定好第二天进行这项工作。

第二天演示完毕后，每一种报表都有或多或少的修改：增加了两种新报表，去掉了两种旧的，对几个输入界面进行了重新组织，以免用户录入多余数据。接下来的几天，同样的过程被用于更多的用户，直至开发人员认为对用户的需求已有了清晰的认识。

"我们将制定一个灵活的设计目标。"Mike 告诉 Catherine，"如果中途有变更要求，我们将尽量满足其中最重要的部分。"

按计划 3.0 版仅对 2.0 版做小的升级，2.0 版的开发时间为 7 个月，因此开发小组将 3.0 版的开发时间估算为 3 个月。随着完成期限的临近，开发组不可避免地收到了许多增加新报表和输入界面的要求。按照约定，不太重要的要求推迟到"第 4 版"再实现，这样，到了交付日期，没有一个变更要求是非做不可的，项目得以顺利交工。用户对 3.0 版软件充满热情，认为正是他们上次想要而没有得到的。

产品交付后，有个开发组成员指出为了实现灵活性，在设计和编码阶段浪费了很多时间，做了不少多余的工作。"没有关系，"Mike 说，"我们可以将它们用于下一版本的开发。"

深入阅读

Karten, Naomi. *Managing Expectations*. New York: Dorset House, 1994. Karten's book deals with the problem of customers who, as she says, want more, better, faster, sooner, now. She discusses communications fundamentals, such as use of technical jargon, different communications styles, and careful listening. The book contains many enjoyable examples, some software-related and some not. The book emphasizes customer-service expectations, and, unfortunately, contains little discussion of managing schedule expectations specifically.

Whitaker, Ken. *Managing Software Maniacs*. New York: John Wiley & Sons, 1994. Chapter 1 of Whitaker's book discusses the importance of putting customers at the top of your priority list.

Peters, Tomas J., and Robert H. Waterman, Jr. *In Search of Excellence*. New York: Warner Books, 1982. This classic management book contains analysis and case studies about the value of keeping the customer satisfied.

译者评注

开发与客户有矛盾是常态。解决矛盾的一个重点是开发人员要设身处地地从客户的角度出发，深入分析和理解客户提出的每个问题，在不影响大局的情况下，尽力解决。要与客户多沟通，让客户理解开发人员的困难。本章提出的客户方只应一个人参与到开发的决策中的观点很重要，人多的话必然带来新的问题和矛盾。

第 11 章　激励机制

本章主题

- 　开发人员的典型激励
- 　最重要的 5 个激励因素
- 　利用其他激励因素
- 　士气杀手

相关主题

- 　人件：参阅第 2 章
- 　团队开发：参阅第 12 章
- 　签约：参阅第 34 章
- 　自愿加班：参阅第 43 章
- 　目标设置综述：参阅第 22 章

HARD DATA

快速开发的人员、过程、产品和技术这四个要素中，"人员"最有可能缩短各种项目的开发周期。从事软件行业工作的人，大多都曾亲身体会到普通开发人员、中级开发人员、天才开发人员之间工作成果的巨大差异。对具有相同经验的开发人员，研究人员认为根据他们的工作表现，还可分为 10 个甚至更多的等级 (Erikson and Grant 1968， Curtis 1981，Mills 1983，DeMarco and Lister 1985，Curtis et al. 1986，Card 1987，Valett and McGarry 1989)。

毫无疑问，激励是决定工作表现最重要的影响因素。大多数关于生产率的研究表明，激励对生产率的影响比任何其他因素都大 (Boehm，1981)。

考虑到激励对开发速度的巨大影响，人们自然会希望对每个快速开发项目都找到一种普遍适用的激励机制。但这是不现实的，因为激励因素是一种"软"因素，它很难量化，而且经常没有其他一些次要但容易量化的因素引人注目。每个公司都清楚激励因素的重要性，但仅有少数公司为其采取措施。很多通常的管理方式实际上是捡起芝麻丢掉西瓜，以士气大失的代价换取微小的方法改进或微不足道的预算节省。有些激励措施事与愿违，实际上大大降低了开发人员的积极性。

尽管激励因素看不见、摸不着，但怎样激励软件开发人员也并非神秘莫测。本章将详细阐述激励开发人员以提高开发速度的方法。

与老板一起午餐（令人沮丧）

Tina 在一个需要两年完成的项目中已经工作了一年。她头一回做一个商用个人电脑产品的项目经理，她也喜欢在实际应用中使用 C++。尽管没人要求，Tina 及项目组其他成员都已经多次加班工作，他们喜欢该产品的开发思路，也很享受一起加班。整个小组齐心协力。Tina 很高兴他们目前已经达成了所有的阶段目标，当然，他们也将实现剩下所有的目标。

Tina 的老板 Bill，在他们完成第一阶段的编程任务后，邀请她共进午餐。Tina 心想："太棒了，老板一定是要夸我工作出色。"

午餐的开始令人愉快，Bill 确实也为她出色的工作夸奖了她。"你知道，监督小组对你们在本项目中的工作非常满意。但是我们还是要谈一谈另外一些事情。首先，既然你的小组看来能轻松完成任务，我们希望将完工时间提前 3 个月。以你们的工作进度看，我们认为你们肯定能如期完工。"

"但这不可能……"Tina 开始反驳，可是老板打断了她的话。

"请等我说完其他问题。第二，你们最近一次的进度报告提出，你们小组将在今后 10 周参加一个每周 4 小时的高级 C++ 培训课程。考虑到我们的进度要求，我们希望你们取消这门课程。你们小组实力很强，我们也相信以你们目前对 C++ 的掌握程度足够完成任务。第三，我知道你是我们公司顾问团的顾问，你们小组还有一些成员也是。既然你们要辅导的开发人员不在做你们这个项目，你们就暂时不要参加顾问团的工作了，等完成这个项目再说。最后，我知道你付出不少努力设计好这个产品，监督小组考察了这个设计也认为它不错，但是我建议你重新确定设计的重点，去掉旁枝末节，加快开发速度。我知道你为了使设计具有较高的灵活性，下了很多工夫，因此重新定位重点一定没有问题，是吗？"

Tina 反对老板的"建议"，但是 Bill 说服了她。饭后她一直在想该怎样把这些告诉她的小组，最后她决定如实传达所发生的一切。小组成员一言不发地听完她的叙述，最后，一位高级开发人员说："他们什么都不懂，不是吗？"

Tina 当天 5 点钟下班的时候，发现其他人都已经走了。

11.1　开发人员的典型激励

不同的人会因不同的因素而得到激励。激励开发人员的因素并不总是和激励管理人员的或一般人的相同。表 11-1 按开发人员、管理人员和普通人三类，将各自激励因素的重要程度进行了排序。

表 11-1　不同人员的激励对比

顺序	程序员 / 分析师	项目管理人员	普通人
1	成就感	责任感	成就感
2	发展机遇	成就感	受认可程度
3	工作乐趣	工作乐趣	工作乐趣
4	个人生活	受认可程度	责任感
5	成为技术主管的机会	发展机遇	领先
6	领先	与下属关系	工资
7	同级间人际关系	同级间人际关系	发展机遇
8	受认可程度	领先	与下属关系
9	工资	工资	地位
10	责任感	与上级关系	与上级关系
11	与上级的关系	公司政策和经营	同事间的人际关系
12	工作保障	工作保障	成为技术主管的机会
13	与下属的关系	成为技术主管的机会	公司政策和经营
14	公司政策和经营	地位	工作条件
15	工作条件	个人生活	个人生活
16	地位	工作条件	工作保障

资料来源：改编自《软件工程经济学》(Boehm 1981) 和《谁是 DP 专家》(Fitz-enz 1978)

表 11-1 中的数据特地按程序员 / 分析师来处理而不是开发人员。表中的数据是统计的归纳。所以就某个开发人员个体来说，他有可能和管理人员或普通人的数据更吻合。

而且，表 11-1 中的数据比较陈旧，像工作保障之类因素的重要性已随经济条件的改变发生了变化。另外，与 1981 年相比，雇佣程序员的公司也发生了很大的变化。所以，或许表中每列只有头几项数据比较重要。但是我认为，表中的数据从总体上反映了开发人员、管理人员以及普通人之间激励因素的不同。

· 与普通人相比，开发人员更容易受发展机遇、个人生活、成为技术
  主管的机会以及同事间人际关系等因素的影响；而不容易受地位、
  受尊敬、责任感、与下属关系及受认可程度等因素的影响。

· 与管理人员相比，开发人员易受发展机遇、个人生活及成为技术主
  管的机会等因素影响，而不易受责任感、受认可程度及与下属关系
  等因素的影响。

开发人员和管理人员之间的比较更有意思一些，它有助于解释开发人员
和管理人员之间的一些误解。如果一个管理者用对自己有效的方式来激
励开发人员，则很可能会遭到挫折。与管理人员相比，开发人员较少关
心责任感或受认可程度。若要激励开发人员，更应强调技术挑战性、自
主性、学习并使用新技能的机会、职业发展以及对他们私人生活的尊
重等。

如果是开发人员，应当意识到上司对你的关心程度可能超出你的想象。
那些听起来很虚假的"好样的"和廉价的奖赏可能表示你的上司想用对
自己有效的方式真心地激励你。

另一份研究开发人员激励因素的研究资料来源于用 MBTI 测试法对开发
人员性格类型的测定。MBTI 测试从 4 个方面衡量人的性格：

· 外向 (E) 或内向 (I)
· 感知 (S) 或直觉 (N)
· 理性 (T) 或感性 (F)
· 推理 (J) 或主观 (P)

HARD DATA

以上 4 方面可有 16 种组合，即 16 种性格类型。

两个广泛的调查表明，计算机专业人士比一般人更加"内向"，这基
本是在意料之中的。与通常意义上的内向不同，MBTI 测试中的"内
向"只是表示对内心的想法而不是对外部世界的人和事更感兴趣。大
约有 50% 至 65% 的计算机人士表现为性格内向，而普通人只有 25% 到
33%(Lyons 1985，Thomsett 1990)。这种与表 11-1 相一致的倾向表明，
开发人员比其他人更关心发展机会，而较少关心地位和受认可程度。

这两个调查还发现，80% 的计算机专业人士更具理性 (T) 倾向，而普通
人中只有 50%。理性 (T) 倾向的人所做的决定更多基于逻辑，而较少基

于个人因素。这种计划性和逻辑性还体现在计算机专业人士更倾向于推理 (J) 类——66% 的计算机专业人士属于推理 (J) 类，而普通人中只有50%。推理 (J) 类人喜欢有计划、有条理的生活方式，主观 (P) 类人更灵活和容易适应环境。

相关主题

有关现实性地编制进度计划的重要性的更多内容，请参考第9.1 节。

以上这些倾向性说明：如果要激励开发人员，最好使用具有逻辑的论点。比如说：许多有关激励方式的文章强调应设置看起来不现实的目标来提高生产效率。这种方式对感性倾向的人 (F) 有效，因为他们可能觉得这种目标更具挑战性。但是理性倾向的人 (T) 将拒绝此类目标，认为它"不合逻辑"。因此很少有开发小组会对不现实的工作进度安排做出积极反应。案例研究 11-1 中的老板将完工时间提前 3 个月，忽视了理性倾向的开发人员的反应。

动力、士气及工作满意度

有时候，动力、士气及成就感这 3 个名词在一些讨论中被混为一谈，但实际它们并不相同。

动力指激励人们努力工作的力量，它决定了努力的形式、方向、程度及持续时间。

士气指使人保持当前工作的意愿。士气与动力有一定的关系，但有时士气会很强而动力很弱：你愿意继续工作是因为工作简单、同事有趣而且你也想混日子。与之相反，有时会动力很强而士气很弱：你愿意从事你不喜欢的工作并做出成绩，这样当你辞职时公司会觉得对不住你。

工作满意度指个人对实现与工作相关的价值的预期。工作满意度与士气很相似，但它更关心长期目标。士气可能会较低，因为受人欢迎的顶头上司升迁，他离开了你；但同时，你的工作满意度可能会较高，因为你认为你所在的组织会做出正确的升迁决策。工作满意度与动力之间也有某种松散的联系，不过工作满意度很高而动力较低，或者很有动力但工作满意度很低的情况都有可能。

从快速开发的目标来考虑，对单个项目来说，动力因素最重要；但对公司的长期快速开发能力来说，成就感更为重要。

请注意，不同的激励因素对不同的人有不同的效果。一般的激励因素可能对大部分人都起作用，但若能针对某个人考虑对他有用的激励因素，则效果会更好。你应该努力为每位小组成员设身处地地着想，最好能问问他们的想法，看看如何使项目中的每个成员都获得较高的工作满意度。

11.2　最重要的 5 个激励因素

意想不到的斥责是最糟糕的一种激励方式。正如海兹伯格 (Frederick Herzberg) 所指出的：无端的斥责不会产生激励，只有一种被动的推动 (Herzberg 1987)。为达到上述开发人人员作表现的 10 个等级中的最高级，不仅要让开发人员表面上动起来，更要调动其内在动力。

要激发研发人员的创造力，就要为他们创造满足内在需求的环境。当被激发出创造力时，研发人员会投入时间和精力并享受其中。激励研发人员的最重要的 5 个因素是：成就感、发展机遇、工作自主性、个人生活和成为技术主管的机会。以下详细描述这 5 个因素。

11.2.1　成就感

软件开发人员热衷于工作，激励他们的最好方式是为他们提供一个良好的环境，使他们能轻松进行喜欢的工作——软件开发。

相关主题

有关与自主权相关问题的更详细内容，请参考第 34.2 节；有关太多的自愿加班害处的更详细内容，请参考第 43 章。

1. 自主权

自主是进行激励的一种重要方法。当人们为实现自己设定的目标工作时，会比为别人更加努力地工作。微软的 Peters 指出，如果开发人员自己决定工作进度表，你大可不必为长长的工作进度表担心，他们提出的工作进度表总是雄心勃勃 (Cusumano and Selby 1995)。你可能不得不担心一些诸如过于乐观的工作进度表、开发人员自愿加班太多的问题，但这些不属于激励问题。

2. 设定目标

设定目标是进行激励的另一种方法。设定明确的开发速度目标是加速软件开发的简单有效的方法，但也容易被忽略。你可能会疑惑，如果设定了一段时期的开发目标，开发人员会为了实现这一目标努力工作吗？答案是肯定的，如果他们懂得这个目标如何同其他目标相适应，而且这一系列目标作为一个整体是合理有效的。但对于经常变化的或者公认为不可能实现的目标，开发人员则会不与理会。

温伯格 (Gerald Weinberg) 和舒尔曼 (Edward Schulman) 为了调查目标对

于开发人员完成工作情况的影响，进行了一次有趣的试验 (Weinberg and Schulman 1974)。他们将开发人员分成 5 个小组，安排他们完成同一项任务。在这项任务中，5 个小组都需要完成 5 个相同的目标，但是对每一组都提出了需要对其中某一个目标实现最优化的要求，而 5 个小组的最优目标互不相同。其中第 1 组的最优目标是使占用内存最小；第 2 组是输出最合理的结果；第 3 组是程序最合理；第 4 组是参数最少；第 5 组是编程时间最短。试验结果如表 11-2 所示。

表 11-2　小组实现最优目标的排名

小组的最优目标	内存占用	输出结果合理性	按各个目标对小组进行排名		
			编程合理性	最少参数	最短编程时间
内存占用	1	4	4	2	5
输出结果合理性	5	1	1	5	3
编程合理性	3	2	2	3	4
最少参数	2	5	3	1	3
最短编程时间	4	3	5	4	1

资料来源：改编自 *Goals and Performance in Computer Programming*(Weinberg and Schulman 1974)

HARD DATA

这项研究的成果很有意思。5 个小组中的 4 个最先完成了要求他们实现的最优化目标，另外 1 个小组他们也为第二个完成。他们也为每个小组都设定了第 2 目标，有 3 个小组第 2 个实现了第 2 目标，1 个小组最先完成，1 个小组最后完成。没有一个小组对所有的目标都完成得一样好。

这一研究结果表明，开发人员会去做安排他们做的工作，他们从中会得到很高的成就感。他们会为指定的目标工作，但你得告诉他们目标是什么。如果你想让你的小组在最短时间内完成一个程序，告诉他们！你也可以根据实际情况，告诉他们你想将风险降到最小或者希望项目进度的可视化程度最大。在特定的场合中，这些目标中的任何一个都可能会对实现快速开发作出贡献。

相关主题

目标应当清楚，但没有必要一定是工作起来简单的。有关在目标设定上的不同角度，请参考第 12.3.1 节。

设定目标有很多成功的案例。在一本名为 *Design Objectives and Criteria* 的书中，讲述了波音公司如何实现了 747 的设计目标。如果你认为设定目标对于一个项目的成功无足轻重的话，恐怕你能受到启发：前苏联为了得到此书曾经出价 1 亿美元，但遭到波音公司的拒绝 (Larson and LaFasto 1989)。

注意不要在设定目标时一下子走得太远。如果一个小组一下子有了几个目标，对他们来说每一个目标都做好几乎是不可能的。在温伯格和舒尔曼 (Weinberg 和 Schulman) 的研究中没有一个小组在所有方面都做得很好。ITT 的一项研究发现，当提出多个目标时，生产率会严重下降 (Vosburgh et al. 1984)。

HARD DATA

同时设定了太多目标是个常见的问题。通过对 32 个小组的调查发现，针对"项目管理人员的哪种做法会降低小组的工作效率？"这个问题，大多数人认为管理者过多干涉会挫伤小组成员的积极性 (Larson and LaFasto 1989)。调查人员还发现，这是个领导方式的误区，因为大多数项目管理者认为自己有权指挥一切。因此，为提高工作效率，项目管理人员应选定一个最为重要的目标，避免眉毛胡子一把抓。

11.2.2   发展机遇

作为一个软件开发人员，最激动人心的一点就是在一个不断发展的领域工作。你必须每天都学习新东西，以跟随时代潮流，而且从事目前工作用到的知识有一半在 3 年内必将过时。考虑到开发人员所在行业的特殊性，他们当然会受发展机遇的激励。

一个企业可以通过给开发人员提供随着项目的进展而个人得到发展的机会来激励他们。这就要求企业的发展目标应与每个人员的自身发展目标相一致。Barry Boehm(1981) 这样陈述他的观点：

> 职业发展的原则表明，一个企业的最大兴趣应是：帮助其人员决定他们自己希望怎样发展其技能，并在这些方面给他们提供职业发展的机会。这个原则看起来显而易见，但实际上许多软件公司遵循的原则却完全相反。

案例 11-1 中的老板取消其人员的高级 C++ 课程，切断了他们的个人发展机会，因此也就同时打击了人员的积极性。

企业可以从如下几方面着手鼓励人员的职业发展。

· 提供报销学费的进修机会。
· 给人员提供参加培训或自学的假期。
· 报销购买专业书籍的费用。

HARD DATA

- 安排开发人员到能扩展他们技能的项目上工作。
- 为每个新的开发人员指定导师（这既向新人也向指导人表明了企业致力于职业发展）。
- 避免进度压力过大（压力过大会给开发人员造成企业的首要任务是不管任何人力代价开发新产品的印象）。

企业应为此预备多少费用呢？实际上这一费用是没有上限的。在 *Thriving on Chaos* 一书中，皮特斯 (Tom Peters) 提到日产 (Nissan) 公司在田纳西州的 Smyrna 设厂时，进厂培训的预算为每人 30 000 美元 (Peters 1987)。各行业排名前 10% 的企业平均每年为软件开发人员提供 2 周的培训，为软件经理提供 3 周的培训 (Jones 1994)。

关注个人发展对企业的生产能力来说，既有短期作用又有长期作用。就短期来说，它将增加小组的动力，激励他们努力工作。就长期来说，企业将能吸引并留住更多的人才。正如奈斯比特和奥本登 (John Naisbitt 和 Patricia Aburdene) 在《重新创造公司》*Reinventing the Corporation* 一书中所述："最聪明优秀的人才必定会流向鼓励个人发展的公司。"(Naisbitt and Aburdene 1985) 也就是说，关心个人发展对企业的健康发展至关重要——对软件行业的公司更是如此。

11.2.3　工作乐趣

海克曼和奥尔德汗 (Richard Hackman 和 Greg Oldham) 认为，一般而言，人的内在动力来自三个方面：必须感受到工作的意义，必须对工作的成果负责，必须了解工作的实际结果 (Hackman and Oldham 1980)。

他们认为，工作中有 5 个方面是激励的源泉。其中前 3 个方面有助开发人员了解其工作的意义，第 4 个方面可以增强人们的责任感，有助于提高工作绩效，第 5 个方面使人们能够看到自己工作的效果。

- **技术的多样性**　指工作本身要求具有多种技能的程度，多种技能可以使开发人员在工作时不至于枯燥乏味。尽管实际并非如此，但一般人们认为要求多种技能的工作更有意义。
- **任务的完整性**　指所完成的工作的完整程度。当进行一项完整的工作并且它能使人感受到所做工作的重要性时，人们对其更加关注。
- **任务的重要性**　指你的工作对其他人和公共事业的影响程度。人们需要感觉到其产品很有价值。正如 Hackman 和 Oldham 指出的，为飞机拧紧螺丝感觉上要比为装饰镜拧螺丝更重要也更有意义。同样地，有机会接触客户的开发人员可以更好地理解他们所做的工作，从而得到更大的激励 (Zawacki 1993)。

- **自主性**　是指能按自己的方式方法处理自己工作的自由度。可以有自己做老板的感觉，能够拥有更大的空间。拥有的自主性越大，人们的责任感就越强，工作成绩就越好。
- **工作反馈**　是指所从事的工作本身能够提供关于直接清晰的工作效果的程度。（这不同于从主管或同事那里得到的反馈信息。）软件开发工作有着良好的信息回馈，这是由编程工作本身决定的，程序一旦运行，开发人员就可以很快知道自己的程序是否能够正常工作了。

HARD DATA

激励的关键是合理考虑以上 5 个方面，为对自身具有较高期望的人们提供适合的有意义的工作。扎瓦齐 (Robert Zawacki) 根据他 15 年的研究指出：约有 60% 的有效激励是由于为开发人员提供了合适的工作 (Zawacki 1993)。

相关主题

有关把这种激励推进到最大程度的更多内容，请参考第 34 章。

工作本身的重要性是使质量比进度能更有效激励程序员的原因之一。能在技术前沿有所创新是技术型人才最大的动力。它能让项目团队获得外部人员很难体会的强大动力，因为他们能以某种方式立足于技术前沿。

为专注于工作本身创造条件

是否能够提供允许开发人员专注于工作本身的环境，使开发人员不必操心工作本身以外的事情，是激励因素的另一方面。

CLASSIC MISTAKE

在我所工作过的大部分软件开发组织中，我每天都会有几次为行政上的事务分心，使得我无法专注于正在开发的项目。比如在某个公司中，为了拿到一叠纸，我不得不从五楼跑到二楼，并登记我的姓名和所属项目组。如果我不记得项目组的编号，就不得不打电话询问项目组的同事，打断他的工作，或者我自己回五楼找到项目组编号再回二楼登记。

在另一个公司中，为了复印十几页纸，我不得不走过几栋大楼，而且要第 2 天才能取到。当计算机出了问题时，我往往得自己修。如果修不好，一两天后，公司才派人来修。在此期间，你只能通常听到这样的回答将是"你的工作并不是时刻都离不了计算机，不是吗？"

想得到不那么常用的办公用品，如书架、白板、公告板、额外的用于调试的显示器等，你怎么也得等上几周甚至几个月。对于只关心软件开发的软件工程师来说，仅仅为了得到一个笔记本，就要填写一堆表格，这让人感到非常不痛快（它严重挫伤了工作积极性）。

除这些行政事务以外，有些传统公司错误地强调与工作本身无关的工作环境。强制的着装暗示工作本身并不是最重要的事情，但这恰恰就是最重要的。同样，还有严格的作息时间。对有些公司来说，这样的策略是出于对公司形象的考虑，但每个公司都应该知道这些降低工作乐趣的做法对开发人员的影响。反省一下，公司形象是否重要到了要以失去人员的工作热情和降低生产率为代价。

11.2.4　个人生活

成就感、发展机会和工作乐趣对开发人员和经理的影响都排在前五位（虽然顺序不同）。对开发人员和经理来说，这些因素提供了理解他人行为及动机的重要机会。但个人生活因素对开发人员的影响排第四位，而对经理的影响则仅排在第 15 位。个人生活因素对开发人员的影响可能是让管理人员最难以理解的。责任感是另一种差异较大的因素，对经理人员的影响占据第 1 位，而对开发人员则仅列第 10 位。

这种差异的一个结果是，有时管理者会将最具有挑战性的工作分派给最好的开发人员以示奖励。对管理人员来说，额外的责任是一件乐事，由此带来的个人生活损失则无关紧要。但对开发人员来说，这简直就是受罚，个人生活受到的影响是重大的损失。开发人员将这种奖励看成是管理者对他的惩罚。幸运的是，经理无需理解为什么个人生活对开发人员是如此的重要。对一个公司来说，要想用个人生活因素来激励人员，就必须做出实际的计划使开发人员有时间享受个人生活，比如安排休假和假期，或同意人员在工作日偶尔外出。

11.2.5　成为技术主管的机会

开发人员比管理人员更重视技术管理工作的机会。认识到技术管理和成就感之间的联系，就很容易理解这一点了。对于开发人员来说，技术管理的工作代表着成功，它意味着这名开发人员已经具备了指导他人的水平。而对管理人员来说，技术管理的工作意味着倒退。管理者已经在指导他人工作，并且很高兴自己可以不必去掌握那些技术细节。所以这种差异倒是没有什么让人惊奇的。

技术管理并不仅限于一个项目组的技术主管，这种激励因素可以应用得更灵活一些。

· 指派每个人分别作为某个特定领域的技术主管，如负责用户界面设计、数据库、打印、图形、报表、分析、网络、模块接口、安装、数据转换等。

· 指派每个人分别作为某个任务的技术主管，如技术复审、代码重用、集成、工具评估、性能评测、系统测试等。

· 除新手外，指定所有的人作为指导者。可以让二级的指导者和一级的指导者一起工作。二级指导者有助于指导工作更好地进行，他们也可能会向一级指导者提出比较有经验的建议。

11.3 利用其他激励因素

除了上面提到的五个方面，还有其他一些可以激励开发小组的因素。

11.3.1 奖赏和鼓励

CLASSIC MISTAKE

奖励可以激励人员吗？答案是肯定的。公司应激励人员去获得奖励。

柯恩 (Alfie Kohn)

在 *Inside RAD* 一书里，作者记述了一次快速开发项目每天的情况 (Kerr and Hunter 1994)。在项目组成功完成了客户的第一个快速开发 (RAD) 项目之后，最高管理者会见了这个项目开发小组，一起总结如何能在今后重复这样的成功过程。开发小组提出了许多建议，这些建议大部分被采纳了。同时，开发小组还建议制定奖励计划，并列出了尽可能详尽的奖赏细目，如公司主管在聚餐时表示奖赏、业绩奖金、度假津贴、表示奖赏的礼物（如剧院的门票或两人共餐）、颁奖仪式等。作者指出，奖励计划建议很明显是不怎么受管理者欢迎的。直到书出版的时候，这些建议一条也没付诸实施。

回顾作者的经历，也许会觉得有点不可思议。作者所描述的快速开发项目取得了足以写成书的巨大成功，但是从这一项目获益的公司却不肯奖励这一项目的开发人员。当开发小组实际要求奖励时，公司却根毛不拔。你认为该公司还能指望这个小组能取得更多的快速开发项目的成功吗开发人员会因公司不进行奖赏而变得倦怠，因此奖励对长期激励是很重要的。但是，现金方式的奖励必须谨慎处理。开发人员一般都善于进行数学计算，他们会估算出和他们的付出相比奖励是否值得。在 Improving *Software Productivity* 一书中，作者提到：糟糕的奖励制度就是给了最佳表现者 6% 的奖励，同时也给了表现平庸者 5% 的奖励。最终，最佳表现者的积极性受到了挫伤并离开了公司 (Boehm 1987a)。

还有很重要的一点就是赞赏或欣赏的态度，有时这比物质刺激更有效。至少有 20 多个过去近 30 年中的研究表明：期望因成功地做某项工作而得到奖赏的人，并不会比根本就没想要什么奖赏的人表现好多少 (Kohn 1993)。工作乐趣本身就是最大的动力，管理者越是过分强调额外的奖赏，开发人员对工作本身的兴趣就越小，从而会损失更多潜在的动力。

有这样一些经常采用的表示奖赏的行为方式。

· 诚恳而直接地赞扬一项特别的成就
· 小组的 T 恤衫、运动衫、手表、徽章、标语、奖杯等
· 幽默或严肃的牌匾、证书、纪念品等
· 重大成果的特别庆祝活动。根据小组的喜好，可以是在喜欢的饭店进餐，或者是看演出、潜水、滑冰、旅行，也可以是在老板的住所晚宴（为了取得更好的效果，可以是老板的老板的住所）
· 为该小组颁布特殊政策，如周五可以着便装上班，为该小组添置一张乒乓球桌，冰箱里放置免费饮料等
· 专门的培训方案（在外地）
· 单独开的特别例会
· 晋升或提拔
· 特殊津贴

在 *In Search of Excellence* 一书中，作者 (1982) 指出，一个公司如果想要在本行业保持 20 年以上的领先地位，就必须要有卓有成效的非货币形式的激励措施。他们如此描述：

> 我们为那些优秀的公司所采取的非货币形式的激励措施的效果和价值而震惊，没有什么比正面鼓励更强有力的了。我们每个人都会使用它，但要达到最佳的效果，就要广泛地使用这种方法。胸针、纽扣、徽章、纪念币等在 McDonald, Tupperware, IBM 和其他大公司随处可见，这些公司找到并努力做到了非货币形式的激励。

因为感谢的任何形式的表述，都看作是被认可，因此要确保奖励表达的是"感谢"，而不仅仅是"激励"或"操纵"。

11.3.2   试验性项目

麦优 (Elton Mayo) 和他的助手曾经做过一个非常著名的关于动机和生产率的实验。他们在 1927 年到 1932 年间，对芝加哥西部电力公司霍桑 (Hawthorne) 工厂的工人的生产率进行了一系列测试，其目的是了解调整照明度对生产率的影响。首先，他们把灯光调亮，生产率随之上升，然后，把灯光调暗，生产率随之下降，当把照明保持正常时，生产率又上来了 (Boehm 1981)。

在做了一些其他的实验之后，得到了这样一个结论：生产率的这一切变化和光照毫无关系，而只是做实验本身这一简单的行为导致了生产率的提高。

深入阅读

有关霍桑效应的其他观点，请参考 What Happened at Hawthorne (Parsons 1974)。

霍桑效应使生产率实验和软件度量计划困惑了好多年。如果你是一个科学家，就要消除霍桑效应，因为它会妨碍你判断是由于新技术的引进提高了生产率呢，还是这种改进本身只是霍桑效应的又一个例证。但如果你是一个技术主管或是一个企业经理，霍桑效应的作用就不可忽视。如果你只是从事软件开发，就不必关心生产率的提高是源于新技术还是霍桑效应。如果试验性结果不对，那么无论后期采用什么方式，实际情况肯定也不对。

软件项目的含义是很清晰的。每个软件项目都如同在做实验，都是一个试验性项目。在打算采用新方法或新技术之前，必须确认开发小组了解这个项目是一个试验性项目。如果你收集到了关于新方法或新技术的应用效果的结论性数据，就可以以这些数据为基础，把这些新方法或新技术推广到企业的其他项目中。如果你仅获得了非结论性数据或资料，你依然会从霍桑效应中获益。就像奖励一样，请记住，在激励和操纵间有一条细线，不要试图去操纵。图 11-1 展示了受到高度欣赏的人员。

图 11-1　得到高度认可的软件开发人员

11.3.3　对业绩的评价

正确进行业绩评价具有很大的激励作用，而对业绩评价不当会明显挫伤积极性。英特尔总裁格鲁夫（Andrew Grove）先生说，业绩评价是"我们作为管理者所能提供的最重要、最贴切的工作反馈"（Grove 1982）。他还说，业绩评价会长时间影响下属的表现（可能是正面的也可能是负面的），因此，业绩评价应该是经过高度权衡才做出的。

戴明（W. Edwards Deming）也对美国式业绩评价提出了异议。他说，大部分美国式评论不够中肯，致使一般部门经理需要半年时间才能从业绩评价中恢复过来（Peters 1988）。他还说，美国式倾向于负面影响的业绩评价是我们的头号管理问题。

如果一个组织一年内进行 1~2 次业绩评价，就可以利用这种高度权衡的方法。必须注意的一点是，进行业绩的评价应当增加而不是减弱开发人员的工作动力。

11.4　士气杀手

与士气的激励因素同样重要的是它的阻碍因素。20 世纪 60 年代，海兹柏格（Fred Herzberg）开展了两种动机作用的研究（Herzberg 1987）。他描述了两种不同的动机因素，一种是激励因素，当它存在的时候会激励工作表现（满意的），另一种是保健因素（不满意的），当它们缺乏的时候会降低工作热情。这一节将把保健因素与其他士气杀手区分开来。

11.4.1　保健因素

保健因素是工作者进行工作所需的基本条件。最好的情形，当然是保健因素不产生不满情绪。最坏情形，当保健因素不具备时将产生不满意情绪。充足的照明是保健因素，因为如果没有充足的光线，开发人员工作效率就会降低，从而挫伤了工作热情。然而，达到一定程度后，再额外增加照明对提高积极性并没有好处。良好素养的开发人员更看重公司能够为他们提供工作条件，可以让他们高效地工作——工作环境要满足他们的健康需要。

以下是软件开发人员的保健因素列表。

- 合适的光线、供暖和空调设施
- 足够大的桌子和相对封闭的工作间隔
- 比较安静，可以集中精力工作（包括有关闭电话的能力）
- 适当地保持隐私，避免不必要的干扰
- 可以方便地使用办公设备（如复印机和传真机等）
- 已经准备好的随手可得的办公用品
- 可以随时使用的计算机
- 最新的计算装备
- 立即或者很快能够修理计算机故障
- 最新的通信交流设施（电子邮件、个人电话、语音邮箱、设施齐全的会议室）
- 可用的软件工具（文字处理工具、设计工具、程序编辑器，代码库和调试工具等）
- 可用的硬件（如在开发图形应用程序时有彩色打印机和扫描仪等）
- 可用的参考手册和出版物
- 辅助参考书和在线帮助工具
- 对新的计算机软件、工具和方法的基本培训（更多的培训可以获得更大的激励）
- 用的全是正版软件
- 自由的工作时间安排，一般工作时间安排为 8:00 ～ 17:00 或 11:00 ～

21:00，还可以是其他时间；特殊情况下允许调整时间的安排，如参加孩子学校活动等

CLASSIC MISTAKE

11.4.2　其他士气杀手

除了不能很好地满足保健因素的要求外，开发人员的士气还会在其他方面受到打击。

1. 管理操控

开发人员对如何被管理者操控很敏感。开发人员倾向于处理明白无误的事务并希望管理者以直截了当和实事求是的方式来处理。

极少数管理者试图以虚假的最后期限的方式实施项目控制，而大部分开发人员在 100 码以外就能闻到虚假最后期限的味道。管理者说："我们的确，的的确确必须在年底完成这个项目。"开发人员说："这听起来有点困难。如果我们的确必须在年底完成，那么如果我们遇到麻烦，哪些功能可以放弃。"管理者继续说："我们需要保留全部功能。不能砍掉任何一个。"开发人员说道："是，但如果我们时间不够而且为了进度的确别无选择，只能砍掉某些特性，又该如何办呢？哪些特性是可以砍掉的？"管理者哼了一声："我们别无选择，你们要实现全部的功能，而且年底前必须完成。"

任何一个管理人员可能都有制定最后期限但不给出充分解释的很好的理由。较低层的管理者可能不会明白来自上级的之所以是这样的最后期限的原因。公司应该公布产品发布的一系列活动的时间安排，而各层管理人员也应该给出合理、客观而详尽的解释。然而，类似上面那样的回答则似乎有点闪烁其辞和欺瞒操纵的味道，开发人员对此是不会买账的。

相关主题

有关过度的进度压力的影响的完整讨论，请参考第 9.1 节。

为了缓解紧张的气氛，管理者要求开发人员完成额外的任务时应当解释清楚。在案例研究 11-1 中，为什么老板把最后期限提前了 3 个月？他没有说。好像他之所以这样做就是因为他想这样做。经理们如果分派一项任务而不说明那个最后期限的重要性，他们就应该记住，开发人员可能会因为他们的解释而丧失工作动力。

2. 过度的进度压力

即使最后期限属实，依然有可能不符合实际。把开发人员的积极性降为

零的最快的方法是给他一个根本不可能的最后期限。极少有人会明明知道不可能还会拼命地要实现最后期限的目标，特别是对那些逻辑能力优于感情因素的开发人员，这更不可能。

3. 缺乏对开发所付出努力的表扬

CLASSIC MISTAKE

惠特克（Ken Whitaker）描述了一次他所在的软件开发小组和公司市场人员的会议。下面是市场部门代表的会议发言："市场永远不可能脱节！为什么我们不给开发部门一半的期限？让我们的产品开发显著地加快速度不好吗？我们知道，是开发人员妨碍了这个计划的实施……"

他解释说："开发人员知道怎样把软件产品交付给市场人员，而且已经建立了产品交付跟踪纪录。根本就不存在所谓的障碍。为了交付市场人员所期望的软件产品和满足非常难以实现的产品时间进度，开发人员有时候会付出难以想象的努力。事实上，我们都把自己认定是伟大的开发团队的成员了。"（Ken Whitaker 1994）。

最普遍的理解可能是这样的：人们既然不能亲眼看到开发人员正在如何工作，也就不会认为他们做了很多工作，从而就觉得有可能对计划出现了阻碍。然而，真实的情况是，开发人员正在极大地自我激励，勤奋工作，加班加点。而当所有这些被别人误解为磨洋工的时候，他们就会觉得精神沮丧。如若你想要开发人员做得更多更好，而不仅仅是在办公室里露露脸儿，那么当他们在努力工作的时候，千万别对他们说：怎么不好好干呢？

4. 因技术措施不当受到牵连

开发人员仍然会被技术上不强的管理者所激励，只要这些管理者有这样的见识：虽然自己在技术上不强，但可以把对项目的控制转向非技术决策方面。如果这些管理者干涉自己并不在行的技术决策，这样的做法会成为开发小组的头号笑料，而绝大多数人都不会从不受大家尊敬的人那里获得鼓舞。在案例研究 11-1 中，非技术型管理者命令他所领导的开发小组从设计中"去掉旁枝末节"，这便是犯了一个严重的错误。

5. 开发人员没有参与同自己有关的决策行为

开发人员没有参与决策似乎说明了管理人员对开发小组不够重视和关心，也说明了对他们的尊重还没有达到需要他们作出贡献的程度。如果要保持开发人员士气高涨，那么类似下面这些典型情况下就必须让开发

CLASSIC MISTAKE

人员参与决策：

· 新的进度讨论会
· 新特性或性能改进会议
· 招聘新的开发组成员
· 其他短期项目的志愿开发人员
· 产品设计
· 技术性权衡决策（例如，是否要以功能 B 的代价来提高功能 A 的性能，或反之）
· 改变办公空间
· 改变计算机硬件
· 改变软件工具
· 发布团队已有规划或尚未规划的产品（例如，由客户使用的原型或产品的预发布版本）
· 新开发过程（例如变更控制的新形式，或一种新的需求说明规范）讨论

如果你是管理者，你就会发现上述会议或改变是非常必要的。作为一名管理人员，你有这样做的权利。当然你也有权让你的开发小组的积极性为零。如果要把积极性降到零以下，你可以把开发人员召集起来粉饰你已经做出的决定或者干脆就是做做样子。操纵和排除行为特别伤害开发人员的工作积极性。如若要士气高涨，在做出决定和改变之前，应该让开发小组介入决策的过程。

6. 生产率障碍

如果环境妨碍了开发人员最佳工作效率的发挥，你必须清楚地意识到，他们的开发动力正遭受折磨。设法消除障碍，使开发小组可以集中精力于开发工作而不是去应付让他们分心的事情。

CLASSIC MISTAKE

7. 低质量

开发人员的成就感是从他所从事的开发工作中获得的。如果他们开发出了高质量的产品，他们会感到心情舒畅，而低质量的产品会使他们觉得懊恼。因自主而产生的自豪感能够使开发人员深受鼓舞，因此必须设法让他们在工作中感受自我成就，并为之骄傲。尽管有的开发人员会满足于在最短时间内实现开发低质量产品挑战的成就感，但大多数的人更注重质量而不仅仅是产出。

项目管理者如果坚持为了达到苛刻的计划而降低质量，那么就会使自主感带来的激励效应降低一半。这不仅剥夺了开发人员的自豪感，因为他们不会为低质量的产品感到自豪；而且也剥夺了他们的自主权，因为降低质量是管理者的决策。对于低质量的产品，开发人员即使按时间计划完成并获得了奖金也会感觉很糟。

如果意识到开发人员不能在有效时间内完成高质量的软件产品，那么应当让他们自己得出这个结论。他们或许会选择降低产品的功能要求，也或许会采用在预定时间拿出较低质量产品的方法。但不管开发人员的决定是什么，都不要试图强迫他们开发低质量的产品，那样做不会产生任何激励效果。

8. 过分夸张的激励形式

海报、标语、信口开河，以及其他一些打哈哈一样的激励行为，不仅不会鼓励开发人员，还会使他们感觉自己的智力受到了侮辱。对软件开发人员而言，点到即止的方式最佳。

案例 11-2

能够"打鸡血"的环境

不管批评家们在其他方面如何评说微软，但他们都一致认为微软能在一种非同寻常的程度上激励其开发人员。有关 10 小时、12 小时、14 小时，甚至 18 小时工作日的传闻屡见不鲜，而且还有其人员在办公室内一连住上数周的传闻 (Maguire 1995)。我在微软的办公室间看到过折叠的睡椅、帆布床以及卷起的睡袋，我还听说有个开发人员为他的办公室定做了一张床。莫尔 (Dave Moor)，微软的开发总监，这样描述在微软一天的工作："起床，去上班，工作，下楼吃早餐，再工作，吃午餐，再工作，直到睁不开眼睛。开车回家，睡觉。"(Cusumano and Selby 1995)

在西雅图，微软被称为"高薪的血汗工厂"。这说明微软太会激励自己的人员了。

微软是怎么做到高度激励人员的呢？很简单。微软非常关注人员的士气。微软的每一个小组都有一份士气基金，可以做这个小组成员任何想做的事情。有些小组用它来买爆米花机；有些去滑雪，去打保龄球，或去野餐；有些买 T 恤衫；还有的租下整个电影院来放映自己喜欢的电影。

当微软还在开发 OS/2 的时候，OS/2 开发小组要求公司给装一台洗衣机和一台烘干机，这样，他们就省得回家洗衣服了。最后虽然没有给他们，但这种要求表明了这个小组渴望工作。他们没有要求升迁、涨工资甚至更大的办公室，也没有要求高级地毯。相反，他们要求管理人员移开所有路障以方便产品的运送。

我刚开始做微软的咨询人员时，惊喜地发现我能投入大量时间真正做自己的工作。每栋楼的每一层都有一间物资室，里面有常用的也有不是很常用的办公用品，你甚至可以去取任何物品而不需要签字手续。其他的需求只需一封电子邮件即可。如果需要体积大的办公用品，如书架、白板等，发一封电子邮件，在需要这些家具的位置或在墙上贴一张小纸条，24 小时内就会有人安装好这些家具。如果计算机出了毛病，给公司的维修部门打个电话，1~2 小时就会有一名娴熟的计算机技术人员来处理。必要时他们还会借给你一台计算机，甚至把你的硬盘换到借来的计算机上以尽量减少你的等待时间。

微软还大量运用非货币形式的奖励。我在微软 Windows 3.1 项目组工作了一年。在这期间，给我发了 3 件小组特有的 T 恤衫、一件小组的橄榄球衫、一条浴巾和一个鼠标垫。我还参加了一次小组的乘火车旅游，在餐车上及一家不错的餐馆吃了两顿满丰盛的正餐。如果我当时是公司成员，我还会再得到几件 T 恤衫，一块公司纪念表，一块运输游戏奖牌。所有这些东西的总价值不过二三百美元，但正如皮特斯和沃特曼 (Tom Peters 和 Waterman) 所说的，能很好地激励其人员的公司不会错过任何机会给其公司成员繁多的非货币形式的奖励。

而且，微软也并非不考虑开发人员的个人生活。比如说，我在那儿工作的时候，我隔壁办公室开发人员的 10 岁女儿每天放学后都来，在他的办公室安静地做作业，等他下班。公司里其他人也没有任何异议。

自我激励与激励其他人员是微软的企业文化的一部分。微软并不明确要求人员为某个项目签订合同，但若某成员表示他不能按期完成时，极有可能有人询问他是否已"签定合同"。微软尽力避免听起来很虚假的励志演讲，因为有时问题并非出在部门经理的身上，而是来自于必须完成工作的那个人身上。

微软不仅明确支持保持士气，还宁愿以牺牲其他方面为代价来保持高涨的士气。有时候，这种牺牲令其他公司瞠目结舌 (Zachary

1994)。我曾经见过他们以牺牲为代价来保持士气的实际例子。这些牺牲包括软件的一致性、编程纪律、产品控制、进度计划和管理透明性。不管你怎么评价其所造成的影响，这样做对人员产生的巨大的激励作用足以说明了一切。

深入阅读

激励开发人员

DeMarco, Tom, and Timothy Lister. *Peopleware: Productive Projects and Teams*. New York: Dorset House, 1987. DeMarco and Lister present many guidelines both for what to do and what not to do in motivating software teams.

Weinberg, Gerald M. *Becoming a Technical Leader*. New York: Dorset House, 1982. Part 3 of this book is about obstacles to motivation and learning how to motivate others.

Weinberg, Gerald M. *The Psychology of Computer Programming*. New York: Van Nostrand Reinhold, 1971. Chapter 10 of this classic book deals with motivation specifically, and the rest of the book provides insight into the programming mind-set, which will be useful to anyone who wants to understand what makes developers tick.

微软激励开发人员的机制

Cusumano, Michael, and Richard Selby. *Microsoft Secrets: How the World's Most Powerful Software Company Creates Technology, Shapes Markets, and Manages People*. New York: Free Press, 1995.

Zachary, Pascal. *Showstopper! The Breakneck Race to Create Windows NT and the Next Generation at Microsoft*. New York: Free Press, 1994.

激励机制

Herzberg, Frederick. "One More Time: How Do You Motivate Employees?" Harvard Business Review, September-October 1987, 109-120. This enlightening article discusses motivating employees through focusing on job enrichment and "growth motivators" rather than on hygiene motivators. The original article was published in 1968 and was republished in 1987 with some new comments by the author. By the time it was republished, the article had sold more than a million reprints, making it the most popular article in the history of the Harvard Business Review. I rarely laugh out loud while reading professional publications, but I did while reading this one. It is probably one of the most humorous articles ever published by the Harvard Business Review.

Peters, Tomas J., and Robert H. Waterman, Jr. *In Search of Excellence*. New York: Warner Books, 1982. This book is not about software, but snippets about how to motivate technical and nontechnical workers are threaded throughout the book.

Hackman, J. Richard, and Greg R. Oldham. *Work Redesign*. Reading, Mass.: Addison-Wesley, 1980. This book explores work-itself related motivations and proposes a framework for redesigning work to improve motivation, productivity, and quality. It contains valuable information, and the authors have earnestly attempted to make the book easy to read, but it's a heavy-duty psychology book. As someone without a psychology background, I found it to be slow going.

译者评注

人的因素一直是快速开发最重要的因素。在本书的第 3 章，论述了快速开发的 36 个典型错误，其中关于人员的就有 13 个之多。本章则着重探讨了如何激励人。我认为核心的思想就是要尊重开发人员。这里所总结的使开发人员具有成就感、给他们发展的机遇、提高工作的兴趣、关心他们的个人生活以及在技术上负责都体现了尊重开发人员的思想。我想这是快速开发的关键所在。

第 12 章　团队合作

电影《目击者》(*Witness*) 描述了一个阿米什人建谷仓的奇迹。天刚蒙蒙亮，几十个农夫和他们的家属来到一对新婚夫妇的农场搭建谷仓。农夫们在清晨举起支撑房屋的框架构件，到了中午他们就完成了从地基到椽子的框架搭建。午饭后，农夫们钉好了谷仓的侧面和房顶。他们安静、快乐和辛苦地工作着，没有使用任何电力工具。

这是男人、女人、老人和小孩共同进行的一项工作。孩子们挑水，给大人递工具；老人和妇女指挥其他人的行动。两个看上去是对手的男人抛开他们的不同意见，为着共同的目标工作着。几十个人因此共同目标倾全力贡献着自己的技能。所有这些结果是令人难以置信的业绩：当夜幕降临时，这支由农夫和他们的家属组成的团队在一天内完成了整个谷仓的搭建。

很明显，许多东西在这个不寻常的场景里是没有出现的：阿米什人用传统的工具和传统的建筑方式建谷仓，没有人停下来讨论采用更先进的修建方法的好处；没有人因为不能使用电力工具而抱怨；没有人花时间用手机给股票经纪人打电话；没有人搅乱计划争论这对新婚夫妇是否真的需要一个新谷仓，或者他们是否应该改为准备床铺和早餐。在这一天结束时，没有人离开这个团体，因为项目的压力实在是太大了。

农夫们将他们要修建谷仓的清晰愿景和在 15 小时这一极为短暂的时间里完成搭建两者结合在一起。当他们完工的时候，他们感受到了强烈的来自个人和集体的成就感，他们甚至感受到了比以往更强烈的邻里之情。

如果存在完美团体的典范，这就是一例。

案例 12-1

出场人物

Thomas（主程）
Tina（非正式项目经理）
Angela（QA 主管）
Joe & Carl（开发）

你将它称为团队吗？

Giga-Quote 2.0 项目小组共有五位成员：Joe，Carl，Angela，Thomas 和 Tina。项目采用主程序员团队的方式，Thomas 是主程序员。但和主程序员团队相矛盾的是，Tina 是非正式的项目经理，Angela 则是 QA 主管。决策根据多数人的意见做出，并在同等的压力下执行。似乎没有其他小组成员认可 Thomas 作为主程序员的权威。

在项目初期，小组遇到了群体动力问题。小组中有几位非常固执的持不同意见者，其中的四位小组成员这样描述他们的小组："都是组长，没有兵。"Thomas，名义上的主程序员，否认团队有任何个性问题。小组花了相当多的精力激烈地争论技术问题和项目方向。这些争论总是达不成最后的解决方案。例如，小组决定跳过风险分析，但并不是因为技术原因，而是他们觉得这将会有太多的争论。

小组（除了 Thomas 之外）承认在最初他们就有群体动力问题，但是实际上他们好像喜欢争论。他们觉得强烈的意见不一致会让全体小组成员在精神上积极参与，并有利于对主要技术问题的彻底检验。

事实上，群体动力的匮乏会产生严重的破坏效果。小组最初计划以经典的瀑布生命周期模型开发 Giga-Quote 2.0 项目，但是他们并没有按照计划进行。小组成员将他们现在的生命周期模型描述成是"重叠的瀑布"模型到"混乱"模型之间的一种什么模式。

小组也没有遵循推荐的开发实践。例如，小组原本计划使用代码检查和复审方法，但在产生了太多的争论后，他们自愿放弃了这种方法。小组在架构阶段、设计阶段和单元构建阶段的最后达不成统一的标准。在最初的一些对设计尝试的争论后，他们决定继续编码，并在前进的过程中解决细节问题。

Giga-Quote 2.0 项目小组进入集成阶段时，他们经历了一次沉重的打击。他们被允许用一周的时间来集成9个月的工作。小组成员原本对于集成很有自信，因为他们已经将接口定义在了"数据结构级"。但是他们仅仅是在语法上进行了定义，他们可怜的群体动力阻止他们在语义上对于接口的定义。

当项目期限临近的时候，个性冲突也走到了尽头。Carl 交叉双臂抗议说："我一直在说这种设计方法不会成功。这就是为什么我们有这些集成问题的原因。要是早用我的设计就好了。"Angela，Joe 和 Tina 觉得他们受够了这一切，他们离开小组到了公司的其他岗位。这使 Thomas 和 Carl 成了小组仅有的两名成员。Thomas 非常不喜欢 Carl，所以他一直不停地专心工作，希望等到项目完成时就可以开除 Carl。他终于在计划交付日期7个月后完成了项目。

12.1   软件项目中的团队合作

并不仅仅是一组人恰巧在一起工作就可以构成一个团队。在 *The Wisdom of Teams* 一书中，将团队定义为"能相互负责的，具有共同的目的、共同的执行目标和共同的方法的，有互补技能的一些人。"

团队合作能够在软件项目的任何特定的任务中得以进行。

· 开发和审查项目需求
· 开发将在整个项目中使用的项目架构和设计指导方针
· 定义将在项目中应用的技术环境的各个方面（包括程序设计语言、编译器、源代码库、代码生成器，编辑器和版本控制工具）
· 开发在整个项目中使用的编码标准
· 协调一个项目的相关方面工作（包括定义子系统、模块和类之间的接口）
· 设计系统中的困难部分
· 审查独立开发人员的设计和代码
· 调试系统中的困难部分
· 测试需求、设计和代码
· 审计项目的进展情况
· 软件建成后的维护（包括对维护请求的响应和进行紧急修复）

虽然这其中的任何一项任务都可以一个人单独完成，但是涉及两个或更多的人会使大家都受益，这也需要成员之间的相互影响。如果共同合作，整体有时会比所有部分相加的总和更强大。如果有冲突，整体就会比所有个体部分相加的总和弱小。只有当两个人合起来胜于两个人单独的个体时，"团队"才有存在的必要。

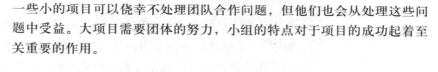

小组和团队

　　并不是所有的小组都是团队。一些项目由多人合作的小组就可以做得很好，不需要建立团队。一些项目并不需要达到团队合作所需要承担的承诺水平。

12.2　团队合作对快速开发的重要性

相关主题

在快速开发项目中，关注人件是成功关键的主要原因，请参考第 2.2.1 节。

一些小的项目可以侥幸不处理团队合作问题，但他们也会从处理这些问题中受益。大项目需要团体的努力，小组的特点对于项目的成功起着至关重要的作用。

12.2.1　团队生产率的变化

HARD DATA

研究者发现，个人生产率可分为 10 个等级。研究者还证实，整个团队的生产率水平也有很大的不同。在分析了 TRW 公司和其他公司的 69 个项目后，鲍伊姆 (Barry Boehm) 得出结论，最好的团队的生产率是最差团队生产率的至少 4 倍 (Boehm 1981)。DeMarco 和 Lister 在一项对 18 个组织的 166 名专业程序员的研究中证实，生产率可以相差 5.6 倍 (DeMarco and Lister 1985)。而另一项对于程序设计团队的更早的研究发现，不同的团队完成同样的项目需要的时间会有 2.6:1 的差距 (Weinberg and Schulman 1974)。

这种差距甚至存在于有相同经验的开发人员中。在对 7 个相似项目的研究中，开发人员都是有着多年经验的专业程序员，都参加了一个计算机科学的研究生培训项目。产品的结果仍然有着 3.4:1 的差距 (Boehm, Gray and Seewald 1984)。类似地，据报道，在 NASA 的软件工程实验室中，不同项目的生产率有 2:1 和 3:1 的不同 (Valett and McGarry 1989)。

相关主题

有关生产率个体差异的更详细内容，请参考第 2.2.1 节。

你可以略过上述这一系列研究，我们最后的结论是在不同经验和不同背景的小组中，生产率会有大约 5:1 的差距。在相同背景和相同经验的小组中，生产率会有大约 2.5:1 的差距。

12.2.2　凝聚力和业绩

如果你和我的经历相同，你就会赞成凝聚力强的小组中成人员作更努力，他们热爱工作，不惜为实现项目目标花费大量的时间。就像案例研究 12-1 中描绘的，缺乏群体动力的项目参与者经常不能集中精力并且影响士气，并在不同的目的上花费大量的时间。

HARD DATA

在 1993 年公布的一项研究中，报道了在 31 个软件项目中团队的凝聚力、个人能力和经验如何影响整个项目的业绩 (Lakhanpal 1993)。项目持续时间从 6 个月到 14 个月不等，有 4 ~ 8 名开发人员。研究发现团队的凝聚力比个人能力和经验对生产率贡献更大。(个人能力紧随其后。)

作者指出，经理通常以经验水平和个人能力作为确定项目成员的标准。对于 31 个项目的研究表明：关心项目快速开发的经理最好把开发人员对于团队凝聚力的贡献作为确定开发人员的首要标准，其次才是他们的个人能力。

案例 12-2

出场人物

"分析员公司"

一个高绩效的团队

　　在本章的开头，我们已经描绘了一个高效的阿米什农夫团队。这也许对于软件团队没有什么直接的借鉴作用，不过，或许也有值得我们深思的地方。

　　我所工作的最高效的团队和阿米什农夫团队有很多相似的特点。我在大学毕业后，就职于一家从事保险精算咨询业务的公司。因为业主资金很少，所以他宁愿雇佣刚毕业的大学生以减少劳动力成本，而不愿意多付钱给有经验的开发人员。我们的小组成员很快发现，我们之间有很多的共同点：在这家公司的工作是我们所经历的第一份专职的成人的工作。

　　因为这是一个新公司，所以我们为公司开创了很多新的领域，完成了大量挑战期限的工作。我们建立了友好的竞争，比如谁在程序中发现错误，我们就请他吃油炸面包圈。因为都刚刚毕业，所以我们比以往任何时候都有责任心。

　　入职时，我们职位相同，所以在不久之后就称自己为"分析员公司"。和其他许多团队一样，我们有很多外人看来很难理解的内部笑话和惯例。我们在棒球投手练习区进行程序设计，而且我们觉得老板逼得太紧，有时会在门上贴张纸条，上面写着"闭门分析会议"，然后我们关起门来，边设计程序边唱歌。

有一次我带着一位新人员到主管那里接受委派。这位主管是"分析员公司"的名誉成员。在交代新项目的同时，他和我开玩笑谈论以前的项目。几分钟后，主管要去参加一个会议，所以他要离开，并说等会议结束后回来检查我们的工作。等他走后，新人员说："我们好像什么也没有做，你们两人只是开玩笑讽刺对方，我们并不知道该做什么，是不是？我们什么时候得到任务呢？"当我把已经接受的任务一点一点地解释给他听时，我意识到我们的小组（"分析员公司"）在建立自己的沟通模式和独有的特性上已经有了不小的成绩。

12.3　创建高绩效团队

多产的团队有时体现为已定形的团队或凝聚力强的团队。一个高绩效、定形的、凝聚力强的团队有什么特点呢？这些团队有以下特色：

- 共同的、可提升的愿景或目标
- 团队成员的认同感
- 结果驱动的结构
- 胜任的团队成员
- 对团队的承诺
- 相互信任
- 团队成员间相互依赖
- 有效的沟通
- 自主意识
- 授权意识
- 团队规模较小
- 高层次的乐趣

1989 年，有一项研究表明，高绩效团队所具有的特性有惊人的一致性。不管是麦当劳的麦乐鸡团队、挑战号太空飞行器研究小组、心脏病外科小组、登山队、1966 圣母玛丽亚冠军足球队，还是白宫内阁等不同团队，都如此 (Larson and LaFasto 1989)。下面的小节中将逐一解释这些特性在软件开发团队中的应用。

12.3.1 共同的、可提升的愿景或目标

HARD DATA

在项目真正运作之前，一个团队需要"获得"一个共同的愿景或共同的目标。阿米什农夫们共同的愿景就是他们要搭建谷仓，以及为什么要搭建，怎样搭建，要花多长时间。没有这一共同的愿景，高绩效的团队工作不会产生。拉森和拉法托 (Larson & LaFasto) 在对 75 个团队的研究中发现，在任何一种情况下，一个高效运行的团队对于自己的目标都有清楚的认识。

共同的愿景有助于各个层次的快速开发。在项目愿景上的一致可使小问题的决策得以简化，因为每一个人都赞成大的愿景。团队可以做出决策并毫无争议地实施，不用回到已经决定过的问题上。共同的愿景使团队成员间建立相互信任，因为他们知道他们都是为着共同的目标工作。共同的愿景还可使团队集中精力避免在迷途上浪费时间。一个高绩效团队建立起来的信任和合作使得他们能胜过相同技能的个人的总和。

偶尔，具有高凝聚力的团队会锁定一个与组织的目标不一致的共同愿景。在这种情况下，团队将有大量的工作要做，但都不是组织所需要的。为保证高效，有凝聚力的团队需要有一个能和自己所归属的组织相兼容的焦点。

挑战性的工作

共同的愿景有时是很重大的事情——例如在 1970 年将人送上月球，有时也可能是微不足道的小事——例如，用比上一版少 3 星期的时间更新计费系统。愿景实际上可以是任意的，但是只要被整个团队共同拥有，它就会作为一个共同的目标而将团队结合在一起。

为了起到激励的作用，愿景也需要得到提升。团队需要由挑战和使命来体现其价值。阿米什农夫对于表面上不可能的挑战的回应就是在 1 天之内完成了谷仓的搭建。高绩效团队从不为无聊的目标而组建。"我们想建立一个市场排名在第 3 名往后的数据库产品，并在一个平均的时间里以低于平均质量的水平推出"。无聊而乏味，没有团队会为这个目标而建立 (见图 12-1)。

但是对于挑战的响应是一种情绪化的反应，工作本身和工作被分配、描述的方式对这种反应同样有影响。先前无聊的目标可以这样重新描述：

"我们要做一个数据库产品，在 18 个月为把我们的市场份额从 0 达到 25%。市场和生产需要有绝对可靠的时间进度估算，所以我们把建立内部的里程碑和最终的时限作为我们的目标，以便有 100% 的把握实现它。"一个团队恰恰有可能为一个 100% 精确的时间进度而组建起来。

"你们不是团队吗？为什么不多做些呢？加油干啊！"

图 12-1　项目方式决定着团队对待工作的看法和态度，是合作完成使命，还是迫不得已，迎难而上

一个真正的团队需要一种使命，如何架构项目与团队是否认识到项目的使命有很大的关系。

12.3.2　团队成员的认同感

当团队成员朝着他们共同的愿景一起努力工作时，他们开始感受到团队成员的认同感。他们给自己的团队起名字，"黑色团队""分析员公司""Camobap 男孩""降神会"(Seance)。一些团队有自己团队的座右铭。还有，像 IBM 公司著名的黑色团队，采用自己团队的着装规范。他们由于幽默感而相互吸引，寻找别人不懂的幽默。他们寻找共同点，使他们有别于其他等级和背景的人。IBM 公司的黑色团队甚至在原先的成员全部离开后依然存在。这是强烈的团队认同感。聪明的公司通过提供团队的 T 恤衫、便签纸、杯子和其他标志着团队合法身份的随身用具来强化团队的认同感。

团队成员允许他们的团队认同感超越他们的个人认同感。他们从团队的成就中获得满足。相较于个人目标，他们更看重共同目标。他们在团队

中有机会实现他们个人无法实现的东西。例如，从 1957 年—1969 年，波士顿凯尔特人队赢得了 11 次 NBA 总冠军，却从来没有前三名的得分手加盟。团队是第一位的。团队成员说"我们"做什么比"我"做什么多，他们好像从"我们"做的事情中获得比"我"做的事情更多的自豪。

伴随着认同感，高绩效团队经常显示出一种精英感。团队成员都是经过各种形式的"烈火"的考验（严格的面试和试用程序、成功地完成一项极具挑战性的任务或有异常的业绩）才加入团队的。

我知道的一个项目，在用完"鼓舞士气"预算的所有钱之后，把团队成员可免费得到的 T 恤衫以 30 元的价格卖给新的团队成员。这是破坏团队精神的典型例子。（团队成员从公司听到的说法是由于团队在公司的业绩排名太靠后，所以他们不得不自己购买团队的 T 恤衫。）这个项目还被确定为只是对公司的"低收入产品"之一负责。这样阐述团队特性是一个错误，因为这不是一个团队团结在一起所要的那种认同感。

12.3.3　结果驱动的结构

可以构建出能达到最大产出的团队，也能构建出根本不可能有任何产出的团队。

相关主题

有关团队结构的更多内容，请参考第 13 章。

对于快速开发，你需要在头脑中构建一个最快速的开发团队。你不会让 John 负责，因为他是老板的堂兄弟；你也不会在一个 3 人的项目中使用主程序员结构，因为他们 3 人的技能水平大致相同。

以下是结果驱动结构的四个基本特征。

· 角色必须明确，每个人必须在任何时刻都对各自的工作负责。责任对于有效的决策制定和对已制定决策的快速实施十分关键。
· 团队必须有有效的沟通系统以支持信息在团队成员间的自由流动。沟通必须可以在团队和团队经理之间自由进行。
· 团队必须以某种方式监控个人表现并提供反馈。团队应该知道谁应该受到奖励，谁需要个人的进一步发展，谁能够在将来承担更多的责任。
· 任何时候的决策制定都要以事实为依据，而不是以个人主观的意见为依据。团队需要确保没有偏见地了解事实，因为这些偏见会削弱团队的职能。

虽然满足这些基本特征的团队难以数计，但令人吃惊的是，仍有非常多的团队的结构不能满足上述要求。

12.3.4　胜任的团队成员

就像因为错误的原因选择了错误的团队结构一样，团队成员也常常由于错误的原因而被选择。例如，有些人被选择常常是因为他们在项目中有股份，或他们要价不高，或仅仅因为他们有空。他们不是因为心中有快速开发思想而被选择。案例 12-3 描述了团队成员的典型选择方式。

案例 12-3

出场人物

Bill（项目经理）
Thomas（制图）
Jennifer（数据库）
Carl（开发）
Angela（QA 主管）

有代表性的团队成员选择

　　Bill 要开发一个新的应用软件，需要快速组建一个团队。项目应当在 6 个月内完成。该项目涉及大量的定制图形，所以团队必须与客户紧密合作。项目大约需要 4 位开发人员。Bill 认为，理想的情况是，希望 Juan 加入，他以前在进行 GUI 定制图形工作时用过这个平台；还有 Sue，一个数据库专家，和客户具有良好的关系。但他们在接下来的 2 ~ 3 个星期都忙于其他项目。

　　在经理会议上，Bill 发现 Thomas，Jennifer，Carl 和 Angela 在本周末都有时间。"他们一样可以做得很好，"他说，"这可以让我们马上开始项目。"

　　他这样计划项目："Thomas 可以做图。他虽然以前没在这个平台工作过，但他做过一些图形工作。Jennifer 将在数据库方面工作得很好，虽然她说过她厌倦做数据库工作，但如果我们真的需要她，她也同意来做。Carl 以前在这个平台上做过一些工作，所以在图形方面他可以帮 Thomas 一把。Angela 是程序语言方面的专家。Carl，Angela 和 Thomas 在以前工作时有一些小摩擦，但我相信他们会求同存异。他们中没有一人擅长客户关系，但是我自己可以填补这个空缺。"

案例研究 12-3 描述了一个团队在选择成员时是以谁在那时恰好可以加入为基础，而没有考虑团队长期的绩效。几乎可以肯定，这个为期 6 个月的项目如果再等 3 个星期直到 Juan 和 Sue 可以加入，将比现在要做得好。

对于快速开发，团队成员的选择要以项目目前最需要的技能为标准。以下三种类型的能力最重要：

· 特殊的技能（应用领域、平台、方法论和编程语言）
· 强烈的投身于工作的愿望
· 善于与团队成员有效合作

角色的混合

在一个高绩效的团队中，团队的成员有多种技能并扮演多种不同的角色。实际上，让一个 7 人工作团队的每位成员都是汇编语言专家（如果项目用 C++ 语言）没有任何意义。同样地，如果 7 个人都是 C++ 语言专家而没有人懂应用领域，也没有任何意义。你需要的团队成员需要有技术、业务、管理和人际关系等多项技能。在快速开发中，你需要人际关系领袖和需要技术领袖一样重要。

贝尔宾 (Meredith Belbin) 博士指出项目中应该有以下领导角色。

深入阅读

这些称号并不来自Belbin，而是来自 Constantine on Peopleware(Constantine 1995a)。

· **驱动者** 将团队方向控制在一个详细的、随机应变的水平。定义各种东西，指导和引导小组讨论和活动。
· **协调者** 将团队方向控制在一个高层次的、战略的水平。将问题的解决引至充分认识到团队的优点和缺点，最大限度地利用人力和其他资源。
· **组织者** 提供革新和创新思维及战略的指导，尤其是主要问题。
· **监控者** 从现实的角度出发分析问题，评价思想和建议，以使团队能够制定平衡决策。
· **执行者** 将概念和规划转换成工作程序，并按照既定的团队计划有效实施。
· **支持者** 强化团队优点，摒弃团队的缺点；提供情感性的领导，培育团队精神；促进团队成员之间的交流。
· **调查者** 探索外界的其他思维方式，汇报外界的发展情况和资源情况。进行有利于团队的外部联络。
· **清理者** 在细节上确保所有必须的任务的完成。探寻工作中需要重点关注的细节问题，让团队保持重点和紧迫感。

即使对于快速开发的项目，最好也不要安排全部由技术高手组成的团队。你也需要有人留心组织的更大利益；有人使技术高手个人之间不发生冲突；有人可以提供技术愿景；有人做实施愿景的细节工作。

团队不能正常运作的一个征兆是成员对于他们是否接受或拒绝某方面工作表现得非常坚决。某人将只做数据库编程工作，而不做报表格式化工作，或者另外某人只做 C++ 编程，而不做 VB 的任何工作。

在一个好的团队中，不同的人乐于在不同的时间扮演不同的角色，这取决于团队的需要。如果在团队中有其他两个 UI 专家，那么某个平时致力于 UI 的人可能就会改做数据库工作。或者一个经常做技术指导的人在一个特定的项目中，在有太多指导者的时候自愿退后一步。

12.3.5　对团队的承诺

愿景、挑战和团队认同感结合在一起会使团队成员可以向团队做出承诺。对于一个高效的团队，团队成员向团队承诺：他们会为了团队做出个人的牺牲，而他们对于更大的组织不会这样做。在有些情况下，他们为团队做出牺牲，不惜使更大的组织为难，以此来证明更大的组织并不了解全部的情况。无论如何，团队成功的最基本的要求就是团队成员将他们的时间和精力、他们的努力都奉献给团队，这就是所说的承诺。

相关主题

有关对项目承诺的更多内容，请参考第 34 章。

当团队成员承诺时，他们必须要有承诺的对象。他们不能为不实际的目标做承诺。你不能为"管理层要求做的所有事情"做任何深入的承诺。愿景、挑战和团队认同感为队员的承诺提供了内容。

使团队成员承诺于一个项目并不像听起来那么难。IBM 发现许多开发人员渴望有机会能在工作中有卓越的表现。他们发现仅仅通过询问和让人员选择接受或拒绝，他们就可以使项目成员做出特殊的承诺 (Scherr 1989)。

12.3.6　相互信任

拉森和拉法托 (cLarson 和 LaFasto) 认为，信任包括以下四个部分：

- 诚实
- 开放
- 一致
- 尊重

如果违背了其中的任何一个要素，甚至只是一次，信任也会被破坏。

在一个高绩效团队中，与其说信任是高绩效的原因，倒不如说信任是高绩效的结果。你不能强迫团队成员之间相互信任。你不能设立一个目标："信任你的队友"。但是一旦项目成员承诺于一个共同的愿景，并且开始将团队视为一体，他们就将学会负起责任，并且保持相互负责。当团队成员看到其他人真正将团队的利益放在心上，并且意识到他们有一个可以遵循的轨迹——诚实、开放、一致和相互尊重，信任就将油然而生。

12.3.7   团队成员间相互依赖

团队成员借助各自的优势，做最有利于团队的事情。每一个人都觉得自己有机会为团队做贡献并且认为自己的贡献很重要。每个人都参与决策。简言之，团队成员相互依赖。健康团队的成员有时以某种方式依靠其他团队成员，例如"我可以自己做这件事，但是 Joe 实在太擅长调试汇编语言代码了，我会等他午饭回来后帮我的忙。"

在我以前工作过的最高效的一个项目团队中，项目开始时各成员的职责是不确定的。团队成员觉得他们有特殊的优势可以提供给团队，但他们不会为此而急于确定他们的特定的角色。通过一系列心照不宣的交涉，团队成员渐渐接受了对他们个人来说并不是最好的但从整体来说对团队最好的角色。以这种方式，每个人都被吸引到各自工作的岗位上，没有人感觉被遗忘。

12.3.8   有效的沟通

相关主题

有关沟通在团队中的作用的更多内容，请参考第 13.1.2 节。

凝聚力强的团队中，成员之间经常保持联系。他们觉察到当他们讲话的时候每个人都能理解，他们拥有共同的愿景和认同感这一事实有助于他们之间的沟通。阿米什人建筑者们能在谷仓搭建中进行有效的沟通，是因为他们生活在一个紧凑的团体中，并且几乎所有的人以前都修建过谷仓。他们可以使用简短的语言或手势表达很准确的意思，因为他们已经建立了相互理解的基础。

团队成员表达他们真实的感受，甚至当他们感觉不好的时候。有时团队成员不得不公布坏消息。"我负责的项目部分比我原先预想的要长两个星期。"在相互依赖和信任的环境里，当团队成员一旦意识到有不愉快的问题,他们就会提出来,这样还有时间进行有效的补救行动。与之相反的方法就是掩盖错误,直到它们太严重而无法再掩盖,这对于快速开发工作是致命的。

12.3.9 自主意识

高绩效团队有一种感觉就是他们可以自由地去做任何能使项目成功的工作。臭鼬工厂项目之所以如此成功的一个原因,就是团队成员有机会去做对的事情,不用操心去做看起来正确的事情。他们能够不受干涉地工作。团队可能会犯一些错误——但是激励的益处足以补偿错误。

自主意识与他们从管理层那里感受到的信任水平有关。管理层信任团队是非常必要的。这意味着团队管理不要过分细致,不要进行事后批评或施加强硬的决策。当团队明显正确的时候,任何管理层都将支持团队——但这不是信任。当管理层在团队看上去好像错误的时候支持他们——这才是信任。

12.3.10 授权意识

高绩效的团队需要意识到被授权可以采取任何为获得成功所需要采取的行动。组织仅仅允许他们去做他们认为对的事情是不够的,还应该在做的过程中支持他们。就像在苹果公司那样,一个被授权的团队知道,当他们感觉组织的要求不合理或引向错误的方向时,他们可以抵制。

团队往往会在他们购买提高效率所需的小物品上被拒绝授权。在我工作过的一个航天项目中,我们花了 6 个月的时间才获准购买专门的掌上计算器。而这个项目的主要任务就是分析科学数据的!

就像汤森德 (Robert Townsend) 所说的,"不要低估让你的手下'浪费'钱对团队士气所带来的价值"(Townsend 1970)。据我所知,最极端的例子发生在 Windows 95 开发过程中的一段插曲。为确保任何程序都能在 Windows 95 下运行良好,项目经理和团队中的其他人直奔当地的软件商店,买了能想到的所有软件并装了满满一货车。虽然花了 15 000 美元,但是项目经理说这对团队士气的影响是令人难以置信的。(对软件商店的士气当然也有不错的影响。)

12.3.11   团队规模较小

一些专家认为，一个团队的成员最好少于 8 至 10 人 (Emery and Emery 1975， Bayer and Highsmith 1994)。如果能将小组控制在这个规模，效果将最好。如果项目要求多于 10 名成员，试着将项目分成多个团队，每一团队不多于 10 名成员。

10 个人的限制主要适用于单一项目团队。如果你的团队跨多个项目，只要团队共有一个根深蒂固的文化，你也可以扩充团队的规模。阿米什农夫形成了一个有几十名成员的凝聚力很强的团队，但他们在一起工作已经好几代了。

团队规模的另一极端是成员太少也不能组建团队。作者指出，一个团队少于 4 人，也很难建立起小组认同感，小组会受制于相互之间的关系，而不是小组的责任感 (Emery and Emery 1975)。

12.3.12   高层次的乐趣

相关主题
有关什么能激励开发者的更多内容，请参考第 11.1 节。

并不是所有愉快的团队都是高产的，但绝大部分高产的团队都是愉快的。这有很多原因。第一，开发人员喜欢成为高产者。如果团队能够支持他们高产的愿望，他们会很高兴。第二，人们天生喜欢做他们喜欢做的事。如果他们花更多的时间去做，他们会做得更多。第三，使团队凝聚在一起的部分原因是采用团队的幽默感。迪马可和李斯特描述一个有凝聚力的团体，他们的成员都觉得小鸡和嘴唇有趣 (DeMarco and Lister 1987)，有嘴唇的小鸡尤其有趣。小组实际上拒绝了一个非常合格的候选人，因为他不认为小鸡和嘴唇有什么有趣之处。我也恰好认为小鸡和嘴唇并不有趣，但我知道迪马可和李斯特在说些什么。我参加的一个团队认为香草饮料妙极了，可是另一团队觉得葡萄味 Lifesaver 热情奔放。香草饮料和葡萄味 Lifesaver 本身并不可笑，但是这些笑话是他们团队身份的一部分。我个人没有见过一个有凝聚力的团队没有自己强烈的幽默感。这也许是我个人经历的巧合，但我本身并不这么认为。

12.3.13   如何管理高绩效团队

有凝聚力的团队创造了一个"我们"，使管理层处于其中一个尴尬的位置上：既不完全属于"我们"也不完全属于"他们"。有的管理层发现

相关主题

有关管理者和团队领导者之间的区别，请参考第 13.3 节。

深入阅读

对每个观点的出色讨论，请参考《软件质量管理（第 3 卷）》(Weinberg 1994)。

这种团队团结有威胁，有的管理层却觉得很高兴。通过实行自治和承担责任的方式，一个高效的团队可以为管理层减轻很多的日常管理工作。

以下是成功管理高凝聚力团队的关键。

- 建立一个愿景。这个愿景是非常重要的，管理层和团队领导有责任使它付诸实施。
- 创造变化。管理层应意识到在事情应该怎样和它实际怎样之间是有区别的。要认识到愿景需要变化，并且使变化产生。
- 管理团队。使团队为团队的行为负责，而不是使团队中的个人为他们个人的行为负责。团队成员经常给自己设立比领导的要求更高的要求 (Larson and LaFasto 1989)。
- 以具有挑战性的、清楚的和支持的方式委派团队任务。让团队充分发挥自己的能力和才干。
- 将如何完成任务的细节留给团队，可能包括个人工作责任的分配。
- 当团队运行得不好的时候，想想 MOI 模式：大多数团队问题来源于激励 (Motivation)、组织 (Organization) 或信息 (Information)。尝试清除有关这三方面的障碍。

12.4　团队为什么会失败

团队的凝聚力取决于作用于团队的所有压力。和快速开发的其他方面一样，为达到成功你必须做对许多事情，而你只要做错了一件事就会导致项目的失败。虽然团队不必具有上一节的所有特点，但确实需要具有其中的绝大部分。

深入阅读

有关团队失败的讨论，请参考《人件》一书的第 20 章 (DeMarco and Lister 1987)。

11.4 节列出的任何一个原因都会导致团队的失败。这些"士气杀手"分裂团队就像削弱个人士气一样容易。

下面是团队失败的其他一些原因。

1.　缺乏共同的愿景
没有共同的愿景将不可能形成团队。组织有时由于削弱了人们的愿景，从而阻碍了团队的形成。一个团队可能会围绕生产"世界上最好的文字处理软件"而形成，如果后来组织决定这个文字处理软件不必做成世界水平的，但必须在接下来的 3 个月内完成，那么最初的这个愿景会遭受打击。当愿景受到打击时，团队也受到了打击。

2．没有认同感

不建立团队认同感，团队将会失败。团队成员可能很主动，但是没有人扮演支持者的角色，没有人照顾团队，团队也无法建立。这在快速开发项目中风险很大，因为把"时间浪费"在"无生产性的活动"上，例如开发团队标识或共有的幽默感，是需要承担压力的。任何一个团队都要有人承担责任来维护团队的健康。

团队还会因为一个或多个成员宁愿单独工作而不愿成为团队的一部分而缺乏认同感。一些人不热心团队活动，一些人认为整个团队的思想是愚蠢的。有时一个 9 人的小组中有 5 人不愿意为在团队中他们应该承担的工作负责。有很多的地方适合这样的人工作，但他们的存在对于团队的构成是致命的。

3．缺乏认可

有时候项目成员已经成了他全心全意付出的项目团队的一部分——却没料到他的努力没有得到赏识。与我曾经共事过的一位年轻女士马不停蹄地工作了 3 个月，以满足项目的最后期限。当她的产品发布时，经理以父亲般的方式感谢了她，并送给她一个玩具宠物。她认为他的这种姿态是以恩人自居，她感到非常愤怒。我不会责怪她没有签约另一个全力以赴的团队项目。如果一个组织要不止一次地创造高绩效团队，就一定要确保对于第一个团队的非凡成就给予相应的肯定。如果小组成员先前的经历使他们有条件要求"这对我有什么好处？"，那对你来说组建一个高绩效团队将是一场艰苦的战役。

4．生产力障碍

有时候，团队失败是因为他们觉得自己没有生产力。人类不能在没有足够氧气的环境里生存，而团队也不能在无法完成工作的情况下存在。一些专家认为软件项目经理最基本的职能就是移开阻碍生产力的障碍，使自我激励的人员成为多产的开发人员 (DeMarco and Lister 1987)。

5．低效率的沟通

如果不能定期地进行沟通，团队也将无法形成。通常的沟通障碍是缺乏语音沟通、电子邮件沟通、没有足够数量的会议室以及成员被分散在不同的地理位置。比尔·盖茨指出，将所有新产品开发的人员全部集中在

一起的最大优点就是在需要相互帮助的时候，他们可以面对面地交谈
(Cusumano and Selby 1995)。

6. 缺乏信任

缺乏信任会像其他因素一样迅速破坏团队士气。在官僚组织中，团队不能建立的原因是组织（在不同程度上）建立在相互缺乏信任的基础上。你可能听过类似的话："我们发现在 1952 年 8 月有人多买了一盒 3×5 的卡片，所以我们现在所有的采购都是中央采购。"对人员缺乏信任通常是制度化的。

更关注团队在管理细节上的做法而不是他们实现的结果，这显示出管理者对团队缺乏信任。对团队活动管理过细，不允许团队成员接见客户，或者给出一个假的时限，都是管理者不信任他们的明显的信号。

对项目团队不要进行微观管理，而是建立一个高水准的项目计划。让小组自己按照计划运作。它的建立使管理者不过分管理团队，除非他们违反了计划。

7. 问题人员

软件领域充斥着一些开发人员的故事，他们不合作的态度令人难以想象。我曾经和一个好战的开发人员共事，他这样说话："好吧，自以为聪明的程序员先生，既然你这么棒，我在你的程序中找个错误怎么样？"一些程序员恐吓他们的合作者采用他们的设计方法。他们的不抵抗的合作者宁愿默许他们的设计要求也不愿意拖延和他们一起的工作时间。我所认识的一个开发人员太难与别人合作，以至于人力资源部门不得不介入，以解决模块设计纠纷。

哪怕只是容忍一个其他成员认为有问题的开发人员，也会挫伤其他开发人员的士气。这表明你不但期望你的团队成员全心付出，而且你希望在有人故意作对的情况下，他们也能如此。

HARD DATA

在对 32 个管理团队的回顾中，作者发现团队成员抱怨最一致和最强烈的是他们的团队领导不愿意面对和解决与人员个人不良表现有关的问题 (Larson and LaFasto 1989)。他们的报告称，"与团队领导的其他某个方面相比，领导不愿直接和有效地解决个别人员自私、没有贡献这个问题使成员最受困扰。"他们继续说这是一个意义重大的管理盲区，因为管

理层总是认为他们的团队比他们的成员运行得更加顺利。

问题人员很容易识别，如果你稍微花点心思的话。

- 他们宁愿掩盖他们的无知也不愿意试着向其他队员学习。"我不知道如何解释我的设计；我刚刚知道这样行得通"或"我的编码太复杂以至于难以测试。"（这些话都是真实的引用。）
- 他们有过分的保密欲望。"我不需要任何人检查我的代码。"
- 他们的本位观念很强。"没有人能修改我的程序中的错误，我现在太忙，还不能修改它们，我下周会处理的。"
- 他们抱怨团队的决定，在团队按决定执行后，还不断回到老问题上。"我仍然觉得我们该回过头去修改我们上个月谈到的设计。我们选择的这个设计是不会成功的。"
- 其他团队成员都打趣或抱怨同一个人。软件开发人员通常都不直接抱怨，所以当你听到很多俏皮话的时候，必须询问是否出了什么问题。
- 他们从不积极参与团队的活动。在我工作的一个项目中，离项目最后期限还有 2 天时，一个开发人员要求第 2 天请假。原因呢？他要花 1 天时间去逛临近城市的男装甩卖会，这是一个明显的信号——他并没有和团队融为一体。

指导有问题的人员如何作为团队的一份子参与工作，有时会起一些作用，但是通常把指导留给团队胜于以团队领导或管理者的身份来做这件事。你也许要指导团队如何指导有问题的人员。

如果指导不能很快产生效果，不要害怕解雇一个不把团队最大利益放在心上的人。下面是三个具体的原因。

- 很少见到一个项目的主要问题是由于技能缺乏造成的，几乎总是态度问题，而态度是很难改变的。
- 保留一个破坏份子的时间越长，他越会通过和其他人员、管理者的不经意接触而获得合法性，他的编码被保留的可能性就越大，等等。
- 一些管理者说他们从不后悔开除人，而是后悔没有早一点开除。

你可能担心替换了一个团队成员会导致失利，但是在任何规模的项目中，开除一个在工作中和其他团队成员唱反调的人将足以弥补你的损失。砍掉你的损失，增强其余成员的士气。

12.5　长期的团队建设

阿米什农夫团队是一个完美的、有凝聚力的团队典范。但是这个团队并不是一夜之间建立起来的。这些农夫在一起工作了很多年，他们的家族在此之前在一起合作过很多年。你不能期望一个临时的团队能创造出"在一天中建好一个谷仓"的奇迹。这种业绩只能出自持久的团队。

下面是应长期保持团队的一些原因。

1．更高的生产率

采用持久团队的战略，如果小组凝聚成团队，就将他们保持在一起；如果没有，就摒弃他们。你应该在失败后重新构建一个团队，也把现有的团队分解，在新项目中再看该团队是否有凝聚力。可以通过保留高生产率团队来积累成功，其结果将是你的团队表现"高于平均水平"。

2．低启动成本

建立团队的启动成本是不可避免的。所以为什么不重复使用团队来避免附加的启动成本呢？通过保留高效团队，你保存了愿景、团队认同感、沟通、信任和建立在共同完成一个愉快的项目上的良好的意愿。你可能还能够在小组中保留特定的技术实践和知识工具。

3．较低的个人问题风险

工作糟糕的人出现的问题同样会花费项目的时间和经费。你可以保留已凝聚的团队来避免出现这些问题。

4．减少人事变动

HARD DATA

现在计算机工作人员每年的人事变动率大约为 35% (Thomsett 1990)。据《人件》中的估计，公司 20% 的平均人力总花费是人员变动成本 (DeMarco and Lister 1987)。澳大利亚统计局的内部数据估算，项目成员的平均辞职花费时间为 6 星期 (Thomsett 1990)。据 M. Cherlin 和 Butler Cox 基金会的估算，取代一个有经验的计算机人才在不同的地方花费从 20 000 美元到 100 000 美元不等 (Thomsett 1990)。

代价不仅仅是人员的损失，生产力通常也会遭受影响。对于杜邦的 41 个项目的研究发现，低人员流动的项目生产率比高人员流动的项目生产率高 65%(Martin 1991)。

HARD DATA

因此，加入有凝聚力团队的成员比其他人更不愿意离开一个公司就不足为奇了 (Lakhanpal 1993)。为什么要离开呢？他们已经找到了一个他们喜欢的环境，并且觉得在那里他们会有所作为。

5. 时间空闲问题

组织有时不愿保留团队，因为假如团队空闲，他们还不得不继续付钱，直到有一个合适的项目要他们来做。这听起来似乎有道理，但实际上在多数情况下并不划算。

组织仅仅看到团队空闲时的费用而忽略了每一个项目新组建团队的花费。建立新团队的花费包括集合团队和培训团队成员共同工作所需的费用。

组织总是忽略他们拆散一个高绩效团队的损失。他们冒了一个风险，那就是有可能把高绩效团队变成一个普通团队甚至是一个比较差的团队。

一些组织担心如果他们保留团队，他们在某些特定的项目上将没有团队可用。但是另一些组织发现，如果你给一些机会让人们和他们喜欢的人一起工作，那么他们可以为任何项目工作 (DeMarco and Lister 1987)。

最后，我还没有见过一个软件团队有很长的空闲时间。与此相反，我工作过的每一个项目都不能按时开工，因为项目成员要直到他们以前的项目结束才能到位。

HARD DATA

在抠细节的统计文化中，人件问题总体上是无解的，因为在过去，他们缺乏对人员在空闲时间花费上的定量支持。但是现在情况已经改变。澳大利亚软件顾问汤瑟特 (Rob Thomsett) 表示在团队建设上的投资会有极大的回报。例如，这种投资比 CASE 工具投资好若干个数量级 (Constantine 1995a)。现在我们知道在一组具备相同技能的人中间，生产率最高的团队的生产率是生产率最低团队的 2 ~ 3 倍，是一般团队的 1.5 ~ 2 倍。如果你所知的一个团队在这个范围的上限，你最好聪明地允许他们可以在 1/3 或 1/2 的工作时间里闲坐着，仅仅为了避免解散他们而使他们被一个水平一般的团队取代。

12.6   团队合作指导方针总结

拉森和拉法托 (Larson 和 LaFasto) 针对团队成员和团队领导，将他们的研究成果提炼成了一系列的实战指南。如果你的团队想要采用一套规则，

表 12-1 中的指导方针将是一个不错的开始。

表 12-1　团队成员和团队领导的实战指南

团队领导	团队成员
作为团队领导，我要做到以下几点。	作为团队成员，我将做到以下几点。
1. 避免团队目标向政治问题妥协。	1. 展示对于个人角色和责任的真实理解。
2. 向团队目标显示个人的承诺。	2. 展示目标和以事实为基础的判断。
3. 不用太多优先级高的事务来稀释团队的工作。	3. 和其他团队成员高效合作。
4. 公平、公正地对待团队成员。	4. 团队目标优先于个人目标。
5. 愿意面对和解决与团队成员不良表现有关的问题。	5. 展示全身心助和项目取得成功的愿望。
6. 对团队成员的新思维和新信息采取开放的态度。	6. 愿意分享信息、感受和产生适当的反馈。
	7. 在其他成员需要时给予适当的帮助。
	8. 展示对自己的高标准要求。
	9. 支持团队决策。
	10. 展示直面重要问题的勇气和信念。
	11. 以为团队的成功而奋斗的方式体现带头作用。
	12. 对别人的反馈做出积极的反应。

资料来源：改编自 *TeamWork*(Larson and LaFasto 1989)

案例 12-4

第二个高绩效团队

Frank O'Grady 体会到了一个有凝聚力的团队所具有的高效率："我在设计会议上为我所看到的感到高兴。他们一旦工作起来，就像进入了某种高能状态。在这种状态下，他们能够用他们的想象力看着项目如何随着时间而进行，他们用急速的速记方式交谈，需要指出重点的时候经常伴随着生动的手势。大约 15 分钟后，他们对所要做的事达成了一致。每一个人都知道哪一个程序需要修改和重新编译。会议结束了。"(O'Grady 1990)

深入阅读

团队建设

DeMarco, Tom, and Timothy Lister. *Peopleware: Productive Projects and Teams*. New York: Dorset House, 1987. Part IV of this book focuses on growing productive software teams. It's entertaining reading, and it provides memorable stories about teams that worked and teams that didn't.

Weinberg, Gerald M. *Quality Software Management, Volume 3: Congruent Action*. New York: Dorset House, 1994. Part IV of this book is on managing software teams. Weinberg's treatment of the topic is a little more systematic, a little more thorough, and just as entertaining as Peopleware's. Parts I through III of his book lay the foundation for managing yourself and people who work in teams.

Constantine, Larry L. *Constantine on Peopleware*. Englewood Cliffs, N.J.: Yourdon Press, 1995. Constantine brings his expertise in software development and family counseling to bear on topics related to effective software teams.

Larson, Carl E., and Frank M. J. LaFasto. *Teamwork: What Must Go Right; What Can Go Wrong*. Newbury Park, Calif: Sage, 1989. This remarkable book describes what makes effective teams work. The authors conducted a 3-year study of 75 effective teams and distilled the results into eight principles, each of which is described in its own chapter. At 140 pages, this book is short, practical, easy to read, and informative.

Katzenbach, Jon, and Douglas Smith. *The Wisdom of Teams*. Boston: Harvard Business School Press, 1993. This is a full-scale treatment of teams in general rather than just software teams. It's a good alternative to Larson and LaFasto's book.

Dyer, William G. *Teambuilding*. Reading, Mass: Addison-Wesley, 1987. This book describes more of the nuts and bolts of teambuilding than Larson and LaFasto's book does. Whereas Larson and LaFasto's intended audience seems to be the leader of the team, this book's intended audience seems to be the leader of a teambuilding workshop. It makes a nice complement to either Larson and LaFasto's book or Katzenbach and Smith's.

Witness. Paramount Pictures. Produced by Edward S. Feldman and directed by Peter Weir, 1985. The Amish barn-raising scene is about 70 minutes into this love-story/thriller, which received Oscars for best original screenplay and best editing and was nominated for best picture, best direction, best actor, best cinematography, best art direction, and best original score.

译者评注

团队建设一直是软件开发项目最重要的工作。合作良好的团队的工作效率远大于一般的团队。需要一个良好的环境培育这种团队：作为高级领导层，需要给予团队更多的信任和支持；作为项目经理，则要起到核心的组织作用；作为团队成员，也要明确自己的角色和责任。好的团队是共同努力的结果，共同培育，共同维护和发展。

第 13 章　团队结构

本章内容

- 团队结构应考虑的因素
- 团队模式
- 管理者和技术主管

相关主题

- 团队合作: 参阅第 12 章

HARD DATA

即使你拥有技术高、有动力并且努力工作的人员，错误的团队结构也会削弱他们的努力而不是将他们推向成功。不良的团队结构会延长开发时间，降低开发质量，破坏团队士气，增加人员流动，并最终导致项目失败。目前，大约有 1/3 的项目团队以低效的方式组建 (Jones 1994)。

本章描述组建快速开发团队时应考虑的主要因素，并且列举一些团队结构的例子。最后归纳对项目结构最棘手的问题之一的讨论: 项目经理和技术主管的关系问题。

案例 13-1

出场人物

Carll (项目经理)
Bill (上司)
Randy (顾问)
Juan & Jennifer (团队)

项目目标和团队结构的错误搭配

在经历了一些失败的项目之后，Bill 决定按时并在预算之内完成 Giga-Bill 4.0 的升级项目，于是他请来 Randy，一个价码很高的咨询顾问，来帮助他建立项目团队。

Randy 向 Bill 询问了关于项目的情况，于是建议将项目团队建成一个科研机构式的工作团队。"软件人员富于创造性，他们需要很大的灵活性。你应该给他们建立一个远离公司办公室的工作场所，并且给予他们很大的自治权，以使他们能够发挥创造力。如果你这样做，他们将会夜以继日地工作，全力以赴地按时完成项目。"

对于建立一个远离公司办公室的工作场所，Bill 觉得并不合适。但是项目很重要，他决定采纳 Randy 的建议。他委派他认为最好的开发人员 Carl 作为这个项目的负责人。

"Carl，我们需要尽快完成这个项目。最终用户强烈要求一个升级产品来解决和 Giga-Bill 4.0 有关的所有问题。我们要在这个项目上打一个大胜仗。我们要想办法使用户高兴。用户非常渴望有一个新的产品,他们甚至已经起草了一套要求。我已经看过要求,在我看来它恰好告诉了我们需要开发的内容。我们一定要争取在 6 个月内推出这一更新版本。"

Bill 继续说: "Randy 建议我不要干涉你们每天的活动,所以项目由你来负责。我会给你想要的任何自由。你立刻开始做这个项目吧!"

这种工作的方式使 Carl 非常兴奋,并且他知道和团队其他成员的合作也将会很愉快。他那天晚些时候遇到了 Juan 和 Jennifer。"我有两个好消息!"他告诉她们,"一是 Bill 得知用户已经厌倦了 Giga-Bill 4.0,我们要用这个项目打一个大胜仗。他愿意让我们灵活地工作,以使我们更出色地发挥。另一个消息是我们将要在远离公司办公室的场所工作,不受 Bill 和任何其他人的干涉!"

Juan 和 Jennifer 像 Carl 一样兴奋。两周后项目正式开始时,他们士气高涨。Carl 第一天想提前来上班,以便在其他人到来之前先做一些工作,但 Juan 和 Jennifer 已经在那里了。第 1 周他们每天都工作到很晚,全身心投入到项目中。能有机会开发一个真正好的产品,他们感觉棒极了。

第 1 周的周末,Carl 和 Bill 开了一个碰头会。"对于开发一个真正好的产品,我们有很多好主意。我们已经想出一些方法满足用户的要求。"Bill 很高兴看到 Carl 如此负责,他决定不冒险询问他们的进度,以免打击他们高昂的士气。

Carl 继续半个月汇报一次情况,Bill 继续为他们高昂的士气所打动。Carl 汇报说他们一天至少工作 9 ~ 10 个小时,很多人周六都自愿加班。第 1 次会议后,Bill 总是询问项目是否在按时间计划进行,Carl 总是汇报说他们已经有了很大的进展。尽管 Bill 需要了解更多的细节,但是 Randy 曾经强调不要逼得太紧以免挫伤士气。所以他没有这样做。

在 5 个半月的时候,Bill 再也等不下去了,他问 Carl: "你们的项目进展得怎么样了?"

"棒极了!"Carl 回答道,"我们一直夜以继日地工作,程序快要完成了。"

"好的,那么你们能在 2 周内完成吗?"Bill 问。

"2 周? 不,我们不能在 2 周内完成。这是一个很复杂的程序,可能还需要 8 个多星期，"Carl 说，"但是它真的会让你吃惊的。"

"等等！"Bill 说，"我以为你告诉我你们一直在按进度执行。用户正期待着 2 周后拿到这个软件！"

"你说过我们要打一个大胜仗。我们正在这样做。我们需要多于 6 个月的时间，大约 7 个半月左右。别着急，用户会喜欢这个软件的。"

"天哪！"Bill 说，"真是糟透了！你们这些家伙应该现在就把软件做好！我已经被用户死死纠缠了 6 个月，而我在苦等你们把它完成。他们 6 个月之前就明确地告诉我们该怎么做。你们所要做的就是按照他们的指示做。我费了好大的劲儿才获得批准项目不在公司的办公室进行，以使你们能更快地完成。他们一定会痛骂我一顿。"

"对不起，Bill。我没有意识到时间进度是这里最主要的因素。我认为重要的是拿出足够好的产品。我要和团队所有成员谈谈，看看我们现在能做些什么。"

Carl 回到团队并告诉大家方向的变化。到那时为止，他们已经完成了全部项目的设计和大部分的编码工作。所以他们认为要想最快完成项目还是要按原计划进行。他们只有 8 个星期。现在改变路径会带来各种各样的副作用，反而可能会拖延时间。

他们继续尽可能努力地工作，但是他们估计得并不准确。到了第 8 个月，Bill 觉得他已经让这个团队混了足够长的时间，于是要求他们回到公司办公室工作。团队的士气一落千丈，他们不再主动要求晚上和周末加班工作。Bill 则以要求他们每天工作 10 小时为回应，并且强制他们周六工作，直到项目完成。团队对他们的产品保持着热情，但对项目失去了兴趣。他们最终用 9 个半月完成了项目。用户喜爱他们的新软件，但他们说他们应该早在 4 个月前就得到它。

13.1　团队结构应该考虑的因素

在组建团队时第一个应考虑的因素是决定团队的主要目标。主要目标如下 (Larson and LaFasto 1989)：

· 解决问题
· 创新
· 战术执行

一旦确定主要目标，就要选择一个与它匹配的团队结构。作者为高效的、高绩效的团队定义了三种通常的团队结构。团队的目标是团队结构选取的关键。

在案例研究 13-1 中，用户已经准确描述了他们想要什么，团队只需要创建一个计划并执行这个计划。Bill 从 Randy 处得到一些不良建议：Randy 本来应该确定团队的基本目标是战术执行，因为用户更感兴趣的是获得一个适时的升级版本而不是一个创新解决方案。但他提出的不良建议却是为创新而组建团队，这使得团队实际是在提供一个高创新的解决方案却没有有效地执行他们的计划，但这并不是组建这个团队的目的。

13.1.1　团队的种类

一旦确定团队的主要目标——解决问题、创新或战术执行，便可建立一个强调其最重要特点的团队结构。对于一个问题解决团队，你强调信任；对于一个创新团队，你强调自治；对于一个战术执行团队，你强调明确。

1．问题解决团队
问题解决团队的重点在于解决一个复杂的、没有被明确定义的问题。一组为疾病控制中心工作的流行病专家，在努力诊断霍乱爆发的原因。这是一个问题解决团队。一组程序维护员在努力诊断一个新的显示功能中的瑕疵也同样是问题解决团队。对问题解决团队中的成员的要求是可信赖的、聪明的和活跃的。问题解决团队主要从事一个或多个特定问题的解决，他们的团队结构应该支持这一重点。

2．创新团队
创新团队的宗旨是探索可能性和选择性。麦当劳公司的一组食品科学家尝试发明一种新的麦当劳食物，他们属于一个创新团队。一组程序员开创在多媒体领域的应用是另一种形式的创新团队。创新团队的成员需要自我激励、独立、富于创新和百折不挠。团队的结构需要支持团队成员的个人和集体的自治。

3．战术执行团队
战术执行团队的重点在于执行一个定义良好的计划。一组突击队员执行一次袭击任务，一个外科医疗团队和一个棒球队都是战术执行团队。一个软件团队致力于一个非常明确的产品升级，升级的主要目的不是去开创新的领域而是尽快地将理解良好的功能性的产品放到用户的手中。这种类型的团队是以高度集中的任务和清楚定义的角色为特点的。成功的判断标准非常分明，所以总是能够很容易地辨别团队是成功还是失败。战术执行团队的成员需要对他们的团队使命有紧迫感，对行动比对推理更感兴趣，并且忠诚于团队。

表 13-1 总结了不同的团队目标和支持这些团队目标的团队结构。

表 13-1　团队目标和团队结构

	主要目标		
	解决问题	创新	战术执行
主要特征	信任	自治	明确
典型软件示例	实况转播系统的校正和维护	新产品开发	产品升级开发
过程重点	着重于问题	探索可能性和选择性	高度关注有明确角色的任务，成功与失败通常被清晰界定
适合的生命周期模型	编码修正模型，螺旋模型	渐进原型，渐进交付，螺旋模型，面向进度的设计，面向工具的设计	瀑布模型，修改的瀑布模型，阶段交付，螺旋模型，面向进度的设计，面向工具的设计
团队选择标准	理解力强、聪明，感觉敏锐，高度诚实	睿智的、会独立思考的，做事主动，顽强	忠诚，信守承诺，侧重于行动，有紧迫感，积极响应
适合的软件团队模式	业务团队，搜索救援团队或 SWAT 团队	业务团队、主程序员团队、科研团队、特征团队或戏剧团队	业务团队、主程序员团队、特征团队、SWAT 团队或专业运动员团队

资料来源：改编自 *Team Work*(Larson and LaFasto 1989)

13.1.2　其他团队设计特征

除了 3 种基本的团队种类，还有 4 种团队结构特征似乎可以代表所有有效运行的团队。

1．明确的角色和责任
在一个高绩效团队中，每个人都知道他们要做什么。就像 Larson 和 LaFasto 所说的："在成功的团队里，每个人在任何时候都是负责任的"(Larson and LaFasto 1989)。

2．监控个人表现和提供反馈
责任感的另一面是团队成员需要通过某种方式知道他们是否无愧于团队的期望。团队应该有一种机制让成员知道他们的表现是可接受的还是有待进一步提高的。

3．有效的沟通

有效的沟通取决于许多项目特征。

· **信息必须易于获得** 在"需要知道"的基础上分配信息对于快速开发团队的士气有不良影响。将所有有关信息包括文件、电子表格和项目计划资料进行版本控制并且可随时在线获得。

· **信息必须有可信的来源** 团队对于决策的自信（他们乐于积极、勇敢制定决策的程度）取决于他们对决策所依赖的信息的自信程度。

· **团队成员必须有机会提出一些未列入正式议程的问题** "正式"这个词很关键。团队成员需要有非正式的机会，即在一种不考虑资格、职务、办公室大小和权利关系的场合提出问题。这是非正式管理方式（例如：到处巡视的管理方式）成功的部分潜在原因。

· **沟通系统必须提供对提出的问题和所做决策的记载** 保持精确的记录，可防止团队折回以前决策的步骤。

4．以事实为依据制定决策

主观的判断会削弱团队的士气。高业绩团队成员需要了解影响他们的决策的基础。如果他们发现决策是武断、主观和出于自私的原因做出的，他们的表现将会大打折扣。

相关主题

有关需要对某项目的开发方法进行裁剪的更多内容，请参考第2.4节和第6.1节。

13.1.3　何种类型的团队最适用于快速开发

组织快速开发团队的关键是，要明白没有哪一种团队结构在所有项目中都可以实现最快的开发速度。

假设你为一个新品牌的文字处理软件工作，目标是创造一个世界上最好的文字处理软件。在项目开始时，你并不确切地知道世界上最好的文字处理软件是什么样子的。你的部分工作将是去发现构成这个独特产品的特点。对于类似这种情况的大多数快速开发，你应该选择一个支持创造性的团队结构。

现在假设你正在为同样的文字处理产品的第二版工作。你从第一代软件中学会了如何创造一个世界级的软件，而你不应把第二版也看作是探索式的。你要实现一系列的详细特征，你的目标就是尽快地实现它们以使你处在竞争的前沿。在这种情况下的大多数快速开发，你应该选择一个支持战术执行的团队结构。

不存在某种唯一的所谓最适合的"快速开发团队结构"，因为最有效的
结构取决于实际情况。(见图 13-1)

"我们赢了。"　　　　　　　　"不，我们才是赢家。"

图 13-1　没有某种团队结构对所有的项目来说都是最好的

13.2　团队模式

多年来，团队领导、项目经理、程序员和研究者提出了许多模式，我们
将在这一节列举其中的一些。其中一些模式仅仅影响团队内部的运作，
因此可以由技术主管或团队本身执行。其他的模式影响管理者看待团队
的角度与方式，通常需要管理部门的批准。

这一节中的模式并不构成一个互不相关的集合。你会发现这些模式中会
有重复或矛盾。你可以结合许多不同模式中的一些成分来构成你自己的
模式。这一节只是希望能使你对用不同的方式来构建你的团队产生更多
的想法，而不是对所有可能的团队结构做系统的陈述。

相关主题

要想进一步了解高绩效
团队中每个人扮演的角
色，请参考第 12.3.4 节。

13.2.1   业务团队

最常见的团队结构可能是由一个技术主管带领的团队。除了技术主管之外，团队成员都有相同的地位，各自熟悉不同的专业领域：数据库、图形、用户界面和不同的编程语言。技术主管是一个积极的技术贡献者，被认为是同类人中的佼佼者。技术主管经常在技术专家而不是职业管理者中选择。

更普遍的是，技术主管负责制定困难技术问题的最终决策。有时技术主管就是一名普通的团队成员，只是对团队与管理部门的沟通负有特殊的职责。在其他的情况下，技术主管处于最高层的管理位置。技术主管的特定管理职责在不同的组织中各不相同，这在本章的后面部分还会讨论。

从外部看，业务团队的结构是典型的等级层次结构：它通过确定一个人主要负责项目中的技术工作来改善与管理部门的沟通；它允许每一个团队成员在自己的专业领域内工作，允许团队自己划分谁负责哪一部分工作。它在小团体中运行良好，并且对于能随着时间的推移而理顺相互关系的长期团体也很适用。

业务团队可以适用于所有的项目：问题解决型、创新型和战术执行型。但是它的普遍性也是它的弱点，很多情况下另一种团队结构会运行得更好。

13.2.2   主程序员团队

主程序员团队的思想最初产生于 20 世纪 60 年代末期和 70 年代初期的 IBM(Baker 1972, Baker and Mills 1973)。在《人月神话》一书中得到推广 (Brooks 1975，1995)。在该书中，Brooks 把它称为一个外科团队。这两个术语可相互替代。

相关主题

有关个人绩效的变化程度的更多内容，请参考第 2.2.1 节。

主程序员团队利用了某些开发人员的效率是其他人的 10 倍这一现象。一般的团队结构将普通的程序员与超级程序员放在相同位置上。你受益于高效率的超级程序员，但是同时你也被其他低效率的团队成员拖累。在主程序员团队概念中，一个超级程序员被认为是外科医生或主程序员。由他起草整个说明书，完成所有的设计，编写大多数的产品代码，最终负责几乎所有的项目决策。

由于主程序员处理了大多数的设计和代码，因此其他团队成员可进行专门的研究。他们被部署为扮演对主程序员的支持角色，主程序员团队利用了专家比一般人要表现突出这一事实 (Jones 1991)。

"后备程序员"是主程序员的亲密战友。他作为批评家、研究助手、与外界组织的技术联络人、后备力量等支持主程序员的工作。

"管理员"处理管理事务，诸如财务、人员、场地和机器设备。虽然最终还是由主程序员说了算，但是管理员可以使主程序员从大量的日常管理工作中解脱出来。

"工具员"负责制作主程序员要求的定制工具。在当前的专有名词中，工具员负责制作指令脚本和编辑文档，构思在程序编辑过程中使用的宏指令，并运行每日构建的内容。

团队的"语言律师"通过解答关于主程序员使用的程序语言的深奥问题来支持他的工作。

许多在最初的主程序员计划中建议的支持角色，现在通常由非程序员——文档人员、测试人员和程序管理者——执行。其他的任务，像文字处理和版本控制，已经被现代的软件工具进行了很大的简化，不再需要专门的支持人员执行。

主程序员团队在 20 多年前最初被使用时，它达到的生产力水平在当时是闻所未闻的 (Baker and Mills 1973)。在那以后，许多组织曾经尝试实行主程序员团队结构，但是大多数没有能够成功地重复当年的辉煌。这说明真正的超级程序员有能力充当主程序员的很少。即使有如此独特能力的人被发现，他们也更愿意在领先技术水平的项目上工作，而这并不是大多数组织能够提供的。

尽管经历了 20 年的变化，而且目前超级程序员十分稀少，但我仍然觉得这个结构可以在适当的机会中使用。你不能开始就说："我要尽快做这个项目，我要使用主程序员结构。"但是如果你恰巧有一位超级程序员愿意特别努力地工作，没有其他的兴趣，愿意每天投入 16 个小时工作，在这种情况下，我认为主程序员团队就是最好的选择。

主程序员团队适合创新项目，由主程序员最终制定决策会有利于保护系统概念上的完整。它也十分适合战术执行项目，在规划使项目最迅速完成的方式上，主程序员可以作为发号施令者。

13.2.3　科研项目团队

科研项目团队 (skunkworks) 是工程领域不可欠缺的部分。一个科研项目小组有一批有才华的、有创造性的产品开发人员，将他们放在一个不受组织官僚限制的场所中，使他们能放手开发和创新。

科研项目团队是典型的黑箱管理方式。管理者并不要求知道人员工作进展的细节，他们只是想知道他们正在做。团队因此可以按照自己认为合适的方式进行自我的管理。团队的领导者可能会随着时间的推移自然产生，或者在项目最初由团队指派。

科研项目团队有利于创建一种紧密的所有权关系以及调动相关开发人员的特别投入。它的激励效果是惊人的。它的不利方面是没有为团队的进展提供足够的可视度，这样可能会对一些高度创新的工作涉及的不可预见性有不可避免的影响。这在一定程度上是一种明确的权衡做法——用可视度的损失交换激励的增加。

科研项目团队用于创造性最为重要的探索性项目最为适合。而当你要解决准确定义的问题或需要执行一个准确理解的计划时，科研项目团队通常不会是最快速的结构。

13.2.4　特征团队

在特征团队 (feature-team) 方式中，开发、质量保证、文档管理、程序管理和市场人员按传统的等级报告结构来安排。市场人员向市场部经理汇报，开发人员向开发部经理汇报，等等。

在这个传统组织的最上方，则是由从每一个部门中抽取的对产品的功能负有责任的一个或多个成员组成的团队 (McCarthy 1995a)。你可能有一支特征团队被分配打印、报告或制图。因此特征团队将成为产品那一部分最终决策的负责者。

特征团队有授权、责任和平衡的优势。团队能够被明确地授权，因为它包括了来自开发、质量保证、文档管理、程序管理和销售部门的代表——简言之，包括了来自每一个有关部门的代表。团队在决策中将会考虑所有必要的观点，因此它的决策也不会被忽视。

基于同样的原因，团队也负有责任。他们有渠道与所有的成员沟通，以制定最好的决策。如果他们没有做出好的决策，他们不能怪别人，只能怪自己。团队是平衡的，你不能最终把开发、销售或质量保证单独地写在说明书上，但你能够从由每一部门的代表组成的小组中获得平衡的决策。

特征团队适合问题解决项目，因为他们有必需的授权和责任来适当地解决问题。他们也适合创新项目，因为多学科的团队结构可以刺激思维。特征团队产生的额外管理费用将被浪费在战术执行项目上——如果所有的项目都被清晰地定义，特征团队就没有什么用武之地了。

13.2.5　搜索救援团队

在搜索救援团队 (search-and-rescue team) 模式中，软件团队就像一个紧急医疗队在寻找迷路的登山队员。搜索救援团队重点在于解决特定的问题。它将专门的紧急医疗培训和登山运动或其他野外生存技能相结合。它需要熟悉被搜寻的地域，需要一经通知随时准备出发，需要良好的急救知识，以稳定或尽可能改善受难者的状况，直到他们被送往适合的医疗机构。

在软件方面的搜索和救援就是将特定的软件、硬件的专门知识和同样特殊的业务环境的专业知识相结合。例如，你可能有一个用于追踪隔日送达发送服务的软件。如果这个软件坏了，你需要立即修好它，不迟于第 2 天中午。负责维护软件的团队就可以被认为是搜索和援救团队。这样一支团队需要熟悉被搜寻的地域 (包裹跟踪软件)，有能力立即处理问题，有过硬的知识，在很短的时间内稳定系统——处理即刻的包裹丢失问题。

搜索和救援团队非常适合重点在于解决问题的项目。它太务实，不支持创造性；太短期，不支持战术执行。

13.2.6　SWAT 团队

SWAT 团队是以军队或警察的 SWAT 团队为基础的团队模式，军事中的 SWAT 代表 "特种武器和战术"。在这类团队中，每一位成员都被严格训练成某一方面的专家，例如神枪手、爆破专家或高速驾驶员。团队被多方面培训，以便当危机突降时，他们可以共同工作得像一个天衣无缝的整体。

在软件行业，SWAT 代表 "熟练掌握先进工具"（skilled with advanced tools）。它最初是 James Martin 的 RAD 方法论的一部分 (Martin 1991)。一个 SWAT 团队的重点是让掌握特定工具或实践的高技能的一组人去解决与这些特定工具或实践有关的问题。一个 SWAT 团队可能会精通下列任一领域。

· 特殊的 DBMS 包，例如 Microsoft Access，FoxPro，Oracle，Paradox 或 Sybase
· 特殊的编程环境，例如 Delphi, PowerBuilder 或 Visual Basic
· 特殊的开发实践，例如 JAD（联合应用程序设计）或用户界面原型
· 特殊的项目阶段，例如项目估算、计划、性能最优化或者恢复

SWAT 团队通常是持久的团队。他们也许不是用全部时间来执行 SWAT 任务，但是他们习惯在一起工作，并有明确定义的角色。例如：如果他们接受了 Access 的培训，他们将了解其他人的优点和缺点，并且知道如何在规定的时间里一起创建一个 Access 的应用程序。

SWAT 团队非常适合战术执行项目。他们的工作不是去创新而是用他们熟知的特定的技术和实践来执行一个解决方案。SWAT 团队在问题解决项目中也会很出色。团队成员彼此信任，他们着眼于一个特定的项目阶段，把一个项目阶段当作一个单一的任务，并且能够很快地完成。

13.2.7　专业运动员团队

专业运动员团队模式强调许多特点，这些特点对于商业封装软件或其他种类软件的开发是通用的。为简单起见，我会以一个棒球团队为例，但是几乎任何一个专业运动员团队都可以作为例子。

一些软件团队和专业棒球团队有一点十分相似，就是管理者对于软件开发人员的挑选就像教练对运动员的挑选一样认真，可能这对项目的成功更为关键。运动员是棒球队里的明星，而开发人员是软件团队里的明星。

一个运动员团队的管理者处于幕后决策的地位，这在策略上很重要。但

在程序管理者对团队有价值之前，他或她必须彻底去除一种观念，就是他或她对团队有直接的控制权。

麦卡锡 (Jim McCarthy)

是管理者并不是挥动球棒的人、记分的人或是裁判员。球迷不是来看管理者的，而是来看球员的。

类似地，软件管理者也是比较重要的，但并不是因为他具有任何开发能力。管理者的角色是清理障碍，并使开发人员可以更有效地工作。开发人员能够在没有管理者的情况下开发出产品，而管理者在没有开发人员的情况下却不能开发出产品。

HARD DATA

运动员团队也有高度细分的角色。棒球投手不会说："我厌倦了投球。我今天想做三垒手。"软件团队也同样。项目经理可以雇一个数据库专家、一个用户界面专家、一个软件度量专家，但是就像没有人期望投球手去跑第三垒一样，也没有人期望数据库专家能够处理图形。当然，在棒球中仅有 9 个位置，而在软件团队中，被确认的专家可能会多于 100 个 (Jones 1994)。软件领域包括系统架构、重用性、信息包评估、特殊硬件、特殊软件环境 (例如 Macintosh, X-Window 和 Microsoft Windows)、特殊的程序语言、性能、局域网、CASE、客户支持、维修检测、客户联络，等等。

职业棒球团队和软件团队一样，管理者经常是以前的明星队员。这里并不是说管理者比超级球星好或是级别高。他可能有权利雇佣和开除表现差的队员，但是如果他和团队中最大的球星有个性冲突，他就有可能像运动员一样被解雇。

这种特定的模式适用于战术执行项目，强调高度细化的个人角色。在这种模式中管理者扮演支持者的角色，你可将这种理念应用于其他类型项目的开发上。

13.2.8　戏剧团队

深入阅读

类似的思想请参考 *Why Does Software Cost so Much?* 一书的第 13 章 (DeMarco 1995)。

戏剧团队是以强烈的方向性和很多关于项目角色的协商为特点的。项目中的中心角色是导演，他维护产品的愿景目标和指定人们在各自范围内的责任。团队中的个人可以塑造他们的角色，锻造项目中他们负责的部分，就像是受他们自己的艺术直觉的驱使。但是他们不能跟着感觉走得太远，以至于和导演的愿景目标产生冲突。如果他们的想法和导演的想法有矛盾，为了项目，导演的愿景目标会占上风。

在戏剧模式中，你不是仅仅被指派到一个项目上，你首先是试演，然后才接受一个角色。在接受角色之前要经过一系列的商谈。

· "这次我要扮演主人公，我不想扮演别人。"
· "我要扮演一个坏人。"
· "我除了坏人演什么都行。"
· "我已签约另一部戏，所以我没有多少时间，这次我只能演配角。"
· "如果我能做图形技术主管，我就在这个项目工作。"
· "我已厌倦做数据库，这次我想做用户界面编码。"
· "今年夏天我要指导一个棒球队。我会努力工作的，但是我每周只能工作 40 小时。"

在戏剧模式中，你不会签约演主人公，然后又被换去演坏人。

软件管理者充当了制片人的角色。制片人负责获得资金，协调进度，确保每个人在适当的时间到达适当的地点。在项目的艺术方面，制片人通常不会起很重要的作用。

戏剧团队的优势是在创新项目中，在强烈的中心愿景目标的范围内，提供一种方式来整合巨大的团队个人的贡献。就像布鲁克斯所主张的，在系统设计中，概念上的完整性是最重要的考虑因素。如果一个系统要有概念上的完整性，则必须有一个人控制这个概念 (Brooks 1975)。这也可以解释为什么即使有庞大的人员阵容和强大的管理艺术，一些项目仍然很平庸或失败。一些软件项目可能失去控制，当任何一个人看到耗资 5000 万美元但拍得十分拙劣的电影时，都可以想到有时项目也是这样。

戏剧团队模式尤其适合被很强的个性控制的软件团队。每个人都知道演员是喜怒无常的，一些软件开发人员也是极其敏感的。如果项目的某个角色非常重要，而仅有一个开发人员可以胜任，那么导演可以考虑为了项目起见而忍受开发人员的喜怒无常。但是如果其余的开发人员阵容也很强大，那么导演就会拒绝一个喜怒无常的人，以获得一个好的项目秩序。

戏剧模式非常适合现代的多媒体项目。软件项目过去通常要整合多个开发人员的成果，而现在他们需要整合图形设计人员、编剧、视频制作人员、音频制作人员、编辑、插画制作人员、内容协调人员——当然还包括多个软件开发人员——的工作成果。

13.2.9　大型团队

大型团队在沟通和协调方面存在着特殊的问题。如果你是项目中唯一的一个人，你可以按你喜欢的方式工作，而不必和别人沟通和协调。而当项目中的人员增加时，沟通的渠道和协调工作也需要增加。沟通渠道的数量不是按人数累加，而是与人员数目的平方成正比，如图 13-2 所示。

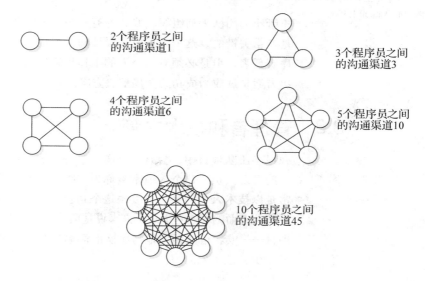

图 13-2　不同规模的项目的沟通渠道

一个 2 人的项目只有一条沟通渠道；一个 5 人的项目会有 10 条；10 人的项目会有 45 条（这里假设每个人都和其他人沟通）。2% 的项目会有 50 或 50 个以上的开发人员，会至少有 1200 条潜在的沟通途径。沟通的渠道越多，你在沟通上花的时间就越多，沟通的错误率也越高。

一个有 1200 条沟通渠道的项目将因为有太多的沟通渠道而不能有效地运作，并且，实际上，50 人的项目也不能保证每个人都能和其他人沟通。大型的项目要求组织使用正式化的和流线型的沟通。正式化的沟通是大型项目成功的重要因素，但这已经超出了团队结构的内容。另一方面，流线型沟通则极大程度地受到团队结构的影响。

流线型沟通的方式主要是创造某种层次，就是说，划分成小组，小组的功能像团队一样，然后从小组中指定代表来相互沟通和与管理部门沟通。你可以按多种方式划分小组。

深入阅读
有关项目规模对一个软
件项目的影响，请参考
《代码大全》的第 21
章 (McConnell 1993)。

- 建立一系列的业务团队，在每一个团队中指定一个联络人和其他团队沟通。
- 建立一系列主程序员团队，让后备程序员负责与其他小组的沟通。
- 建立特征团队，让每一个特征团队的程序管理代表负责与其他小组的沟通。

不管小的团队如何组织，我认为有一个人最终负责产品概念上的完整性是非常关键的。这个人可以是设计师、主程序员、导演，甚至有时是程序管理者，但是必须有一个人的工作是确保把团队的所有成功的局部解决方案扩展成为成功的全局解决方案。

13.3   管理者和技术主管

在很多团队项目中，会有 2 个或 3 个普通的开发人员和一个负有管理职责的开发人员。这个人通常被称为"指导"或"技术主管"。这个人通常是以技术人员的身份被委派这个角色，而不是管理专家。涉及开发和管理两方面的职能对于这个人来说是项棘手的工作，处理不好会破坏整个项目——或者可能因为他与团队的沟通过少，或者因为与上级领导的联系太少。

管理者和技术主管并不总是在一起工作。很多问题，像职能重叠、激励、客户关系、质量低劣、项目目标的错误安排等，针对这些问题进行了有效的沟通后都可以得到改善。

技术主管角色的有效表现的最大障碍之一，就是在技术主管和管理者之间缺乏明确的职责划分，通常是职能混乱。例如，管理者可能并不了解团队每天的运行情况，但是他仍然负责评价团队成员的表现。

在最纯粹的形式中，技术主管负责技术工作，并仅对一个团队负责。管理者负责团队的非技术方面，并负责两个或更多的项目。从团队的角度看，管理者的角色是减轻技术主管处理非技术事物的职责。从组织的角度看，管理者的角色是控制团队以和组织的目标保持一致。某些团队模式，尤其是专业运动员团队和戏剧团队，在协助保持这两个角色的区分上比其他的团队模式要好。

因为技术主管和管理者之间具体的关系总在变化之中，所以他们在项目之初对各自的角色进行讨论非常有用。这将帮助他们避免职责冲突——有的事情会因他们都误认为自己负责而造成重复负责，同样，有的事情会因他们误以为对方负责而造成无人负责。

波迪 (John Boddie) 发表了一个有趣的图表描绘了他对项目经理和技术主管之间关系的看法 (见图 13-3)，我认为这个图表点明了很多关键的问题 (Boddie 1987)。你可以把这个图表作为讨论和明确项目经理和技术主管之间职责的焦点。

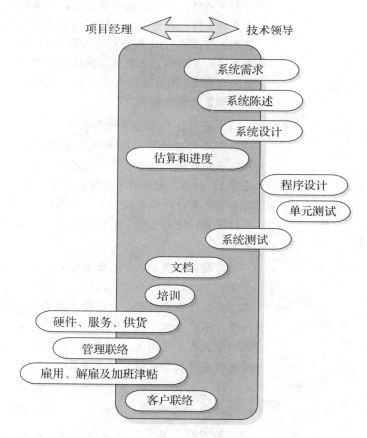

资料来源：改编自 *Crunch Mode*(Boddie 1987)

图 13-3　项目经理和技术主管的职责，由于特定的角色在项目与项目之间各不相同，所以讨论时使用这张图表作为重点可以协助我们在特定的项目中明确责任的划分

案例 13-2

出场人物

Bill （上司）
Claire （项目经理）
Charles （顾问）
Kip （技术主管）
Sue （测试）
Thomas （报表专家）

项目目标和团队结构的完美结合

　　完成了 Bill 的 Giga-Bill 4.0 项目后，Claire 被派去监督一个库存控制系统 (ICS) 更新的项目。和公司其他的项目一样，这个项目需要在大约两个月内尽快完成。不巧的是，原先 ICS 1.0 的成员都没有时间参加 1.1 版本的工作。所以 Claire 叫来 Charles，一名软件工程顾问，询问他如何建立团队。

　　Charles 说：“看起来这好像是一个纯粹的产品更新。你已经知道了用户的要求，对吗？这是版本 1.1，是一个更新的版本，所以看上去并不特别要求产品创新。但相较于修改一些错误，更新的确需要更多的工作。我觉得对于这个项目最好的团队结构是战术执行团队。当然也可以把它建成一个主程序员团队、一个 SWAT 团队或是一个专业运动员团队，但我认为在这个项目上建立一个成熟的特征团队没有多大意义，因为并没有那么多工作要做，而且会有太多的管理费用。你让谁管理这个项目？”

　　“我想让 Kip 领导这个项目，”Claire 说，“他是一个有能力的技术全面的程序员。他细心并且擅长与最终用户一起工作，但我认为他不能胜任主程序员一职。我也计划用 Sue，她擅长调试和修改；还有 Thomas，我们的内部报表专家。最大的一项任务就是完成在 1.0 版本中没有时间修改的一系列低优先级的错误。我们也需要增加一些新的报表。还有一些小的用户界面改进工作，但是它们不如报表变更重要。”

　　“按你所说的，我认为你应该使用专业运动员模式，”Charles 说，“每一个人都有一个擅长的领域，为什么你不让 Thomas 做报表专员呢？而既然在用户界面领域没有太多的工作，那你可以让 Sue 做调试和用户界面专家。让 Kip 做队长，他认真，可以对 Sue 和 Thomas 的代码做最基本的测试。他也可以作为同你或客户的主要联系人。”Claire 对他的安排表示赞同，并召集 Kip、Sue 和 Thomas 开了个会。

　　开发人员喜欢这种专于各自领域的主意，并且愿意扮演 Claire 建议的角色。Claire 强调项目需要尽快地完成，于是他们投入了工作。

　　他们很清楚自己要做的工作，并且用最初的几天回顾了原来的项目，然后开始设计报表和增强用户界面。Thomas 为报表做出了一个安全但笨拙的设计。Sue 和 Kip 指出一些备选的设计可使报表工作减少一半。Thomas 高兴地接受了他们的建议，因为他不想做扯大家后腿的人。他开始编码。Kip 一周读一次他的编码，令 Thomas 很感激的是，是 Kip 而不是用户在找出他的错误。

Sue 投身于一系列的错误修改中，Kip 逐一检查她的修改。Sue 很出色，但是最初她的 1/4 的修改中产生了很多意想不到的错误。Kip 几乎将它们都检查出来了。Sue 获得了工作的动力，到了第 4 周，她修改了系统中如此多的部分，以至于好像她把整个系统在脑子中过了一遍。到这时，她的错误修改进展神速，几乎没再犯任何错误。

Thomas 和 Sue 开始相互依赖对方的建议。Sue 帮助 Thomas 思考在详细设计中的系统分支，Thomas 帮助 Sue 深入研究旧的报表代码。

Kip 向 Claire 和最终用户做日常工作汇报。最终用户喜欢和一个生动的人谈话，并询问项目的进展情况。

当他们深入项目的细节，开发人员发现他们被指派的角色并不足以完成所有需要做的工作。数据库更新涉及的工作大大多于“错误修改”通常要做的工作。Kip 自愿承担这部分工作，Sue 和 Thomas 都表示赞同。

到了第 2 个月末的时候，团队配合已经非常默契了。他们自愿在最后两个周末加班工作，仅仅为了给不期而来的问题留出时间。最终他们比原定时间提前两天交付了 ICS 1.1 程序。

深入阅读

Larson, Carl E., and Frank M. J. LaFasto. *Teamwork: What Must Go Right; What Can Go Wrong*. Newbury Park, Calif.: Sage, 1989. Chapter 3 of this book describes the relationship between project objectives and effective team structures.

Communications of the ACM, October 1993. This issue is devoted to the topic of project organization and management and contains several articles on team structure.

Constantine, Larry L. *Constantine on Peopleware*. Englewood Cliffs, N.J.: Yourdon Press, 1995. Part 3 of this book describes team structures. Constantine uses Larson and LaFasto's theory as a jumping off point for defining four of his own kinds of teams.

Brooks, Frederick P., Jr. *The Mythical Man-Month, Anniversary Edition*. Reading, Mass.: Addison-Wesley, 1995. Chapter 3 of this book describes the chief-programmer team.

Thomsett, Rob. "When the Rubber Hits the Road: A Guide to Implementing Self-Managing Teams," *American Programmer*, December 1994, 37-45. This article contains a description of self-managed teams and some practical tips on overcoming initial problems with them.

McCarthy, Jim. Dynamics of Software Development. Redmond, Wash.: Microsoft Press, 1995. Rule #7 in this book is "Use Feature Teams." McCarthy explains the ins and outs of feature teams at Microsoft.

Heckel, Paul. *The Elements of Friendly Software Design*. New York: Warner Books, 1984. Chapter 11 of this book explores the relationship between animated film making and software development. It goes in a different direction than the theater model described in this chapter, but it's in the same spirit.

Martin, James. *Rapid Application Development*. New York: MacMillan Publishing Company, 1991. Chapter 10 of this book describes the use of SWAT teams within RAD projects.

Peters, Tomas J., and Robert H. Waterman, Jr. *In Search of Excellence*. New York: Warner Books, 1982. This book contains discussions of several skunkworks projects.

DeMarco, Tom. *Why Does Software Cost So Much?* New York: Dorset House, 1995. Chapter 13, "The Choir and the Team," proposes that the best way to think about a software-development group is as a choir in which the success of the choir depends at least as much on cooperation as on individual performance.

译者评注

我们经常用"杀鸡焉用牛刀"来讽刺任务与工具不匹配的事情。这个比喻用到这里也许并不很确切,但是的确告诉了我们一个道理:完成不同目标要求的项目,需要采用与之相适的团队结构。本章介绍了9种团队结构的适用性,值得我们在组织新项目团队时参考。

第 14 章　功能限定

本章内容
- 项目早期：功能的简化
- 项目中期：功能蔓延的控制
- 项目后期：功能剪切

相关主题
- 面向客户的开发：参阅第 10 章
- 变更设计：参阅第 19 章
- 生命周期计划：参阅第 7 章
- 变更委员会概要：参阅第 17 章
- 需求提炼概要：参阅第 32 章

软件开发人员和管理者声称，他们了解功能限定的必要性，但这与业界报告中描述的不符。开发人员、管理者、市场人员和最终用户始终在为已经很庞大的产品填充着许多特性，以至于软件行业中的一位长者以此为理由公然为低劣的软件产品进行辩护 (Wirth 1995)。

HARD DATA

最严重的功能限定问题是需求蔓延，即在产品开发的晚期增加需求。那些未能控制需求蔓延的项目都非常容易受到过分的进度压力的影响 (Jones 1994)。若干研究已经发现，需求蔓延是造成费用和时间超出限制的最普遍原因或是最普遍的原因之一 (Vosburgh et al. 1984，Lederer and Prasad 1992，Jones 1991、1994，Standish Group 1994)，而且也是项目被取消的一个主要因素：由于需求蔓延而导致的变更，使产品不稳定直至产品根本不可能完成 (Jones 1994)。

CLASSIC MISTAKE

每个人都声称他们了解需要对需求的蔓延加以控制，但是对此应该了解的人们似乎对它并不重视。人们在寻找一个"灾难性软件项目"的失败原因时，很少能看到需求蔓延带来的问题。吉布斯 (Wayt Gibbs) 的报告中指出，丹佛机场在等待延期交付使用的行李处理软件的几个月中每天的损失将近 110 万美元，但是，实际情况是，飞机场的规划者强加给软件外包方将近价值 2000 万美元的后期需求变更工作 (Gibbs 1994)。很容易看出，用于变更的实际成本大大超过了 2000 万美元（除可见成本外，还有几个月中每天损失的 110 万美元）。

在已经延迟的软件项目的报告中，经常伴有类似"为什么这些家伙不能解决按时交付软件的问题？"的批评。美国联邦航空局数十亿美元的空中交通管制工作站软件同样被后期的变更工作所困扰，并且在 Gibbs 的经历中陈述了一份联邦航空局的报告，报告中有这样的哀叹："每一行开发代码都需要重写"（Gibbs 1994）。但是对这种抱怨目前还没有什么回应。很清楚，需求蔓延是造成软件重写的原因。

《华尔街日报》一份有关现场开发的报道描述了下面的故事（Carrol 1990）。

> 软件交付严重超期并且已经远远超出预算，事实上，几乎不能让它出门。并且，令人讨厌的是，它与最初的计划很少有相似之处。……大部分软件开发计划都不怎么样。

我发现这个报道令人惊异。作者同时评论了下述两点：软件和最初的计划很少相像；软件延期并远远超出预算。作者认为这两点毫不相干，并且以计划不怎么样作为结论。令人难以置信！文章的作者和文章中评论的开发团队都没有发现软件功能的变更和软件的进度延迟之间可能有某种关系。

后期破坏性的功能变更和软件的进度延迟，这一对现象之间存在着因果关系。为了快速开发的成功，我们需要了解这种关系，牢记在心中，并且在我们项目计划的最基础层面上解决它。功能限定构成了人员—过程—产品—技术四元组（开发速度的四个维）的产品部分。功能限定是由你的所有与产品相关的杠杆的权衡来实现的。

有三种常见的功能限定方法。

· 项目早期控制：制定一个与项目进度和预算等目标一致的功能部件集合。
· 项目中期控制：控制需求的蔓延。
· 项目后期控制：剪切功能以适应（项目的）进度和成本目标。

在成功的项目里，一般综合使用了这三种功能限定的优点。波音公司的777 项目就是一个准时完成的项目，此项目包括大量的软件成分，也包括大量的非软件成分。项目成功的一个原因就是总工程师敏锐地意识到需要控制后期破坏性的软件变更 (Wiener 1993)。他在桌子上悬挂这样的纸条：

不！

（这里的哪个部分你还不明白？）

如果波音公司能够控制需求变更并且准时交付一架完整的喷气飞机，我认为在软件产业中控制变更并且准时交付软件产品也是可能的。这一章的剩余部分将解释具体做法。

14.1　项目早期：功能的简化

一个项目早期阶段的功能限定主要就是不要把不必要的功能引入产品的早期原型中。在 *Inside RAD* 一书中，指出快速开发的第一条戒律就是"缩小范围"(Kerr and Hunter 1994)。有三种缩小范围的基本方法：

· 　规格说明最小化
· 　需求提炼
· 　版本化开发

下面几小节描述这三种方法。

14.1.1　规格说明最小化

制定项目的需求时，经常遇到的问题就是规格说明书需要详细到什么程度。习惯性的讲法是越详细越好。一个能够把握更多需求的、较详尽的规格说明与不详细的规格说明相比，可以避免在项目后期由于追加需求而引起的时间和费用的问题。它提供了对项目进行规划和追踪的基础，而且给开发人员的设计和编码提供了更可靠的基础。

1. 传统规格说明存在的问题
从开发速度的角度看，较详细的规格说明也有一些缺点。

· 　**浪费**　你可以花费时间描述十分详细的系统特征，甚至包括用户不关心的特征。系统分析员有时迫使用户对对话框中按钮的大小、位置、光标移动次序以及其他应该由开发人员做出判断的问题做出选择。

- **退化**   项目中期的变更会很快导致需求说明书的过时。在早期阶段中，相对简单的设计和编码变更在需求文档中不断地花样翻新。维护需求文档的工作变成了一个道德上的、官僚政治的任务而不是一个有益于进程的工作。可能要花费时间从庞大的功能详细描述中确定出对以后市场条件的变化和消费者的要求能做出反映的可被变更的部分。

- **缺乏功效**   以十分详细的方式陈述系统需求并不足以保证系统的成功。系统可以满足规格说明书的条文，但可能仍然不能令人满意。

- **过度限制设计**   过分限定软件可能迫使设计者和实施人员浪费大量时间。例如，需求说明中可能描述了一个（具有）三维效果分组框的对话框（图 14-1）。

在实施的时候，可能会制作另外一种更容易得到、更容易实现的三维效果的对话框（图 14-2）。图 14-1 和图 14-2 中分组框的唯一不同是他们轮廓的宽度和分组框内区域阴影的浓淡。

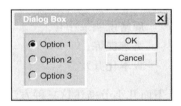

图 14-1   一个具有理想分组框的对话框

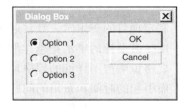

图 14-2   一个具有可以快速实现的分组框的对话框。如果有较好的工具支持变更，对需求要求放松一点，就可能在实现时间上产生巨大的不同

应当把这类细节问题留给开发人员去判断。这些分组框风格有一种是可以完全免费实现的，另一种则需要开发人员去钻研自定义控件的编写细节。

从进度计划角度看，这里真正危险的是开发人员喜欢钻研这样的细节，并且你还不知道你已经忽略了一个决策点，在这一点你的团队决定花额外的一周或两周时间来实现第一种风格的三维效果以代替第二种风格的三维效果。

在需求分析阶段，用户真正的看法是认为第一个例子中的分组框比第二个例子中的好看，但是这样的偏好或许是基于花销一致的假定。假如他们知道第一种风格要花费额外一周时间的话，估计很少有用户会选择它。

概要地说，撰写传统的规格说明的动力一些是基于实际的需要，一些是希望避免高的下游费用，还有一些则是希望从项目开始就控制项目的每一方面的不合理的期望。传统的规格说明的方法，能够让人感觉软件开发的目标是开发一个与计划一致的软件。但其实我们的目的并不是要建立一个和最初的设想完全一致的软件，而是要在可用的时间里开发一个最合理的软件。如果项目的环境好，最小规格说明可能有助于实现我们的目的。

2．写一份最基本的规格说明

一份最小的规格说明应当这样：能够有意义地描述产品的最少数量的信息。它可以包括下列任何元素。

- **一份简短的纸面规格说明**　要构建的软件产品的文本描述，篇幅控制在 10 页内。
- **起点规格说明**　这是一次性的近似规格说明，写完后不做变更。它的主要目的是使开发组、客户、最终用户对产品具有一个共同的愿景。一旦这个目的达到了，这份规格说明就起到了它的作用，也就不需要维护了。

相关主题

要想进一步了解如何把开发团队调整到共同愿景上的重要性，请参考第 12.3.1 节。

- **用户手册式规格说明**　撰写用户手册以代替传统的规格说明书，并且要求软件与手册一致。因为迟早要撰写用户手册，所以不如首先撰写用户手册，这样就避免了既要撰写规格说明又要撰写用户手册的重复工作。这个想法的一个变通法就是撰写一份在线的帮助系统作为规格说明书。
- **用户界面原型**　用户界面原型或者可以作为实际的规格说明或者可对规格说明进行补充。假如仔细创建的话，一图抵千言，可节省大量的时间。
- **书面的情节串联图板**　有时简单的是最好的。当你与客户或最终用户一起工作，如果他们不用在计算机屏幕上见到软件也能想象出软件的样子，那么一种快速的、简易的方法是在活动挂图上绘制报表、屏幕和其他的图形界面元素，并按这种方式来设计软件。

· **愿景陈述**   创建一个愿景陈述，以描述哪些应该放到产品中，哪些应该从产品中去掉。描述哪些应该从产品中去掉是困难的，但这是愿景陈述的基本功能。自然的趋势是产品包容所有用户的所有事情，但是一个好的愿景陈述应该画条线以明确地说明产品不包括哪些东西。正像微软公司的 Chris Peters 所说的，"最困难的是判断哪些不做，在每一个陈述版本后我们通常会砍掉三分之二的功能"(Cusumano and Selby 1995)。

· **产品主题**   创建一个产品的主题。主题是与愿景相关的，是控制功能的一个好的机制。在 Excel 3.0 版本中，主题就是使这个版本尽可能地"迷人"，于是像三维工作簿这样的特征因不够迷人而被去掉，灵活的图形功能因迷人而被加入。

可以用上述方法中的任何一种创建最小规格说明。你可以用传统的一对一面谈的方法以保持最小（规格说明）的一定量的细节。你可以使用标准的联合应用程序开发（JAD）方法以最小规格说明的形式捕获 JAD 的成果。或者，你可以召开定义软件产品的会议以分离一对一面谈和完整 JAD 会话的差异。生动的原型和纸面情节串联图板对这样的讨论是很有帮助的。

成功地使用最小规格说明方法需要考虑需求的灵活性。像波音 777 这样的需要更严格需求的项目并不适合使用最小规格说明方法。作为最小规格说明方法的效果的一部分，你也许应该向客户提供一份"理解条款"或类似的东西以使他们知道能够期待什么。例如类似下面的材料：

相关主题

有关设置现实的期望值的重要性的更多内容，请参考第 10.3 节。

> 我们在需求分析阶段试图捕获每一个重要的需求，但是不可避免地存在隔阂，因为软件开发人员要以自己的方式解释它。在一个典型的项目中，这样的隔阂会成百上千，使得开发人员和客户相互交换意见变得不切实际。这些隔阂中的大多数被开发人员在客户没有意识到的情况下解决了。
>
> 在一些情形中，客户可以对怎样解决一个不明确的问题具有很强的感觉，并且想使它以另外的方式解决。这种情况在每一个软件项目中或多或少都会发生。在项目的后期随着客户逐

渐明白与开发人员所做假定的差异之后，被澄清的不明确问题的范围会扩大，这对成本或进度或对两者都有负面影响。开发人员试图设计软件以使这些负面影响最小，但从长期以来的经验看，软件开发中这种令人不愉快的情形是不可避免的。我们要记住，将要发生的就是不可避免的!

作为开发人员，我们将试图响应客户的要求，找到一个对成本和时间影响最小同时又满足客户需求的办法；作为客户，我们将试图记住开发人员在解释我们与他们的隔阂的时候已经做了最好的工作。

像这样的理解条款能帮助减少项目后期的争议。对一个被提议的变更究竟是软件的缺陷还是软件的特征，你可以用一个简单的提问"这个变更是项目最感兴趣的吗？"来代替传统的斗嘴。

3. 最小规格说明的好处

有效地使用最小规格说明方法，可以产生几个与进度相关的好处。

- **提高士气和动力** 最小规格说明方法对生产力最大的好处是对开发人员士气的贡献。使用最小规格说明，能更有效地使开发人员自己做更多的规格说明工作。由他们自己来描绘产品的时候，他们将产品看成是自己的产品，更容易保证产品的成功。
- **机会效率** 使用最小规格说明，开发人员可以按尽可能快的和更自由的方式设计和实现软件。而当每一个细节事先都被讲清楚的时候，则更易受到约束。
- **较少浪费人力** 开发人员常常要花费精力试图让用户详细说明他们并不真正关注的细节。最小规格说明方法可以避免这种浪费，并且通常也能避免与传统规格说明相关的一些官僚问题。
- **缩短需求分析阶段** 比起传统规格说明，最小规格说明只需更短的时间，在需求分析阶段可以节约时间。

4. 最小规格说明方法的风险

最小规格说明也存在几方面的风险。

- **忽略关键需求** 当进行最小规格说明时，你不会考虑那些你认为用户不关心的问题，但这就要冒遗漏用户关心的一些问题的风险。最小规格说明是一种冒险，你赌的是以传统的规格说明方式浪费在不

必要的细节描述上的时间将超过使用最小规格说明方法因遗漏一些需求而导致的后期代价更高昂的变更的时间。假如你赌输了，你将比传统方法更晚交付软件。

相关主题

有关一次设置太多目标会产生的问题的更多内容，请参考第11.2.1节和第14.2.1节。

- **不清楚或不可能的目标**   像水晶一样清楚的目标是最小规格说明方法成功的基础，能够以这种方法进行工作的原因就是允许开发人员在规格说明中保留一些含糊性以发挥他们的长处。目标给开发人员指明了解决这些含糊问题的方向：究竟是为了最大的可用性？最大的令人叫绝的因素？还是为了最短的开发时间？假如最短开发时间这个目标具有最高的优先权，开发人员就会采用有助于开发速度的方法去解决这些问题。

  但如果开发速度目标不是最高的优先权，那么开发人员可以采用有助于开发速度的方法也可以采用其他的方法，其结果就不一定是一个最短的开发进度了。如果你有一个复杂的目标集，最好还是使用传统的规格说明以便清楚地说明每一个细节。

相关主题

有关镀金的更多内容，请参考第5章和第39章。

- **镀金**   最小规格说明会增加开发人员镀金的风险。产品的所有者会很自然地认为他们本身可以对产品的很多内容进行限定。他们希望他们的产品尽可能地优秀，并且他们自己认为产品的质量比产品的开发速度的目标具有更高优先级。此外，镀金也来自于那些希望在技术上具有挑战性的新领域（如人工智能和即时应答时间）中进行探索的开发人员。但在快速开发项目中对具有挑战性的新领域进行探索，这显然是选错了地方。

CLASSIC MISTAKE

镀金产生的额外工作可能是不可接受的。大部分开发人员是很负责的，他们往往不去实现那些需要花费大量时间的额外功能。所需要的额外的时间可能是很少的——在这里需要几个小时修补新增加的错误，在那里需要几个小时整理代码使它与其他的变更内容保持一致。但是这确实是一个冒险的镀金过程。当你回顾并计算一下合计的时间，才会发现这一过程耗尽了时间。

甚至在承担强进度压力的微软，也不例外。几乎在每一次的开发组的事后检讨会上，都会对由于不能阻止开发人员对新功能的开发而导致的进度计划问题产生抱怨 (Cusumano and Selby 1995)。

你可以从技术主管或管理者这两个不同层面来解决这个风险。如果你是技术主管，你掌握着产品外观方面的控制权。建立一个详尽的用户界面原型，并允许开发人员在保证产品的某些内容真正接近原型的条件下，依据他们的设计灵活完成他们的工作。但是不允许开发人员增加原型没有的主要功能。作为技术主管，关注的焦点在于开发人员本身。

如果你是管理者，那么间接解决风险会更合适些。镀金风险的第二种解决方法是坚持定期的设计评审去关注最小限度的和有效时间的设计。如果开发队伍总体上接受了这个最小的交付时间，那么团队就会向任意添加产品功能而不是支持小组目标的开发人员施加压力。

- **缺乏对并行工作的支持**　传统规格说明书的好处之一在于它对并行工作提供了很好的支持。如果规格说明书写得好，技术文档人员可以在规格说明的指导下直接建立用户文档，并且在规格说明一完成即可开始着手编写。同时测试人员也可以开始着手建立测试用例。

  要想使最小规格说明有效，必须在项目前期设一个里程碑，在这一里程碑点上具有导致产品终止的可见因素。在那一点之后，用户文档和测试才可以正式开始。你需要尽早设置该点，常常称为"视觉冻结"，以免文档和测试工作成为关键活动。在该点之后仅允许关键性的变更。

- **增加开发人员对特殊功能的执念**　最小规格说明方法带给开发人员的感觉上的所有权可能会成为一把"双刃剑"。你会获得额外的激励，但当你希望改变一个属于开发人员的功能时，你也会遇到更多的阻力。记住，产品变更建议提出时，这不仅是对产品的含蓄的批评，也是对开发人员工作的含蓄的批评。

相关主题

有关渐进交付策略的更详细内容，请参考第7章。

- **因为错误原因而使用最小规格说明**　不要利用最小规格说明去缩短需求定义本身的时间。如果采用这种实践活动作为搞好需求定义的偷懒方法，最终将是大量的返工——功能设计和实现工作重复做两次，而在项目中要第二次改变你的想法是很昂贵的。但是如果采用这种实践来避免做无用的工作，始终坚持一个清晰的目标，并给开发人员留出实现他们功能的空间，那么你将能够进行更有效的开发。

  如果采用了这种方法，你和你的客户就只能准备接受一个与产品原本的愿景不符的产品版本。有时人们开始时声称他们想采用这种方法——然后，当产品与其预期相去甚远时，他们又试图将它们调整一致。更糟的是，一些客户试图利用这种规格说明方法的模糊性来获取他们的利益，在项目后期硬塞进一些额外的功能，并对每一功能尽可能详细地加以说明。如果你认可了这些内容，你将因为这些产生于后期的、昂贵的变更内容而浪费时间；如果你

CLASSIC MISTAKE

希望做得好一点，那么应尽早说明你的意图，然后在第一时间有效地设计和实现这个产品。

真正了解你自己和你的客户，看看是否能够接受给开发人员这么大的决定权。如果你对放弃这个控制权感到不安，那么使用传统的规格说明方法或是增量交付的策略会更合适一些。

5. 使用最小规格说明成功的关键因素
成功使用最小规格说明有几个关键的因素。

- **仅当需求具有灵活性时使用最小规格说明** 这种方法的成功取决于需求的灵活性。如果你认为它的实际灵活性比表面表现出来的要小，那么在你决定使用最小规格说明的方法之前，先要采取步骤确定它的灵活性。在一些快速开发的方法中，灵活性的初始需求已经被一些人确定为成功的关键因素 (Millington and Stapleton 1995)。
- **保持规格说明的最小化** 不管采用其中的哪种方法，你都需要搞清楚，你的目标之一是定义最小的详细需求。无论用户关心的或不关心的内容，默认的选择都应该是让开发人员对它们进行更进一步的规格说明。如果对此有疑义，就不要使用这种方法。
- **获取重要的需求** 虽然你不必去尝试获取用户并不关心的需求，但是你必须注意获取用户确实关心的所有需求。一个优秀的最小规格说明需要对用户真正关心的需求有特殊的敏锐度。
- **采用灵活的开发方法** 所用的开发方法需要能对错误进行及时地修正。采用最小规格说明的方法比采用传统的规格定义的方法更容易产生错误。利用灵活性开发方法可以避免你毫无根据地断定你一定能够节省更多的时间。
- **关键用户的参与** 为软件寻找了解商务需求和组织需求的人，并让他们参与到产品的规格说明和开发中。这能够帮助避免需求遗漏问题。
- **关注用图表来表示的文档** 在图表结构、示例输出和生动的原型中，使用图形比写规格说明更容易，并且对用户来说更有意义。为使系统中的内容能够用图形表示，应考虑在文档中建立图形素材。

相关主题
有关灵活性开发方法的更多内容，请参考第7章和第19章。

14.1.2 需求筛选

彻底地从产品中删除（"刷掉"）一个功能是缩减软件进度计划最有效的方法之一，因为要删除与该功能关联的规格说明、设计、测试和文档的任何工作。在项目早期删除一项功能，意味着要节省大量时间。需求筛

选比最小规格说明的风险要小，因为它缩减了产品的规模和复杂性，也降低了项目总体的风险水平。（见图 14-3）

图 14-3　较小的项目花较少的时间就能完成

需求筛选背后的思路很简单：在建立了一个产品规格说明之后，对照以下的目标将规格说明用"密齿梳子"梳理一遍：

· 　排除所有完全不必要的需求
· 　简化所有比实际需求复杂的需求
· 　用更加简易的选择替换所有可以替换的原来的需求

如同最小规格说明一样，这一实践最终的成功依赖于坚持。如果你开始时有 100 个需求并且经过需求筛选把需求削减到了 70 条，那么你只要付出最初工作的 70% 的工作量即可以完成这个项目。但如果你削减到 70 条而后期又将删除的需求恢复，那么该项目所花的精力将比在整个过程中保持 100 条需求多得多。

相关主题

有关版本化开发的更多内容，请参考第 19.1.4节、第 20 章和第 36 章。

14.1.3　版本化开发

一起删除需求的另一种情况是从当前版本中删除。你可以为一个稳定的、完全的、理想的项目策划一组需求，不过项目是分块执行的。已经放入用于支持以后各块的异常分支，不会在各块中自己执行。渐进交付的开发实践和阶段交付的开发实践有助于解决这一领域的问题。

采用这些实践方法不可避免的结果是版本 1 完成时版本 2 的工作又开始了，而当你废弃一些在原先计划中应该在版本 2 中的功能并加入其他功能时，你会为没有把这些废弃的功能加入版本 1 而庆幸。

14.2 项目中期：功能蔓延的控制

如果你擅长制定一个"瘦型"产品的规格说明，你可能会认为该产品的功能已在你的控制之下。但大部分项目不是那么幸运。许多年以来，需求管理一直在试图寻求一套经过筛选、最小化规格说明的需求，然后将其放到一边。此后，他们在此基础上建立一个完整的产品设计、实现、文档编制和质量保证过程。对于开发人员不幸的是，事实证明，能够成功冻结其需求的项目是极其罕见的。一个典型的项目的经验显示，在开发过程中大约有 25% 的需求发生了变化。

14.2.1 变更的根源

项目中期很多情况会引起需求的变更。最终用户由于额外的功能或是不同的功能或是因为在系统建设的过程中获得了对系统的进一步了解而希望变更需求。

市场人员希望变更是因为他们认为功能驱动市场。软件评审中包含着长的功能列表和复选标记，如果带有新功能的新产品在产品开发过程中出现，市场人员自然希望他们的产品能更好地与竞争对手较量，并且希望将新功能加入产品中。

开发人员希望变更是因为系统中每一个细节都蕴涵着他们情感和智力的投资。如果他们正在进行第二个版本的开发，他们希望纠正在第一个版本中存在的不足，不管这种变更是否有必要。每一个开发人员都具有这方面的偏好。不管用户界面是否 100% 符合用户界面标准要求，或是否具有快速响应的时间，是否有完美的代码注释，或是完全规范化的数据库已被说明，都没有关系，开发人员为满足自己的偏好而做任何需要做的工作。

所有这些群体——最终用户、市场人员和开发人员，即使在正式的需求

相关主题

有关顶住压力（包括增加需求压力）的技巧，请参考第 9.2 节。

规格定义期间不能参与，他们也会试图将他们偏好的功能放入需求规格说明书中。用户有时希望由他们来最后完成需求定义工作，并且说服具体的开发人员去实现他们偏好的功能。市场人员先制造一个市场事件，最后坚决要求将他们编好的功能加入。开发人员在他们认为的时间或者在老板注意力集中于别处的时候加入不要求的功能。

总而言之，项目的经验告诉我们，平均每个月会发生 1% 的需求变更，平均起来，在项目完成之前，项目花费的时间越长，产品需求发生的变化就越大 (Jones 1994)。下面几个因素是造成需求变更的重要原因。

1．杀手级程序综合征

商业封装软件产品特别容易受"杀手级程序综合征"(killer-app syndrome) 的影响。公司 A 的开发组将开发一个"同类产品中最好的应用产品"作为产品的设计目标。这个团队设计了一个符合标准的应用软件并且开始实现它，在软件准备发布前的几个星期，公司 B 的产品进入了市场。他们的应用软件具有公司 A 从未考虑过的功能和一些比公司 A 的产品更胜一筹的功能。于是，公司 A 的设计团队决定将他们的进度计划延长几个月，以便他们能够重新设计这个应用软件并能够真正击败公司 B。他们继续工作直到离他们重新确定的推出时间还有几周的时间时，公司 C 的产品发布了，同样这个产品在一些方面超过了公司 A 的产品，结果新一轮的变更周期又开始了。

2．不清楚或不可能的目标

为一个项目制定这样一个雄心勃勃的目标是一件很难抗拒的事情："我们希望花费尽可能短的时间，消耗尽可能少的费用开发一个世界级的产品。"因为完全符合这样的目标是不可能的，或者因为这个目标是不清楚的，所以最可能的结果只能是没有什么可以满足目标。如果开发人员不能与产品的目标相符合，他们将采用他们自己的目标，并且对于产品的结果你将失去很多方面的影响力。

为说明一个清晰的目标对产品的进度计划的重要影响，考虑一个设计和构建制图程序的项目。图形程序中只有一小部分是用来处理多边形标记 (polymarker) 的（方形、圆形、三角形和星形），如图 14-4 所示。假设在规格说明中，没有记载是否让用户具有控制多边形标记尺寸的能力，这种情况下，实现多边形标记的开发人员可能采用以下方法中的任何一种对这一特征进行开发。

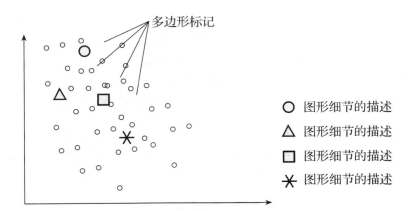

图 14-4   多边形标记的例子，即使表面上很普通的功能在规模和实现时间上也
至少有 10 ∶ 1 的差异

· 　根本不提供任何的控制方法。
· 　在所有多边形标记的地方都设置可修改的源代码（即，所有多边形
标记的尺寸都用一个固定名字的或预处理的宏进行设置）。
· 　对固定数量的标记，一个标记接着一个标记地在它出现的地方设置
可修改的源代码（每一个标记的尺寸——方形、三角形等——用它
自己命名的常数或预处理的宏进行设置）。
· 　对数量不定的标记，以每个标记为基础，在它出现的地方设置可修
改的源代码（例如，你希望最终将十字、菱形、靶心形加入到原来
的多边形标记集合中）。
· 　在程序运行开始时，读一个用于变更的外部文件，对全部的多边形
标记进行设置（例如，一个 .ini 文件或其他的外部文件）。
· 　在程序运行开始时，读一个用于变更的外部文件，对每一个多边形
标记进行不同的设置，对固定数量的多边形标记进行变更。
· 　在程序运行开始时，读一个用于变更的外部文件，对每一个多边形
标记进行不同的设置，对动态数量的多边形标记进行变更。
· 　用交互的方法，由最终用户对单一的多边形标记的尺寸的规格进行
变更。
· 　用交互的方法，由最终用户对多边形标记的尺寸的规格进行变更，每
个多边形标记设置一次，进行固定数量的多边形标记的变更。
· 　用交互的方法，由最终用户对多边形标记的尺寸的规格进行变更，

每个多边形标记设置一次，进行动态数量的多边形标记的变更。

这些操作反映了在设计和实现时间上的巨大不同。在低端，程序中有变更固定数量的多边形标记的核心代码，这只要求将那些多边形标记定义在固定大小的数组中。除用于实现多边形标记的基本工作以外的工作量可以省略，大约几分钟就可以完成。

在高端，数量不限的多边形标记在运行时由用户以交互的方式设定尺寸（大小）。这就要求有动态分配的数据、灵活的对话框和由用户设置的多边形标记尺寸的永久存储，纳入版本控制的额外的源代码文件、额外的测试用例、所有的书面文件和在线帮助。实现这些所要求的工作量估计要花费几周时间。

在这个例子中，需要关注的事情是，在图形程序中，由于简单的、不起眼的特性的不同处理所带来的工作量，就会增加几个星期的潜在开发时间。我们甚至还没有确定，多边形标记是否可以具有不同的边线颜色、边线的宽度、填充颜色、排序等特性。而更糟的是，这些在外观上不起眼的结果，在相互结合时，会相互影响，即意味着，在你将这些特性一个个加入时，实际上成倍增加了实现的难度。

其中的关键在于，真正的不幸存在于细节中，即基于开发人员对表面上不起眼的细节的不同理解，可能对实现的时间产生非常大的改变。没有一个规格说明能够涵盖每一个不起眼的细节。

HARD DATA

相反，在没有任何指导下，与第 1 种方法相比，开发人员更加趋向于采用第 10 种方法进行灵活性应用程序的开发。更多负责的开发人员会尝试设计一些更具灵活性的代码。下面用例子说明，优秀开发人员赋予其代码灵活性的程度可能有显著差异。正像我的朋友和同事 Hank Meuret 所说，程序员的理想是能够改变一个编译开关，即可将编译的电子制表程序作为一个文字处理程序。面对项目中几十个开发人员和成百的详细决策，当你决定与开发速度相比更倾向于选择程序的灵活性时，很容易理解为什么一些程序比预期的程序庞大，完成时间比预期长的原因了。一些研究发现，在同一规格说明指导下完成的程序在规模上就有 10:1 的差距。

如果在这样一个假设条件下进行程序开发，即不管什么时候遇见不确定的规格说明，都会趋向于采用方法 1 而不是方法 10，那么相较于采用

相关主题

有关目标设定的更多内
容,请参考第11.2.1节。

HARD DATA

相反方法进行开发的人,你轻松实现整个程序的速度比他们快 10 倍。
如果希望在产品功能和速度之间进行权衡,必须明确你希望团队倾向采
用第 1 种方法,必须明确开发速度是设计与实现的最高目标。在这个最
高目标前不能设置其他目标。

14.2.2 变更的影响

人们不怎么在意后期变更对项目的影响。他们低估了变更对项目设计、
编码、测试、文档、用户支持、培训、配置管理、人员分配、管理和沟通、
计划和跟踪,以及最终对进度、预算和产品质量所起的连锁反应 (Boehm
1989)。当考虑所有这些因素时,在需求阶段考虑变更比起等到建设或
维护阶段再考虑,其典型费用将减少 50 ~ 200 倍 (Boehm and Papaccio
1988)。

正像我在本章开始时所说的,若干研究表明,功能蔓延是造成费用超支
和进度超时的常见根源。ITT 在这一领域的一项研究中,发现了一些有
趣的结果 (Vosburgh et al. 1994)。ITT 发现那些经历过大量的需求变更而
导致规格说明重写的项目,与不必重写规格说明的项目相比生产率较低。
图 14-5 举例说明了这种差别。

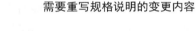

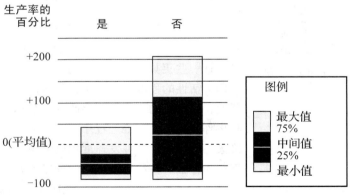

图 14-5   "变更需求规格说明"的因素 (Vosburgh et al. 1984)。控制变更能
产生显著的生产率的改进,但是控制不是确保成功的唯一因素

相关主题

与这个观点有关的更详细内容，请参考第3.2节。

如图 14-5 所示，当变更得到控制时，位于平均值和最大值时的生产率最高。并且这一研究表明，除非你对变更进行控制，否则不可能在高生产率下进行工作。在这一范围的两端，一些项目不管是否已有效控制变更，仍然生产率较低。如同其他有效的开发实践一样，控制变更本身并不足确保高的生产率。即使能有效控制变更，也无法避免其他破坏项目的问题。

14.2.3　完全停止变更的智慧

不变的需求很好。如果能为不变的一组需求开发软件，你就能够 100% 准确地制定开发计划。你可以进行设计和编码，不必因为后期变更而浪费时间。你可以用不固定需求的实践，也可以用固定需求的实践。以速度为导向的开发实践的整个领域是对你开放的。这样的实践是一个愉快工作和愉快管理的活动，相较于在其他环境下工作，你能够更快速和更有效地完成项目。

如果你能做到这一点，那是再好不过了。但是，当你确实需要一些灵活性的时候，借口不允许或不希望变更而不进行必要的变更，是变更过程中失控的一种形式。以下是不希望停止所有变更的一些情况。

1．当你的用户不了解他们的真正需要时

不允许变更就意味着客户在需求阶段就明确知道自己要的是什么。这也意味在设计和编码开始前，你就能确切地知道需求。在大部分项目中，这是不可能的。软件开发人员的部分工作就是帮助用户弄清他们的需要，而且用户们往往在软件交付使用时才能真正弄清楚自己的需要。你需要采用增加不同的开发活动对这些需求做出响应。

2．当需要对你的用户做出响应时

即使认为你的用户已了解他们的需求，也仍然应该保持软件的灵活性和操作的开放性。遵循一个冻结需求的计划展开工作，也许能按时交付产品，但也许不会对用户的要求做出响应，这种情况可能比推迟交付更糟。如果你是一个签约的软件开发人员，你应该坚持这种灵活性和竞争性。如果是一个内部的开发人员，公司要保持良好状态依靠的就是你所提供的灵活性。

内部开发机构尤其容易发生无视用户需求的情况。因为是独家开发，所以他们并未把用户看作真正的客户。摩擦导致超时，于是开发人员利用需求规格说明作为武器，强迫用户使用。没有人喜欢面对一个不动摇的武断的变更需求而工作，但相较于居高临下地用需求说明文件来打击用户，还有许多建设性的方法可以用于对用户做出响应。那样做的开发人员多次发现他们的约定并不像他们以前认为的那样是唯一的 (Yourdon 1992)。

3. 当市场发生快速变化时

在 20 世纪 60 年代或更早，企业需要进行变更时，往往比现在慢，从他们有愿望去计划实现产品细节到产品发布需要两年的时间。今天，大部分成功的产品常常将大量的产品变更的实现放在开发周期的最后。软件开发人员今天的工作是打破混乱状态和僵化的均势——拒绝低优先级的变更需求，接受能够对市场环境的变化做出谨慎回应的变更需求。

4. 当你希望给开发人员设置一个范围的时候

与 PC 革命有关的一个最大的变更是项目的发起人非常希望将大部分的规格说明的内容交给开发人员去判断 (原因请参见本章前面的 "规格说明最小化" 一节)。如果你希望将部分有关产品概念的内容交给开发人员处理，你就不能在需求规格定义一完成就冻结这个产品概念，而应将部分内容开放，便于开发人员去说明。

5. 稳定或是不稳定

如何稳定需求，在如何进行软件开发，尤其是快速开发方面，具有很大的影响。如果你的需求是稳定的，你采用某种方法开发，如果是不稳定的，你需要采用另一种方法开发。从快速开发的观点看，可能造成的最严重的错误是把需求不稳定的情况认为是稳定的。

如果项目不具有稳定的需求，也不必绝望地叫喊 "呀！我们没有稳定的需求" ——如果你不具有稳定的需求，你可以在照常继续你的工作的同时，采取一些步骤去校正不稳定的需求，而且如果你希望快速开发，就必须采取这些步骤。

14.2.4   变更控制的方法

因为在项目最为感兴趣的部分中，完全停止变更是很少见的，所以大部分项目中的这一问题即转变为如何更加有效地管理变更。任何变更管理计划都应该瞄准以下几个目标。

· 　在合适的时间，允许有助于产品生产的变更，不允许其他变更

- 允许受到变更建议影响的当事人对变更的进度计划、资源和产品的效果进行评价
- 向每一个计划变更的项目外围当事人通报对影响的评价，以及是否被接受或拒绝
- 提供与项目内容有关的审查结果

应该以尽可能有效地完成这些工作为原则来构建变更的项目。下面要介绍一些能够达到此目标的操作方法。

相关主题

有关面向客户的需求实践的更多内容，请参考第 10 章。有关一次性原型法的更详细内容，请参考第 38 章。

1. 面向客户的需求实践

一种变更控制策略是尽量减少变更。与传统的实践相比，面向用户的需求收集实践是获得真正需求的理想途径。例如，有研究表明，联合应用程序开发 (JAD) 和原型开发的结合可以将需求蔓延降低到 5% 以下 (Jones 1994)。原型开发有助于降低需求变更，因为它摧毁了问题的根源——事实上，用户在看到产品前并不了解他们的真正需求。一次性原型一般是解决这一问题的最有效的方法，并且能有效抑制需求蔓延 (Jones 1994)。

2. 变更分析

在大部分情况下，对变更说"不"不是开发人员或技术主管的工作。但是你可以通过变更分析过程筛选出多余的变更内容。与其对每一个变更说"不"，不如提供有关变更对费用和进度的影响，说明调整进度计划的必要性，因为需要花时间分析新的功能需求。这个说明可以将大部分琐碎的变更需求筛选出去。

也可以为提交变更需求设置障碍，借此来筛选需求。你可以坚决要求撰写一个完整的变更规格说明，一个商情分析报告，一个会受到影响的输入 / 输出的例子，等等。

波迪 (John Boddie) 讲述了一个发生在总公司的因为一个紧急项目的紧急进度计划而召集的会议上的故事。当他和他的团队到达会议时，老板问："进度计划中的每一项内容能在第 18 天交付吗？"波迪回答："是的。"然后老板问："这么说，我们在第 18 天就可以有这个产品了？"波迪回答："不，你会在第 19 天得到产品，因为这个会议占用了我们进度计划中的一天时间。" (Boddie 1987)。

在项目最后的几周里，你应该指出任何功能变更都会导致最短的进度计

划拖延一整天或更多的时间。你甚至应该指出，考虑功能变更可能造成的最小延迟时间是一整天或是更多时间。从项目晚期扩展到项目的所有方面，这种方法都是适合的。在没有仔细分析的情况下，通常采用的这些方法是很难预测的。

你或许希望接受一个与缺陷相关的需求变更。但即使是很小的缺陷，也可能造成深远的影响，因此依据程序的类别和项目的阶段，你可能应该拒绝此类变更。

3．版本 2

有助于对当前产品变更需求说"不"的最好的办法，是说"可以"在未来的产品中进行变更。建立一个未来需要增加内容的列表。人们可以理解为仅仅是版本 1 中没有这些特性，而版本 2 中将会有。当然你不必强调这点，需要强调的工作是你正在倾听人们关心的内容和在适当时间计划实现的内容。在快速开发的项目中，适当的时间往往是指"下一个项目"。

对版本 2 策略很有帮助的附属品是建立一个"多版本的技术计划"，该计划是一个为产品制定的多年策略。它帮助人们变得从容并且了解到他们需要的功能其实更加适合一些后期版本 (McCarthy 1995a)。

4．短的发布周期

让用户和消费者同意版本 2 的关键因素，是他们得到了他们希望的内容真正会在版本 2 中出现的保证。如果他们害怕当前的版本是所有版本的最终版本，他们就会更加努力地将他们需要的每一个功能都加进去。短发布周期有助于他们建立信心，让他们相信他们关心的功能最终会加入产品中。渐进交付、渐进原型和阶段交付等增量式开发方法对此有一定帮助。

5．变更委员会

变更委员会已经被证明能够有效地阻止大型项目中的需求蔓延 (Jones 1994)，并且对于小型项目同样有效。

- **结构**　典型的变更委员会由在产品开发中具有利害关系的每一小组中的代表组成，如来自开发、质量保证、用户文档、客户支持、市场和管理方面的代表。每一个代表都有自己的控制范围。开发小组应该具有自己的开发进度计划，并且用户文档小组具有自己的用户

文档的进度计划。在一些组织中，市场部拥有自己的产品的规格说明，而在另一些组织中，由开发和管理部门做这部分工作。

变更分析　变更委员会的功能是对每一处建议的变更进行分析。对变更的分析可以从典型平衡三角形的每一角开始：对产品的进度计划、费用和功能有多大的影响？也可以从对每个组织的影响作为观察点去分析：它将对开发、文档、客户支持、质量保证和市场产生怎样的影响？如果这个功能请求不值得花时间分析，那么它也同样不值得花时间去实现，变更委员会应该立即拒绝这个变更请求。你也可以将前面叙述的变更分析的建议应用到变更委员会中。

鉴别分类 (triage)　除了分析每个变更之外，变更委员会具有对每个变更接受和拒绝的权利。一些组织把变更委员会的这一部分工作称作"鉴别分类"，这个名词首次在有关伤员应急治疗活动中采用。伤员鉴别分类是将受伤人员按轻重缓急或立即治疗的可能性进行分类的过程。

"鉴别分类"对于软件变更委员会的工作具有一些特别的内在含义。鉴别分类意味着你正在分配匮乏的资源。在软件方面确实也是这样。从来不可能有充足的时间和资金去增加每个人提出的每一项功能。鉴别分类还意味着一些人将不会得到援助，即使他们拼命争取，也不会把他们的需求放到软件下一个版本中；一些功能将不会被实现，并且一些低优先级的错误也不会被修正。另外，鉴别分类也意味着你正在从事危及生命的工作，所以在快速开发项目中对变更需求进行优先级排序时，要明确你执行的是危及项目生命的工作。

打包　变更委员会也能够集合小的变更以便开发人员能够打包处理。一连串不协调的细小的变更在项目的最后阶段移交给开发人员会非常令人恼火。每一个变更都需要代码检查、文档更新、测试、版本管理中的文件校验和注册等。开发人员喜欢成批处理小型的变更，而不喜欢单独处理。。

官僚机构的问题　变更委员会已经被描绘为过度官僚的机构。部分不利的斥责产生于效率很低的变更委员会。一些变更委员会在他们说"不"时，更热衷于详细说明他们的许可权，而不是负责任地提出在可能的时间里生产最可能产品的方案。但是一些变更委员会缺乏管理的事实并不意味着这个变更想法是无效的。

另一部分不利的斥责源于变更委员会工作不受欢迎的事实。当一个团队在为详细说明产品很负责任地工作时，一个完全行使职责的变更委员往往会对功能需求说"不"，这种情况超过了说"可以"的情况。对于得到"不"的人，可能会认为变更委员会过度官僚。好的一面是，这也可以看出，对变更委员会抱怨越多的组织越需要防止变更失控。

一个有效的变更委员会保证在你实施之前意识到每个变更的后果。就像以速度为导向的开发实践的其他方面，变更委员会的价值在于能够帮助你在看清开发速度所带的后果时做出决定。

14.3 项目后期：功能剪切

功能控制的重要性一直延续到项目结束。即使项目前期的最小功能说明和项目中期的控制变更是成功的，但由于种种显而易见的原因，你可能发现在项目结束时仍然落后于进度计划。

此时，缩减时间最有效的方法是除去低优先级的功能。这个方法非常有效，因为它去除了与进一步实施、测试和文档有关的工作量。这种实践方法在微软屡试不爽，它被认为是控制延迟软件项目的有效手段(Cusumano and Selby 1995，McCarthy 1995b)。

这个实践方法的缺陷在于，到达项目结束阶段时，或许已经完成了可以被剪切的功能的设计工作和部分实现工作以及功能测试等。你甚至还必须花少量的工作量去删除这些功能——剥离无用的代码或是禁止使用，删除用于测试功能的测试用例，删除描述功能的文档，等等。但是，如果你计划发布产品的其他版本，这就仅仅是一个微不足道的小问题，因为最终你还会使用在当前版本下剥离的或禁止使用的内容。

为提高效率，首先从精简后的需求文档开始，设计和实现将在产品中出现的功能，然后如果有时间再加入一些低优先级的功能。不要把时间浪费在后期要删除的功能上。

相关主题

有关支持项目后期变更的开发风格的更多内容，请参考第7章。

如果认为不能实现那样的理想状况，最好为项目后期最终可能剪切的功能提前做好计划。可以使用支持项目后期功能变更的生命周期模型，如渐进原型、渐进交付、面向进度的设计或是面向工具的设计。

案例 14-1

出场人物

Kim（项目经理）
Eddie（上司）
Carlos（市场部）

有效管理变更

在 Square-Calc 4.0 计划推出前 6 个星期，Kim 走进 Eddie 的办公室。"Eddie，我们遇到问题了。我们的竞争对手刚发布了一个新版本的产品，并且这个版本有我们产品中不具有的几个新的功能。我们需要在产品推出前增加一些新的功能。"

Eddie 点头说："好，列出一个新功能清单，我们将在今天下午的变更委员会会议上进行讨论。"Kim 同意了并回到她的办公室准备清单。

在变更委员会会议上，Kim 提出了一打竞争对手新产品中具有而他们自己新产品不具备的新功能。令她震惊的是竞争对手有一个非常简化的菜单，在上下文相关的快捷菜单中移去了很多条目。她认为这似乎是一个重要的用户界面的改进，而且如果他们自己的产品没有相似的菜单，他们的产品将是过时的。

在 Kim 描述完新功能后，Eddie 接着说："首先，仅仅对这么多变更的评估就需要将我们的进度计划推迟 1 天。你们认为这些变更的重要性足以让我们调整估算时间吗？"委员会成员认为它们的确有那么重要。"好，那么，"Eddie 说，"我将把有关新功能的变更需求分发到所有受到影响的组。在项目的这个关键阶段，除非必须，我不希望打断他们的工作流程。因此我将给他们几天的时间来做出反应。让我们在下一次正式的变更委员会会议上确定这些变更。"成员们同意了，会议结束。

在下一次的会议上，估算已经准备好。"根据这些初步的估算，实现所有这些变更需要将我们的进度计划推迟 3 到 4 个月。"Eddie 报告说，"开发部门认为他们的变更比较小，并且估计实现这些变更需要花费 4 周时间。但是测试和文档部门将受到更大的影响。弹出式菜单的变更是进度范围内花费最大的，因为它较大地变更了程序的用户界面。测试部门声称仅仅一个变更就需要重写大约 1/3 的测试用例，需要花费 6 周左右的时间。文档部门需要一个相当长的提前期用于打印，他们计划在这周结束前开始。他们将不得不变更 80% 的文档和帮助屏幕，重新进行屏幕截图，然后重新完成他们最后的校验周期。这些会导致他们的进度计划推迟 3 到 4 个月，这还取决于他们能否尽快找到一个胜任的签约者。可用性 (usability) 小组对我们是否应该做这个变更表现冷淡。因此，我不认为这个变更值得一做。"

"我坚持认为它是非常重要的。"Kim 说，"但是我认为它不会导致我们的进度计划推迟 3 个月的时间。"成员们很快同意了延迟弹出式菜单的变更。他们把它加入到下一个版本需要考虑的功能列表中。

从剩余的变更需求中，变更委员会认定了 3 个变更，这 3 个变更在开发、测试、文档等方面估计有 1 周时间的影响。市场部的 Carlos 希望产品中包含这些新的功能并且表示 1 周的拖延是可以接受的。变更委员会接受了这些变更。还有 5 个变更被确认为有时间的情况下再加入，但是变更委员会认为其重要性不足以推迟发布日期。他们把这些变更加入下一个版本需要考虑的功能列表中，并拒绝了其他的变更需求。

会议结束后，受影响的小组都收到了变更委员会的通报。因为每一组的观点在决策中都已经考虑了，他们因此都调整了他们的进度计划并且快速地进行了变更。

深入阅读

Carroll, Paul B. "Creating New Software Was Agonizing Task for Mitch Kapor Firm," *The Wall Street Journal*, May 11, 1990, A1, A5. This is a fascinating case study of the development of On Location 1.0 and illustrates what a blind spot feature creep can be.

Gibbs, W. Wayt. "Software's Chronic Crisis," *Scientific American*, September 1994, 86-95. This article describes some recent software projects that have been plagued by changing requirements, including the Denver airport's baggage-handling software and the FAA's air-traffic-control workstation software.

Jones, Capers. *Assessment and Control of Software Risks*. Englewood Cliffs, N.J.: Yourdon Press, 1994. Chapter 9, "Creeping User Requirements," contains a detailed discussion of the root causes, associated problems, cost impact, and methods of prevention and control of feature creep.

McConnell, Steve. *Code Complete*. Redmond, Wash.: Microsoft Press, 1993. Sections 3.1 through 3.3 describe how costs increase when you accept requirements changes late in a project. They also contain an extended argument for trying to get accurate requirements as early in a project as possible.

Bugsy. TriStar Pictures. Produced by Mark Johnson, Barry Levinson, and Warren Beatty, and directed by Barry Levinson, 1991. This movie begins as a story about a gangster moving to California to take over the Hollywood rackets, but it quickly turns into a tale of Bugsy Siegel's obsession with building the first casino in Las Vegas. Bugsy's casino ultimately costs six times its original estimate, largely due to what we would think of as feature creep. As a software developer who's been on the builder's side of that problem, it's hard not to feel a sense of justice when Bugsy is finally gunned down for changing his mind too often and spending too much of the mob's money.

第 15 章   生产率工具

本章主题

·   快速开发中生产率工具的作用
·   生产率工具的战略
·   生产率工具的获取
·   生产率工具的使用
·   银弹综合征

相关主题

·   快速开发语言：参阅第 31 章
·   重用：参阅第 33 章
·   面向工具的设计：参阅第 7 章
·   工具总结：参阅第 40 章

生产率工具对于软件管理人员与开发人员而言，就如同野餐之于蚂蚁，泥堆之于小孩，交通事故之于守候在电视前直至深夜的律师一样，其诱惑力是相当大的，有时甚至仿佛醉醺醺的水手一般，听到汽笛声就会不由自主地走上前去。

由生产率工具代表的技术与人员、过程和产品构成了软件快速开发的四维因素。由此可见，生产率工具在快速开发当中扮演了相当重要的角色。采用新工具可以成为提高生产率的最快手段之一，但同时也是最具风险性的方式之一。

效率高的组织已经找到了既能降低风险，又能实现生产率收益最大化的良好方法，它们的策略其实是基于对下列三个关键事实的认识。

·   生产率工具很少能够达到兜售它们的人所宣称的那种效果。
·   学习任何一种新工具或实践，在开始都是以降低生产率为代价的。
·   先前表现并不怎样的生产率工具有时候倒也能极大地节约时间，不过这样的效果仍然无法同最初的承诺相比。

本章接下来要详细剖析这些关键事实。

什么是"生产率工具"？

当我在本章中提及"生产率工具"时，我都是在指某种相当具体的东西。当然这种具体，并不是说这儿所提及的"生产率工具"指的就是性能总优于其他品牌的某具体品牌，或者某种具体的编译器，或连接器、源代码编辑器，或其他的代码级工具。本章提到的工具，都具备了极大地改变人们工作方式的潜力，如4GLs(第四代语言)、可视化编程语言、代码生成器、代码库或类库。这些工具都能够大幅度降低工作量，并相应地加快开发进度。

案例 15-1

出场人物

Mike（项目经理）
Angela（QA主管）

使用无效的工具

"我真不知道我为什么又一次鬼迷心窍地接受了一个根本就不可能的截止日期。"Mike向他的开发组发牢骚说，"人家要求我们3个月就开发出一个全新的收账系统，可实际上这个系统至少得花5个月。我想这一下我们有压力了。"

"不一定吧？"Angela说，"我刚得到一份Blaze-O-Matic可视化编程语言第一版的宣传册子。手册上说我们很容易将开发速度提高2倍乃至3倍。它采用面向对象编程。我想不管怎样我都得试一下。你觉得怎么样？"

"2倍或3倍？嗯？"Mike说，"我还不知道我该不该相信呢。只是到目前为止我还没有其他选择。就算它不能缩减开发时间的一半或者三分之一，但减去1个或2个月总行吧。我也认为面向对象编程对我们的项目有利。行，就是它了！"

于是项目马上启动了。用Blaze-O-Matic来构建基本的用户界面非常快捷，就连开发组都有点儿吃惊了。数据库支持能力也相当不错，而且程序运行也快。虽说该工具其他部分较难掌握，但到第2个月时，产品的一半已经开发出来了。这时开发组觉得他们在项目前一阶段经历学习曲线的情况下，还达到了这种效果，因而乐观地认为到第3个月的截止期限，他们肯定能够完成产品的另一半了。

然而就在这时他们发现了新工具的不足之处。Angela有点儿失望地说："嗨，Mike，我刚发现帮助屏与我们想象的不一样，链接它并不容易。我还以为一下午我就能够为所有的屏设置好链接的，但没想到，Blaze-O-Matic并不支持上下文相关的帮助。这下要花时间了。"Mike告诉她，集成帮助是新收账系统的关键特征之一，不管花多少时间，都必须解决。

　　3 个月过去了，开发组却发现了 Blaze-O-Matic 越来越多的不足之处：Blaze-O-Matic 宣称能够自动地从 ASCII 文件中导出记录至数据库，开发组还曾指望用这个特性来把旧收账系统的记录转换成新的数据库格式。但鉴于 Blaze-O-Matic 无法处理其文件使用的记录类型，开发组只能为访问例程重新手工编码。另外，报表模块也不稳定，而且还恰好不能支持他们需要的那种报表格式，所以开发组又不得不花大量时间来进行编码。而且即便当他们自认为已经完成之后，报表格式中的小错误仍然频繁出现。

　　3 个月的截止期限到了，可开发组还有 25% 的产品没有完成，而且他们也坦承，就算是全力以赴地干，至少还得 2 个星期。"看来我得汇报一下这个坏消息了。"Mike 说。然而当他回来后，Angela 又有一个不好的消息等着他。

　　"还记得那些帮助屏吧？事实上，Blaze-O-Matic 并不支持上下文相关的帮助链接，而且它还根本无法从一个程序的内部显示帮助。我曾设想把显示帮助当作一般程序来处理，但是 Blaze-O-Matic 对显示帮助的那个程序 ID 的处理简直就是莫名其妙。而且如果别的程序已经打开帮助，Blaze-O-Matic 会关闭其帮助但不打开我们的。我现在正成天跟他们的技术支持电话联系，他们说他们可以为这个问题发来一个补丁，但现在他们正忙着一个新版本，补丁很可能在等到 3 周后才有结果。"

　　"混蛋！"Mike 骂道，"刚才我还告诉老板说两周内全部打包完毕呢！他们就不能快点？""恐怕不会。"Angela 说，她已经在电话上探询过这种可能性了。"我想这下我们卡住了。"

　　在等补丁的时候开发组仍然有大量的事要做。补丁是 4 周后而不是 3 周后到达的，但产品余下的 25% 是花了 6 周而不是期望的 2 周完成的。他们最终是在 4 个半月的时间完成了产品的交付。

　　产品交付之后不久，开发组为此进行事后总结，并建议公司再也不要用 Blaze-O-Matic。他们得出的结论是，Blaze-O-Matic 能够部分加快开发速度，但是使用它又不得不做出太多的设计折衷。程序的实际使用与他们设想的情况大不一样。

　　一年之后，Angela 在同公司其他部门的朋友聊天中发现，朋友居然在他们的项目上也有着使用 Blaze-O-Matic 的类似经历，而且该项目的开始时间是在 Angela 的开发组做出事后总结的一个月后。

15.1   快速开发中生产率工具的作用

计算机总是擅长于做自动的、重复性的工作。到目前为止，通过软件开发技术而实现自动化的绝大部分工作都是重复性的——将汇编语言转换成机器语言，将高级语言代码转换成汇编语言，从类似英语的描述中创建数据库描述，一遍一遍地处理相同类型的 Windows 执行中的调用请求等。但是软件开发中的许多方面却不具有重复性，因此这些方面也就不宜采用硬件或软件来实现自动化了。

布鲁克斯 (Frederick P. Brooks) 在 1987 年发表了一篇名为《没有银弹——软件工程的本质与故障》的文章，后来这篇文章成了软件工程领域中最具影响力和最负盛名的文章 (Brooks 1987)。布鲁克斯认为，软件开发中较困难的部分是源于这么一个事实，即计算机程序的本质实际上是一组相互交错的概念集合——数据集，数据集之间的关系、算法及函数等。这些概念高度精确且含义丰富。他还认为，软件开发的困难部分包括了识别、设计和检测这些概念本身。

另外一个布鲁克斯 (Ruven Brooks) 也发表了一份研究报告。他指出，要想成为一个专家级的开发人员，就必须细心研究成百上千条乃至成千上万条的规则 (Brooks 1977)。获取人们对编程语言的所有这些规则进行深思熟虑后而形成的最终理解，是软件开发中较容易的部分，但是要首次思考它们的话就构成了难点之所在。

软件程序高度精确且含义丰富这一事实是不会变的了，而且软件程序如今还正变得更加精确、更加具体以及更加复杂，而不是相反。必须有人去审视任意一个新计算机程序的本质之所在，以及对旧版本的所有变动情况。这个人必须了解程序功能的具体细节，以及细节间是如何相互关联的。这种理解不仅困难，容易出错，而且很耗时，花在这上面的时间通常占整个软件开发项目时间的大部分。

弗雷德·布鲁克斯 (Fred Brooks) 坚称，如果要大幅度减少开发时间，就必须有一种新的技术来简化软件开发的本质，从而使得组成计算机程序的相互交错的概念集能够更容易地系统地表达出来。单从经验来看也很明显，如果一项技术触及到造成软件开发困难的本质之处越多，那它就越有可能节省更多的人力。

相关主题

要想进一步了解快速
开发语言，请参考第
31 章。

高级语言之所以能够大大节约人力，就是因为它将人们不得不关心的概念集相应地提升到了更高的层次。这就是语言越来越高级所带来的益处。在像汇编语言等低级语言向更高级的语言如 C 和 Pascal 的变迁中，你就用不着去管计算机究竟是如何执行程序的。向可视化编程语言如 Delphi、PowerBuilder 和 Visual Basic 的跃迁几乎是同一形式的简化——当视窗环境运行一个图形界面程序时，它所执行的许多任务你都完全可以置之不理。

不触及概念本质即编程困难方面的工具则起不了太大的作用。一个程序编辑器的作用毕竟有限，因为它只能加快人们写代码的速度；它的确方便了，但对于软件开发的难点部分却没有涉及。同样道理，源代码控制工具、调试器、执行简况、自动检测工具等，它们所带来的都是一些增量式的生产率效益。

诸如 CASE 工具和代码库或类库等工具，在提高生产率方面，它们介于高级语言和代码工具之间。它们触及到了问题的根本，但它们中的绝大多数仍然不够深入。

布鲁克斯 (Fred Brooks) 指出，我们的软件行业正卷入一项长期的探索之中，即要找到能消除低生产率这个恶魔的神奇银弹。亚历山大大帝之所以伤心落泪，是因为他已找不到没有被他征服过的世界。布鲁克斯 (Fred Brooks) 在 1987 年曾断言说，尽管以前有过尝试，但在以后的 10 年间看来还不会有哪项技术或实践能够以 10 倍的速度提高生产率。后来布鲁克斯 (Fred Brooks) 稍稍修正了他的估计，他认为，以后的 10 年间还不会有哪项技术或实践能够以每年25%的速度连续不断地提高生产率。8 年后，即在 1995 年，他又表达了类似的观点，我觉得他是对的。对于单个的实践或技术，如果它们每年能产生哪怕少于25%的生产率提升，我们也只有满意的份儿；不过另一方面，我们还可寻求实践与技术的组合来谋求更快的生产率提升。

15.1.1　特定应用领域

相关主题

要想进一步了解构建
项目各部分所花费的
时间，请参考第 6.5 节。

生产率工具关注的焦点总是在软件构建方面，它们在快速开发中的效果如何往往取决于项目的软件构建情况。你的项目有多大？项目有多复杂？软件构建占了项目生命周期多大的比例？另外对于不同的项目来说，生产率工具的效用也不尽相同。

1. 面向 DBMS 的应用程序

生产率工具能够很好地支持几乎所有平台上的数据库程序。生产率工具能够生成数据库规划，生成查询和格式化报表，创建数据输入屏等。如果你要为数据库创建 100 个数据输入屏的话，我真无法想象用手工完成的样子，因为许多优秀的数据库工具 (如 Visual FoxPro，Access，PowerBuilder，CA Visual Object，FileMaker，Focus，以及一大批 CASE 工具) 已经承担了其中的重复性工作。

2. 定制程序

小型程序的设计清晰度较高，所以生产率工具对它们就非常有效。如果你的客户乐于看到标准的数据输入表，标准图形，标准报表，简单地说就是与其他程序看起来相似得很，那么你就可以采用 4GL 或可视化编程语言进行开发。即使不是在绝大多数至少也是大多数的项目中，尽管外观有一些缺憾，但如果开发速度能大大地加快，客户还是很乐意接受的。

3. 一次性原型

快速开发语言非常适合开发一次性用户界面原型。用 C/C++ 或简易 Pascal 来开发这种一次性原型几乎会让人烦死，或许你会用这些语言来开发一个进化原型的内核以便于日后的扩充，那也很难想象你为什么用可视化编程语言之外的语言来快速迭代开发后期会被抛弃的用户界面。

一般来说，程序越小越简单，有价值的生产率工具就越多。在小型项目当中，写代码的时间占了项目时间的绝大部分，这也就是生产率工具大显身手的原因。对于较大的项目而言，写代码仅占了小部分时间，所以以代码为中心的快速开发工具可能有的贡献就小多了。

15.1.2　生产率工具的局限性

"走三步退两步"是生产率工具的真实写照。生产率工具有利也有弊。

我所在的开发组做过这样一个项目，我们采用的是 Windows 环境下的用户界面类库，一般来说采用类库是很省心的。但要从我们的程序中将图形以"元文件"的格式复制到剪贴板时，广告与技术文档都号称能支持元文件的类库却在我们的实际程序中卡了壳。本应是全屏的图元文件，出来的结果却是只有约 1/8 平方英寸。

于是我们向类库提供商和微软打了许多电话，最后我们认定微软 Windows 和类库在处理元文件时都有错误。接着我们花了几天功夫对这个问题设计了一个临时性解决方案并进行了编码。当项目进展到图元文件时，我们已经陷得很深了，而且没有任何替代方案，于是只能像以前一样为耗时的临时性解决方案进行编码。

此消彼长。好在类库也为我们节约了大量的时间。但在图元文件方面，如果一开始就知道图元文件不被很好地支持，我们就会以完全不同的形式来设计程序，也就不会浪费那么多的时间。

有关生产率工具局限性问题的系统研究，我没有见过。但我估计，如果你想用生产率工具，最好在期望的总时间上再加上 25% 的时间，以便处理由于生产率工具局限性而产生的种种问题。也正是因为你在使用工具，事情才显得更加难办，而且有时工具本身就存在着缺陷。

15.1.3　快速开发项目中生产率工具的终极作用

HARD DATA

在权衡采用生产率工具的利与弊的时候，那种强调在快速开发中采用生产率工具的论点也不是特别清晰，特别具有说服力的。在对几家组织精选出的它们认为最好的 10 个软件项目进行研究后，Hetzel 得出结论说："最好的项目并不一定要求最新的方法学和广泛的自动化与工具。它们只是要依靠一些基本的概念，如强有力的团队合作、项目沟通和项目控制。良好的组织与管理比起技术来似乎更是关键的成功因素。"(Hetzel 1993) 其他的研究也表明，生产率工具对于一个组织的总体生产率水平来说起的是第二位的作用 (Zelkowitz, et al.1984，Zawacki 1993)。

赛蒙斯 (Charles Symons) 也有力地支持这种观点。他说影响软件进度的还有其他因素。有关用第四代语言开发软件的速度快于第三代语言的观点，目前还没有很明显的数据来有力地证明 (Symons 1991)。这并不是说这些项目中具体功能的开发没有加快，而是说进度的巨大改善更多的是来源于计划、管理、需求说明及其他的一些因素，而不是构建该系统所采用的技术。

HARD DATA

NASA 的软件工程实验室进行了一项长达 17 年的研究，对项目和 50 种技术做了 100 多次实验，最后得出结论说，软件开发的改善将是持续的、稳定的和方法的变迁。我们既不能等待，也不要依赖于技术上的突破

(Glass 1993)。

先进的生产率工具在加快开发进度上扮演了重要的角色，但我们也要全面地看待它们的作用。就它们本身而言，它们既不是获取快速开发的必要条件也不是充分条件。

15.2   生产率工具的战略

与常理有点相悖的是，工具的采用是作为长期的战略问题来严肃对待的，而不是短期的、战术上的修补。工具的采用不是一时的权宜之计，因为有效地获取与部署这些工具要花费大量的时间与金钱。如果你不在这上面作必要的投资，那你便会眼睁睁地使用（事后发觉）实际上并非有效的工具，那才是时间与金钱的极大浪费。全新的工具（不是指对你个人而言，而是指本身就是新的）给质量与进度都会带来不可预见性，因此，最新发展水平往往被称为濒于流血状态也绝非偶然。

采用工具并不一定就会带来重大的竞争性优势。广告总会铺天盖地，这也就意味着当你听说了某种新工具时，你的对手同样也会知晓。你转向新工具的优势介乎于你开始利用新工具并发挥其优势之时与你的对手开始利用新工具之时这两个时间的间隔之间。要加快开发速度，转向新工具要比其他许多手段来得简便，这也意味着别人和你也一样迫切地想转向新工具。长期的和战略上的优势来源于人员、过程和产品这三维的提高。采用最新的工具是保持在局的赌注之一，但它肯定不是一定就会带来胜算。

如果很随意地使用新的工具，那么你的收益也将会盈亏参半。如果你遇上了一个很棒的工具，比竞争对手提前了 3 个月完成，如果相同情况下你使用一个很一般的工具，也可能达到同样的效果，这样看来优势并不明显。但正如图 15-1 所示，如果你能够想方设法总是采用好的工具，而且你也总是能先于竞争对手，那么就会带来持续的战略性竞争优势。

有效地获取与使用新工具的战略应当包括下列一些基本要素：

· 　尽早识别有希望的新工具
· 　及时地与准确地评价新工具
· 　快速部署被证明有效的新工具

- 避免使用被证明低效的新工具
- 继续使用久经考验的旧工具

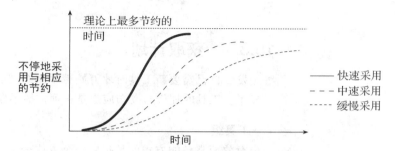

图 15-1　系统地快速采纳新工具后再进行有效的战略部署能够使收益最大化。但这里也要注意避免因部署低效率工具而使得生产率降低的情况

如果你在你组织的规划中包括了上述的基本要素，你就会获得战略性的竞争优势。采用好的新工具的速度也将变快，因用错了工具而带来生产率损失的风险也将避免。随着时间的推移，你的成功将建立在继续使用久经考验的旧工具上。下面几节将介绍如何进行这种规划，本章最后的案例研究 15-2 展示了一种此类规划。

15.3　生产率工具的获取

HARD DATA

以随机方式获取软件工具的组织大致要浪费一半它们花在工具上的投资，更糟的是，花在不好的工具上的投资总是会与延长的进度挂钩。采用正式获取战略的组织，能够使浪费率降低至大约 10%，相应的进度问题也可以得到避免 (Jones 1994)。

获取工具时常见的一些问题如下：

深入阅读

有关与工具获取相关问题的更多内容，请参考 *Assessment and Control of Software Risks* (Jones 1994)。

- 软件工具市场总是要耍一些伎俩或总有些言过其实
- 获取不好的工具后往往会阻碍更多有效工具的获取
- 所获取工具的 30% 通常无法很好地满足用户对其效率的期望
- 有 10% 的工具在获取之后不被利用
- 有 25% 的工具由于缺乏培训而得不到充分的利用
- 有 15% 的工具与现有工具严重不兼容，并引发了对新工具的必要修改以适应目标环境一种工具的最终成本与它的购买价格只是稍许相关。学习它的成本和效益的得失才是决定工具生命周期成本的更为重要的因素，购买价格则算不上。

15.3.1 获取计划

等到发觉自己需要新工具时才开始着手组织调研，这样的等待的确是太漫长了。工具的评价与发布应当是一项常抓不懈的事情。

1. 工具组

一个有效而常备的方式就是指定一个人或一个工作组来负责软件工具信息的发布。根据组织规模的具体情况，那个人或那个工作组可以是专职的也可以是兼职的，他们的职责范围如下。

- **信息收集**   工具组应当与工具市场的发展及工具的相关文献保持同步。这些文献包括：新闻报道、市场资料、比较评论、工具用户的使用心得、在线论坛资料等。
- **评价**   工具组应当一有可能就要对新工具进行评价。为了一般目的的起见，评价应包括工具的"可推荐清单"。工具组还应追踪每一种工具分别在大型项目、小型项目、短期项目、长期项目的应用情况。同时它应当根据组织的规模，为准备作为试验用的先行项目推荐工具，并对这些先行项目进行监视以权衡得与失。

  工具组还应当继续评价早些时候找到的但有些缺憾的工具的新版本发布情况。如果没有较正式的评价，人们会对有过不好应用经历的工具产生心理上的隔阂。如果某工具版本 2 的错误要比他们所选取工具的错误要多，那么他们便会对该工具的版本 5 也一概拒绝，哪怕他们自己所选工具的版本 3，4，5 同样也有许多问题。
- **协调**   一个组织内的不同组可以都试用新工具，但如果不加协调的话，不同的组就有可能试用同一种新工具。假如说有 6 种有希望的工具，6 个组去试用它们，如果不加协调，就有可能只有 3 种工具被试用了。而且有些组对它所试用的工具在以前被试用过与否还浑然不觉。此时工具组就应当协调新工具的试用情况，以避免头破血流的教训一次又一次上演，对于组织而言则是以最高的效率学到了尽可能多的东西。
- **传播**   工具组应当把工具的有关信息传递给那些需要它们的人，它还应当维护好不同的组关于他们工具的使用情况的报告，使正考虑采用某种特定工具的组能随时获取这些报告。如果组织足够大，工具组就可以发行有关工具的非正式的单月或双月业务通讯，报告工具在先行项目中的使用状况，并为有待评估的工具寻找愿意承担先行项目的那个组。其实要促进不同工具使用者之间的非正式沟通非常容易，你可以每月一次就新工具把大家请到一起来吃顿自助午餐，也可以通过主持公告牌讨论的方式进行。

2. 建立工具组的风险

建立一个集中的工具组会产生一些风险，其中最坏的就是工具组控制过多。工具组应当收集并发布有效工具的相关信息，这一点非常重要；然而当工具支持快速开发时，工具组就尤其不能被允许僵化成一个官僚化的标准组织，因为它会强制要求所有的组只能使用经过"特批"的工具。

建立工具组的初衷只应是服务机构而非标准组织。工具组的职责在于帮助实际做项目的人做得更好，处于项目第一线的人才最清楚什么是他们最想要的。对于工具组人员而言，可以推荐工具，可以发出忠告，或者提供帮助，但他们有关该用哪种工具的判断绝对不能凌驾于实际与这些工具打交道的人员的判断之上。

另外，工具组成员所说的话可信、权威。如果工具组的人马尽是些不受重视的开发人员，那么工具组的建议就会得不到重视，而且理由也可能是堂而皇之的。

15.3.2　遴选标准

相关主题
在选择工具中的考虑因素与在选择外包外包方中的考虑因素重叠，关于这些标准，请参考第28章。

本节介绍了获取工具时的一些参照标准。这些标准可以应用在一个现有工具组的环境之内，或者用于为某特定项目对某特定工具所作的评价当中。

1. 预计收益

对于快速开发项目来说，采用某特定工具首当其冲的工作就是估计其效率收益。度量是很困难的，而且必须是保守的，其中的原因本章随处可见。

根据经验我们可以认定，任何厂商如果号称单单一个工具每年就有超过25%的生产率提升，那么他这句话就值得怀疑或者就是假的(Jones

1994)。你可以自行决定如何与这种自吹自擂的厂商打交道，有的人则干脆不理他。

2．供货商稳定性

买了工具之后你的命运就与厂商的命运紧密相连了。供货商已运营多久了？他们稳定吗？他们在大家所关注的特定工具上投入了多少精力？所购工具位于供货商的主业务线，还是副线上？

如果你对供货商的稳定性有怀疑，但同时又对他的工具很有兴趣，你这时就应当考虑厂商万一不干这一行了你该怎么办。你要在多个项目或多个版本上利用该工具吗？你能自行维护吗？厂商能提供源代码吗？如果可以，源代码质量水平又如何？

3．质量

取决于工具的种类，工具的质量将关系到程序质量。如果厂商的工具有许多错，你的程序也将有许多错。如果厂商的工具很慢，你的程序也将很慢。选择工具前一定要多加检查。

4．成熟度

工具的成熟度是工具质量与厂商责任心的重要指标。一些组织拒绝向新厂商购买版本 1 的任何工具，而且不管说得有多好听都不买，这是因为这其中包含了太多的有关质量的风险，而且厂商的愿望不管有多好，其能否长久存活还值得探讨，一些组织干脆遵循"版本 3 原则"。

CLASSIC MISTAKE

版本 1 通常相当于原型式编码。产品定位尚不清，而且你也没法拿得准卖主将为工具的新版本选择什么道路。经常出现的情况是，你轻信了厂商信誓旦旦要把重点放在某类库的性能上的说辞，购买了版本 1，却发现到版本 3 时卖主已把重点放在了可移植性上（而且此时的性能表现极其不佳）。

版本 2 的产品方向要更明确一些，但有时版本 2 仅是个错误修正版，或表现出了第二系统的特征：开发人员把想放在版本 1 中的功能统统硬塞进了版本 2，质量问题陡然浮现，产品方向其实尚不明朗。

版本 3 通常是第一次真正稳定、而且可用的版本。版本 3 的悄然问世，这就意味着产品定位已经清晰，而且厂商也具备了必要的耐力来继续开发产品。

5．培训时间

考虑一下工具的直接使用者是否有过运用此工具的经验。你的开发组中有人参加过培训吗？你能否方便地找到熟悉此工具的自由程序员？学习曲线的存在将要花费多大的生产率代价？

相关主题

有关面向开发工具的设计的更多内容，请参考第 7.9 节。

6．适用性

工具是真的适合你，还是得强行做些改动？你能接受必要的依据工具而做的设计折中吗？在这个问题上一定要保持高度的警惕。

7．兼容性

新工具能否与你现在所用的工具和平共处？新工具是否会限制未来的工具选择？

8．发展规划

除了你知道你的产品发展方向之外，工具能否支持你的产品所选择的道路？

CLASSIC MISTAKE

软件项目突破其最初框架是一件非常自然的事情。我参加过一个项目，当时的项目组必须在低端的公司内部数据库管理软件和高端的商业化 DBMS 二者之间做出抉择。支持商业化数据库管理系统的工程师指出，商业化 DBMS 在数据库负荷沉重的情况下，运行仍然可能会快好几倍；而倾向于公司内部 DBMS 的工程师则坚持认为处理速度不是需求之所在，相应的性能考虑也是无关紧要的。最后开发组选择了公司内部 DBMS 而不是更强大的商业化 DBMS，公司也就用不着支付许可费用了。

相关主题

有关发展规划的更多内容，请参考第 19.1.4 节。

最终的情况是，公司没有为公司内部 DBMS 支付许可费用，但他们的确付出了代价，而且是付得更多。尽管公司内部 DBMS 在小型测试数据库下运行速度还比较快，但是在满数据负荷下它就像蜗牛爬了。一些常见的操作居然要 24 个小时多。在执行性能让人吃惊地糟糕时，性能需求也就在这时被提了出来。这时，使用公司内部数据库程序的几千行代码已经被写出来了，但没有办法，公司只能重新振作起来，改写它的DBMS 软件。

对于只能最低限度满足工作的工具，千万不要选择它们。

9．定制遴选标准

在确定遴选工具的一系列标准时，要确保根据的是自己的标准而非别人的。读一读比较评论，看一下使用某特定工具类所涉及到的问题，这样做是有好处的，因为从中往往可以发现以前没有考虑到的问题。但一旦问题都看过之后，要自行决定哪些问题对自己算是真正的问题。不要只是因为杂志评论说把某个标准加入了他的清单中，你也就紧接着跟风，因为很少出现这样的情况，哪怕是权威杂志上的评论，其中提到的东西也很少能有一半适用于你个人的某个项目。

15.3.3　承诺

一旦工具选定之后，就要坚持用它。不要老是抬头张望，寻思着是否还有更好的工具存在。让其他的工具见鬼去吧！正如奥布林(Larry O'Brien)说的那样，"当项目第一次遇到大的障碍时，担心自己的努力会不会白费，这是很自然的。但要记住，每一个项目，每一个工具都有它独有的第一大障碍。"(O'Brien 1995)。遇到障碍不是一件好事，但你必须意识到，不管你在遴选工具时做得如何好，遇上至少数次障碍是必然的事情。在项目进行当中更换工具，只能预示着你将会再遇上至少一次大的障碍。

15.4　生产率工具的使用

虽说你的工具获取战略已经是相当有效的了，但在随后的工具使用方面依然会遗留有一些问题。如何实现工具与项目间的结合对提高快速开发能力同样有着重大的影响。

15.4.1　何时使用

软件项目通常存在着熟悉新工具的学习曲线阶段和因熟悉了新工具而带来了生产率收益这两者之间的权衡折中。当你第一次使用某种从来没用过的新工具时，你花的时间肯定要多。你要花培训费、实验费，领略工具弱项所付出的代价（就好比我那个视窗图元文件的项目），以及与同组人员探讨如何实现工具效益最大化时的通信费用，等等。

如图 15-2 所示，如果认为你的项目与项目 B 时间同样长，就可以补偿在学习曲线上的投资。如果期望项目早点儿结束，比如在项目 A 点，最好不要用该工具，至少就项目 A 而言。

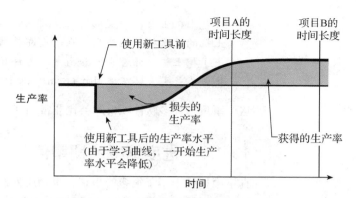

图 15-2 学习曲线对生产率的影响。为类似于项目 A 的短期项目引入新工具，
　　　　并不能补偿你在学习曲线阶段所造成的生产率损失

如果从组织的角度来看，考虑的问题就会有点儿不同了。如果你有的总
是类似于项目 A 的短期项目，而且新工具的学习曲线也如图 15-2 所示
的那样，那么你将永远不会有为单个项目引入新工具的恰当时机。但为
了组织长远的发展，以及长期的生产率提高起见，你有时就不得不为某
个项目选择一种新工具，尽管该工具对该项目并非最适合。

由此你可以为快速开发得出两个结论了。首先从长远来说，你必须经常
性地引入新的更具效率的工具，借以提高生产率。这种引入不能单纯地
从某一个项目的基础上来看待。其次，从短期来看，快速开发项目并不
适合于引入新工具。在快速开发的仓促性中寻找一条新的捷径是很不明
智的作法。你可以选择一个时间要求不是太高的项目，让这个项目来吸
纳新工具的学习曲线。

15.4.2 培训的重要性

工具越强大，发挥其效用的难度也就越大。如果缺乏足够的培训，再有
潜力的工具都有可能被束之高阁。贝尔德斯利 (Wayne Beardsley) 这样描
述道：

> 把我们的软件公司想象成建筑公司吧。现在我们的任务是
> 要在相距五英里的街道与农舍间挖出一条沟渠来。为此我们已
> 经为工作人员购买了最新式的挖土机系统。平时，工作人员坐

CLASSIC MISTAKE

在挖土机上面,一直从街上开到沟的尽头,然后跳下来,用挖土机的铁锹挖了几英尺。在一天即将结束之时,工作人员又跳上了挖土机,开着它回到街上。或许我们有必要解释一下挖土机并不是买来供穿梭用的 (Beardsley 1995)。

这个事例与许多软件项目的类比非常贴切。

15.4.3 进度缩减的期望值

真空中往往干不了很多的事情,事物所处的环境对事情的成功与否起着极其重要的作用 (Basili and McGarry 1995)。卖主所宣称的生产率是指在理想环境下运行的最大潜力的生产率,这时你就有必要估量一下工具在你的实际环境下会有多大作用了。

为了估计一种生产率工具加快进度的期望值,你就必须利用你所规划的整个生命周期来考虑问题,而后再估计出在生命周期的每一个部分你打算节省多少工作量。

相关主题

有关瀑布生命周期模型的更多内容,请参考第 7.1 节。

假定你有一个采用经典瀑布模型的系统项目,你打算使用第 4 代语言 (4GL) 如 Focus、Visual Basic 或 Delphi 等来编写系统的 50%。进一步假定,如果系统全部由第 3 代语言 (3GL),如 C、Basic 或 Pascal 编写的话大约会有 32000 行源代码。表 15-1 大致表明了这种类型的项目是如何分解到活动的。

HARD DATA

就你这方面而言,采用 4GL 是利用生产率工具最有力的方式之一。虽说各种估计有些差别,但在 3GL 到 4GL 的转型中,一般来说可以提高编程效率的 75% 左右 (Jones 1995)。同时在设计中,你也可以把期望值同样放在 75% 上 (Klepper and Bock 1995)。

不幸的是,设计与编码阶段所形成的 75% 的节省并不能保证总进度就会有 75% 的节省。在上例中,仅有 50% 的程序采用 4GL,所以 75% 的节省还只能应用一半。此外,架构、单元测试和系统测试等活动不能节省,集成阶段也只有部分的节省。所以根据以上实际情况,50% 的系统采用了 4GL 的话,总体工作量的节省也大约只是 20%。

表 15-1 一个 32 000 行 3GL 代码行的项目的 50% 改用 4GL 时带来的工作量变化

活动	未改用 4GL 的工作量（人月）	活动节省的期望值	最终工作量（人月）	原因剖析
构架（高层设计）	6	0%	6	需要同样数量的架构设计工作量。任何节省都将被 4GL 与 3GL 综合的需求所抵消
详细设计	8	38%	5	系统用 4GL 编码的那 50% 部分可以提高 75% 的效率
编码 / 调试	8	38%	5	系统用 4GL 编码的那 50% 部分可以提高 75% 的效率
单元测试	6	0%	6	功能相同，单元测试也相同
集成	6	30%	4	采用 4GL 编码的那部分效率能提高 75%，但这要被兼容 3GL 与 4GL 的努力所抵消掉
系统测试	6	0%	6	功能相同，系统测试也相同
总工作量（以人月为单位）	40	20%	32	
进度节约量				
进度期望值（日历月）	10.3	8%	9.5	

不幸的是，我们在削减工作量方面做得还不是很充分。一位女士可以在 9 个月内孕育双胞胎，但那并不是说她孕育一个孩子平均花四个半月。工作量的节省还不能直接转化成总进度的节省。工作量节省 20%，反映在总进度上却仅有 8% 的节省！

真正不幸的消息是在这儿。这个例子甚至没有包括花在需求说明或学习曲线上的时间。如果你把这个也算上的话，项目时间的节省率又要大打折扣了。

相关主题
有关工作量和进度之间关系的更详细内容，请参考第 8.5 节。

下面的例子或许就有点儿鼓舞人心了。这次假定你有一个与上例中完全相同的程序，但这次你完全用 4GL 来实现它。表 15-2 列举出了你可以预期的节省状况。

表 15-2　一个 32 000 行 3GL 代码的项目全部转为 4GL 时的工作量的变化

活动	未改用 4GL 的工作量（人月）	活动节省的期望值	最终工作量（人月）	原因剖析
架构（高层设计）	6	80%	1	程序变小了，相应的架构也小了
详细设计	8	75%	2	从 3GL 转向 4GL，编码可以提高 75% 的效率
编码 / 调试	8	75%	2	从 3GL 转而采用 4GL，编码可以提高 75% 的效率
单元测试	6	0%	6	功能相同，单元测试也相同
集成	6	75%	1	从 3GL 转而采用 4GL 编码可以提高 75% 的效率
系统测试	6	0%	6	功能相同，系统测试也相同
总工作量（人月）	40	55%	18	
进度节约量				
进度期望值（日历月）	10.3	23%	7.9	

相关主题

这个表中的工作量估算是从表 8-10 中的数据得出的。进度估算是使用在第 8.5 节中描述的方程式 8-1 计算出来的。

HARD DATA

在这里，工作量方面的回报是惊人的，总的来说有 55% 的节省。进度方面的回报还比较平缓，是 23%，不过这里仍然没有算上转向 4GL 的学习曲线效应。3GL 向 4GL 转型是你所能选择的最强有力的生产率提升方式之一；但从例子中可以看出，即使你完全采用 4GL 来完成一个程序，进度也只能有 25% 左右的削减。

你可能不会赞同我在表中所估计的百分数，但你不要模糊了这些例子所表达出来的信息：任何一种生产率工具想要以 25% 的幅度提升进度的话，都是极其困难的，对于更加冒进的速度，你完全可以一笑置之。绝大多数工具的实际节省情况更接近于第一个例子，能提升进度的 10% 乃至更少。一些顶尖公司通过工具组合从而在几年间都维持了每年 15% 到 25% 的生产率提升，这似乎已经是上限了 (Jones 1994)。

工具与方法学

本节集中讨论的是生产率工具，但有关工具部署、使用人员培训以及使用后的预期节省等问题，这些也都可以用作新方法的使用说明。下一节将会涉及的内容既有工具，也有方法学。

15.5　银弹综合征

有一个故事是这样的：

> 从前，有一个可怜的寡妇和他的儿子杰克生活在一起。一天，他们实在没有钱买食物，于是杰克的母亲就让他到市场上去把他们的小奶牛卖掉。
>
> 在去市场的途中，杰克遇上一位老人，他提出要用五颗亮闪的彩豆和一块塑料换杰克的奶牛。杰克是个听话的孩子，他马上就拒绝了。但那人又接着说亮闪闪的豆子和塑料块都非常神奇，实际价值差不多抵得上 10 头奶牛。于是杰克就把奶牛交给他了。老人把彩豆和塑料块放进硬纸盒中，并把它称为"CASE 工具"。
>
> 杰克飞跑着回家找到母亲。"我把奶牛交给了我遇到的一个人。"杰克说，"他把这个给了我了。它叫 CASE 工具，非常神奇。"于是他打开了硬纸箱，让他母亲看那神奇的豆子和塑料块。
>
> "豆子！"他母亲说道，"哦，杰克。这种东西怎么会神奇呢？你这个傻小子！这下我们彻底完了！"她一把抓起 CASE 工具，把它扔出了窗外。当晚没饭吃，她只好将饿着肚子的杰克打发上床睡觉。

杰克的母牛换取 CASE 工具后发生了什么？豆子后来长成一颗神奇的豆茎了吗？杰克白白地丢掉了他母亲的奶牛吗？

使用软件工具最大的风险无疑就是银弹综合征，即天真地认为单单一种工具或技术本身就能够大幅度缩减开发时间（参见图 15-3）。采用新型编程语言、尝试一种 CASE 工具、转向面向对象编程、贯彻全面质量管理等，这些做法都是经典的一厢情愿。在快速开发项目中，相信通过银弹来加快开发速度的期望是很强烈的。

我们之所以是软件开发人员，就是因为我们认为计算机软件本身就蕴含着某种东西。我们每当看见一种新的软件工具时，我们就难以抗拒其诱惑力。这时谁还会去管它实用不实用！它有三维滚动条！菜单可以随意定制！看！它简直与 Brief、vi 和 EMACE 有一拼！新工具对开发人员的引诱相当大，我想银弹综合征简直就是一种职业危险。如果我们不易于相信工具软件可以解决问题的话，我们或许就不在这一行了。

"这个 CASE 工具非常神奇，它绝对能值 10 头奶牛！"

图 15-3　银弹综合征。在与工具销售人员打交道时，软件开发人员必须学会剔除水分，明察秋毫

前总统林肯说过，你不可能在所有的时间欺骗所有的人，我希望他说的是对的，但有时我们的软件行业就是爱背道而驰。软件开发人员周围充斥着有关生产率的夸大之辞——以 10 倍的速度节约你的开发时间！或者 100 倍！！更有甚者 1000 倍！！！琼斯 (Capers Jones) 估计近年来市场上有关 CASE 的、语言的、方法学的及软件工具的等方面的资料，大约有 75% 在生产率上的承诺是虚假的。这其中，兜售 CASE 工具的人最为过分，以下依次是信息工程、RAD、4GL 以及面向对象方法 (Jones 1994)。一般来说，被吹捧为银弹的工具并没有产生显而易见的改善，或仅有边际改善。一些人的确是被愚弄了。

HARD DATA

甚至当软件开发人员成功地克服了他们容易受骗的天性而开始拒绝银弹宣传的时候，他们的管理者却逼着他们那么做。琼斯在对 4000 多个项目进行研究后，得出结论说，至少有 75% 的美国软件经理天真地认为仅只一项因素就能够产生巨大的生产率与质量上的收益。更糟糕的是，他还注意到陷入银弹综合征的组织从来就没有过任何改善，事实上它们是倒退了 (Jones 1994)。另外他还注意到，银弹综合征在发展滞后的公司当中比较普遍。

CLASSIC MISTAKE

不幸的是，这种天真幻想的后果远不是温和的。就如同苦杏仁会给癌症病人带来风险一样，银弹综合征同样也对软件进度形成风险：追求错误的治疗方案往往转移了对其他更有效的治疗方案的注意力。言过其实的生产率宣传误导人们采用低效的工具，并延误了采用更具效率的工具的时机。因为我们买的是神奇的豆子，而不是真实的豆子，那我们只好饿着肚子睡觉了。那种认为一种工具就能大幅降低开发时间的天真幻想，会使得我们很随意地而不是更系统地去尝试新的工具。对于有效的工具，我们是串行而不是并行利用的。我们往往注重于短期性的改善，而忽略了长期的规划。最后，银弹综合征还是项目被取消、成本超支和过多开发时间的诱导因素。

15.5.1　识别银弹

对于每年轻轻松松就有超过25%的生产率提升的宣传，你大可置之不理，因为这是一种银弹宣传。随着时间的推移，人们从每一个被称为银弹的工具那儿获取了真实的体验，最终的结果是整个行业都知道了这根本就不是银弹。于是一种很不幸的副作用产生了，那就是我们倒洗澡水的时候把婴儿也倒掉了——一点儿都不重视一次次的宝贵经历，仅仅是因为该工具没能符合早期被夸大了的承诺。

下面是当前实际与承诺不相符的一些银弹。

1. 4GL(第四代语言)
4GL 是提升软件生产率的有力工具，但它们的作用是渐进式的，而不是革命性的。4GL 实际的生产率效益与表 15-2 中的数据大致在同一水准上。正如布鲁克斯 (Fred Brooks) 指出的那样，迄今为止一次真正巨大的生产率飞跃是源于汇编语言向 3GL(第 3 代语言) 的跃迁，从此之后，我们再也用不着关心特定机器的硬件细节了 (Brooks 1987)。任何其他语言改进所带来的收益相比之下都要远远小得多。

2. CASE 工具
CASE 工具能够提高软件开发速度，这一看法正在被成年累月地夸大着。CASE 在一些情况下的确有用，尤其是与数据方面。但在其他方面，CASE 工具本质上只能算是一种产生设计图形的高端工具。戴维斯 (Al Davis) 的描述再精确不过了：

> CASE 工具对于软件工程师的作用，完全类似于文字处理器对于写作的人的作用。文字处理器无法使一个蹩脚的小说家优秀起来，但能帮助每一位作者提高效率，改进文法。同样，CASE 工具也不能使得一个水平一般的工程师优秀起来，但它也确能改善每一位工程师的效率，并使产品更加精美。

从事实际工作的人也开始得出相同的结论了。调查发现，实际工作的人普遍认为 CASE 工具并不能改善设计质量 (Tesch，Klein，and Sobol 1995)。

但 CASE 工具毕竟还是有些帮助的，而且在某些情况下作用还挺大，不过它绝不是银弹。

3. RAD

RAD 是一组面向信息系统的实践集合，它有点儿适合于独立环境。在 *Rapid Application Development*(Martin 1991) 中，RAD 得到了较精确的叙述，其中提到了联合应用程序开发 (JAD) 方法、原型法、SWAT 小组、时限控制的可交付物，以及 CASE 工具等的组合，所有的东西加在一起即成了定义良好的方法了。由于 RAD 是实践的集合而不是一种单一实践，因此它有时就能够在特定的应用领域产生银弹般的收益。但 RAD 对于如定制软件、封装商业软件或系统软件等软件来说，由于它们具有唯一性，而且很容易产生问题，因此 RAD 的应用就要受到限制。除了以数据库为中心的信息系统这一原始起点以外，RAD 现在更多的只是在口头上声嘶力竭地叫嚷着更快的开发速度，而不再是真正有意义的方法。

4. 自动编程

自动编程是一个流毒甚广的银弹，似乎隔不多久就要浮现出一次。在一篇名为"自动编程：神话与前景"的文章中，作者声称，自动编程很像一个"鸡尾酒晚会神话"(Rich and Waters 1988)。根据鸡尾酒晚会神话，终端用户只要告诉计算机他们想要什么样的程序，计算机就会自动生成程序。产生计算机程序的唯一必要交流就是让用户把精确的需求说明告诉计算机就行了。这真是太简单了。

这种鸡尾酒晚会式的神话有一个难以自圆其说的矛盾：终端用户在与人类软件分析员进行完全的与精确的需求说明交流时都存在着障碍，我们没有理由相信，在向计算机讲述需求说明时的情况会好到哪儿去。当然我们也应当看到，输入到计算机里面的东西，今天是这样，明天就有可能是另一个样子，而且对"程序"的理解也会改变。但是我倒认为我们所能期望的最高级的编程语言，它将与人类的业务或职业的运作方式恰好在同一水平上，这就好比是一块完整的布料，可以根据不同的需要来进行裁剪。

最后，作者得出结论："将来的自动编程系统更像一台真空吸尘器而不会是全自动吸尘器。对于全自动吸尘器，你所做的就是决定是否要清扫，然后按一下按钮。而使用真空吸尘器，你的生产率会大大提高，但你仍然有许多工作要做。"

HARD DATA

相关主题

有关面向对象编程的其他评论，请参考第19章。

5. 面向对象编程

面向对象技术并没有一如人们期望的那样大展宏图。一份调查显示，采用面向对象技术的项目，其成功率从 1991 年的 92% 下降到了两年后的 66%。其中的原因或许是在 1991 年时采用面向对象技术的项目的开发人员都是一流的精英人物，他们的技术水平当然高于一般水准，而且他们也比较偏向于他们的结果。近期项目的开发人员也具有一定的水平，但他们对面向对象实践的长处和短处则比较审慎了。

面向对象编程在重用领域获得了巨大的收益，但在自然性和易用性方面的承诺却被无情地否决了 (Scholtz, et al. 1994)。面向对象编程综合了近 35 年来软件开发中最好的思想，要真正学会它并不容易。不过它给开发人员带来的负担是更多了而不是更少了，它应当被视为专家级的技术。如果我们这样看的话，它还真是开发人人员具箱的有益补充。

6. 单独利用本书中的实践

本书中所描述的实践，单独采用的话都无法产生银弹般的效果。有效地整合，再加上时间的沉淀，你才会发现它们会为你的开发进度带来巨大的提高。

15.5.2　忍辱负重

在《杰克与豆蔓》的童话版故事里，神奇的豆子最终长成了一棵巨大的豆茎，杰克成功地冒了一次险。但在这个童话的软件版本里，杰克的母亲把豆子扔出了窗外，故事也就随之戛然而止了。人世间哪里有什么魔豆，杰克白白丢掉了他母亲的奶牛。

尽管软件人员凭自己的最佳判断，告诉自己卖主的承诺是不现实的，但他们依然买下了神奇的豆子。卖主依然坚持不懈地许诺他们有能够长成巨型豆蔓的神豆，可以把生产率提升到高之又高的地步。开发人员与经理依然相信了这些谎言，继续付出百万美元的代价。软件行业的"64美元"的问题即是"我们还准备多少次购买完全相同的神豆？"

寻找解决问题的捷径是人类自然的天性，人类把目光紧盯在最便宜、最快捷和最容易的解决方案上，这完全是合乎情理的。但是令人难以置信的是，我们训练有素的专业人员近 30 年来却一直与自己最佳的判断背道而驰，而且我们这个行业一直在这样做。

软件开发是一项艰难而且耗时的工作。30 年来，我们的耳边一直充斥着一个神话，那就是能够大幅度加快进度、节约成本的工具就要降临了。然而 30 年过去了，它都没有来过。我说，这已经足够了。这里没有神话，空等没有意义。我们等得越久，我们面临问题所急需的有价值的和逐步改善的解决方案失去的也就越多。不存在任何容易的解决方案，存在的是更容易的方案，单独一种方案能够逐步提高生产率，组合起来就能大幅度提高生产率。

本书从某种意义上来说可以看作是一种呼吁，呼吁大家不要再去买所谓的神豆，寻找所谓的银弹。我们软件行业目前所需要的就是咬紧牙关，忍辱负重，为获取真正的生产率收益而付出实实在在的努力。

案例 15-2

出场人物

Angela（项目经理）
Mike（项目经理）
Kip（项目经理）

有效的工具使用

令 Angela 想不到的是，她被公司任命来负责公司新的工具组。她曾经抱怨说居然没有人看过她们有关 Blaze-O-Matic 版本 1 的事后总结，公司的另外一个开发组就在 Angela 他们吃过 Blaze-O-Matic 苦头之后又有了类似经历，这也就是说公司为此付出了两次沉重的代价。在 Angela 发牢骚的两个月后，就有人问她是否愿意负责新组建的工具组。

几个月过去了。一天，Mike 突然来拜访 Angela，并问她有没有听说过 Gung-HO-OO，并说这是一个新的用户界面库，据说性能优于

Blaze-O-Matic。

"当然听说过。"Angela 说，"公司已经有一个开发组利用它做完了一个项目，另一个开发组现在正在用，项目也快完了。我这儿有一本第一组的事后总结，你可以拿过去看一看。正在用 Gung-HO-OO 的开发组，它的联系人是一个名叫 Kip 的小伙子。这是他的电子邮件地址。"

Mike 向她表示了感谢，拿起事后总结读了起来。从报告的大概意思中可以看出，Gung-HO-OO 是一个稳定的软件包，但统计库功能较弱，不过这对写该报告的开发组来说关系不大，开发组就这个潜在问题向其他组发出了告诫。但这个缺陷对于 Mike 的项目则是个问题，看来艰苦的数字工作是必不可少的了。Mike 与 Kip 取得了联系，发现 Kip 的开发组也在做统计工作，而且已经花了大约一个月的时间尝试不同厂商的产品，并找到了一个能与 Gung-HO-OO 兼容的软件包，名字叫做 Tally-HO-OO。于是 Mike 也向他的开发组推荐把 Gung-HO-OO 和 Tally-HO-OO 结合起来使用，开发组同意了。

Mike 的开发组用这两个结合起来的软件包继续开发，结果他们几乎没遇到什么问题，并且在预定时间完成了项目。

在 Angela 的建议之下，开发组已经决定使用一种公司以前从未有人用过的新图形库。Angela 为此已做了初步的分析，不过她警告开发组要注意图形库上的一些弱点，这些弱点只能在实际项目的使用中才可以看出来。

项目结束时，Mike 的开发组得出的结论是该图形库。该库能够支持大约一半他们想要画的图，另外那一半，只好手工编写代码了。开发组的感觉是，如果他们能够知道手工编程量的话，他们就会更好地设计需要手工编码的图形了，其余图形的构建也用不着太多的工作。他们把他们的看法写进了事后总结当中，并送了一个副本给 Angela。Angela 随之它归档以便公司日后可以参考。

深入阅读

Brooks, Frederick P., Jr. *The Mythical Man-Month, Anniversary Edition*. Reading, Mass.: Addison-Wesley, 1995. This book contains the essays, "No Silver Bullet-Essence and Accident in Software Engineering" and "No Silver Bullet Refired." The first title is Brooks' famous essay reprinted from the April 1987 issue of Computer magazine. Brooks argues that there will not be, and more important, that there cannot be, any single new practice capable of producing an order-of-magnitude reduction in the effort required to build a software system within the 10 year period that started in 1986. "No Silver Bullet Refired" is a reexamination 9 years later of the claims made in the earlier essay.

Glass, Robert L. "What Are the Realities of Software Productivity/Quality Improvements," *Software Practitioner*, November 1995, 1, 4-9. This article surveys the evaluative research that's been done on many of the silver-bullet practices and concludes that in nearly all cases there is little research to support either productivity or quality claims.

Jones, Capers. *Assessment and Control of Software Risks*. Englewood Cliffs, N.J.: Yourdon Press, 1994. This book contains a detailed discussion of the risks associated with tool acquisition ("poor technology investments"), silver-bullet syndrome, and related topics such as short-range improvement planning.

Jones, Capers. "Why Is Technology Transfer So Hard?" *IEEE Computer*, June 1995, 86-87. This is a thoughtful inquiry into why it takes as long as it does to deploy new tools and practices in an organization.

O'Brien, Larry. "The Ten Commandments of Tool Selection," *Software Development*, November 1995, 38-43. This is a pithy summary of guidelines for selecting tools successfully.

译者评注

本章中作者告诉我们，宣称能够提高开发效率一倍以上的工具销售人员全都是骗子。在快速开发中，中间更换工具更是大忌。就算新的工具对于工作效率有提高，但是前期的学习、熟悉等损失往往淹没了新工具的效率。我认为作者对企业在战略层次上必须逐渐引入新工具，在快速开发项目上要慎用新工具的分析非常到位。从企业发展角度，必须要逐渐提高生产率，但这是摸索过程，要有目标地试验、总结；对于在时间上有苛刻要求的快速开发项目，是没有时间做这种试验的。

第 16 章　项目修复

本章主题
- 一般的修复方案
- 修复计划

相关主题
- 快速开发战略：参阅第 2 章

往往有一些项目在进行了很久以后才发现它们需要快速开发，而且通常是在发现项目已经延误的时间点上。项目有可能已经过了较早的截止期限，也有可能已经过了最终的交付期。不管怎样，总之是项目有麻烦，需要一定的补救措施。

本章中我所提到的有麻烦的项目，它们偏离计划进度不是一点半点。它们急需帮助，否则很有可能第三次沉没。这些项目具有如下的一些特征。

- 没有人对项目何时结束有一点点概念，而且绝大多数人连猜测的欲望都没了。
- 产品满目疮痍。
- 开发组人人员作超时，每周多于 60 多个小时——或者是在非自愿的情况下，或者是同事间引发的压力下。
- 管理者已经无法控制进度，甚至无法准确评估项目的状态。
- 客户对开发组能否交付承诺过的软件不再抱有信心。
- 开发组对项目进度采取了守势。如果组外的任何一个人向他们指出项目有麻烦时，开发组就感到了威胁的压力。
- 开发人员、市场人员、管理人员、质量保证小组及客户之间的关系非常紧张。
- 项目正处于被取消的边缘，客户和管理层正在考虑这个问题。
- 开发组的士气极度低落，开发的乐趣荡然无存，剩下的只是严肃和沉重。

对于如此一个千疮百孔的项目，小修小补根本无济于事。强有力的修复措施必不可少，本章就此做了描述。

案例 16-1

出场人物

Carl（项目经理）

Bill（老板）

Joe & Jennifer（开发）

Keiko（外包方）

一次不成功的项目修复

Carl 的库存控制系统项目 ICS 2.0，如今正在冲向项目结束的终点线。开发组在这个项目上已花了略多于 4 个月的时间，截止期限还剩下 3 周了。Carl 把开发组召集到一起做了指示："根据进度，每个人都应当在本周对自己的代码作最后一次检查了。情况怎么样？"

"相当不错了，只是还不够好。"Joe 如实相告，"我遇到了一些问题，而且我也尽力了，但在我看来问题至少还得花 5 周才能解决。"

"我这儿还得花两倍时间。"Jennifer 说，"其实我的进展挺顺利的，但这个项目怎么着都不应当规划成一个为期 5 个月的项目，7 个月倒还差不多。至于我这儿，我还得花 5～6 周的时间吧。"

Carl 不由自主地把手伸向了他的雪茄烟："那好吧，我得想想怎样把这个消息告诉老板。今天我拿出一个修复计划，然后再通知你们。"

第二天，Carl 向大家展示了他的计划。他已经说服他的老板 Bill 放弃原先 3 周的进度。Carl 打算从其他组把 Kip 借调过来帮助 Jennifer 和 Joe，而他还与一个叫 Keiko 的高级外包方取得了联系，让他帮助完成项目剩余的一部分。

"你不是在开玩笑吧？"Jennifer 疑惑地问，"难道你没听说过'神奇的人月'综合征？在这种时候增加开发人员将会使进度更加拖后。要让两个新人尽快上手得花去我们很多的时间。"

"我已经考虑过了，我也想避免这个问题。"Carl 说，"不过我想项目总归是可以分解的吧，这样你就不会注意到这两个新人的存在了，而且我会亲自培训他们的。"

"他们或许能够帮上点忙。"Joe 插了进来，"但老实说我真的需要 5 周时间，而且我的工作也没法再分解了，所以也就给不了他们了。"

"你是不是与这个项目签约了？"Carl 问，"项目还不至于那么麻烦。尽力去做吧，看看会有什么结果，怎么样？"Jennifer 与 Joe 知道争执已经没有意义，便说了句"好吧"就又开始工作了。

接下来的 3 周他们几乎是马不停蹄地干着。但 3 周后他们几乎还是没什么进展。"进展如何？"Carl 问。

"跟上次差不多。"Jennifer 汇报说，"我至少还有 4～5 周的工作量没有完成。"

"我这边也一样。"Joe 也汇报说。

"你们这帮家伙都在干什么呀？"Carl 怒了，"Jennifer，3 周前你就说过你还有 5～6 周的工作量没有做，那现在 3 周后了怎么还会有 4～5 周的工作没做呢？"

"一些事情比我预想的要长。"Jennifer 说，"而且虽说 Kip 和 Keiko 也没有带来什么矛盾，但让他们赶上进度倒是花了不少时间。他们不知道我们是如何处理源代码文件的，而且 Keiko 把一些主要的源程序文件给覆盖掉了，重新生成它们花了 Joe 和我好几天的工夫。"

"他怎么会覆盖掉你们的文件？"Carl 问，"你们不是还在使用自动源代码控制器吗？难道你们不做定期备份？"

Jennifer 的耐心正在一点点地被磨掉。她已经为这个项目倾注了全部心血，她有点累了。"听着，我们已经全力以赴地干了两个多月了，每个人都在拼。没有人有时间做自动版本控制，我们目前还只是一些小的挫折罢了。看，我说过 4～5 周我们就可以完成的，到那时我们就能完成！"会后，Carl 乐观地告诉老板 Bill 说他的开发组 4 周内就可以完成。

4 周后，开发组汇报说进展不错，但他们还说，要完成的话还得花上 3 周左右的时间。几周过去了，Jennifer 与 Joe 发现了一些设计上的失误无法编码。他们只好重新设计系统相当大的一部分。修正一个错误就有可能导致两个缺陷的产生，开发组估计的完成时间又向后拖延而不是提前了。Carl 也承认他的确不知道项目将何时结束。

两个月后，也即在 3 个 "3 周计划"过去之后，Bill 最终还是取消了项目。他遗憾地告诉用户，说他们还是只能继续使用 ICS 1.0 版或买个现成的替代产品。

16.1　一般的修复方案

对于一个想挽救项目的人来说，只有三种基本的方法可供选择。

· 缩减项目规模，以便在计划的时间与工作量内完成。
· 把注意力放在短期的改善上，以提高过程的生产率。
· 面对软件不可能按时完成的现实,放弃原计划,并着手进行危害控制,可能包括取消项目。

通过以上 3 种方式的组合我们还可以得出第 4 种方式。

· 扔掉一些功能，尽量提升生产率，必要时抛弃原进度计划

本章所要介绍的正是第四种方式。

理念

在项目修复模式下，注意力很有可能放在错误的问题之上：如何快点儿完成？如何赶上？其实真正的问题很少是这些。对于一个四面楚歌的项目来说，最根本的问题通常是如何完成而非其他。

项目修复涉及很多方面，本章则把重点放在了重新获取项目的控制权上。"控制"一词听起来很刺耳，尤其对于独立性很强的开发人员来说更是如此，但我倒认为不把注意力放在"控制"上的话就不可能挽救项目。根据我的经验，以及从软件工程协会的审计报告及其他发表的和未发表的报告来看，项目陷入困境的最首位原因就是控制不力。追求全速开发的欲望使项目采取了不明智的捷径，而且还没有注意到这样做是以真正的开发速度作为代价的（如图 16-1 所示）。最终的情况是项目控制很少，开发人员与管理人员甚至都无法知道项目有多大的偏差。

要想收回一度被放弃的控制权是很困难的，所以在你和你的开发组不得不面对修复是必要的这一事实的时刻，也是一次难得的领导机遇。它给了你一次从根本上修正项目的机会，这种机会在项目遇到的麻烦还不算太多的时候是不会有的。

这时就是决策的时刻了。如果你想改变的话，那就做大一点，而且马上去做。小修小补对整个开发组的士气不利，而且在管理者看来就仿佛你也不知道该怎么办一样。要想重新获取控制权，采取断然行动要比长时间的小打小闹好得多。

16.2   修复计划

当前有一组准则能够拯救处于挣扎当中的项目，它们都沿着人员、过程和产品这三维发挥作用。把本书中提及的准则组合起来就会有很多种方式，并据此产生很多种修复计划。本节就包括其中的一个计划。

"发现这个岛我真是太高兴了！刚才我们真是失控了！"

图 16-1　采取弱势措施来重获对项目的控制权，容易产生已经安全的假象

本书拟讨论的计划是专为拯救那些深陷泥潭的项目而准备的，那些项目最最需要帮助，所以我将详细而又彻底地讨论这种方法。假如你的项目还不至于那样惨，那你也就可以用一个不那么彻底的方法。你可以根据具体情况来调整我所说的项目修复计划。

相关主题

有关引入新技术的最有效手段的更多内容，请参考第 15.4.1 节。

最终几乎不起作用的计划仅仅是触及到了墙角，而仅触及墙角并不是当务之急，回到最基本的东西上去才是当前所要做的。本书即将讲述的计划与支撑起快速开发的四大支柱相当一致：避免典型错误；采用基本的开发实践；风险管理；寻求应用面向速度的实践方式。

16.2.1　第一步

在你启动修复计划之前，找出你所需计划的类型。

1.　评估当前的处境

相关主题

有关识别开发优先级的更多内容，请参考第 9.2.4 节。

确定截止期限到底有多关键，并找出到底怎样满足。你或许会发现其实并没有什么真正的硬性期限，因而也完全不必担心项目修复。同时你或许还会发现客户此时会比开始时更乐意讨论性能以免项目延误。

相关主题

更多详情，请参考第
10 章和第 37 章。

2.   应用 W 理论分析

为了获取成功，你和你的开发组需要做什么？你的客户又需要做什么？为了维持好与客户的关系你需要做什么？过去的已经过去了，关键要着眼于现在。如果你无法找到让每个人根据自己价值标准都觉得成功的方式的话，那么就干脆放弃这个项目。

3. 自己做好修复项目的准备

如果你的项目处于修复模式，而且不是落后了一点半点，你的项目可以说是支离破碎了，这时，首先要意识到你的项目已经支离破碎了，而且还要意识到采用以前的做法显然于事无补。要在思想上做好做大举动的准备。让你的开发组与管理者都意识到，如果想挽救项目的话，重大的举措必不可少。如果人们不愿意采取重大行动，这表明你已经输了，还是考虑取消项目吧。

4. 问问你的开发组需要做什么

向你的开发组的每一位成员探问出拯救项目的至少五种实际的观点。然后对这些观点进行评论，并尽可能地付诸实践。

5. 变得现实一些

处于项目修复模式的你有可能在脖子上已经挂上了一圈由破碎的进度承诺所组成的链子。它们使劲把你往下拉，就像老水手脖子四周的信天翁把老水手使劲拉下水一样。如果你处于项目修复模式，你的开发组极为需要的是清醒的、现实的项目领导。当项目修复开始时，老老实实承认你并不知道这该花多久的时间。向其他人解释把项目拉回正轨的计划，并给出一个你将承诺新的截止日期的时间。当然，在你还没有找到很好的理由来实现某个截止日期之前，千万不可承诺它。

16.2.2   人员

人员是快速开发当中最重要的杠杆支点，在进入过程与产品这两维之前，有必要把人员这个快速开发大厦的支柱之一浇筑得牢固一些。

1. 采取一切措施恢复开发组的士气

相关主题

有关激励的更多内容，
请参考第 11 章。

在项目修复期间，士气对于开发组的生产率来说扮演着关键的角色。上层管理者也想知道你是如何更多地提升士气的。不过在项目修复当中这是一个错误的问题。如果你的开发组工作已经够努力的了，那么现在的问题就根本不是如何最大限度地激励他们，而是如何恢复他们的士气，以便从根本上来激励他们。

恢复士气的最佳方式之一就是采取一个象征性的行动以表明你把开发人员放在了首位，要实现此目的最佳方式之一就是牺牲一下你组织的某个神圣不可侵犯的事物或观点（圣牛，sacred cow）。这就向开发人员表明公司位于他们的后面，并说明了这个项目是相当重要的。你的这些举动表明："我们必须全力以赴交付产品，为达此目的可以不惜一切代价。"不同组织的圣牛可以不一样，但只要你打破先例，开发人员就会知道你的用意。例如，让他们比组织中其他人上班晚些，并让他们早点回家。不要让他们仅仅做修饰代码的工作，把他们放到更重要的工作岗位上；还可以为他们购买他们早就想要的大屏幕监视器，吃饭的时候还可以为他们备好餐食。总之要让他们感到自己的重要性，对你的项目而言，他们也的确如此。

深入阅读

要想进一步了解牺牲圣牛的团队活力，请参考 *Software Project Dynamics* (McCarthy 1995) 中的规则 #48。

对于已经落后于进度的项目来说，神圣不可侵犯的观点中最神圣的就是绝对不允许休假。假如你处在离产品的发布还有 3 周，但实际要做完得花几个月的情形下，此时的休假将会得到开发人员的热烈欢迎，而且这样做也会让整个开发组保持健康与旺盛的战斗力。对于没日没夜工作的开发人员来说，整整一个周末的休假简直就有如一辈子那么长。

要确保你已为开发组创造了保健类因素。比如说去掉过多的进度压力，改善恶劣的工作环境，剔除管理上的操纵做法及其他不利于士气的因素。

相关主题

要想进一步了解挫伤士气的因素，请参考第 11.4 节。

2. 消除重大的人员问题

开发组对其领导人最常见的抱怨就是他们很少过问由组内有问题的人员带来的麻烦。如果你觉得你的组里有一位有问题的人员，那就请勇敢地面对这个现实，并果断处理好。哪怕是不合作的组员正起着关键作用，也要毅然决然地撤掉他们，因为他们对士气的影响要大于他们在技术上的贡献。对开发组进行重组是必需的，这也是减少损失的一个好时机。

相关主题

更多详情，请参考第 12.4 节。

3. 消除重大的领导问题

没有人会相信曾经把项目带到灾难边缘的领导人能够做出必要的重大举措来把项目引向成功。在有些情况下，不力的领导是技术主管；在其他情形下，可能是项目经理。你如果位于决策层来处理这个问题，那么调整一下领导层是值得考虑的。撤换是一个选择，但假如你是技术上的领导，你就可能无法解雇不力的经理；如果你是经理，解雇一个技术主管无论怎么说也不总是最佳出路。不过值得庆幸的是，你完全可以选择一些比"你被解雇了！"这类话更为有效的而且是更难以觉察的措施。

- 改变经理的老板。有时经理也需要不同的领导。
- 把经理的角色改成参与型的。有时技术型经理对于项目的成功，在技术上所作的贡献要比在管理方面所作的贡献大得多。
- 为经理配备一名助手。根据实际情况所需，助手或者可以集中于技术细节，让经理解脱出来把精力放在全局问题上；或者可以处理一些行政事务，让经理解脱出来把精力放在技术方面。有时在极端的情况下，"助手"可以把经理的几乎所有职责接手过来，让经理履行行政事务及向上层管理部门汇报。

以上几点属于管理者的变动，但对于项目技术主管层来说也同样适合。

CLASSIC MISTAKE

4. 增加新手一定要审慎

要记住布鲁克斯法则，即向一个已经延期的项目增加人手无异于火上浇油 (Brooks 1975)。不要不容分辩地向一个业已延误的项目增加人手。

但是看问题也要全面。如果你能把项目分解到所加的人并不干扰其他人的工作，那就没问题，加人吧。不过想一想加一个人，花 8 小时才能完成开发人员 1 个小时就能完成的工作，这种情形有什么意思。不过如果你的项目已经绝望至此的话，那就勇敢地加人吧，但这仍要按计划来。不管初衷如何，有些人无法容忍看到另外一个人花 8 小时来完成 1 小时的工作，那么此时就要想一想你是属于哪种人了。如果你觉得自己可能会犯错误，那就把赌注押在不加人这一方上。

5. 充分利用开发人员的时间

如果你处于项目修复模式，那你就得尽可能地充分利用好开发人员的时间，因为他们对这个项目已经很熟悉了。本想用在加人方面的钱倒还不如考虑花在如何集中现有开发人员的精力上呢，这样你倒会更快的。

集中开发人员的力量有多种方式。给他们私人办公室，把他们放在优先考虑的位置。确保他们不要为组织的其他项目所干扰，让他们从技术支持、系统维护、计划工作及其他吞噬开发人员时间的负担中解脱出来。这样做的意义不是强迫他们认真地工作，而是让他们从无关紧要的工作中解脱出来。

如果你必须加人的话，不要加开发人员。找行政人员来处理日常工作，或者帮助开发人员尽量减少私人的停工时间（如洗衣、购物、付账、修花园等）。

相关主题

允许承诺的级别在项目开始时是不同的，更多详情，请参考第 34 章。

6. 允许开发组成员各有不同

总有人会起来应付项目修复的挑战而成为英雄，而也总有人由于太累而不愿意全身心地投入，那都没有关系。总有人想成为英雄，也总有人不想成为英雄。在项目后期，你应当容忍那些安静的和稳当的开发人员，他们不会站到英雄般的高度，但他们知道他们自己的角色。你所不能容忍的应当是那些高声斥责英雄式开发人员想出风头的英雄否定者，项目修复时的士气很脆弱，你不能容忍那些破坏开发组士气的人。

相关主题

要想进一步了解开发人员如何调整自己的节奏，请参考第 43.1 节。

7. 观察开发人员的节奏

好的赛跑者会根据到终点距离的不同而采取不同的速度。终点线很近时赛跑者的速度要快于终点线很远时的速度。好的赛跑者都知道该怎样调节自己的节奏。

让开发人员跳出进度压力——精神压力——更多的缺陷——更多的工作量——更多的进度压力的恶性循环吧！缓和一下进度压力，给开发人员时间来考虑质量，进度其实就会自然而然地加快了。

16.2.3　过程

尽管人员是最为重要的杠杆，但是想要成功挽救项目的话，还得好好清理一下过程。

相关主题

要想进一步了解众多更典型的错误，请参考第 3.3 节。

1. 识别并改正典型错误

观察一下项目，看看是不是哪个典型错误的牺牲品。下列是一些应当提出来的最重要的问题。

· 产品定义变了吗？
· 项目有设计不足而导致的隐患吗？
· 目前有准确追踪项目状态的管理控制吗？
· 有为了截止期限而牺牲质量的行径吗？
· 截止期限现实吗？（如果已经至少两次延迟了进度，你就可能没有一个现实的截止期限。）

- 人们是否工作非常努力，以至于在项目末期或更早时候，你忘了他们的存在？（如果你已忘了他们的存在，他们的工作太努力了。）
- 是否有过采用全新的、未加验证的技术而白费时间的经历？
- 是否有一个有问题的人员拖累了开发组的其他人？
- 开发组的士气足够高吗？是否足以完成项目？
- 你是否有责任上的漏洞？是否有愿望是好的，但没有为项目的工作结果负责的人或开发组呢？

2. 修正明显支离破碎的开发过程

项目一遇到麻烦，大家通常都知道一定是过程的哪个环节出了问题。此时回归根本才是真正有用的——出问题的环节一定是项目有意或无意地忽略了软件最基本的东西。

如果是因为没有进行版本控制而使得开发组栽了跟头，那就建立版本控制。如果无法追踪已发现的缺陷，那就建立一个缺陷追踪系统。如果最终用户或客户不加控制地随意变更，那就干脆建立变更控制委员会。如果由于经常性的干扰而使开发组无法集中精力的话，那就另找佳所，在空间上用墙壁分开，哪怕用空的计算机箱子营造一个小天地。如果开发人员没有得到他们必需的及时决策，那么就建立战术办公室，每天下午5:00聚会，并承诺需要得到决策的任何人都可以满足其要求。

相关主题
更多详情，请参考第27章。

3. 创建详细的小型里程碑

在挽救一个挣扎中的项目时，绝对有必要建立一种追踪机制，以便你准确地知道项目的进展情况。这可以说是你控制剩余项目的关键。项目如果遇到麻烦了，就应当建立小型里程碑。

小型里程碑可以让你知道项目的逐日进展情况是否正按计划走。里程碑必须具有小型性、二元性和彻底性。小型性是指里程碑必须在1~2天内完成，不能再多花时间；二元性是指里程碑要么已经做完，要么就没有完成，不存在完成了90%的情况；彻底性是指当你检查完了最后一个里程碑时，项目也就完成了。如果有不在里程碑进度表上的工作，那就得添上去。不要做"进度安排之外"的工作。

设立并完成那些即便是不重要的里程碑，这对于促进士气也是很有裨益的。其实这表明了你能够取得一些进展，并进而重新获得控制权。

在项目初期设置小型里程碑的一个大问题就是你无法事先具体识别要做

的所有工作。但对于处于修复状态的项目而言，情况就不同了。在项目晚期，开发人员对产品都已经非常熟悉，于是也就能较详细地说出需要做什么。尤其是在项目修复时设立小型里程碑是十分恰当的。

4. 依据里程碑的完成来安排进度

要为每一个小型里程碑设立完成日期。千万不要打加班的主意：既然这在以前不顶事，那今后也将一样。如果你在计划中把过多的加班时间也考虑了进去，开发人员在已经落后的情况下不是通过多加班就能赶上的。最好这样安排进度：如果开发人员在小型里程碑上落后了，那么他们当天加一下班就应当能完成。这样就能保证项目按计划逐日进展。每一天都得到保证之后，每一周、每一月就能相应地得到保证，这也是整个项目按进度走的唯一方法。

5. 细致地追踪进度进展状况

如果建立小型里程碑后不追踪项目进度的话，这种进度安排过程无异于浪费时间之举。要每天根据小型里程碑检查项目运行情况，评估开发人员的进展，并确保标注为"已完成"的里程碑的确是 100% 地完成了。可以这样问一下开发人员："倘使我把这个'已完成'的模块的源程序拿走并束之高阁，那么我们还能把项目其余部分打包吗？你还有修修补补，或者有尚待完善的地方吗？它确实是 100% 完成了吗？"如果开发人员说："99% 完成了。"那就意味着还没有完成，即里程碑还没有实现。

绝对不能够让开发人员在小型里程碑进度上偏离正轨。只要误了里程碑，并不加以改正，项目就很容易偏离正轨。晚了 1 天就可以导致推迟 2 天，接着又变成 3 天、1 周或更长的时间。接下来的情况就是开发人员的工作与里程碑进度相脱节。不过当进度校正之后，就不用再担心进度偏差了。如果某一位开发人员在某一个里程碑上落后了，就让他或她当天加班赶上进度（当然如果一位开发人员提早完成了里程碑，那就太好了，那天就让他或她早点儿回家）。里程碑要逐日得到满足，进度要在适当的时候校正，这样问题才可以得到不断的解决。

6. 记录里程碑未完成的原因

记录每一个里程碑发生延误的理由，这样就可以发现一些潜在的原因。记录能够指出某个开发人员需要培训，或者突出难以让开发人员做出良好估计的组织活力，同时记录还可以把与估算相关的问题和其他与进度相关的问题区分开来。

7. 在一个短的时间以后再调整——1 周或 2 周

如果开发人员总是比计划的里程碑要慢半天的话，那便是校正开发人员开发进度的时候了。校正的方式是根据以前的延误率来修正当前进度。如果开发人员需要 7 天的时间来完成 4 天的工作，那就把余下的工作量乘以 7/4。不要幻想着能够在以后把失去的时间补回来。如果你处于项目修复模式，这种游戏肯定会输。

8. 在你得出一个有把握的进度前不要对一个新的进度计划做承诺

千万不要用一个糟糕的日期与一个同样糟糕的日期做交易。如果这样做了，就表明你正在出卖你的信用。

麦卡锡 (Jim McCarthy)

在得出一个良好的小型里程碑进度之前，不要把新的进度提交给上层管理者，在这个进度上至少要花 1~2 周时间，再校正，再花 1~2 周的时间检查一下校正的结果。如果新进度计划不是这样得出的，那么把它交给上层管理者就意味着以另一个同样差的进度计划代替了原先那个旧的。如果你严格遵循了上述的步骤，这样你做出的进度承诺就会有更坚实的基础了。

9. 进行风险管理要不辞辛劳

要根据第 5 章中的准则来集中进行风险管理。创建一个 10 大风险清单，并坚持每日风险监控例会。你可以在每天下午 5:00 战术办公室的例会上加上风险评估这一项议事日程，并就新出现的问题做出及时的决策。

16.2.4　产品

产品性能如果没有管好的话，要修复好一个项目通常也是不可能的。

1. 稳定需求

相关主题

有关变更控制的更多内容，请参考第 14.2 节。

如果在项目整个生命周期中需求一直在不停变化，就没必要再去找发生问题的其他原因了。要想项目顺利结束，必须首先把需求稳定好。经常有重大需求变更的系统不可能开发得很快，有时甚至根本无法开发。

在这个阶段需要完成一个近乎完整的需求说明并非是不寻常的事情。有些产品在开发期间的变动非常巨大，以至于当危机来临时，甚至没有人能够确切地知道产品应当包括哪些功能。开发人员与测试人员说不定谁也弄不清是否正在应当包含在产品中的特性上忙碌着呢！

有些项目会抵制在这么晚的时候确定需求的工作，但此时应当记住的是：其他的任何方式都是会引起问题的。你必须采取不同于当前的方法，而且应当在产品完成前，甚至在你确信开发组正在为你想要的产品埋头苦干前，就应当知道产品的性能集了。

如果项目已经进展了一段时间，那么这时候来确定需求将是很痛苦的，因为这会把一些人心爱的性能砍掉。这样做当然不好，但这应当是在项目早期就已经完成的工作，而且在项目完成之前必须做完。在修复模式下，对于项目千钧一发系于一身的需求集，如果不能让有关人员全身心投入，还不如放弃呢，因为你在在打一场不可能赢的战役。

需求集确定之后，就要禁止接受过高的变更。考虑一个变更甚至都可以花一整天的工夫，要实现一个变更就至少得多于一天了（而且这是性能上的变动，不是改正错误）。

相关主题

有关修正需求的更多内容，请参考第 14.1.2 节。

2. 修正特性集

项目修复状态提供了一个把可接受的需求集降低到最小程度的机会。要毫不犹豫地删掉优先级较低的性能。你用不着什么都修改，也用不着实现每一个性能，要根据优先级来。记住在这个阶段，真正的问题不是在尽可能少的时间内开发出产品，或创造出尽可能好的产品来，问题是能否完成这个产品。优先级较低的性能完全可以放到下一版本中去。

此时，人们应当乐意而且准备好定义一个最小的功能集。如果在项目修复模式下仍然不愿意牺牲心爱的功能，则表明他们可能根本就没有认真想过。

3. 掂量一下自己的政治地位

如果人们不乐意冻结需求或接受最小的需求集，最好趁此机会退一步仔细审视项目。想一想为什么其他各方仍然不集中于你的产品上？他们专注于什么呢？目前比产品更重要的是什么？他们在专注于权力斗争吗？他们是想让你或老板难堪吗？组织政治是很丑陋的，但它们的确存在，而在没有其他选择时也不愿做出关键性的折中，这是一个警告信号。如果深陷于政治漩涡而不是产品开发，本章讨论的项目修复计划的作用就极为有限，你得采取相应的措施了。

4. 去除没有用的垃圾

找出产品中每个人都知道的质量极低的那些部分。当你发现某段代码中

相关主题

更详细内容，请参考
第 4.3.1 节。

包含了很多缺陷时，你可能会想这大概是最后一个了吧。但要知道满是
错误的模块往往会倾向于令人惊异地产生连续不断的缺陷。容易出错的
模块是导致项目工作量大增的重要因素，最好把它们扔掉再继续开发
项目。

扔掉它们，重新启动设计过程，并审查与实现该设计，然后再审查实现
情况。这似乎是项目修复模式下难以胜任的工作，但是在项目修复模式
下正是一大堆无法控制的缺陷把项目一点点折磨死的。进行系统化的重
新设计并实现它可以降低风险。

5. 降低缺陷数，并要持续降低

遇上进度麻烦的项目经常对进度和方便的捷径感兴趣，质量就往往被忽
略了。这些折中对开发人员的影响将会一直持续到产品发布之前。如果
你的产品再过 3 周就要推出，那你几乎肯定做出了质量上的折中，并抄
了捷径，但其实那样做只是让你花费了更长的时间而已。

相关主题

有关为什么这个图会
降低缺陷的更详细内
容，请参考第 26 章。

开始使用一个 "公开缺陷" 图，并每日更新。图 16-2 是一个例子。

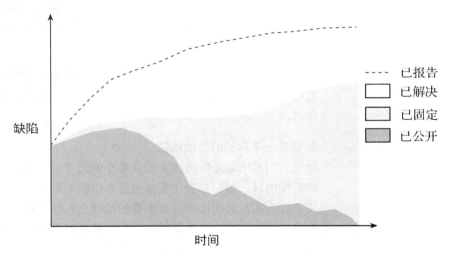

图 16-2   "公开缺陷" 的图例，本图的目的就是要强调降低缺陷的高度优先性，
这可是获取项目质量控制权的方式

公开缺陷图的目的就是强调公开缺陷的数目，以突出优先降低它们的重
要性。把公开缺陷的数目降低到可管理的层次，并且维持不变。可以采
用设计与代码复审的方式把缺陷维持在较低的水平，因为反复在低质量

的软件上忙碌是时间的极大浪费。把注意力放在质量上是减少开发时间的方式之一，而且这样做对项目修复是完全必要的。

相关主题

更详细的内容，请参考第 18 章。

6. 达到一个可知的良好状态，并在此基础上继续

不管你的产品处于何种状态，为它规划出最短的可能路线以达到你能够对产品子集进行构建并测试的状态。当你的产品达到那一点时，使用每日构建，使产品始终处于可构建和可测试的状态。为构建编写代码，并确保所加的代码不会与构建发生冲突，然后赋予维护构建工作以高优先级。有些项目甚至还要求开发人员带上呼叫器，一旦代码与构建冲突时就可以随时进行修正。

16.2.5 找准时机

奇怪的是，启动项目修复计划的最佳时机，可能不是你第一次意识到你的项目陷入麻烦之时。你必须确信你的管理者与开发组都已准备好接受这个消息，而且做好了修复项目的准备。这是你第一次就必须做对的事情。

你必须在两个考虑当中寻找平衡点。如果你过早启动项目修复计划的话，人们还看不出其必要性。你当然不想在其他人看见狼之前就大叫"狼来了！"如果启动过晚的话，你就有可能步入小修小补，小打小闹的后尘，不仅起不了作用，而且还会削弱你以后领导一个更具效率、更大规模的修复工作的信心。你已经多次大喊"狼来了！"

当然我也不是说要先眼睁睁地让项目陷入困境，然后你再英雄般地横空出世去挽救它。我是在说，如果项目的确已经陷入困境，我就建议你抓好展示出修复计划的时机，以便让项目的其他人员有着充分的接受准备，项目成功也就有保障了。

案例 16-2

出场人物

Carl（项目经理）

Bill（老板）

Keiko（外包方）

Kip（开发）

Jennifer & Joe（开发）

Charles（项目急救专家）

一次成功的项目修复

最终用户对于取消新的库存追踪系统的反应是非常激烈的，在Bill取消该项目的几周后，他又重新考虑了一下并得出结论说无论如何也要完成。而在那时，外包方 Keiko 已经在忙着另一个项目，Kip已被调至一个短期项目上，但仍可再召回来。Jennifer 和 Joe 刚刚度假归来，Bill 此时就认为他们又可以再试一次了。他把这个被取消项

目的领导 Carl 叫到自己的办公室。Carl 去了，还发现老板 Bill 的办公室还有一个陌生人。

"Carl，我已决定重新启动 ICS 2.0 了，我想再给你一次机会。这是 Charles，一位项目修复专家，我把他请过来帮助你们解决这个问题。他已经告诉我说你不可能马上就能拿出一份新的进度计划，而且要准确知道修复项目所花费的时间也得在几周之后。取消这项目真是让我左右为难，所以这一次无论如何都得做完。一旦有新的进度计划就立刻通知我。"

又得到了一次挽救项目的机会，Carl 很高兴。他想出了一些可以做得更好的方法，而且对于项目被取消这件事，Jennifer 和 Joe 一直闷闷不乐。于是他与 Charles 一起离开了 Bill 的办公室。

Charles 开始发表意见了："根据我所听到的情况，我想主要的任务就是把项目做完。我得找出每一个组的成功准则，并管理好余下的项目，这样才能满足成功准则。最终用户的意思是，只要在年末为旧系统做出一些更新，哪怕是解决一些长期困扰的问题也可以。我这儿有一份清单，它列举出了其中重大的问题，而且我也设法让最终用户同意其他的可以等待。当然他们也想尽快得到下一个版本，不过此时他们更想要的是我们能够最终做完的保证。"

"Bill 的成功准则也一样，他还想能够继续同用户组保持良好的关系呢。若你也把这个当作成功的话，你需要什么？"

Carl 想了一会儿。"我必须表明我能挽救这个项目，并满足其他人的成功准则。我休息过，我能够全身心投入了。"当天 Carl 就找 Jennifer，Joe 和 Kip 谈话。他们的成功准则是他们要完成业已启动的工作，而且在工作之外能够过上正常的生活。

"我再也不愿为这个项目牺牲其他东西了。"Jennifer 说，"即便是 3 周假期之后，我仍没摆脱阴影。能完成这个项目当然好，但我倒更乐意做别的项目，哪怕不能做完，总比这次噩梦般的经历强。"Kip 说他倒是可以努力工作，但 Joe 也说他与 Jennifer 的感受一样。

Charles 要求项目组好好想一想为了拯救项目都需要做些什么。Jennifer 与 Joe 的观点完全一致："上次我们太仓促了，而且抄了各种各样不好的捷径。我们有必要从头做起，好好整理一下。这次再也不能添加新手了。"Carl 同意了，他不想两次犯同样的错误。

　　Charles 介入了。"我现在要求你们所有人做的就是，拿出一份为发布产品所必须要做的工作的详细清单，我的意思是指所有的工作。改写不好的模块，修补构建脚本，建立自动版本控制，旧代码文档化，复制磁盘，与最终用户电话交流等等所有类似的事情，我的意思是都得算上。然后你们再估计每一项工作要多长时间。如果有一项工作所花的时间超过两天的话，最好把该工作分解。这样我们才能坐下来共同规划项目的剩余部分。"

　　"我想让你们知道的是，你所做的时间估计并不代表你的承诺。它们仅仅是估计值，在我们确认它们是对的之前谁都无法准确预知。我知道我索要的细节太多了，做出这些估计得花很多时间。我想你们得花一天多的时间才能拿出来，我并不惊奇。现在是项目支离破碎的时候，也正是我们想办法让它回到正轨的时候。"

　　开发人员花了两天时间拿出了令人难以置信的详细工作清单。Joe 对他自己的估计都有点儿吃惊，它把原先估计要 3 天的工作做了进一步的分解，发现其中的一些工作拆分后的部分再加起来却更像 5 ～ 6 天的工作。Charles 说他并不吃惊。整个开发组拿出了一份基于详细任务清单的进度计划，Charles 告诉 Bill 说大约 15 天之后他们将拿出一个修正后的结束日期。

　　紧接着的一周，Carl 与 Charles 每天都检查开发组的进度。Kip 总是能够准时完成。Jennifer 则发现她有时下午刚过去一半就完成了，有时又得加班至晚上 9:00。她的确是把工作做完了，但在这 1 周结束后，她却发现自己几乎干了 50 个小时。她告诉 Carl 说这有点太多了。Joe 在他的工作上遇到了麻烦，到那一周末才完成他所计划的一半。

　　开发组开了一个会，审视过去的进度。Charles 坚持要在 Joe 的计划进度时间的总和上乘以 2。尽管 Jennifer 倒也能够完成，但 Charles 提醒大家说 Jennifer 的成功准则还包括在工作之外过上正常的生活，所以 Jennifer 的总进度时间乘上了 1.25。这次修正使得每个人的负荷有点不均匀，所以他们重新安排了工作，每个人的工作量都差不多。

　　Carl 对结果有点儿吃惊。如果他们估计正确的话，10 周内他们就可以完成项目了，这似乎不算太糟糕。"我该不该把这个好消息告诉 Bill 呢？"Carl 问 Charles。

"不，我们还得再另花 1 周来调整进度，如果我们能够持续不断地完成每一个小型里程碑，那时我们才可以告诉 Bill。但我们可以让 Bill 知道从周一算起的 1 周后，我们将提交修订过的进度。"

接下来的一周进展出人意料地顺利。Carl 仍然每天检查每一位开发人员的进度以确保每一个里程碑都做完了，而且的确是做完了。有一天，Jennifer 工作得很晚，但她告诉 Carl 说那主要是因为当天她浪费了一点时间，而不是工作太多没做完的缘故。这周下来，每个人都赶上了进度。更重要的是，每个人都很高兴。起先 Jennifer 还认为小型里程碑会带来更多的小型管理，这样会很烦，但实际上每天被检查时却可以告诉别人自己有了进展，这种感觉真好。就这样，整个士气也就相应地上来了。

Carl 与 Charles 告诉 Bill 说 9 周就可以完成项目了。Bill 说这真是个好消息，等待是值得的。Charles 与 Carl 依然是每天检查项目未完成部分的完成情况。为了小型里程碑的完成，每个人都或多或少地赔进去了几个晚上，但 9 周之后他们的的确确是完成了。他们把软件交付给了最终用户并通知了 Bill。每个人都认为这个项目是成功的。

深入阅读

McCarthy, Jim. *Dynamics of Software Development*. Redmond, Wash.: Microsoft Press, 1995. This is an entertaining set of lessons that McCarthy learned from his experiences working on Microsoft's Visual C++ and other products. McCarthy describes an enthusiastic but essentially grim vision of software development at Microsoft. He presents Microsoft projects as spending nearly all their time doing what this chapter has called "project recovery." If you recognize that that is what McCarthy is writing about and read his book on that level, he has some valuable things to say.

Zachary, Pascal. *Showstopper! The Breakneck Race to Create Windows NT and the Next Generation at Microsoft*. New York: Free Press, 1994. This is a description of the development of Microsoft Windows NT 3.0. According to the author's description, the NT project spent more time in recovery mode than in normal development. Like McCarthy's book, if you read this book as a project-recovery fable, you can gather some valuable lessons. Once you've read the book, you'll be glad that you didn't learn these particular lessons firsthand!

Boddie, John. *Crunch Mode*. New York: Yourdon Press, 1987. This book is not specifically about project recovery, but it is about how to develop software under tight schedules. You can apply a lot of Boddie's approach to a project in recovery mode.

Weinberg, Gerald M. *Quality Software Management, Volume 1: Systems Thinking*. New York: Dorset House, 1992. Pressure is a constant companion during project recovery. Chapters 16 and 17 of this book discuss what Weinberg calls "pressure patterns." He describes what happens to developers and leaders under stress as well as what to do about it.

Thomsett, Rob. "Project Pathology: A Study of Project Failures," *American Programmer*, July 1995, 8-16. Thomsett provides an insightful review of the factors that get projects into trouble in the first place and of early warning signs that they're in trouble.

译者评注

接手修复支离破碎的软件开发项目，的确是个挑战。本章中作者告诉我们，修复工作不是靠加班加点来实现的，而是通过恢复士气来加速的。我认为这里提的几点很重要：把需求搞稳定是修复的先决条件，如果需求还在变化，修复是不可能实现的；根据需求进行详细规划，得出一个现实的进度计划，任何冒险的计划都会导致修复的失败；采用小型里程碑技术有效跟踪计划，使其不偏离轨道，是修复实现的保证。

第 III 部分
最佳实践

第Ⅲ部分包含 27 个最佳实践。

- 第 17 章　变更委员会
- 第 18 章　每日构建和冒烟测试
- 第 19 章　变更设计
- 第 20 章　渐进交付
- 第 21 章　渐进原型
- 第 22 章　目标设定
- 第 23 章　检查
- 第 24 章　联合应用程序开发
- 第 25 章　生命周期模型的选择
- 第 26 章　度量
- 第 27 章　小型里程碑
- 第 28 章　外包
- 第 29 章　原则谈判法
- 第 30 章　高效开发环境
- 第 31 章　快速开发语言
- 第 32 章　需求提炼
- 第 33 章　重用
- 第 34 章　签约
- 第 35 章　螺旋型生命周期模型
- 第 36 章　阶段性交付
- 第 37 章　W 理论管理
- 第 38 章　舍弃型原型法
- 第 39 章　限时开发
- 第 40 章　工具组
- 第 41 章　前十大风险清单
- 第 42 章　构建用户界面原型
- 第 43 章　自愿加班

下图是最佳实践总结表的一般样式，列举出了每一种最佳实践的代表性特征。在通读了第 17 章～第 43 章的每一个总结之后，就应当能够为项目或组织确定出最合适的实践。

100

最佳实践总结表样式

S U M M A R Y

每一种最佳实践都有一张关于实践特征的总结表。在你通读了第 17 章至第 43 章的每一个总结之后，你就应当能够为你的项目或组织确定出哪些实践是适合于你的了。

效果

缩短原定进度的潜力：	无 (≈ 0%)；一般 (0% ~ 10%)；好 (10% ~ 20%)；很好 (20% ~ 30%)；极好 (30% 以上)
过程可视度的改善：	无 (≈ 0%)；一般 (0% ~ 25%)；好 (25% ~ 50%)；很好 (50% ~ 75%)；极好 (75% 以上)
对项目进度风险的影响：	降低风险；没有影响；增大风险
一次成功的可能性：	小 (≈ 0% ~ 20%)；一般 (20% ~ 40%)；大 (40% ~ 60%)；很大 (60% ~ 80%)；极大 (80% ~ 100%)
长期成功的可能性：	低 (≈ 0% ~ 20%)；一般 (20% ~ 40%)；大 (40% ~ 60%)；很大 (60% ~ 80%)；极大 (80% ~ 100%)

主要风险

· 本栏总结了本实践对于项目的其他部分所造成的主要风险，不过不包括实践本身给项目成功所带来的风险。

主要的互相影响和权衡

· 本栏总结了本实践与其他实践的相互影响，以及采用本实践所不得不做出的权衡。

最佳实践总结表样式以及对各个栏目的解释

本书这一部分的章节描述了快速开发中的最佳实践，而这些实践则代表了最新的开发速度。一些实践是全新的，而其余的则已经付诸于实践二十年乃至更多。一些实践是司空见惯的（如果司空见惯的意思是常被采用的话），余下的在未阅读该章之前看起来不像最佳实践。

这些实践并不是说马上都应该被采用，有些甚至是互相排斥的。有一些实践你可能会发现用不着从根本上改变软件开发方式就可以用在你当前项目的开发中，而其他的实践则要对你的开发方式做出根本性的改变后才能用上它们。

最佳实践各章的安排方式

有关最佳实践的章节，其组织安排方式都大致相同。每一章都以本章开头部分那个样式的表格作为开头，每一张表都对每一种实践的效果、风险、相互影响和权衡作了总结，而有关总结的说明则在该章详细解释。

前面图"效果"下的前三点描述了本书 1.2 节中所讨论的三种类型的进度改善情况，即：

·   缩短原定进度的潜力
·   过程可视度的改善
·   对项目进度风险的影响

以下对这三项及最佳实践总结部分的其余各项进行逐一解释。

1．缩短原定进度的潜力

本条对采用此实践后项目进度的改善情况做出了估计，当然这种潜力的估计都假定实践是被成熟地应用的。如果是项目首次采用该实践，那么犯错误是很正常的，这也会使效果变差。

这里我是采用文字而不是数字来分等级的，即分为无、一般、好、很好及极好五级。前面最佳实践样式表也给出了文字描述与百分数这两者之间的大致联系。有些情况下，以百分率的衡量是由第三方估计的，其余的则是我个人对最佳实践效果力所能及的估计。

可以把文字上的等级转换成百分率，但是缩短进度的潜力用文字来衡量则是最恰当不过的。软件开发的实际状况一般无法让人做出类似"原型法使进度缩短 24.37%"这样的精确描述。一项研究可能发现原型法能缩短进度的 25%，另一项研究的结论则有可能是 45%，第三项研究就可能说根本没有任何缩短。文字上的分级反映了它对应数据的不精确性。

2．过程可视度的改善

可视度的衡量也是基于文字而非数字的。很难对类似"提高过程可视度"等无形的东西进行强制性的要求，我在这里也是尽我所能做了最接近的估计，采用了百分率来定义项目采用某实践后比采用传统瀑布生命周期模型后可视度的改善。本条目的评级源于我个人的最佳估计，我想再一次强调的是，文字描述与潜在数量化之间存在着近似的关联，但文字定级也体现出了数据的不精确性。

3．对项目进度风险的影响

一些实践，如渐进原型与传统的方法比较起来一般都能够缩短开发时间，但是同时它们也较难准确地说出项目何时才能够结束。一种传统开发方式可能要 3 个月，变化幅度在正负两周，而同一个项目如果采用渐进原型的话，就有可能花 2 个月，但变动幅度就有可能是 +6 周 −2 周了。这些实践通常被认为是增大了进度风险。以降低风险、没有影响、增大风险分级的方式就分别表明某实践是满足某截止日期，还是没有影响，抑或是不能满足这三种情况。

我特意把一些实践也归入了最佳实践，就是因为它们对进度风险有着正面的作用。它们或许对一般性的总进度有很少的影响或甚至是没有影响，但是它们能够抑制住较大幅度的进度波动，并使失控的项目进度重新得到控制。

4．一次成功的可能性

一些实践的学习使用比其他的更难一些。有些实践可以说是立竿见影，而有些只能耐心等待姗姗来迟的效果。一些实践（如重用）需要在基础结构上做出大量投资才能获得回报。这些几乎就没有什么所谓"一次"成功了，虽然从长期的角度来看它们潜力巨大，但在这里仍然标记为"小"。

相关主题

要想进一步了解 CASE 工具，请参阅第 15.5.1 节。

5．长期成功的可能性

即便是你把学习的因素也算上，有些实践还是比其他实践要成功得多。长期成功率讲的是长期使用某个实践直至娴熟时所产生的效果。从理论上说，它的分级包括从"低"到"极大"等 5 种，但由于本书讨论的是最佳的实践，所以也就不会有低于"大"的实践了。一些实践，比如CASE 工具，没有被本书收录为最佳实践，就是因为它的长期成功率被证明是"一般"或"低"。

与一次成功率的等级范畴比较起来，你可以看出与这些实践相关的学习曲线的大致坡度情况。一些实践，比如前 10 大风险清单，一次成功率与长期成功率都有相同的分级，要学习和使用这些实践是极其容易的。其他的如"变更设计"等实践，有一点不同的是它们分级多于一个，这些实践要学会和使用的难度相对较大。

6．主要风险

风险这个词含义较广，其中包括实践本身被成功运用的风险。这些风险在以后各章的主体部分而非在本表中做描述。本条目对使用实践给项目剩余部分所带来的风险做出了总结。

7．主要的相互影响和权衡

本条目讲述的是实践与其他快速开发及效率型开发实践是如何相互影响的，以及使用本实践时要做出哪些权衡。一些面向速度的实践几乎不会牵扯到权衡，但其他的实践，如为了缩短进度的话，则需要你花更多的钱，牺牲一定的灵活性，或者冒更大的风险。

其他小节

除了总结表外，本部分各章的组织安排的形式也大致相同，各章还包括下列内容：

· 使用最佳实践
· 管理最佳实践的风险
· 最佳实践的附带效果
· 最佳实践与其他实践的相互关系
· 最佳实践底线
· 成功使用最佳实践的关键

如何挑选最佳实践

能够入选为本书的最佳实践，是根据下列理由之一挑选的：

相关主题

要想进一步了解这3种
进度相关的实践，请参
阅第 1.2 节。

· 缩短开发进度
· 通过增强过程可视度，明显地缩短开发进度
· 降低进度的不稳定性，进而降低项目失控的概率

本书第 I 部分对一些最佳实践已经作了说明，本部分对它们只做总结。
你也许会问，"为什么你偏偏忽略掉了我最喜爱的结构化对象 FooBar
图表 (Object-Structured FooBar Charts) 呢？"这是一个典型的问题，也
是我写本书时所苦苦思索的一个问题。以下的一些原因都有可能造成一
些实践无法入选为最佳实践。

1．基本的开发实践

一些候选的最佳实践可以说是属于基本的开发实践范畴。在撰写本书时
我所面临的一个挑战就是要尽量避免把本书写成一般性的软件工程手
册。为了控制本书的篇幅，我在第 2 章对这类实践作了介绍，并列出了
其他的参考信息来源，从中可以获取到有关基本实践的大量信息。

在一些情况下，你或许正巧把某个实践归为基本实践，但如果它的确对
开发速度影响巨大的话，我就把它放在最佳实践章节当中介绍了。

2．最佳理念，而非最佳实践

有一些候选的最佳实践倒更像理论或理念而非实践。在软件开发中，理
论、实践与理念的区别不是特别清晰，我称为"理念"的东西你就有可
能称为"实践"，反之亦然。但不管怎么称呼，如果我认为它"最佳"，
那么我就会在本书的某一处对它加以介绍。如果我认为是理念的话，它
就会出现于本书的第 I 或第 II 部分。

后面的表是每一个实践及其出现地方的总结列表。

3．或许是最佳实践，但与开发速度无关

一些候选的最佳实践由于在质量与使用性上的良好效果而有可能入选，
但由于它们未能通过改善实际开发进度、进度及进度可视度稳定性等相
关测试，所以这些实践并未被本书收录在内。

4. 实践效果的佐证不足

一些很有希望的实践往往是由于有关佐证不是很充分而没有被认为是最佳实践。如果整个开发界对某实践尚未发表一定数量的试验和经验的相关文章，那么我将不在本书收录。属于这种范畴的实践或许将来某一天能够被证明其拥有大的改善速度的能力，那么到那时本书的将来版本便会收录它了。

还有少数情况，尽管有关实践本身的相关文章的发表数量还不足以证明它是最佳实践，但我个人跟它打过交道，而且它也成功地使我相信它的确是一个最佳实践，那么我将在本书收录它，而不管它相应文章并不是很充分的事实了。

5. 实践效果佐证存有疑窦

一些候选的最佳实践看起来倒是挺有希望的，但我所能找到的发表过的信息仅仅是来源于卖主，或者是有意炒作该实践的其他方，所以本书不予收录。

6. 非最佳的实践

一些候选的最佳实践在某些方面得到高度评价（甚至有人非常热衷），但这也无法使其非成为最佳实践不可。在一些情况下，经验表明，某些被看好的实践无法达到人们的期望水平。有些情况下，实践虽好，但终不是最佳实践。而另一些情况则是，实践一旦起作用就能大显身手，但更多的时候它还不能被认为是最佳实践。

有一种情况，即快速应用程序开发 (RAD)，这种候选实践由本书提及的许多实践组合而成。这种组合在一些场合下或许非常有用，但由于本书所倡导的是为特定项目的具体需要而选择某些快速开发实践，故这种实践组合本身就不能看作是最佳实践。

我知道大部分读者仍不清楚我是如何将某些具体实践归类的，比如结构化对象 FooBar 图表或类似的情况（其实我也会怀疑的）。为满足读者的好奇心，下面的表不仅总结了所有候选的最佳实践及其出现在本书中的位置，还对某些实践不被入选的原因加以详细解释。

对于某位正在规划一个快速开发项目的人来说，本表也可以作为面向速度实践的一个综合参考。

候选最佳实践总结

候选最佳实践	参考之处或未入选原因
4GLs(第四代语言)	最佳实践。参阅第 31 章
分析，需求	基本的
架构	基本的
购买 / 自制规划	基本的
CASE 工具	实践效用的佐证不足。参阅第 15.5 节
变更委员会	最佳实践。参阅第 14.2.4 节与第 17 章中的总结
净室开发	或许是最佳实践，但无益于开发速度
源码，可读性，高质量	基本的
构建实践，有效果的	基本的
面向客户	最佳理念。参阅第 10 章
每日构建及冒烟测试	最佳实践。参阅第 18 章
设计情节串连图板	作为最佳实践的证据尚不足
设计，面向对象，结构化等	基本的
面向进度的设计生命周期模型	非最佳实践。参阅第 7.7 节
面向工具的设计生命周期模型	非最佳实践。参阅第 7.9 节
变更设计	最佳实践。参阅第 19 章
教育，管理	或许是最佳实践，但无益于开发速度
教育，技术人员	或许是最佳实践，但无益于开发速度
易错模块	基本的
估算工具，自动化的	基本的
估算与进度计划，准确的	最佳理念。参阅第 8 章与第 9 章
渐进交付生命周期模型	最佳实践。参阅第 20 章
渐进原型生命周期模型	最佳实践。参阅第 21 章
功能集控制	最佳理念。参阅第 14 章
目标设定	其他章节中讨论到的最佳实践。参阅 第 11.2 节及第 22 章中的总结
雇用高级人才	基本的。参阅第 2.2.1 节
信息工程	实践效用的证据不足

候选最佳实践	参考之处或未入选原因
检查	基本的。其他章节中讨论到的最佳实践。参阅第 4.3 节及第 23 章中的总结
整合策略	基本的
联合应用程序开发 (JAD)	最佳实践。参阅第 24 章
联合需求规划 (JRP)	非最佳实践。参阅第 24.1.1 节
领导力	基本的
生命周期模型选择	其他章节中讨论到的最佳实践。参阅第 7 章及第 25 章中的总结
度量	最佳实践。参阅第 26 章
会议，有效率的	基本的
里程碑，主要的	非最佳实践。参阅第 27 章中的补充说明"主要里程碑"
里程碑，小型的	最佳实践。参阅第 27 章
最小限度需求说明	非最佳实践。参阅第 14.1.1 节
激励	最佳理念。参阅第 11 章
对象技术	基本的。参阅第 4.2 节
外包	最佳实践。参阅第 28 章
加班，过度的	非最佳实践。参阅第 43.1 节
加班，自愿的	最佳实践。参阅第 43 章
并行开发	基本的
规划工具，自动化的	基本的
规划，有效果的	基本的
原则谈判法	其他章节中讨论到的最佳实践。参阅第 9.2 节及第 29 章中的总结
过程改善	最佳理念。参阅第 2.2.2 节与第 26 章
高效开发环境	最佳实践。参阅第 30 章
高效开发工具	最佳理念。参阅第 15 章
质量保证	基本的
快速应用程序开发 (RAD)	本身不是最佳实践，但是最佳实践之间的组合
快速开发语言 (RDLs)	最佳实践。参阅第 31 章
需求分析	基本的

续表

候选最佳实践	参考之处或未入选原因
需求修正	其他章节中讨论到的最佳实践。参阅第 14.1.2 节及第 32 章中的总结
重用	最佳实践。参阅第 33 章
复查，走查及代码阅读	基本的
风险管理	最佳理念。参阅第 5 章
进度工具，自动化的	基本的
SEI CMM(能力成熟度模型) 级别	最佳理念。参阅第 2.2 节
签约	最佳实践。参阅第 34 章
软件配置管理 (SCM)	基本的
源代码控制	基本的
螺旋型生命周期模型	其他章节中讨论到的最佳实践。参阅第 7.3 节及第 35 章中的总结
人员专门化	最佳实践。参阅第 13 章
人员层次 (人员数目及添加时机)	基本的
阶段交付生命周期模型	最佳实践。参阅第 36 章
结构化编程	基本的
团队结构	最佳理念。参阅第 13 章
团队合作	最佳理念。参阅第 12 章
测试	基本的
W 理论管理	最佳实践。参阅第 37 章
舍弃型原型	最佳实践。参阅第 38 章
限时开发	最佳实践。参阅第 39 章
工具组	其他章节中讨论到的最佳实践。参阅第 15.3.1 节及第 40 章中的总结
前十大风险清单	其他章节中讨论到的最佳实践。参阅第 5.5 节及第 41 章中的总结
追踪	基本的
用户界面原型	最佳实践。参阅第 42 章
双赢式谈判	参阅第 29 章

最佳实践评估总结

下表是第 17 章～第 43 章所讨论的最佳实践的对比。

最佳实践评估总结

最佳实践	缩短原定进度的潜力	过程可视度的改善	对项目进度风险的影响	一次成功的可能性	长期成功的可能性
变更委员会	一般	一般	降低风险	很大	极大
每日构建及冒烟测试	好	好	降低风险	很大	极大
变更设计	一般	无	降低风险	大	极大
渐进交付	好	极好	降低风险	很大	极大
渐进原型	极好	极好	增大风险	很大	极大
目标设定（最短进度为目标）	很好	无	增大风险	大	很大
目标设定（最小风险为目标）	无	好	降低风险	大	很大
目标设定（最高可视度为目标）	无	极好	降低风险	大	很大
检查	很好	一般	降低风险	大	极大
联合应用程序开发（JAD）	好	一般	降低风险	大	极大
生命周期模型选择	一般	一般	降低风险	很大	极大
度量	很好	好	降低风险	大	极大
小型里程碑	一般	很好	降低风险	大	极大
外包	极好	无	增大风险	大	很大
原则谈判法	无	很好	降低风险	很大	极大
高效开发环境	好	无	没有影响	大	很大
快速开发语言	好	无	增大风险	大	很大
需求修正	很好	无	降低风险	很大	极大
重用	极好	无	降低风险	低	很大
签约	很好	无	增大风险	一般	大
螺旋型生命周期模型	一般	很好	降低风险	大	极大

续表

最佳实践	缩短原定进度的潜力	过程可视度的改善	对项目进度风险的影响	一次成功的可能性	长期成功的可能性
阶段交付	无	好	降低风险	很大	极大
W 理论管理	无	很好	降低风险	极大	极大
舍弃型原型	一般	无	降低风险	极大	极大
限时开发	极好	无	降低风险	大	极大
工具组	好	无	降低风险	大	很大
前十大风险清单	无	很好	降低风险	极大	极大
构建用户界面原型	好	一般	降低风险	极大	极大
自愿加班	好	无	增大风险	一般	很大

第 17 章　变更委员会

S U M M A R Y

变更委员会 (Chang Board) 是控制软件产品变更的一种措施。它是通过让各有关部门 (如开发部、QA、用户文档、客户支持部、市场部及管理部门) 的代表在一起工作的方式进行的。他们对批准或拒绝项目变更具有最终决定权。通过提高性能变更的可视性、减少项目中难以控制的变更数目等方法，可以对项目产生快速开发的效果。变更委员会可以应用于各种环境中，例如商业系统、封装系统及系统软件等各类环境。

效果

缩短原定进度的潜力：	一般
过程可视度的改善：	一般
对项目进度风险的影响：	降低风险
一次成功的可能性：	很大
长期成功的可能性：	极大

主要风险

批准的变更太少或太多

主要的相互影响和权衡

可以和其他的方法自由地混合使用

有关变更委员会的更多信息，请参考第 14.2.4 节。

第 18 章 每日构建和冒烟测试

S U M M A R Y

每日构建和冒烟测试是个过程，在这个过程中，软件产品每天都被完整地构建 (build)，并通过一系列的测试以检验它的基本运行情况。这个过程是逐步构造的，因此，即使项目在进行中，也可以启动它。这个过程本身具有补救功能，可以减少经常遇到的时间浪费的风险，如不成功的集成、质量低劣和进展可视性差等。项目在修复模式时它可以对项目提供关键控制。它的成功取决于开发人员是否认真执行以及冒烟测试是否设计得好。每日构建和冒烟测试可以有效地应用在各种规模和不同复杂程度的项目中。

效果

缩短原定进度的潜力	好
过程可视度的改善：	好
对项目进度风险的影响：	降低风险
一次成功的可能性：	很大
长期成功的可能性：	极大

主要风险

· 有过于频繁发布程序中间版本的压力

主要的相互影响和权衡

· 用项目开销的略微增加来换取集成风险的明显减少和过程可视度的改善
· 和里程碑一起使用特别有效
· 提供增量式开发生命周期模型所需要的支持

如果你有一个只含有一个文件的简单程序，为了生成它的可执行程序所做的构建工作只包括编译和链接这个文件。而在使用成打上百，甚至上千个文件的典型项目组中，生成一个可执行的产品的过程就会变得很复杂，并且很消耗时间。产品必须按顺序"构建"并保证它运行。

在每日构建和冒烟测试过程中，每天都要对整个产品构建一次。这意味着每天都要将每个文件编译、链接，并合成为一个可执行程序。然后让该产品通过"冒烟测试"，它是一个相对比较简单的测试，主要看产品运行起来后是否"冒烟"。

这个简单的过程可在以下几方面明显地节省时间。

深入阅读

有关软件集成的更多内容，请参考《代码大全》。

1．使集成风险降到最小

项目面临的最大风险之一是当项目成员将他们各自独立编制的代码集成在一起时，这些代码不能很好地在一起运行。风险程度取决于这种不兼容性多迟才被发现。假使集成早一点进行，调试就可以有充裕一点的时间——因为程序接口可能需要修改，或者系统的主要部分需要重新设计和重新实现。集成出现严重问题时会导致项目被撤销。每日构建和冒烟测试能使集成时出现问题的可能性减小并且可以控制，也能防止难以控制的集成问题的出现。

相关主题

有关低质量对于开发进度影响的详细内容，请参考第4.3节。

2．减少低质量风险

与不成功的或有问题的集成风险有关的是低质量风险。通过每天对所有代码进行最小冒烟测试，可以防止项目控制中的质量问题。这样就把系统带进了公认的、好的状态，并且一直保持这种状态。以后只要简单地防止系统出现浪费时间的质量问题即可。

CLASSIC MISTAKE

3．比较容易支持对缺陷的诊断

当产品每天被构建和测试时，它可以很容易地指出为什么在那天产品出现了问题。如果产品在17日还运行正常，到了18日出现了问题，则问题显然出在17日的构建和18日中断的这段时间里。如果你是每周或每月进行一次构建和测试，则问题可能出现在17日到24日之间或17日到下月的17日之间。

4．支持对项目进展的监控

当你每天构建系统时，系统具有或不具有某些功能是明显的。技术主管和非技术主管都可以简单地通过测试产品，从而了解系统离完成还差多远。

5. 它可以提高士气

正如布鲁克斯 (Fred Brooks) 指出的，工作成果可以令人难以置信地提高士气。几乎与具体产品无关，开发人员即便看到产品在运行中可以显示一个长方形都会兴奋。每日构建工作可以使开发人员每天都能看到工作成果的细微变化，从而使其保持高昂的士气。

6. 可以改善客户关系

如果说每日构建对开发人员的士气是正面的影响，那么它对客户的士气也是正面的影响。客户喜欢表示项目进展的标志，而每日构建则为项目的进展频繁地提供了标志。

18.1 使用每日构建和冒烟测试

隐含在每日构建和冒烟测试过程中的想法是很简单的：每天构建产品并测试它。下面的章节叙述了这个简单想法的来龙去脉。

1. 每日构建

每日构建最基本的原则是每天构建产品。正如麦卡锡 (Jim McCarthy) 所说，将每日构建看作是项目的心跳 (McCarthy 1995c)。如果心脏不跳动了，项目也就终止了。

作个小比喻，有些人把每日构建描述为一个项目的同步加速脉冲 (Cusumano and Selby 1995)。不同开发人员的编码可能会有点偏离同步加速脉冲，但是每一个同步脉冲，必须让所有编码仍旧回到队列中来。假如你保持密集的脉冲，就可以防止某些开发人员脱离同步。

使用一个自动构建工具 (如 make) 可以减少与每日构建相关的重复性工作。

2. 检查失败的构建

为了使每日构建过程有效，被构建的软件必须能够运行。如果这个软件不能用，则认为构建失败，这时候调试好构建失败的软件，就成为了最优先的工作。

每个项目应设置自己关于"构建失败"的标准，这个标准说明了什么叫"构建失败"。这个标准需要设置一个质量级别，这个级别应严格到足以把能引起人注意的故障排除在每日构建之外，但是又宽容到足以不考虑细小的缺陷（因为过分地注意细小缺陷，可能使过程瘫痪）。

好的构建至少应该做到下面几点。

- 成功地编译所有文件、库和其他组件。
- 成功地链接所有文件、库和其他组件。
- 不含有任何能引人注意的缺陷，这些缺陷会阻止程序启动或使程序运行起来比较危险。
- 通过冒烟测试。

某些项目会设置更为严格的标准，包括规定成功构建时的编译、链接错误及警告。在任何情况下，检验构建是否成功的试金石都是要看构建是否稳定到可以提交测试。如果它稳定到足以进行测试，它就没有失败。

3．每天进行冒烟测试

应该自始至终对整个系统进行冒烟测试。它不需要进行详尽的测试，但必须能够检测主要的问题。按照定义，如果构建通过了冒烟测试，这意味着它已稳定到足以被测试，并且是一个好的构建。

没有冒烟测试，每日构建没有任何意义。冒烟测试表明构建是否工作。如果你把构建本身看作是项目的心跳，则冒烟测试就是听诊器，它允许你去判断心脏是否还在跳动。这是测试的第一条线，是防止程序退化的第一线。没有冒烟测试，每日构建只是一个验证通过编译的方法。

冒烟测试随着系统的进展而展开。开始，冒烟测试可能是做些简单的事情，例如可以测试一下系统是否能说"Hello World"。随着系统的深入开发，冒烟测试将变得更彻底、更全面。第一个测试也许仅需要运行数秒钟。随着系统的成长，冒烟测试可以增长到30分钟、1个小时或更长时间。

构建小组应该把维持冒烟测试作为最高优先级。冒烟测试工作的质量，应该作为它们工作的评估内容。由于构建小组要承受来自开发人员的压力，可能会使冒烟测试不太严格，所以它的成员应该从质量部门选择，而不是从开发部门选择。不顾人们的善意提醒，委托一个开发人员做冒烟测试，就像委托狐狸负责鸡舍一样。小组成员应该向QA的领导报告而不是向开发人员的领导报告。

这是设计系统进行测试的过程中迟早要涉及的领域之一。冒烟测试应该是自动进行的，而且如果我们有内置的测试手段，在有些时候它会更容易实现自动测试。

4．建立构建组

在大多数项目中，每日构建工作大到足以成为一个任务，而且需要明确地作为某个人人员作的一部分。在大的项目中，它可以成为多于一人的全职工作。例如，Windows NT 3.0 项目中，构建组就有 4 个全职工作人员 (Zachary 1994)。它也要随着产品开发工作的进展而加大工作量，以保证冒烟测试的正常进行。

在较小的项目中不需要分配一个人专职做每日构建。在这种情况下，可以从质量保证中指定一个人负责这项工作。

5．只有这样做有意义时，才将新代码增加到构建中

虽然每日构建要求你每天构建系统，但它并不要求开发人员每天把新增加的程序代码放到系统中。通常，每个开发人员编写代码的速度不会快到足以让系统每天都有明显的进展。他们要在开发了一定数量代码块后，才能将它们集成在一起。开发人员应该维护他们自己开发的代码块的源文件版本。一旦他们已经完成对程序的修改，他们可以使用修改后的源码构建系统，并对新系统进行测试和检验。

6. 但不能等得太久以至于不能在构建中增加新代码

虽然几乎没有开发人员会每天检查代码，但也要当心那些不频繁检查代码的开发人员。他们很可能陷入一系列的修改中，以至于可能涉及系统中的每一个文件。这就失去了每日构建的价值。小组的其他成员认识到增量对集成的好处，但个别人不以为然。如果一个开发人员在他的程序作了一系列改动后，几天内也没有做检查，那么可以认为这个开发人员所做的工作会遇到风险。

深入阅读

有关开发者级别测试实践的详细内容，请参考 *Writing Solid Code* (Maguire 1993)。

7. 在新的代码加入到系统之前要求开发人员对它们做冒烟测试

开发人员在把他们自己的编码增加到系统进行构建之前，需要先测试它们。开发人员可以在 PC 上为此建立一个专用的构建系统，测试由各个开发人员单独进行。或者开发人员发布一个专有的构建给"测试"(Testing buddy)，而测试者只要注意开发人员的编码即可。不论哪种情况，其目的是确保新代码在被允许影响系统的其他部分之前，能够通过冒烟测试。

8．为将增加到构建系统的代码建立存储区

每日构建过程是否成功，部分因素在于对"构建"好坏的掌握。开发人员测试自己的编码时，应该使用好的系统。

多数项目组通过建立代码存储区来解决这个问题。开发人员将认为可以进行构建的代码存储在代码存储区，然后执行一次新的构建，如果这个构建被接受，新代码迁移到主源程序中。

在中小型项目中，版本控制系统可以支持这个功能。开发人员可在版本控制系统中检查新的编码。开发人员如果想使用良好的构建，可在他们的版本控制文件中简单地设置日期标志，利用这个文件可以让系统按成功构建的最近日期检索文件。

大的项目或使用不太高级的版本控制软件的项目中，必须手工实现代码存储区功能。一组新代码的开发人员将这些代码用 E-mail 送到构建组，并通知他们又有新的文件需要检查。或者项目组在服务器上建立一个"check-in"区，开发人员将他们源程序文件的新版本放在那儿。然后构建组在验证这些新代码不会破坏系统构建之后，负责将其放入版本控制。

9．对破坏系统构建的情况建立惩罚

大多数使用每日构建的项目组建立了对破坏构建的惩罚。如果破坏构建的情况经常发生，则要求开发人员认真地做好不破坏系统构建的工作是很困难的。破坏构建应该是个例外，而不是惯例。从一开始就要明确，保持构建正常进行是项目首要考虑的问题。要杜绝破坏构建的情况在无意中发生。当某个开发人员编制的代码在测试时出现破坏构建的情况时，应坚持让他停下其他工作，直到修正已出现的问题。

一个有趣的处罚方法可以有助于项目构建工作正常进行。某些项目组发给破坏构建的开发人员一个傻瓜画像。每当这个开发人员的代码引起构建失败时，就把傻瓜画像贴在他办公室的门上，直到他改正问题。还有一些项目组要求引起构建失败的开发人员负责每天的每日构建工作，直到另一个引起构建失败的开发人员出现。在我工作过的一个项目中，引起构建失败的开发人员必须戴一顶像伞一样的帽子，直到他改正已出现的问题。也有的项目组让引起构建失败的开发人员戴山羊角或捐 5 美元作为道德基金。

某些项目组制定的处罚比较痛苦。如做高级项目 NT、Windows 95、

Excel 工作的微软开发人员，在他们项目进入最后一个阶段时，每个人都配带一个传呼机。如果他们开发的程序引起构建失败，他们将被叫去改正出现的问题，而不管是白天还是夜晚。这种方法成功与否取决于构建组必须能够准确地确定谁是引起构建失败的肇事者。如果他们不能小心地做到这点，那么在凌晨 3:00 被叫来改正问题的开发人员，将很快变成每日构建的反对者。

10．在早晨发布构建

有些项目组发现他们更愿意在夜里构建，凌晨做冒烟测试，在早晨而不是下午发布新的构建。在早晨做冒烟测试和发布构建有几个好处。

首先，如果在早晨发布构建，测试者可以测试当天最新的构建。如果在下午发布构建，则测试者感到不得不在一天剩余的时间内开始他们的测试。当构建被延迟——这是经常发生的事——测试者必须等到很晚才能开始他们的测试。而这种必须等到很晚的情况，并不是由于他们自己的过错，因此从道义上讲，构建过程就讲不过去了。

如果在早晨完成构建，可以更有把握通过开发人员解决在构建中出现的问题。白天开发人员都在单位，而到晚上他们就可能分散在各处。即使每个开发人员都有 BP 机，也不是很容易找到。

假如在一天的结束时开始冒烟测试，那么当发现问题时在半夜里呼叫某人是很麻烦的。这对项目组来说是很困难的事，也很耗费时间，最终得不偿失。

11．即使顶着压力也要坚持构建和冒烟测试

如果进度压力很大，维持每日构建所需要做的工作似乎是负担。这是不对的。在压力下，开发人员会丢掉某些应遵循的规定。他们感到有压力，因此会在设计和实现中走捷径，在进度压力小时不会这样做。这时，他们对自己写的代码进行检查和做单元测试也不如平常仔细。相比进展压力小的情况，这时的代码更容易进入失序状态。

CLASSIC MISTAKE

针对这种倒退情况，每日构建和冒烟测试过程加强了规定，并保证有压力的项目按正常轨道运转。代码依然会趋向于失序状态，但你可以每天去纠正这种趋势。相对而言，将代码从失序状态纠正回来更容易。

如果你等待两天——直到两倍的缺陷被引入代码——那么你不得不处理

双倍的缺陷和这些缺陷所造成的其他故障。这将花费两倍以上的工作量去诊断和修正缺陷。两次构建之间等待的时间越长，使构建回到原来的轨道越困难。

什么类型的项目可以使用每日构建和冒烟测试

实际上，任何类型的项目（大项目、小项目、操作系统、封装软件和商用软件）都可以使用每日构建。

布鲁克斯（Fred Brooks）报告结果表明，某些组织的软件开发人员对每日构建过程感到吃惊，甚至震动。报道说，他们是每周构建而不是每天构建（Brooks 1995）。周构建的问题是实际上你并非每周都做一次构建。如果某周的构建出现问题，在进行下一个成功的构建之前你可能需要几周的时间。实际上这种情况会使你丧失经常构建带来的所有好处。

某些开发人员断言每天进行构建是不可能的，因为他们的项目太大。但是有一个最复杂的软件开发项目，成功地使用了每日构建。Microsoft NT 到它发布第一版时由分散在 40 000 个源文件中的 5 600 000 行代码组成。它的一个完整构建需要在多台机器上进行 19 小时，但 NT 开发组依然是每天进行一次构建（Zachary 1994）。NT 项目组在巨大项目上获得成功，归功于他们使用了每日构建，从而避免了许多不必要的损失。那些在阶段更少的项目工作的人很难解释为什么他们不用每日构建。

对于技术带头人，每日构建特别有用，因为你可以在纯技术层面上实现它。你不需要拥有管理权力就可以坚持让你的项目组每天进行成功的构建。

相关主题

有关项目修复的更多内容，请参考第16章。

每日构建在项目修复模式中特别有价值。如果你的构建不能进入好的状态，你甚至就没有希望推出产品，所以最好把获得成功的构建状态作为首要的修复模式目标之一。一旦获得预期的良好状态，就使其逐渐增加功能并保持预期的良好状态。在项目修复模式期间的任何时候能得到一件可用的产品是鼓舞士气的事情，并且可成为明显的进度标志。

18.2 管理每日构建和冒烟测试中的风险

每日构建过程有几个弊端。下面给出主要的几个。

· 开发组以外的人们看到的是产品天天都在构建，迫使开发人员对外发布产品。对外发布产品对经理来说是很容易的事，而且比不使用每日构建更容易，但它在一些不易察觉的方面依然占用开发人员的时间。

相关主题
有关仓促发布是与仓促收尾相关的讨论，请参考第 9.1.3 节。

- 开发人员要花费时间准备资料，这些资料不是最终产品需要的，而是支持发布需要的。这些资料包括文档、开发中的中间版本性能、清除产品残留的危险区、隐藏调试帮助等。

- 开发人员会快速确定专门用于某个特定发布的某些功能，而不会进行细致的变更。这些快速决定最终会被舍弃，而开发人员之后将不得不进行他们本应一开始就完成的细致变更。最终的结果是开发人员浪费的时间是调试相同代码所需时间的两倍。

- 开发人员要花费更多的时间对早期开发产生的小问题进行解答，实际上这些问题作为开发人员正常工作的一部分处理更为有效。

不需要全部终止中间发布工作。需要做的事是策划中间发布次数和努力使这个数目不再增加。

18.3　每日构建和冒烟测试的附带效果

某些使用每日构建的开发人员认为使用每日构建可以全面改善产品质量 (Zachary 1994)。而另一些文章认为每日构建的效果只限于集成风险、质量风险和过程可视性的改善。

18.4　每日构建和冒烟测试与其他实践的相互关系

每日构建最好与小型里程碑 (mini milestone) 一起使用 (第 27 章)。正如皮特斯 (Chris Peters) 所说，"制定进度计划的第一条原则是经常的防范" (Peters 1995)。假如已定义完整的一组小型里程碑，并已知每日构建不被中断，这样你就可以很好地看到项目的进展情况。你可以检查每天的构建以判断项目是否满足其小型里程碑，如果满足其小型里程碑，则认为它是按时完成任务。如果它延期，应该立即检测程序，并且相应地调整进度计划。在进度方面，可能犯的唯一错误是工作中不制定进度计划。

相关主题
要想进一步了解增量开发实践，请参考第 7 章。

每日构建也支持增量开发 (incremental development) 实践 (第 7 章)。这些实践取决于向外部发布的中间版本。一般情况下，为发布准备一个成功构建需要做的工作与偶尔将构建程序转换成好的构建需要做的工作相比，工作量更少一些。

18.5   每日构建和冒烟测试的底线

每日构建和冒烟测试过程实际上是风险管理方法。因为风险管理所讨论的风险是进度风险；每日构建和冒烟测试使你对进度有很强的预知能力，而且避免引起长时间延迟的风险，如集成问题、低质量、进展情况可视性差等。

相关主题
要想进一步了解使进度可视的重要性，请参考第 6.4 节。

我不知道有关每日构建在加快进度方面的任何定量数据，但对它的评估报告给人印象很深刻。麦卡锡 (Jim McCarthy) 曾经说过，如果微软只能宣传其开发过程中的一种思想，那必然是每日构建和冒烟测试 (McCarthy 1995c)。

18.6   成功使用每日构建和冒烟测试的关键

使用每日构建和冒烟测试成功的关键要点如下。

·   每天进行构建。
·   每天进行冒烟测试。
·   冒烟测试随着产品的增长而增长。要确保随着产品的进展测试依然有效。
·   应把一个良好的构建放在最重要的地位。
·   制定的工作步骤应确保失败的构建只是个例外，而不是惯例。
·   有压力也不要放弃这个过程。

深入阅读

Cusumano, Michael, and Richard Selby. *Microsoft Secrets: How the World's Most Powerful Software Company Creates Technology, Shapes Markets, and Manages People*. New York: Free Press, 1995. Chapter 5 describes Microsoft's daily-build process in detail, including a detailed listing of the steps that an individual developer goes through on applications products such as Microsoft Excel.

McCarthy, Jim. *Dynamics of Software Development*. Redmond, Wash.: Microsoft Press, 1995. McCarthy describes the daily-build process as a practice he has found to be useful in developing software at Microsoft. His viewpoint provides a complement to the one described in Microsoft Secrets and in this chapter.

McConnell, Steve. *Code Complete*. Redmond, Wash.: Microsoft Press, 1993. Chapter 27 of this book discusses integration approaches. It provides additional background on the reasons that incremental integration practices such as daily builds are effective.

第 19 章   变更设计

SUMMARY

变更设计是一个意义广泛的统称,它包括面向变更设计的一系列实践。应在软件开发生命周期的早期引入这些活动以充分发挥其作用。变更设计是否成功取决于下列活动的进展情况:识别可能发生的变更、制定可行的变更计划、隐藏设计结果以使变更不会对整个程序造成影响。某些面向变更设计的活动比人们想象的要困难得多,如果这些活动完成得好,可为开发出生存期长和灵活性高的程序打下基础,而程序灵活性的提高,有利于当变更请求较晚提出时降低该变更对进度的冲击。

效果

缩短原定进度的潜力:	一般
过程可视度的改善:	无
对项目进度风险的影响:	降低风险
一次成功的可能性:	大
长期成功的可能性:	极大

主要风险

· 过度依赖编程语言来解决设计的问题,而不是采用面向变更设计的方法

主要的相互影响和权衡

· 为增量式开发方法提供了必要的支持
· 设计时采用了软件重用工作方法

大多数开发人员认识到面向变更的设计是一种非常好的软件工程实践,但是很少有人会认为该实践会对快速开发做出有价值的贡献。

一些对软件开发进度产生破坏性影响的事例，常常是在开发后期发生了对产品的非预期性的变更——变更发生在初始设计完成以及编码工作启动之后。对这种变更处理不好，常会觉得项目进展太慢，即使在变更之前项目是按进度计划开展的。

当前流行的开发方法把对变更的响应放到一个日益强调的位置上，这些变更包括市场环境的变化、顾客对问题理解上的变化以及采用技术的变化，等等。

不考虑这一背景，变更设计不会对缩短进度产生直接效果。实际上，为了考虑变更，设计上更可能会延长开发的进度。但是进度的方程式并不是仅仅只包含进度这一个变量，同时必须考虑到一些可能发生变更的因素，包括在以后版本中会发生的变更。人们必须衡量是增加少量可知的工作量采用考虑变更的设计，还是面对不进行变更设计带来的巨大的风险。总的来说，面向变更的设计可能是会节省时间的。如果采用增量式的开发实践，如渐进交付法或渐进原型法，你就在开发过程中留出了变更的空间，你的设计就能更好地解决这些问题。

19.1 使用面向变更的设计

"面向变更的设计"并不是指某种单一的设计方法学，而是能够使软件设计灵活的一系列设计实践。下面列出了一些这样的实践：

· 识别可能发生变更的区域
· 采用隐藏信息的方法
· 制定变更计划
· 定义系列程序
· 采用面向对象的设计方法

本章的剩余部分将详细介绍上述每项实践。有些实践是重叠的，但是每一项实践都具有其独特的作用。

识别可能发生变更的区域

变更设计能够获得成功的首要关键因素是识别潜在的变更。在设计工作的开始阶段应将可能发生变更的设计列出清单。Robert L. Glass 指出高级设计人员的一个特征，是他能够比一般设计人员预见到更多可能发生

的变更 (Glass 1994a)。下面是经常发生变更的源头：

- 硬件依赖性
- 文件格式
- 输入和输出
- 非标准的语言特性
- 难以设计和实现的部分
- 全局变量
- 特殊数据结构的实现
- 抽象数据类型的实现
- 业务规则
- 事件的处理顺序
- 当前版本中好不容易才排除的需求
- 当前版本中简简单单就排除的需求
- 为下一版本规划的特性

应该在设计阶段或更早的阶段识别变更。识别需求变更，应是识别需求的一部分工作。

采用隐藏信息的方法

相关主题

要想进一步了解隐藏信息，请参考本章末尾的"深入阅读"。

HARD DATA

一旦生成了潜在变更的清单，则应将与这些变更有关的设计结果孤立在它自身的模块中。这里"模块"的含义并非仅仅指一段独立的程序。它可以是一段程序或一组程序及数据。它可以是 Modula-2 中的"模块"，C++ 中的"类"，Ada 中的"包"，Turbo、Pascal 或 Delphi 中的"单元"，诸如此类。

将可能变更的设计结果隐藏在它们自身的模块中的方法称为"信息隐藏"，该方法是无可争议地被证实在实践中发挥了作用的为数不多的几个理论方法之一 (Boehm 1987a)。自从 David Parnas 首次引入该方法，应用信息隐藏方法的大型程序就比没有应用该方法的程序更易于修改。此外，信息隐藏也是结构化设计和面向对象设计方法的部分基础。在结构化设计中，黑盒的概念来自于信息隐藏。在面向对象设计中，信息隐藏引出了封装和可视性的概念。

在《人月神话》的 20 周年纪念版中，布鲁克斯指出，在他第一版的书中关于对信息隐藏方法的批评是该书中有限的几个错误之一。布鲁克斯 (Fred Brooks) 称:"关于信息隐藏方法的观点,帕纳斯 (Parnas) 是正确的,我错了。"(Brooks 1995)

使用信息隐藏方法进行设计,首先需要把易于发生变更或特殊的复杂的设计决定列出清单。然后设计各模块,将变更带来的影响隐藏在每一个设计结果中。模块的接口应设计成对于模块内部的变更是无关的。按照这种方法,如果发生了变更,则这一变更只影响一个模块。模块的整体看上去应该像一个黑盒子——这种模块是被很好地定义的、具有有限的接口,并且将各种实现的细节保留在它们的内部。

CLASSIC MISTAKE

假设有一个程序,该程序的每个对象都有一个唯一的标识存储在名为 ID 的成员变量中。一种设计方法是将这些 ID 定义为整型,并把当前已赋予了的最大 ID 值存储在全局变量 MaxID 中。在每个地方加入一个新的对象时,可能对于每个对象的构造函数,只要简单地使用语句 ID=++MaxID(这是 C 语言的语句,意思是将 MaxID 加 1 并把新值赋给 ID) 即可。这不仅可以保证 ID 的唯一性,同时在需要生成新对象的地方,只增加了绝对是最少的代码。这样做会有什么问题呢?

实际上会有很多问题。如果为了某种目的需要保留某一范围的 ID 值时该怎么办?如果需要重新使用被取代了的对象的 ID 值时该怎么办?如果需要加入一条判断语句来控制分配的最大 ID 数时该怎么办?如果在整个程序中需要分配 ID 的地方都使用语句 ID=++MaxID,那么就不得不修改与该语句相关的每一处代码。

生成新 ID 的方法实际上就是应该隐藏起来的设计结果。如果在整个程序中使用语句 ++MaxID,那么就是将如何生成新 ID 的信息——简单地递增 MaxID——暴露在外了。而如果在整个程序中改为使用语句 ID= NewID(),则可将如何生成新 ID 的信息隐藏起来。

在函数 NewID() 中可以仅仅包含一行代码,如 Return(++MaxID) 或与其等价的代码,但是如果在编码完成之后为了某种目的需要保留某一范围的 ID 值,或重复使用老的 ID 值,或加入一条判断语句,那么只需要对函数 NewID() 本身进行修改即可,而无需涉及到程序中成打或上百条的 ID=NewID() 语句。无论对函数 NewID() 的内部有多复杂的修改,这些修改都不会对程序的其他部分产生任何影响。

现在假设需要进一步把 ID 的类型从整型转变成字符串型。如果当初将变量定义（如 int ID）分布在整个程序中的话，那么使用函数 NewID() 也于事无补。你还是不得不在整个程序中进行成打或上百条语句的修改。

在这个例子中，需要隐藏起来的设计结果是 ID 的类型。可以将 ID 简单地定义为 IDTYPE——一种用户定义的类型，可解析为整型，而非直接将其定义为整型。再次重申，使用隐藏设计结果可以大量减少变更时的代码修改。

制定变更计划

对于那些可能发生变更的地方，制定变更计划。变更计划可以规定为应用下列任何实践：

深入阅读

有关这些实践的详细内容，请参考《代码大全》(McConnell 1993)。

· 模块应采用抽象的接口而非暴露实现细节的接口
· 使用命名常量来定义数据结构的大小，而不要直接使用字面值
· 使用后绑定策略。应在外部文件中或 Windows 环境的注册表中查找数据结构的大小，并根据这些大小动态地分配数据结构
· 使用表驱动技术，程序中的操作是根据表中的数据而变化的。应决定是将数据表存储在程序里（变更时需要重新编译），还是存储在程序外的数据文件中、初始化文件内、Windows 注册表中或源文件中
· 使用例程而非复制代码行，即使只有一两行代码
· 使用执行单一的小功能的简单例程。如果保持例程的简单化，它们可以比当初预期的还要容易使用
· 将无关的操作分开。不要只是因为将无关的操作放在不同的例程中看上去太简单了而把它们合并在一个例程中
· 将为通用功能编写的代码与为专用功能编写的代码分开。把在整个机构中使用的代码、在特定应用中使用的代码以及在一个应用的特定版本中使用的代码区分开来

上述这些实践都是非常好的软件工程实践，它们都有助于支持变更。

定义产品系列

帕纳斯 (David Parnas) 早在 1976 年就指出，开发人员的工作已经从设计单个程序转变为设计系列程序 (Parnas 1976，1979)。在他发表这一观点

的 20 年间，开发人员的工作已经更多地向这一方向发展。当今的开发人员使用同样的代码作为基础来开发面向不同语言、不同平台以及不同客户的程序。图 19-1 描述了如何进行这一工作。

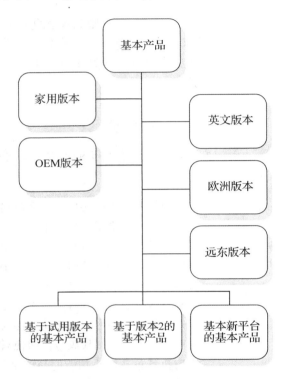

图 19-1   系列产品，因为许多产品最终将转变为系列产品，所以许多设计工作应该集中在设计系列程序而非单一的程序

在前面的环境中，帕纳斯 (Parnas) 主张在开发基础产品时，设计者应该极力预测整个系列程序的需要。设计者应该预见到横向的版本：如内部发布、英文版、欧洲版和远东版本，同时设计者也应预见到后续的版本。设计者在设计产品时应该将各种版本中最少发生变更的部分放在家族树的根部。无论是有意识地设计一个系列程序或是仅仅设计一个准备它发生变更的单独程序，这一点都是很重要的。

好的方法是，首先要确定可能为最终用户使用的最小功能子集，然后在此基础上确定最小的功能扩充。最小的子集通常还不能构成任何人都能使用的程序，它对于防备变更是非常有用的，但是通常它本身并没有什

相关主题

有关定义小型功能集和版本发布的实践的更多内容，请参考第 20 章、第 36 章和第 14.1.3 节。

么价值。这些扩充功能可能还会觉得很小，以致看起来微不足道。让它们保持很小的目的是避免成为多功能的组件。组件越小越有特征，系统适应变更的能力也就越强。设计小的组件，在此基础上添加小的功能同样可使系统在需要时易于调整其特性。

采用面向对象的设计方法

相关主题

有关面向对象的程序设计方法的评论，请参考第 15.5.2 节。

面向对象的设计是信息隐藏和模块化的派生产品之一。在面向对象的设计中，系统被划分成对象。有时对象可模拟现实世界的实体，有时对象可模拟计算机科学中的结构或更为抽象的实体。

在 NASA 的软件工程实验室的一项研究中发现，面向对象的开发方法可以增强重用性、重配置性以及生产力，同时还可以缩短开发时间。

采用面向对象的设计方法，但不要指望它包治百病。在发生变更比较多的情况下，面向对象设计的成功与否所依赖的因素与信息隐藏是一样的。同样需要识别最可能发生变更的根源，同样需要将这些变更隐藏在有限的接口之后，使潜在的变更与程序的其他部分分离开来。

19.2　管理变更设计带来的风险

CLASSIC MISTAKE

相关主题

有关面向对象技术的另一种观点的详细内容，请参考第 15.5.2 节。

应用变更设计这一最佳实践不会给项目的其他部分带来风险。与变更设计有关的主要风险仅仅是不擅应用，因而不能充分发挥其应有的益处。

过分信任语言和图表，而不是设计

仅仅是将对象放入类中并不能产生一个面向对象的设计，也没有提供信息隐藏，更没有保护程序不受变更的影响。仅仅画一张模块层次图也不可能形成允许变更的设计。好的设计来自于好的设计工作，而不是对图表的设计。

如何使面向对象的设计变得更有效实际上比人们想象的要复杂得多。就像在第 15.5 节中讨论的那样，它是一项专家级的技术。帕纳斯 (David Parnas) 在书中写着面向对象 (O-O) 编程流行速度慢的原因是：

> (O-O) 涉及多种复杂的语言。课堂上把 O-O 当作"特殊工具与使用"来教，而不讲 O-O 是一种设计方法，更不教设计原理。使用任何工具都可以写出好的或者不好的程序。除非

教给了人们如何进行设计，实际上使用哪种语言的关系并不大。
结果是人们使用这些语言做了坏的设计，并且收益甚微。

为了做好变更设计，必须实实在在地进行设计。要关注可能发生变更的区域、将信息隐藏、设计系列程序，这些组成了面向对象设计的精髓。如果不能遵循这些设计步骤，就不如去使用 Fortran、旧版 C 或汇编语言。

19.3　变更设计的附带效果

采用变更设计编写出来的程序还会产生持久的效益。琼斯 (Capers Jones) 的报告中提到，良好架构和高质量开发的程序能够保证有较长的服务期，而架构很差且开发质量也很低的程序几乎在 3~5 年内或者就不能使用了或者需要花费高额维护费 (Jones 1994)。

19.4　变更设计与其他实践的相互关系

变更设计所提供的设计上的灵活性为增量式开发 (如渐进交付法和渐进原型法) 提供了有力的支持。面向变更设计的方法同样也为重用提供了适度的支持。

19.5　变更设计的底线

所谓底线就是面向变更的设计是一种可降低风险的方法。如果系统是稳定的，该方法不会立即带来时间上的缩短，但是当非预期的变更导致大部分设计和代码受到影响时，该方法可帮助避免大段时间上的损失。

19.6　成功使用变更设计的关键

成功使用变更设计的关键因素如下。

· 识别最有可能发生的变更
· 使用信息隐藏将系统与可能发生的变更所产生的影响分离开来
· 定义系列程序而非一次只考虑一个程序
· 不要指望单纯只靠使用面向对象的编程语言就能自动地完成设计工作

深入阅读

The three Parnas papers below are the seminal presentations of the ideas of information hiding and designing for change. They are still some of the best sources of information available on these ideas. They might be difficult to find in their original sources, but the 1972 and 1979 papers have been reproduced in *Tutorial on Software Design Techniques* (Freeman and Wasserman 1983), and the 1972 paper has also been reproduced in Writings of the Revolution (Yourdon 1982).

Parnas, David L. "On the Criteria to Be Used in Decomposing Systems into Modules," *Communications of the ACM*, v. 5, no. 12, December 1972, 1053-58 (also in Yourdon 1979, Freeman and Wasserman 1983).

Parnas, David L. "Designing Software for Ease of Extension and Contraction," *IEEE Transactions on Software Engineering*, v. SE-5, March 1979, 128-138 (also in Freeman and Wasserman 1983).

Parnas, David Lorge, Paul C. Clements, and David M. Weiss. "The Modular Structure of Complex Systems," *IEEE Transactions on Software Engineering*, March 1985, 259-266.

McConnell, Steve. *Code Complete*. Redmond, Wash.: Microsoft Press, 1993. Section 6.1 of this book discusses information hiding, and Section 12.3 discusses the related topic of abstract data types. Chapter 30, "Software Evolution," describes how to prepare for software changes at the implementation level.

第 20 章　渐进交付

SUMMARY

渐进交付是这样一种生命周期模型：它在阶段性交付的控制性和渐进原型的灵活性之间寻找平衡。在可能的情况下，它可以把某些选定的部分软件提前交付，从而有利于快速开发的进行，但并不是说一定要把最终软件产品提前交付。因此，即使在项目进行的过程中，它也具有响应用户要求并改变产品方向的能力。渐进交付已经成功地运用在内部商业软件以及封装软件的开发之中。慎重地使用这种方法可以提高产品质量，减少代码数量，并能使开发和资源更加均匀分配。同其他生命周期模型一样，渐进交付也是贯穿整个项目的活动的。如果你想使用它的话，就需要在项目开始前就做好规划。

效果

缩短原定进度的潜力：	好
过程可视度的改善：	极好
对项目进度风险的影响：	降低风险
一次成功的可能性：	较大
长期成功的可能性：	极大

主要风险

- 功能蔓延
- 减弱了对项目的控制
- 不切实际的项目进度和资金预算
- 在开发过程中开发人员对开发时间的低效率使用

主要的相互影响和权衡

- 从阶段性交付和渐进原型中发展而来
- 其成功取决于对变更设计的运用

有些人在去食品店之前会列出一个本周食品的详细清单："2 磅香蕉，3 磅苹果，一捆胡萝卜……"等等。还有一些人则完全没有清单，他们到食品店以后，看见什么好就买什么："这些甜瓜闻起来不错，我得要一些。这些豌豆看上去很新鲜，我得买一些跟洋葱和水栗子放在一起炒着吃。哇，这些牛排看上去太棒了，很久没有吃过牛排了，我得弄一些明天吃。"实际上，大部分人则处于上述二者之间，他们在去食品店时会先有一个清单，但到了那里以后，又会根据情况多多少少临时改变一些。

在软件生命周期模型中，阶段性交付就像是购物之前先准备一个完备的清单，渐进原型则根本不准备任何清单，而渐进交付就像是先准备好一个清单，但随着项目的进行会做一些临时的更改。

阶段性交付生命周期模型可以为客户提供明显的进展标志，在管理上也具有很高的可控性，但它缺乏灵活性。渐进原型则几乎相反，与阶段性交付类似的是，它也向客户提供一种明显的进展标志，但不同于阶段性交付的是，在响应客户反馈方面，它提供了很高的灵活性，同时在管理上，可控性却很低。有时，你可能想把阶段性交付的控制性与渐进原型的灵活性结合在一起，渐进交付就是这样一种方法，它横跨于上述两种方法之间，其利弊取决于它更接近于哪种模型。

相关主题

要想进一步了解这些对快速开发的支持，请参考第 21 章和第 36 章。

渐进交付通过以下途径对快速开发予以支持。

· 它降低了最终产品与用户需求不符的风险，避免了耗费时间的重建工作。

· 对于定制软件，它通过提前及经常性的交付来提高开发过程的可见度。

· 对于封装软件，它支持更频繁的版本更新。

· 由于在每次渐进交付后允许进行进度调节，因此减少了估算错误。

· 通过提前及频繁地集成（在每次渐进交付时），降低了集成问题的风险。

· 它有利于鼓舞士气，因为从最初的产品说"Hello World"到最后交付的最终版本，项目始终被认为是成功的。

与渐进交付的其他方面情况一样，对上述快速开发的支持程度取决于它究竟是更接近于阶段性交付还是更接近于渐进原型。

20.1　使用渐进交付

要运用渐进交付法，你在项目开始的时候必须对欲建立的系统有一个基本的理解。如图 20-1 所示，你应当首先对客户需要什么有一个初步的概念，并以它建立一个系统框架和核心。这个框架和核心将作为进一步开发的基础。

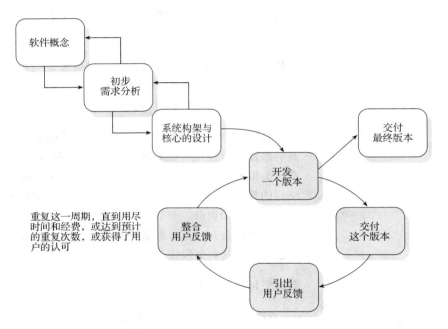

图 20-1　渐进交付生命周期模型。该模型汲取了阶段性交付的可控性和渐进原型的灵活性，可以根据需要来应用它，以获得想要的可控性和灵活性

框架应该预见到尽可能多的系统的走向，而核心则应该由那些不会因客户反馈而改变的较底层的系统功能组成。对于建立在核心之上的各种细节可以是不确定的，但对于核心你必须保持足够的信心。

正确地确定系统核心是使用渐进交付法的关键。此外，在渐进交付法中你所做的最关键的选择是：究竟是向渐进原型还是向阶段性交付靠近？

在渐进原型中，你倾向于不断重复直到你和客户都认为产品是可接受的为止。要重复多少次呢？你也不确切知道。通常，你是不能负担起一个无穷无尽重复的项目的。

相反，在阶段性交付中，你在框架设计的时候就已经计划好了项目要分为几个阶段，以及每一阶段所要达到的目标。如果中途改变主意了怎么办？注意，纯粹的阶段性交付是不允许这样的。

对于渐进交付而言，你可以在渐进原型的基础上开始，逐步向阶段性交付的方向发展，以便使项目更容易控制。在项目开始时可以预先计划通过 4 个渐进交付周期来交付产品。在每次交付后，请客户提供反馈，并在下一次的交付中将这些反馈意见考虑进去。但这一过程不会无限制地延续下去：在 4 次交付后它将终止。事先确定重复次数并严格遵守该次数是这类快速开发项目成功的关键因素之一 (Burlton 1992)。

对于渐进交付而言，另一种选择是从阶段性交付出发，逐步向渐进原型发展以获得更高的灵活性。你可能在项目开始时已经确定了 1、2、3 阶段所要交付的产品，但对阶段 4 和阶段 5 则不是十分确定，因此可以只给出一个项目发展方向但不确定具体细节。

至于是向渐进原型还是向阶段性交付倾斜得更多一些，则取决于你对客户要求的响应程度。如果你需要对客户的大部分要求做出响应，就应该把渐进交付向原型法倾斜。有些专家推荐应该以 1%~5% 的增量来交付软件产品 (Gilb 1988)。如果你只需要响应很少的用户改动要求，则应该使项目更类似于阶段性交付，即以较大的增量来交付产品。

版本顺序

相关主题

要想进一步了解在系统设计阶段就预见到未来变化的意义，请参考第 19.1.4 节。

如前所述，如果还不清楚自己要建立什么样的系统，可以采用渐进交付的方法。但不同于渐进原型法，你至少对该系统有一些概念，因此，从一开始，就应当在开发系统框架和系统核心的同时，勾勒出一个初步的项目产品。

最初交付的产品可能会包含一些最终系统里肯定有的功能，一些可能会有的功能，以及一些不大可能会有的功能。而其他功能随后会被逐步添加进去。

在制定交付计划时，一定要确保先开发必需的功能。在进一步开发之前，你可以向客户演示这个系统以获得他们的反馈，并根据这些反馈来确定哪些功能是他们真正想要的。

何时使用渐进交付

相关主题

要想进一步了解计划
的确定取决于对系统
的理解程度，请参考
第 13.1 节。

如果对自己的系统了如指掌，并且不希望出现任何意外，最好用阶段性交付法而不是渐进交付法。只有事先清楚地规划出每个阶段所要交付的产品，才可以更好地控制整个项目。对于那些你已经充分理解并且不想在开发过程中发掘任何新东西的项目而言，如维护发布版本以及升级产品，这种开发方式是非常合适的。

如果你对系统知之甚少，并且希望获得惊喜，其中包括会从根本上对系统产生影响的惊喜，那么使用渐进原型法会比渐进交付法好一些。因为渐进交付法要求你事先必须掌握项目产出的详细情况，以便设计一个系统框架并实现核心功能。而对于渐进原型法来说，则不必做这些工作了。

渐进交付法不仅可用于全新的系统，还能用在现存系统的改造上，因为每次新的交付都可能部分取代原有系统并提供一些新的功能。在某些情况下，这种取代会如此之大，以至于原系统被完全替换掉。这时候，新系统的框架设计必须十分仔细，以确保其不会受到原有系统规则的束缚。这意味着新系统的某些部分或许不能一下子完成，你必须等待直到新系统能够无缝地对这些部分提供支持为止。

20.2　管理渐进交付中的风险

相关主题

要想进一步了解这些风
险，请参考第 21.2 节。

当采用了较靠近渐进原型的渐进交付法时，应当注意以下风险。

- · 早期的快速进展导致的不切实际的进度计划和预算
- · 项目控制性的降低
- · 功能蔓延
- · 缺乏用户反馈
- · 产品质量降低
- · 不切实际的性能期望
- · 设计不佳
- · 缺乏可维护性
- · 开发人员对开发时间的低效使用

相关主题

要想进一步了解这些风
险，请参考第 36.2 节。

当采用了较靠近阶段性交付的版本时，你则应当注意以下风险：

- · 功能蔓延

- 缺乏技术依靠
- 开发人员目标模糊，从而导致开发效率低下

20.3　渐进交付的附带效果

渐进交付提高了你在项目中期进行矫正的能力。在每次产品交付后，如果与预期的结果不符的话，你可以改进设计，修正盈亏分析或提前取消项目。

提前及频繁交付可以给你更多实践的机会，从而帮助你进行估算。虽然这并不能提高你的开发速度，但它可以使你向客户交付你所许诺的产品，在一个对开发速度要求很高的环境中，这一点同样重要。Gilb 称之为"临近优先原则"(future-shock principle)：以往项目的数据固然有价值，但仍不如当前项目的当前数据更有用 (Gilb 1988)。

另一个好处就是渐进交付法可以给你造成一种每隔几周或几月就推出一个新产品的假象。通过这种方式，你缩短了积累经验所花费的时间，通常，这种经验需要完成一个产品周期才能获得。贯穿始终的产品开发经验是非常宝贵的，当你缩短这个循环过程的时候，就意味着你能够更快地获取这种经验。

如果你所应用的渐进交付法倾向于渐进原型时，或许会获得以下这些副作用。

相关主题

详情可参考第 21.3 节。

- 开发过程的可见性可以提高客户及开发人员的士气
- 对于最终产品是否能被接受可以较早地获取反馈意见
- 减少总的代码长度
- 更好的需求定义可减少产品缺陷
- 平滑的开发曲线可以减少限期影响 (当使用传统开发方法时常会产生这种影响)

如果你所应用的渐进交付法倾向于阶段性交付时，或许会获得以下这些副作用：

相关主题

详情可参考第 36.3 节。

- 开发和测试资源分配更加均匀
- 更高的代码质量
- 更有利于项目的完成

·   支持按预算制造

20.4   渐进交付与其他实践的相互关系

渐进交付法的成功取决于初期对未来变化的有效预测。渐进交付欢迎变化，所以也应该把系统构建得能够适应变化。

20.5   渐进交付的底线

相关主题

要想进一步了解使过程具有可见性的重要性，请参考第 6.4 节。

HARD DATA

渐进交付的底线是：无论是否缩短了整个开发时间，它都可以提供一种显而易见的进展标志，这对于快速开发而言，犹如全力以赴的开发速度一样重要。表面上看，这种增量式的方法似乎比传统方法要耗费更多的时间，但事实却往往相反，因为这种方法可以防止你和你的客户偏离实际所需的开发过程。

渐进原型法曾经有报告称能减少 45%~80% 的开发工作量 (Gordon and Bieman 1995)。阶段性交付法则通常不能减少开发时间，但它可以使得开发过程更可见。对于渐进交付法而言，你所能缩短的开发时间取决于你更靠近哪种方法。

20.6   成功使用渐进交付的关键

成功运用渐进交付法的关键如下。

·   确信产品框架能够支持你所想象的各种未来的系统发展方向
·   仔细地定义系统核心
·   根据你对客户需求改变的适应程度，来确定是向渐进原型还是向阶段性交付倾斜
·   假定随着版本的增加，修改会越来越多，那么在最初的版本中你应当按照从"最确定"到"最不确定"的顺序来安排各项系统功能
·   处理好用户期望与项目进度、预算以及结果之间的关系
·   考虑一下纯粹的阶段性交付法或纯粹的渐进原型法是否更适合于你的项目

深入阅读

Gilb, Tom. *Principles of Software Engineering Management*. Wokingham, England: Addison-Wesley, 1988. Chapters 7 and 15 contain thorough discussions of staged delivery and evolutionary delivery.

McConnell, Steve. *Code Complete*. Redmond, Wash.: Microsoft Press, 1993. Chapter 27 describes the evolutionary-delivery practice.

Cusumano, Michael, and Richard Selby. *Microsoft Secrets: How the World's Most Powerful Software Company Creates Technology, Shapes Markets, and Manages People*. New York: Free Press, 1995. Chapter 4 describes Microsoft's milestone process, which could be considered to be a cousin to evolutionary delivery. Cusumano and Selby are professors at MIT and UC Irvine, respectively, and they present the outsider's view of the process.

McCarthy, Jim. *Dynamics of Software Development*. Redmond, Wash.: Microsoft Press, 1995. McCarthy describes the insider's view of Microsoft's milestone process. From an evolutionary-delivery viewpoint, his book is particularly interesting because it focuses on Visual C++, a subscription shrink-wrap product that's shipped every four months.

第 21 章　渐进原型

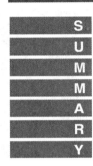

渐进原型是这样一种生命周期模型：系统以逐步增加的方式进行开发，以便于随时根据客户或最终用户的反馈来修正系统。大多数渐进原型是从一个用户界面原型开始并逐步演化出整个系统的，而且对于任何一个高风险领域而言，原型都是适用的。渐进原型与舍弃型原型是不同的，在二者之间做出正确的选择是项目成功的关键。其他应注意的因素还包括使用有经验的开发人员、控制好进度和预算以及控制好构造原型的一些活动。

效果

缩短原定进度的潜力：	极好
过程可视度的改善：	极好
对项目进度风险的影响：	增大风险
一次成功的可能性：	很大
长期成功的可能性：	极大

主要风险

- 不切实际的进度与费用预算
- 开发原型的时间没有被充分利用
- 不切实际的性能期望
- 设计不佳
- 缺乏可维护性

主要的相互影响和权衡

- 以牺牲项目的可控制性来换取较多的客户反馈以及较好的过程可见性
- 可以与用户界面原型法和一次性原型法结合使用
- 可作为渐进交付的基础

渐进原型是这样一种开发方法：你首先选择系统的一部分去完成，然后在此基础上演化出系统的其余部分。与其他原型方法不同的是，在渐进原型中，原型代码不会被丢弃，你可以将这些代码发展成最终交付的代码。图 21-1 展示了这一过程是如何工作的。

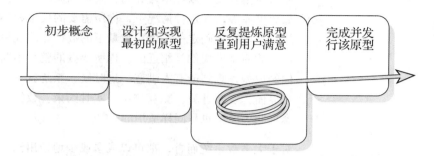

初步概念　设计和实现最初的原型　反复提炼原型直到用户满意　完成并发行该原型

图 21-1　渐进原型模型：使用渐进原型时，首先对程序的主要部分进行设计并实现一个原型，然后不断添加和优化该原型，直到完成。该原型也逐步演化为最终发行的软件

对于快速开发而言，渐进原型是以较早地发现风险来支持快速开发的。你可以首先开发系统中风险最大的那部分。如果能跨越这一障碍，便可以顺利地从该原型演化出系统的其他部分。如果不能，便可以及早取消项目，以免花了冤枉钱才发现这个障碍是不可逾越的。

快速原型

　　渐进原型是一系列原型方法之一，这些方法通常被统称为"快速原型"。这里的"快速原型"是一个较宽泛的术语，一般是指渐进原型，但也常用来指任何原型实践。

21.1　使用渐进原型

渐进原型是一种探索性的方法。通常，在一开始不十分明确最终所要达到的结果时，就可以使用这种方法。由于对于不同的项目而言，不确定的部分也是各不相同的，因此，首先要确定把哪里作为系统开发的起点。这个起点通常是系统中最直观或风险最高的部分。而用户界面常常就是最直观和风险最高的部分，因此，项目常常从它开始。

建立系统的第一个部分以后，你可以向客户演示它，并根据反馈进一步发展原型。如果原型开发是以客户为导向的话，就应该反复从客户那里获得反馈，并不断地改进用户界面，直到所有的人都满意为止。然后便可以按原型的设计和代码为基础来开发系统的其余部分了。

如果原型开发是以技术为导向，则可以从系统的其他部分开始开发，比如数据库等。在这种情况下，你所需要的反馈就不必来自于客户了。你的任务可能是确定一定用户数量下的数据库的规模或者性能的基准。而常规的原型模式都是相近的。你所要做的就是不断地获取反馈，并改进你的原型，直到所有人满意，这时候，系统就完成了。这一原则对于用户界面、复杂计算、交互演示、实时约束、数据测长以及前沿系统的概念证明等原型也是同样适用的。

对于大多数系统而言，都可以或多或少地使用渐进原型法。尤其对于那种开发人员经常用来与最终用户进行非正式交流的商业系统而言更为合适。但它也同样适用于那些有最终用户参与的商业、封装及系统项目。当然，在这类项目中用户交流需要更有组织、更正式一些。

21.2 管理渐进原型中的风险

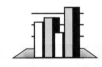

HARD DATA

相关主题

要想进一步了解风险，请参考第 38.2 节和第 42.2 节。

尽管仍有很多风险需要注意，但渐进原型的确是一种相对低风险的方法。通过对已出版的案例进行研究发现，在 39 个项目中，有 33 个是成功的 (Gordon and Bieman 1995)。以下是一些必须要注意的风险。

1. 不切实际的进度和预算期望值

渐进原型的整个开发进度或许会使人产生不切实际的期望。当最终用户、管理人员或市场人员看到快速开发的原型时，他们会错误地假设你在最终产品的开发上也能够以这样的速度进行。有时候，销售人员会把这种不现实的期望传达给客户。但当客户发现最终产品比他们期望的来得要晚些的时候，他们就会觉得失望。

在项目中，完成那些显而易见的部分很容易，但大量的工作对于客户和最终用户而言并非是清晰明了的。这些模糊不清的工作包括：强劲的数据库访问、数据库完整性的维护、安全性、联网、与后续产品之间的数据转换、大容量使用的设计、多用户支持以及多平台支持等。这些工作无论做得多好，也不会引人注意。

当项目从用户界面原型开始时所产生的另一个问题是：有些最终用户看起来十分简单的功能对于开发人员来说却是非常难以实现的。这些看似简单实则困难的功能包括：在同一个应用程序内部或不同应用程序之间的剪切粘贴、打印、打印预览以及所见即所得的屏幕显示等。

HARD DATA

最后一点是，原型通常只处理正常情况而不处理意外情况。但实际上，普通程序的 90% 包含的都是意外处理机制 (Shaw in Bentley 1982)，也就是说，在实现了正常情况下的所有功能之后，还要花费 9 倍的努力去实现意外情况的处理。

如果管理部门不能理解一个有限的原型与一个完整的产品之间的不同的话，那么，预算不足的风险将变得非常大。Scott Gordon 和 James Bieman 曾讲过一个案例：管理人员曾把一个 2 年的项目当作一个 6 周的项目来做。管理者相信在这样短的时间内可以完成所有的功能，而实际上所需的时间几乎是它的 20 倍 (Gordon and Bieman 1995)。

相关主题

要想进一步了解管理客户期望，请参考第 10.3 节。

你可以通过控制最终用户、客户、开发人员以及市场人员的过高期望来减小这种风险。你应当让他们在一种受控的机制下与原型进行交互，这样，你便可以向他们解释原型的局限性，并确保他们能够理解创建一个原型与创建一个完整的软件产品是不同的。

2. 项目可控性的降低

对于渐进原型来说，在项目开始时，你不知道要多久才能完成一个用户可接受的产品。你也不知道要一共反复多少次，以及每次重复要花多长时间。

相关主题

要想进一步了解渐进原型与阶段性交付各自的优点，请参考第 20 章。

让客户始终看到项目进展标记，可以在一定程度上减小这种风险，与传统方法相比，这种方法可以减轻客户在得到最终产品之前的紧张情绪。此外，也可以使用向渐进原型倾斜的渐进交付法，这样既可以提供阶段交付的可控性，又不失渐进原型的灵活性。

3. 缺乏最终用户或客户的反馈

相关主题

要想进一步了解缺乏反馈造成的风险，请参考第 42.1.4 节。

原型法并不能保证获得高质量的用户反馈。当最终用户和客户查看原型的时候，他们并不是都能完全明白所看到的东西的。一种常见的情况是，他们几乎完全被那些活灵活现的软件演示所倾倒，以至于根本不去理解在那些花哨的东西下面的原型真正代表的含义。如果他们不假思索地就同意你的原型，事实上你会发现，他们并不完全理解所看到的东西。所以，一定要确保最终用户和客户能够认真地分析原型，以便提供有意义的反馈意见。

4．产品性能不佳
有若干因素会导致产品性能不佳，具体如下。

· 在产品设计时未考虑性能问题。
· 在最终产品中保留着当初快速开发原型时产生的凌乱、低效的代码。
· 最初打算废弃的原型被保留了下来。

你可以采用以下三个步骤来降低质量不佳的风险。

· 及早考虑性能问题。要尽早评价产品性能，并确保原型的设计能够支持相应的性能要求。
· 不要匆匆忙忙不顾质量地开发原型。原型的代码质量应该足够好，以利于进一步的更改，这意味着它的质量至少应该比用传统方法开发出的代码要好。
· 不要在最终产品中牵扯进要废弃的原型。

5．不切实际的性能期望
这种风险的产生是与性能不佳的风险紧密相关的，尤其是当原型的性能比最终产品要好得多的时候。因为原型不必要拥有最终产品的全部功能，所以有时它会比最终产品的性能要好很多。当用户看到最终产品时，就显得慢得无法接受了。

上述风险还有一个讨厌的孪生兄弟：如果原型所使用的语言比最终使用的语言表现差的话，客户就可能把原型中的缺陷看成最终产品的缺陷。不止一个的案例表明由于原型性能太差导致项目的失败。

你可以对客户与原型交互后产生的期望做一定的控制来解决这一风险。如果原型运行得太快，就应当人为地延缓一下，以便使它的表现与最终产品相符合。如果原型运行得太慢，就应当向客户解释清楚这并不代表最终产品的性能。

6．设计不佳
许多原型项目在系统设计上要强于传统项目，但有若干因素会导致设计不佳的风险。

- 原型的设计可能会恶化，从而，在随后的阶段，会导致其实现偏离原有的设计（正如许多软件产品随着后期维护，质量会不断降低一样）。最终产品会把原型系统中的补丁继承过来。
- 有时最终用户或客户的反馈会改变产品的进展方向。如果在设计时没有预见到这种情况，并且没有进行重新设计的话，项目的进展方向就有可能会偏离。
- 如果在设计时只关心用户界面的话，就有可能忽视系统的其他部分——这些部分对系统来说也同样重要。
- 使用特定目的的原型语言也可能导致系统设计不佳的风险。适用于项目初期的快速开发环境，有时不见得同样适用于后期开发时对设计完整性的维护。

相关主题

要想进一步了解利用快速开发语言来推进项目，请参考第31.2 节。

时刻关注产生问题的根源有助于减少这样的设计风险。把原型限制在特定的产品范围内，如用户界面上。使用一种原型语言来开发这一部分并进行改进，然后，再用传统的程序语言以及非原型方法来开发剩余的部分。

当进行系统总体设计的时候，一定不要把注意力过分集中于用户界面或任何已经被原型化的系统其他部分。减少对某一个方面的注意力，集中于总体的设计。

在对原型进行反复的过程中应包括一个设计过程，这样可以确保你不仅改进了代码，而且还改进了设计。可以使用一个设计检查列表来检测改进后的产品的质量。

CLASSIC MISTAKE

在原型法中，应避免使用无经验的开发人员。与其他方法相比，渐进原型法更要求开发人员能够在开发初期做出影响深远的长期决策。而没有经验的开发人员则很难在这种情况下做出好的决策。案例研究表明很多项目的失败，都是因为引入了无经验的开发人员，这些研究还表明，只有让经验丰富的开发人员参与进来，项目才能够成功 (Gordon and Bieman 1995)。

7. 可维护性差

渐进原型有时会导致系统的可维护性变差。按道理说，渐进原型所采用的高度的模块化是有利于系统维护的。但当原型开发过快时，有时会导致开发过程非常草率——因为原型法可以被看作一种不断编码及修正的过程。此外，如果使用某种特定目的的开发语言，而程序维护人员又对这种语言不熟悉，就会导致系统难于维护。在关于原型法的已出版的文献中，已经发现难于维护的渐进原型法系统要比传统方法的系统多得多 (Gordon and Bieman 1995)。

通过几个简单的步骤便可减小上述风险。首先要确保设计能够满足在"设计不佳"风险中提到的那个检查列表（请参阅上一条目）。在每个阶段都使用代码质量检查列表，来确保原型的代码质量。对对象、方法、函数、数据、数据库元素、函数库以及任何其他日后维护所要涉及的部分，都使用通用的方法来命名。按照通用的格式和注释来写代码。时刻提醒你的开发人员要在每一个产品周期中使用自己的代码——这样可使代码容易维护。

相关主题

要想进一步了解变更管理，请参考第 14 章。

8．功能蔓延

通常情况下，在渐进原型项目中，客户及最终用户会直接接触到原型，有时这会导致他们对未来的要求不断增加。除了对他们与原型的交流进行控制以外，还可以使用变更管理实践来控制功能蔓延。

CLASSIC MISTAKE

9．原型开发阶段效率低下

通常，原型法是有助于缩短开发时间的。但矛盾的是，项目在原型阶段经常浪费时间，而不能有效地节省时间。原型法是一种试探性的、不断反复的过程，因此它是一种很难做到精细管理的过程。开发人员并不总是清楚原型要开发到什么程度，所以有时他们会浪费时间去开发一些最终被剔除的功能。有时，开发人员还会把时间浪费在不必要的原型的健壮性上，或是在原地徘徊不前。

要想高效地利用原型开发阶段的时间，需要不断跟踪项目并对优先级进行控制。仔细地对原型开发过程进行计划。在项目后期，你可能以几天或几周为单位把项目进行分割，但在原型阶段，则需要以小时或以天来分割。在你确定某部分一定会被保留之前，一定不要花费时间把该部分从原型的基础上衍生出来。

开发人员们应具有良好的开发意识，以便在一定程度上能对项目进行风险判断。我曾经做过一个项目，在那个项目中，我们需要做一个用户界面原型，向赞助商展示我们的界面设计。另外一个开发人员认为这需要 3 个人的开发小组花上 6 周的时间才能完成。但我认为我一个人用 1 周就可以完成。之所以产生这样的差异，并不是因为我的开发速度是他们的 6 倍，而是因为他们不知道还有其他能加快进度的东西。因此，在原型项目中，应该避免使用无经验的开发人员。

21.3　渐进原型的附带效果

除了开发速度快这个好处以外，渐进原型法还有一些副带效果，其中大多数是有利因素。原型法通常会导致以下后果。

- 由于项目进展是可见的，所以能够激发最终用户、客户以及开发人员的士气。
- 对于最终产品是否能被接受可以较早地获得反馈。
- 由于更好的设计以及更多的重用，可以减少总体的代码长度。
- 由于需求更加明确，可以降低错误率。
- 更平滑的开发曲线，减少了限期效应（这在传统开发方法中是很常见的）。

21.4　渐进原型与其他实践的相互关系

HARD DATA

当渐进原型法与其他实践结合使用时，它是一种解决功能蔓延的有效途径。有研究表明，当把渐进原型与 JAD 方法（第 24 章）结合使用时，可以把功能蔓延控制在 5% 以下，而这个指标的平均值是 25%(Jones 1994)。

当渐进原型与其他方法结合使用时，它也同样是一种有效的消除错误的方法。将复查、检查和测试结合起来可以最高效地消除错误，付出最小的成本，并最大限度地缩短工期。在此基础上再加上渐进原型的话，更可使累计除错效率达到最高 (Pfleeger 1994a)。

如果渐进原型不能为你提供足够的项目操控性，或已经基本上明确了系统的最终目标，就可以使用渐进交付（第 20 章）或阶段性交付法（第 36 章）。

与其他原型类实践的关系

对于小系统而言，渐进原型是优于舍弃型原型的，因为创建一个舍弃型原型所需要的管理费用，使得它在经济上失去了可行性。所以，如果你打算用舍弃型原型法来开发一个中小型项目的话，一定要确保你能够弥补项目周期中管理费用的亏空。

对于大型系统（代码超过 10 万行的系统）而言，你既可以使用舍弃型原型，也可以使用渐进原型。开发人员们有时对使用渐进原型来开发大系统怀有戒心，但实际上，在已出版的报告中，使用渐进原型来开发的大系统都是成功的 (Gordon and Bieman 1995)。

21.5　渐进原型的底线

HARD DATA

在案例研究中发现，渐进原型能够戏剧性地减少 45%~80% 的开发工作量 (Gordon and Bieman 1995)。但要注意的是，要想达到这个目标，你必须仔细控制开发风险，特别是设计不佳、缺乏可维护性以及功能蔓延这三种风险。如果你不这样的话，总的开发投入有可能会增加。

原型法见效很快。琼斯 (Capers Jones) 认为，渐进原型在第一年中的回报率大概是 2:1(即每投入 1 美元便可获得 2 美元的回报)，而在 4 年内的回报率则可达到 10:1(Jones 1994)。

原型法还可以使开发效果更显而易见，从而增加项目的可见性，并容易给人留下开发速度很快的印象。这对于开发速度要求高的项目来说尤其有用。

启动一个渐进原型的前期投资很少——因为只需要进行开发人员的培训以及准备原型工具即可。

21.6　成功使用渐进原型的关键

成功使用渐进原型法的关键如下。

· 在一开始就决定要开发的原型是要保留下来的还是要被舍弃的。应确保管理者和开发人员都明确所选的行动计划。
· 明确控制客户及最终用户的期望与项目进度、费用预算以及产品性能之间的关系。
· 限制最终用户与原型间的交流以便控制项目不受影响。

- 使用有经验的开发人员，避免使用入门级的开发人员。
- 在每个阶段都使用设计检查列表以确保原型系统的质量。
- 在每个阶段都使用代码质量检查列表以确保原型代码的可维护性。
- 及早考虑产品性能。
- 小心地控制原型开发本身。
- 渐进原型是否能为项目带来最大的益处？渐进交付或阶段交付是否会更好一些。

深入阅读

Gordon, V. Scott, and James M. Bieman. "Rapid Prototyping: Lessons Learned," *IEEE Software*, January 1995, 85-95. This article summarizes the lessons learned from 22 published case studies of prototyping and several additional anonymous case studies.

Connell, John, and Linda Shafer. *Object-Oriented Rapid Prototyping*. Englewood Cliffs, N.J.: Yourdon Press, 1995. This book overviews the reasons that you would prototype and different prototyping styles. It then presents an intelligent, full discussion of evolutionary, objectoriented prototyping including the topics of design guidelines, tools, prototype refinement, and prototyping-compatible lifecycle models.

第 22 章　目标设定

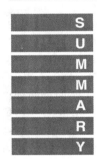

人的激励是增加生产力的最重要因素，目标设定正是利用了这一规律。在设定目标时，产品经理或客户只是简单地告诉开发人员他们想要得到什么。目标设定有利于增强士气，开发人员们通常会为了达到"最短的进度"（或进度风险最小的目标，或进展过程可见的目标等）而格外努力工作。不愿意把项目划分为一系列小而清晰的目标，是项目成功的一个主要障碍。

效果

	最短进度为目标	最小风险为目标	最高可视性为目标
缩短原定进度的潜力：	很好	无	无
过程可视度的改善：	无	好	极好
对项目进度风险的影响：	增大风险	减小风险	减小风险
一次成功的可能性：	大	大	大
长期成功的可能性：	很大	很大	很大

主要风险

· 如果目标产生变化，将会大大影响士气

主要的相互影响和权衡

· 对签约、限时开发、自愿加班以及激励人员提供了重要支持。

前面的各项评估指标与具体目标相关联。关于目标设定的更多内容，请参考第 11.2.1 节。

第 23 章　检查

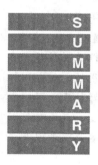

检查 (Inspection) 是一种正式的技术性回顾，其参与者都应该受过良好的训练，并被赋予特定的角色。参与者在检查之前，使用常见的错误列表，对各种要检查的材料进行核对。在检查过程中，划分角色有助于发现更多的错误。这种正式的检查比运行测试更有助于发现错误——无论是发现错误的比例，还是平均发现每个错误所用的时间。它们可以带来快速开发的好处是因为能够在开发过程中及早发现错误，这样避免了昂贵的返工工作。实际上，检查可以用于各种类型的项目，无论是新开发的项目还是后期维护性项目。

效果

缩短原定进度的潜力：	很好
过程可视度的改善：	一般
对项目进度风险的影响：	降低风险
一次成功的可能性：	大
长期成功的可能性：	极大

主要风险

无

主要的相互影响和权衡

· 可与其他各种快速开发方法结合使用

关于检查的更多内容，请参考第 4 章及最后的的"深入阅读"。

第 24 章　联合应用程序开发

SUMMARY

联合应用程序开发 (JAD) 是一种对需求进行定义并设计用户界面的方法，在 JAD 过程中，最终用户、管理人员以及开发人员通过异地、封闭、集中的会议来共同澄清一些与系统相关的细节问题。JAD 更关注于业务问题而不是技术问题。它对于业务系统的开发是非常适用的，但也同样可以成功地运用于封装软件或系统软件的开发上。它的好处在于可以更好、更快地搜集系统需求信息，从而避免了后期需求改变。其成功依赖于 JAD 小组领导人的有效管理；依赖于关键用户、关键管理者以及关键开发人员的参与；依赖于参与者们在 JAD 会议中的合作。

效果

缩短原定进度的潜力：	好
过程可视度的改善：	一般
对项目进度风险的影响：	降低风险
一次成功的可能性：	大
长期成功的可能性：	极大

主要风险

- 由 JAD 会议产生的不切实际的产品效率的期望
- 由 JAD 会议产生的对剩余工作的过早的、不准确的估计

主要的相互影响和权衡

- 与增量开发生命周期模型结合能获得最好的效果
- 可以与快速开发语言以及原型工具结合使用

　　JAD 是"联合应用程序开发"(Joint Application Development) 的简称。"联合"意味着开发人员、最终用户以及其他有关人员集中在一起对产品进

行设计。对于需求的收集和讨论而言，它是个结构化的过程。其本质就是一系列由管理人员、最终用户以及开发人员召开的会议。

JAD 方法可以发挥集体的力量，广泛使用各种可视化的辅助工具，如所见即所得的文档等，并且是一个井然有序的、合理的过程，在短时间内收集用户的需求。JAD 是目前形成的最强有力的需求说明实践之一，它通过以下几种方式使项目获益。

相关主题

要想进一步了解在项目生命周期的前期缩短时间，请参考第 6.5 节。

- 它使得上层管理人员参与到开发过程当中。JAD 使上层管理人员在产品开发初期就参与其中。这种较早的参与有助于缩短产品确认时间。
- 它缩短了明确用户需求的过程。JAD 节省了收集需求所需的时间，从而缩短了项目生命周期。这一点是极为有用的，因为需求的明确有时是一个很漫长的过程，会导致项目前期有几周甚至几个月的延长。
- 它排除了有问题的产品功能。通过排除有问题的特性，使得产品变得更精良，从而缩短了项目开发的时间。
- 它有助于第一次就获得正确的需求。需求分析人员和最终用户可能操不同的语言，这就意味着他们在软件需求上进行高效交流的机会很少。而 JAD 则可以增进他们之间的交流，并可避免由于需求误解而造成的重复工作。
- 它有助于第一次就做出正确的用户界面。有些产品不断地返工，就是因为最终用户不能接受产品的界面。JAD 会议有助于解决这一问题。因为最终用户也参与到这个会议之中，所以，这样开发出来的用户界面，最终总能被接受。
- 它可以防止组织内部的相互牵制。许多项目都受到内部矛盾或隐藏的分歧的阻碍。JAD 方法在设计阶段就把决策者召集在一起，从而可以把这些问题及早地摆到桌面上来，使这些问题较早地得以解决，防止其造成进一步的危害。

24.1　使用 JAD

JAD 由两个主要过程组成：JAD 规划阶段和 JAD 设计阶段。这两个阶段所处理的内容，在传统意义上都属于系统的用户需求部分，但又属于不同的层次。在两个阶段中，JAD 都更关注业务设计问题而非纯技术上的细节。

在 JAD 规划阶段，其重点在于构思出软件系统总体上的功能，而且这个重点更多的是业务范畴的，而非技术性的。JAD 规划阶段的主要产物是系统目标、首要的努力方向和进度估算，以及是否继续进行进一步开发的决定。同时它还对 JAD 设计阶段进行规划。

如果决定继续产品开发，那么下一步就是 JAD 设计阶段。JAD 设计会导出更进一步的用户需求，其目的是进行用户层次上的软件设计。尽管被称作设计，但它并非集中在系统的功能设计上（这或许是你在看到"设计"一词时所想到的东西）。JAD 设计实际上是广泛地使用了原型方法，其主要产物是详细的用户界面设计、数据库模式（如果需要的话），以及进一步细化的预算和进度计划。到这个阶段结束时，项目必须经过再次确认以后才能继续。

如图 24-1 所示，规划阶段和设计阶段都被分成了如下三部分。

· 定制——讨论负责人以及其他人采用现有的 JAD 方法将开发对象裁剪成专门的项目，这一过程通常要花费 1 ~ 10 天的时间。
· 讨论——把各方人员集合到一起，这是 JAD 方法的核心。它通常花费 1 ~ 10 天的时间，具体取决于系统的规模。
· 整理——将会议的文档或活动记录、手写的便条和各种演示素材编制成一种或者几种正规的文档。这要花 3 ~ 15 天的时间。

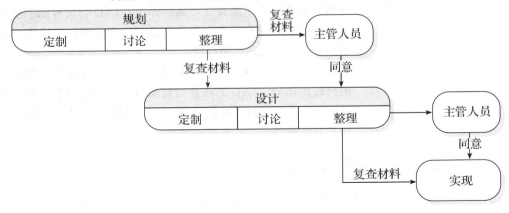

资料来源：改编自 *Joint Application Design (*August 1991).

图 24-1　JAD 过程概况 (JAD 规划和 JAD 设计是由一系列类似的活动组成的)

相关主题

要想进一步了解增量
式生命周期模型，请
参考第 7 章。

一旦 JAD 设计过程结束，尽可能将结果以电子化的方式提供给程序设计和实现阶段。JAD 对具体的程序设计或实施方法并没有明确的指导，但它可与增量生命周期模型和各种 CASE 工具配合使用。

尽管 JAD 最初是为大型主机环境下的信息系统开发的，但它也被成功地应用在客户 / 服务器软件的开发上 (August 1991，Martin 1991，Sims 1995)。把项目干系者的部门集中起来经过详尽讨论给出系统需求的方法也同样适用于商业产品、纵向市场软件、封装软件以及系统软件等。你也可以把 JAD 规划和 JAD 设计中定制的子阶段应用于各种类型的项目中。

JAD 规划

JAD 规划侧重于需求和计划。其目标是明确高层次的需求，定义系统的边界，对 JAD 设计进行规划，生成 JAD 规划文档，以及获得对 JAD 设计的认可。JAD 规划阶段有时也被称为联合需求规划 (Joint Requirements Planning)，简称 JRP(Martin 1991)。以下分别对定制、讨论和整理子阶段进行解释。

1. 定制
定制的目的在于使 JAD 规划讨论适合特定项目的需要。这一阶段的主要工作如下。

· 引导参与者们了解 JAD 过程
· 组织 JAD 小组
· 为特定项目设定 JAD 任务和结果
· 为 JAD 规划讨论准备材料

通常，参加规划的人不是参加设计的人。规划讨论的参与者通常在组织中都位居较高的位置。而 JAD 设计则主要由那些将来拥有系统或开发系统的人来参加。如果那些高层的人与这些直接接触系统的人相同的话，你也可以把规划和设计合并为一个阶段。

2. 讨论
JAD 讨论是 JAD 区别于其他需求收集方法的关键所在。JAD 讨论的关键因素包括：一个受过良好训练的讨论主席，管理人员和其他关键决策者的参与，结构化方法的使用，以及保证工作不被打断。

(1) 时间线

相关主题

有关使得团队团结一致的因素的更多内容，请参考第 12 章。

我在前面已经提到过，JAD 讨论可能会持续 1 ~ 10 天。它是一个团队活动，所以典型的合作方法也同样是适用的。通常要花 2 天来组成团队 (Martin 1991)。如果 JAD 讨论持续 5 天的话，它的大部分工作是在第 3，4，5 三天完成的。

无论 JAD 讨论持续多久，参与者都必须全职参加。如果有人不能保证全职的话，你将会浪费很多时间来为他解释情况，甚至返工。为了保证 JAD 讨论的顺利进行，所有的成员都必须出席。

(2) 设施

实施 JAD 的房间应该在非工作地点，饭店或会议室是比较理想的去处。JAD 的参与者通常都是组织中的关键人物，而关键人物通常会有大量的事情使他们分心。JAD 设施应当把他们从日常的杂务中解脱出来，让他们能够专心于 JAD 讨论。如果 JAD 讨论经常被打断的话，会使人认为这种讨论是不重要的。

用于进行 JAD 规划和设计的房间应当装备可视化支持设备、计算机系统、复印机、笔记本、笔、宝丽来相机（用于记录白板上的内容）、名片（如果需要的话）以及食品和饮料等。所有这些设施都向参与者传递这样一种信息：这项工作是非常重要的，其他事情应该放在后面。

(3) 角色

JAD 讨论包含一系列的人。

讨论主席 他是对 JAD 成功与否起决定性作用的人。一个成功的主席需要拥有非常杰出的综合能力。他必须有很出色的沟通和谈话技巧，还应该能够协调政策上的分歧、权力上的矛盾以及个人之间的冲突。他必须做到不偏不倚（在 JAD 讨论中不应该有政治偏见），并为大家营造一种自由而又可控制的谈话氛围。他应当对议题保持足够的敏感性，并能够主动地改变它们。他还应当扫除交流上的障碍。他必须能够自由地与更高级别的人交谈，并对包括这些人在内的小组进行控制。他应当鼓励沉默的人参与讨论，同时，阻止处于强势的人控制讨论。

要想做到这些，讨论主席必须首先赢得参与讨论的所有人的尊敬，必须精心地准备，必须有足够的知识，包括业务领域和开发方法上的。最后，他还需要对 JAD 保持充分的热情。

失败的 JAD 几乎都是由于 JAD 讨论主席造成的 (Martin 1991)。有些组织任命不同的主席负责不同的项目。其结果是每个项目都使用了无经验的主席，最终导致了难以让人满意的结果。一个公司如果要应用 JAD，它应当训练一个或多个 JAD 主席，并让他们待在其位置上至少两年以上。通常，一个新的 JAD 主席需要至少 4 次 JAD 讨论才能成长起来。

执行赞助方　他肩负着系统的财务重任。这个人是规划讨论后决定项目是否实施的关键人物。有时会有一个以上的执行赞助方参加，尤其是在规划讨论阶段。

最终用户代表　他是代表最终用户的关键人物，有权力对项目做出负责任的决定。与其他参与者一样，最终用户代表也应当是一个好的交流者。可以有多于一个的最终用户代表参加，尽管在随后的设计讨论阶段还会为参与的最终用户代表提供专门的论坛。

开发人员　他们的工作是转变最终用户的观点，告诉他们一个完美无暇的系统是不可能实现的。同时他们也要学习从用户的角度来观察问题。开发人员还应回答关于其他系统的问题，关于功能的可行性以及费用问题。开发人员应当避免使用"是"或"否"的词汇来回答用户的问题。他们的任务是提供信息，而不是做出决定。开发人员在规划和设计的讨论阶段，必须对系统进行学习，以便在 JAD 设计阶段完成后，就可脚踏实地地开始工作。通常，有多于一个的开发人员来参加讨论。

书记员　他来自开发部门，其主要任务是记录讨论过程中发生了什么。书记员是一个主动的参与者，每天他都应当主动询问并澄清问题，同时提醒前后不一致的地方。

专家　他们是被邀请来专门为讨论提供专业技术支持的。专家不必像其他参与者一样每天必到。只有当需要的时候才有必要邀请他们，因为专家对于 JAD 小组而言是一种资源，而不是其中的成员。

(4)　常见问题
JAD 讨论通常会遇到几个问题。

·　JAD 讨论使公司有机会发挥优秀人才的作用。通常，优秀人才在

JAD 讨论过程中会有很出色的工作成果，而普通职员则只能做出普普通通的研究结果。有时，公司没有足够的空余时间来让这些优秀人才参加讨论。而对于 JAD 来讲，每个关键人员的参与都是非常重要的。如果不让关键人员参加的话，干脆就不要进行 JAD 讨论了。因为这会使讨论成功的概率大打折扣。而对于其他参加的人来讲，如果讨论失败的话，无疑是白白浪费了时间。

· 在 JAD 讨论中，观察员是一种风险，因为他们通常不能把自己限定在这个角色。如果你真的需要观察员的话，要像对待其他参与者一样对待他们，并确保他们像其他人一样参加了相同的讨论训练。

· 过多的参与者会使 JAD 小组人心涣散，这将阻碍小组开展工作。一个完整的 JAD 小组应该在 8 个人以下 (Martin 1991)。虽然有专家声称曾经有 15 个参与者并成功的 JAD 讨论 (August 1991)，但实际上超过 8 个人的小组是很难凝聚起来的。如果你的公司对 JAD 非常有经验的话，或许可以进行 15 个人的 JAD 讨论，但一定要小心地组织。

(5)　具体讨论过程

一个典型的 JAD 规划讨论要进行以下 8 项主要工作。

· 介绍总体方向——向小组介绍讨论的目的、时间安排以及各项议程。

· 定义高层需求——勾画出系统概况，包括确定系统所要满足的业务需求、系统目标、预期效果，罗列出系统可能的功能、各项功能的先后次序，以及系统策略和未来的构想。

· 限定系统边界——对系统可能包含的内容进行限定。系统不包含什么的决定对开发速度的影响与系统包含什么的决定同样重要。

· 确定并预测 JAD 设计所包含的阶段——这是规划随后的 JAD 活动所要做的第一件事。

· 确定 JAD 设计阶段的参加人员——确定要参加 JAD 设计的人选。

· 安排 JAD 设计的进度——最终用户、开发人员和执行赞助商对 JAD 设计的时间表达成一致。

· 记录讨论要点和思路——将 JAD 规划讨论的问题及思考制成文档，从而形成关于讨论的问题及解决方法的记录。

· 讨论总结。

对以上每项工作，你都需要经历大致相同的过程。JAD 讨论主席提出任务，比如确定高层需求。参与者们提出想法。这些想法被写在每个人都能看到的地方，如白板或用投影仪显示出来。在这个阶段，一个好的 JAD 主席应确保每个参与者都能参与到讨论之中，这一点是非常重要的。

一旦想法被提出，你就要对它进行检验。这时候就需要执行赞助商、最终用户、开发人员代表以及专家们提出各自的观点。JAD 主席需要控制整个小组，使他们集中精力于中心议题上，还要排除政治观点的纠纷，减小强势与弱势人员的影响，并对 JAD 讨论不能解决的问题继续设法解决。在这个过程中，参与者经常为问题的解决提出有独创性的意见。

最后，小组要牢记在这个阶段所做出的各项决定——系统目标、系统功能的大致次序、系统边界、JAD 设计阶段的参与者等。

3．整理

整理在 JAD 讨论结束后进行并产生 JAD 文档，它应该尽可能多地记录讨论过程中产生的结论。规划讨论的结果有。

- 系统目标列表，其中包括策略和对未来的考虑。
- 详述可能出现的系统功能，包括功能本身、每个功能所要满足的业务需求、每个功能所带来的效益、对每个功能的投资回报率的估算，以及每个功能的大致优先次序。
- 限制系统边界，包括系统不包含的功能的列表。
- 与其他系统的接口列表。
- 在 JAD 讨论中未能解决的问题列表，包括问题的名称、负责人以及预计的解决日期。
- 下一步行动的计划，包括随后的 JAD 设计阶段的确认、JAD 设计的参与者、JAD 设计的日程表，以及各个目标的大致实现日期。

在有些 JAD 方法中，JAD 讨论的结果之一是提供给执行赞助商的报告，它包括了进行下一步决策的所有信息。而在另一些方法中，执行赞助商亲自参加整个 JAD 规划讨论，所以这种报告就不必了。

JAD 设计

JAD 设计的核心是用户需求以及用户界面设计。其目的是定义详细的用户需求、系统边界、屏幕和报表设计，开发原型，以及收集编辑、数据校验、处理和系统接口等方面的需求。如果需要的话，它还可以进行数据库模式的设计。JAD 设计的成果是一份 JAD 设计文档，有了它，才能获准进行系统的实现。

1．定制

在 JAD 设计阶段，定制的主要内容与 JAD 规划阶段是相似的。主要是为讨论做准备，其中包括安排讨论所需的房间、设备以及其他所需的支持，准备显示设备和报表，为整理文档和开发原型准备相应的软件和人员，布置会议室等。讨论主席还应该提前准备好可能的规范的列表。这个列表应该是建议性的。

如果最终用户对 JAD 不是很熟悉的话，在进行讨论之前你应该对他们进行培训。这可以使他们事先明确讨论的目的、每个人的角色、他们应做出的贡献以及他们可能用到的各种技术。

2．讨论

与规划讨论一样，JAD 设计讨论的关键组成部分包括：一个高素质的JAD 主席，关键决策者的参与，结构化的处理过程，以及随时发言的自由。整个过程应该是高可视化的，用到了白板、图表、投影仪以及大屏幕。

通常，JAD 设计讨论比 JAD 规划讨论要长，从几天到 10 天以上不等，一般是一周。所用的设施则与 JAD 规划讨论相同。

讨论主席、开发人员代表、书记员以及专家等角色与规划阶段类似。但开发人员代表会更忙一些，因为他们白天要参加讨论，晚上还要做出所需的原型。在这个阶段不要求执行赞助商到会，但可能需要他们时不时地来一趟，以便回答一些问题或提供一些支持。另外，这时候一个最终用户代表已经不够了，应该有一个最终用户代表小组参加，他们应该花费足够多的时间对产品的设计、实现、测试以及发布的各项细节进行讨论。项目经理这时也可以参加，但他不应该左右整个讨论，因为 JAD 主席一定要确保各个参与人员之间绝对的公平。

JAD 设计讨论通常有 10 项工作要进行。

· 介绍总体方向——讨论主席布置讨论的目的、时间安排以及各项议程。
· 回顾并提炼 JAD 规划中形成的系统需求和系统界限——通常你会从JAD 规划阶段产生的讨论计划开始，进行 JAD 设计讨论，但在开始

JAD 设计讨论之前，你还可以对这个计划进行进一步的提炼。

- 制作一张工作流程表——用这个表来显示在新的软件系统中各项工作将如何完成。
- 写出工作流程的描述——用文字来描述新的软件系统中各项工作是如何被完成的。
- 设计屏幕显示和报表——对屏幕布局和报表格式进行设计。JAD 设计讨论中会大量地使用交互性的原型，它们是由开发人员和最终用户在会议期间做出来的。
- 明确处理需求——明确数据量、运算速度、审计要求、安全需求等。
- 定义接口需求——明确有哪些系统将会与新系统进行交互。
- 明确系统的数据分组以及各项功能——勾画出系统的数据体系，包括主要的数据结构、数据结构组件、数据结构间的关系等。如果系统是面向数据库的，还需要创建一个规范化的数据库模式。
- 记录讨论要点和思路——与规划阶段一样，应该有关于所讨论的问题及解决方法的记录。
- 讨论总结。

JAD 设计的过程与规划的过程本质上是相似的。对于每一个任务，都要经历一个提出问题、产生想法、评估想法、最后得出解决方案的过程。

JAD 设计可以节省大量时间，因为小组讨论比一对一的需求收集讨论要高效得多。传统方法通常会使分析人员在尚未完全理解用户需求时就离开了最终用户。这样，就造成他们对用户的想法进行主观的猜测。而在 JAD 讨论中，最终用户与分析人员直接进行交流。整个小组会把业务领域的知识加以综合运用，以便集中精力解决各种问题，如业务问题的解决、技术上的限制与可能性、策略考虑、意外情况以及主要难点等。

相关主题
要想进一步了解时间压力可能带来的正面影响，请参考第 39 章。

在 JAD 设计中，时间上的压力有助于小组成员集中精力去解决主要问题并达成一致意见。另外，时间压力还使得参与者们努力工作和团结合作。

3. 整理
JAD 文档将取代传统意义上的需求说明，所以，一定要仔细记录下设计讨论的过程。以下是设计讨论结束后需整理的工作内容。

- 完成 JAD 设计文档，这个文档应该尽可能多地记录讨论过程中产生的成果。

· 在讨论的基础上，完成原型。有些情况下，在设计讨论过程中就有可能完成原型系统。
· 让所有的参与者都浏览一下设计文档和原型系统。
· 把结果交给执行赞助商，其中包括：设计讨论的摘要、JAD 设计、基本目标的实现日期以及项目当前的状态。

迅速从 JAD 设计转向功能的设计和实现是非常重要的。如果一个项目从完成 JAD 设计到获得开发批准间隔了数月的话，用户的需求就会过时，你也会失去关键的参与者以及用户的支持。

24.2 管理 JAD 中的风险

JAD 是一个复杂的过程，必须谨慎地加以利用。以下是它可能导致的主要问题。

相关主题

要想进一步了解在项目早期由于进度过快导致的问题，请参考第 21.2 节。

1．JAD 讨论引起的不切实际的期望

JAD 讨论能够产生出许多令人兴奋的期望，但实际上的开发过程却有可能不能满足对新系统开发速度的要求。讨论的参与者们只看到开发人员能够这么快地建立原型系统，却不知道建立一个实际系统要花费长得多的时间。在讨论中产生的这种正面的推动力可能对开发人员产生负面作用——如果他们不能及时交付系统的话。

相关主题

要想进一步了解建立切合实际的期望值，请参考第 10.3 节。

通过两种方式，你可以降低这种风险。首先，在 JAD 设计讨论中要花费一部分时间来定出一个切实可行的新系统开发进度表。整个小组在讨论结束后要牢记这个进度表。

其次，你应当选择一种增量式的开发方法与 JAD 方法配合使用。与增量法的其他优点一样，这可以让人感觉到开发过程在 JAD 设计讨论之后确实进展较快。

相关主题

要想进一步了解如何做出并优化估算，请参考第 8 章。也可以参考《软件估算的艺术》。

2．对于 JAD 讨论之后要做的工作做了过早的、不准确的估算

在标准的 JAD 方法中，系统完成的目标日期是在 JAD 规划阶段制定的，而且在 JAD 设计阶段也不对它进行修正。这就导致在项目生命周期中过早地做出估算，从而增加了产生不现实期望的危险。在经历 JAD 设计阶段之后，与 JAD 规划阶段相比，你将会对系统有更多的了解。因此，这时应该对 JAD 规划阶段后定出的完成日期作进一步的估算。在这章中，

我已经对标准 JAD 阶段的输出结果做了修正，用这种两个阶段的估算来代替标准的方法。

24.3　JAD 的附带效果

除了对开发速度的影响以外，JAD 还有很多附带效果，它们都是正面的效果。

· 它能从最终用户的角度产生一个高质量的界面。原型使软件的设计更加容易感知，因此用户也能主动参与到设计中来。
· 由于最终用户参与到设计之中，因此能提高用户对系统的满意度。
· 同样的原因，它也使系统更具业务价值。
· 由于设计是基于实际业务需要并涉及上级主管和最终用户，使得开发人员更容易获得成功。
· 它避开了组织间的障碍，减少了政治上的影响。随着目标逐渐清晰，在 JAD 讨论中的群体行为将使那些隐藏的观点、对立的需求以及政治上的分歧暴露出来并得以解决，否则这些因素可能导致项目的失败或产品的不合格。
· 它避免了开发人员陷入不同部门和不同用户之间的政治矛盾之中。
· 通过让用户参与 JAD 讨论，使最终用户了解了软件开发的过程。

24.4　JAD 与其他实践的相互关系

相关主题

有关增量开发方法的更多内容，请参考第 7 章。

JAD 应当与一种增量生命周期模型结合使用，比如渐进交付、渐进原型或阶段性交付等方法（第 7、20、21、36 章），从而使 JAD 设计讨论之后能够较快地交付部分软件。

JAD 加原型法（第 21、38、42 章）是行之有效的方法，两者结合使用可以使需求蔓延降低到 5% 以下 (Jones 1994)。

HARD DATA

如果技术条件允许，可以把建立原型和设计工作放在 JAD 设计讨论过程中来做，这样，就可以直接把它们转换到实现阶段了。这对于信息系统的开发而言，要比其他系统更容易实现。JAD 是 James Martin 的快速开发 (RAD) 方法中的一部分，有些组织则把 JAD 集成到由 ICASE 工具支持的 RAD 生命周期中去。如果这种方式对你来说有意义，则可以在 JAD 规划的定制阶段进行集成。

24.5   JAD 方法的底线

HARD DATA

使用 JAD 的效果各不相同。在早期，诸如美国航空、德州仪器和 IBM 等公司曾报告说，JAD 使需求明确的时间缩短了 15% ~ 35%(Rush 1985)。CNA 保险公司则报告说它在这个过程中减少了大约 70% 的时间。更近一些，奥克斯特 (Judy August) 报告说，与传统方法相比，JAD 可以减少需求明确的时间 20% ~ 60%，同时，它还可以减少整体开发时间 20% ~ 60%(August 1991)。对于一个典型的项目而言，需求收集的时间大约要占到 10% ~ 30% 的时间，这取决于项目的大小和复杂性 (Boehm 1981)。如果你认为你的项目不采用 JAD 要多花费 30% 而不是 10% 的时间去明确用户需求的话，那么采用 JAD 方法则有可能把整个开发时间缩短 5% ~ 15%。为安全起见，在你最初使用 JAD 方法的时候，应该使用这一范围的下限。当你拥有丰富的 JAD 经验之后，你将能够有效地对它加以利用，并根据你的经验来对未来的项目进行估计。

24.6   成功使用 JAD 的关键

成功使用 JAD 的关键如下。

- 在 JAD 讨论中指定有经验的 JAD 主席
- 确保执行赞助商参与 JAD 过程
- 确保关键人员全职地参与到 JAD 讨论中
- 在非办公场合进行讨论，确保没有电话和外界的打扰。确保参与者们在晚上也有空加班
- 精心准备参与人员。确保他们理解 JAD 及 JAD 讨论所要达到的目标
- 在 JAD 设计结束后，帮助最终用户建立现实的期望值
- 在 JAD 设计完成后，使用一种增量生命周期模型来开发系统

如果是第一次使用 JAD 方法，尽量把它用在一个大约花费 12 ~ 18 个人月的应用项目上，并确保这个项目已被所有人充分了解而且没有任何争议。

深入阅读

Wood, Jane, and Denise Silver. *Joint Application Development*, 2d Ed. New York: John Wiley & Sons, 1995. This book thoroughly explores the many variations of JAD and describes how to become a JAD facilitator. It's well-written and loaded with practical suggestions.

August, Judy. *Joint Application Design*. Englewood Cliffs, N.J.: Yourdon Press, 1991. This is a well-organized, easily readable discussion of JAD that focuses on the way JAD has been done at IBM. It maps out each of the JAD steps and contains much practical advice, such as which visual aids to prepare before the JAD session, how to conduct the JAD kickoff meeting, and much more.

Martin, James. *Rapid Application Development*. New York: Macmillan Publishing Company, 1991. Chapters 7 and 8 describe JAD, and the rest of the book describes a rapid-development context (RAD) that relies on JAD.

第 25 章 生命周期模型的选择

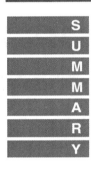

软件生命周期是描述创建一个软件产品过程中所有活动的一个模型。产品开发风格随不同类型的项目变化很大,不同的风格要求完成不同的任务而且对任务的先后顺序也进行不同的安排。如果选择了错误的生命周期模型就会导致丢失任务和对任务顺序做不恰当的安排,这些都会影响到项目的计划和效率。如果选择了合适的生命周期模型就会取得相反的效果——确保所有工作都是高效的。每个项目都在自觉地或不自觉地应用这种或那种生命周期模型,而本实践是要确保这种选择是正确的,从而获得最大的优势。

效果

缩短原定进度的潜力:	一般
过程可视度的改善:	一般
对项目进度风险的影响:	降低风险
一次成功的可能性:	很大
长期成功的可能性:	极大

主要风险

- 选择一个生命周期模型本身不含任何风险。但对某个具体的生命周期模型可能会包含附带的风险

主要的相互影响和权衡

无

前面的各项内容是对选择了正确的模型而言的。除此之外,每种生命周期模型在缩短进度时间、改善项目可见性、减低风险程度方面的潜力也各不相同。关于生命周期模型的更多内容,请参考第 7 章。

第 26 章 度量

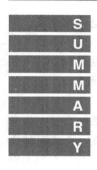

度量不仅有激励人员的短期效益，也有成本、质量和进度方面的长期效益。度量也为估算不准、进度缓慢、可见性差等普遍问题提供矫正的方法。制定度量计划的公司在该行业中能处于优势地位。实际上，任何组织、任何项目在不同程度上都能够从度量实践中获益。为了获得最好的效果，应由常设的度量小组制定一套高水平的管理规定。项目组或个别项目成员对独立的项目在较小的范围内也能够实施度量。

效果

缩短原定进度的潜力：	很好
过程可视度的改善：	好
对项目进度风险的影响：	降低风险
一次成功的可能性：	大
长期成功的可能性：	极大

主要风险

· 对某个度量指标过度优化

· 在对人员评估中误用度量方法

· 从 LOC(代码行) 度量中获得误导信息

主要的相互影响和权衡

· 为改善项目预算、制定进度计划、评估生产率工具和评估编程时间提供了基础

软件产品和项目可以通过许多方法来进行度量：代码行 (LOC) 和功能点 (FP) 的规模；每千行代码或功能点的缺陷数；设计、编码和调试的小时数；开发人员的满意度——但这些仅仅是软件度量方法的冰山一角。

度量计划可以通过几种方法支持快速开发。

相关主题

有关目标重要性的更多内容，请参考第11.2.1节。

·   度量提供状态的可见性。比迟到更坏的一件事就是自己不知道自己迟到了。度量你的进度能够帮助你确切地知道项目当前所处状态。

·   度量有助于引导出更好的行为。正如我在其他地方提到的那样，人们会对设定的目标做出反应。当你把衡量开发过程的指标通知给有关的人员时，也间接地告诉了他们应该在这些指标上做好工作。例如，如果你要度量的是程序出错数量并且要求把它反馈回来，他们就会减少出错的数量。如果你度量的是已完成的模块的百分数，他们就将提高已完成模块的百分数。

度量什么就能使什么变得最优。如果你度量的指标是开发速度，它们同样也能得到优化。

·   度量能提高士气。如果把注意力集中在一些长期困扰的问题上（如项目进度压力大、办公空间狭小和计算资源短缺），那么一个度量计划也能够提高开发人员的士气。

相关主题

有关设置期望值的更多内容，请参考第10.3节。

·   度量能够帮助设置实际的期望。如果得到了度量方法的支持，将有利于维护你所制定的进度计划。当你的客户要求你在一个不可能实现的限期内完成工作时，你可以这样对他（她）说："我将会尽力努力工作，争取在你所要求的时间内交付系统。但是，从过去的开发经验，以及根据我所给你提供的数据来看，它将要比你所要求的时间上限花费更长的时间。我们可能会在这个项目上创造一个新的记录，但是根据以前的历史记录，我还是建议你修改计划"（Rifkin and Cox 1991）。

·   度量为改善远期进度打下基础。度量的最大效益不能在短期内从简单项目中获得，但它会在两三年内偿还。为使度量项目有一个良好的基础，你可在项目的是否切实可行方面做些分析比较的基础工作。好的度量方案可帮助你避免做浪费时间又得不到偿还的工作，可以帮助你识别哪些是无效果的银弹技术。度量可帮你积累经验，有助于准确地估算项目和进行规划。度量是长期改善项目方案的基石。

26.1 使用度量

高效应用度量有几个关键的因素。

目标、问题、度量标准

一些组织常常由于度量无用数据而浪费时间和金钱。避免这个问题的好方法是要保证你收集的数据是有道理的。目标、问题、度量标准有助于上述问题的解决 (Basili and Weiss 1984)。

· 确定目标。决定如何改善你的项目和产品。例如，你的目标是一开始就把软件的缺陷数减到最少，这样你就不用花太多的时间来调试和纠正随后产生的软件。
· 提出问题。决定要提出哪些问题才有利于达到目标。例如，"修复哪类缺陷我们的花费最多？"
· 建立度量标准。建立度量标准将能回答你的问题。为了建立标准就要收集各种数据，如缺陷种类、产生次数、检测次数、检测成本及修改成本等。

通过回顾 NASA 的软件工程实验室收集的数据可以得出这样的结论：过去 15 年内最重要的教训就是在你评估之前要定义度量的目标 (Valett and McGarry 1989)。

度量小组

组织建立一个独立的度量小组通常是一个好的办法，因为有效地度量需要特殊的技巧。这个小组可以由熟练的开发人员组成，但是理想的度量小组应该有以下领域的知识 (Jones 1991)：

· 统计和多元分析
· 软件工程文献
· 软件项目管理文献
· 软件规划和评估方法
· 软件规划和评估工具
· 数据收集表格设计
· 调查的设计
· 质量控制方法，包括复审
· 走查、检查和测试的所有标准格式
· 特定软件度量标准的正反两方面的论述
· 会计准则

这些都是 AT&T、DuPont、HP、IBM 和 ITT 等公司有经验的度量小组所采用的技术集。

你不必由一个专门的全职的度量小组对特定项目进行各方面的度量。一个项目组长或者一个小组成员就能对项目进行度量，因为度量是短期的。

度量对象

每个组织都会根据自己的优先级别——它自己的目标和问题——来决定度量什么，但是大多数公司最少要保留项目规模、计划、资源需求和质量指标等数据。表 26-1 列出了不同组织收集的一些数据元素。

表 26-1 度量数据种类的例子

成本和资源数据
工作量、阶段和人员种类（参见表 26-2）
计算机资源
日历时间

变更和缺陷数据
缺陷分类（严重程度、子系统、修复时间、错误来源、解决方法等）
问题报告情况
缺陷检测方法（复审、检查、测试等）
检测和纠正每个缺陷的工作量

过程数据
过程定义（设计方法，编程语言，复审方法等）
过程一致性（复审的代码与原设计的一致程度）
估计完成日期
里程碑进展状况
代码增加的超时数
代码变更的超时数
需求变更的超时数

产品数据
开发日期
总工作量
项目种类（业务软件、封装商品软件和系统软件等）
项目中包含的功能和对象
代码行和功能点的规模
生成文档的大小
编程语言

一旦你开始收集哪怕是一小部分数据元素，你都可以从这些原始数据获得更深层的数据，并且你可以组合这些数据元素来获得其他洞察力。下面是一些你能建立的组合数据元素。

· 已发现的缺陷数与已报告的总缺陷数的对比（预测项目发布时间）。
· 由审查发现的缺陷数量和运行测试发现的缺陷数的对比（可帮助你规划质量保证措施）。
· 估算过的历史记录与一个项目实际还需要的天数（可以是百分比）的对比（帮助跟踪和提高估算的准确度）。
· 按编程语言统计每个人员每月编制的平均代码行数（有助于规划编程活动）。
· 按编程语言统计每个人员每月编制的平均功能点数（有助于规划编程活动）。
· 产品发布前清除的缺陷数在总缺陷数中所占的百分比（有助于评估产品的质量）。
· 按严重性、按子系统缺陷或按缺陷潜入的时间来统计修复一个缺陷的平均时间（有助于规划纠正缺陷的工作）。
· 产生每页文档的平均小时数（有助于规划项目的文档活动）。

大多数项目并不收集能生成这些信息的原始数据，但是你会发现，这些信息只需要少量度量的收集。

数据粒度

CLASSIC MISTAKE

大多数公司收集数据遇到的一个问题是数据收集的粒度太大以至于无法使用。例如，一个公司可能收集了项目所用的总小时数（数据），但是不收集需求说明、原型制作、体系结构、设计、实现等工作各花了多少时间的数据。这些粒度较大的数据可能对会计有用，但是对那些想用来分析规划和评估数据，或者运用这些数据来改善软件开发活动的人员来说则没有多大用处。

表 26-2 列出了计算时间的种类以及活动内容，它为大部分项目提供了所需的粒度。

深入阅读

可以用来作为时间计算
的一个基础的不同活动
列表，请参考 *Applied
Software Measurement*
(Jones 1991) 中的表 1.1。

表 26-2　计算时间活动的例子

种类	活动
管理	计划
	管理客户或者最终用户关系
	管理开发人员
	管理质量保证
	管理变更
行政管理	停机时间
	开发实验室的建立
过程开发	创建开发过程
	复审或者检查开发过程
	重建／修复开发过程
	为客户或者团队成员讲解开发过程
需求说明	写说明书
	复审或者检查说明书
	重建／修复说明书
	报告在制定说明书期间检测到的缺陷
建立原型	建立原型
	复审或检查原型
	重建／修复原型
	报告在建立原型期间检测到的缺陷
体系架构	创建体系架构
	复审或检查体系架构
	重建／修复体系架构
	报告在建立体系架构期间检测到的缺陷
设计	建立设计
	复审或检查设计
	重建／修复设计
	报告在设计期间检测到的缺陷
实现	建立实现
	复审或检查实现
	重建／修复实现
	报告在实现期间检测到的缺陷
组件的获得	调查或获得组件，购买或自制
	管理组件的获得
	测试获得的组件
	维护获得的组件
	报告获得组件中的缺陷
集成	创建及维护系统构建

续表

种类	活动
	测试构建
	分发构建
系统测试	计划系统测试
	撰写系统测试手册
	建立自动的系统测试
	运行手工的系统测试
	运行自动的系统测试
	报告系统测试期间检测到的缺陷
产品发布	准备和支持中期发布
	准备和支持 alpha 发布
	准备和支持 beta 发布
	准备和支持最终发布
度量标准	收集度量数据
	分析度量数据

应用收集到的数据

如果你不应用这些收集到的数据的话，这些数据就没有多大用处。下面解释如何应用收集到的数据。

1. 帕累托分析

相关主题

有关如何平衡项目花费的时间的详细内容，请参考第 6.5 节。

如果你关心开发速度，那么处理所收集数据的一个最有力的办法就是帕累托分析——寻找那些花掉 80% 时间而仅占总数 20% 的活动。优化软件项目的速度与优化软件程序的速度很相似。度量你在哪些地方花费了时间，然后设法提高最花时间的地方的效率。

2. 分析与度量

相对于组织收集数据过于粗糙，另一种极端是过分详细，以致收集了过多的无用数据。这与收集太少的数据没什么差别，会使你淹没在不知其含义的数据中。为了使收集的数据有意义，就要对度量标准进行定义和标准化，以便我们能在不同的项目之间进行比较。

CLASSIC MISTAKE

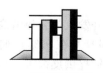

HARD DATA

NASA 的软件工程实验室 (SEL) 有一套成功地应用了近 20 年的度量程序。SEL 获得的一个教训是在分析上用较多的时间而在数据收集上花较少的时间。在这个程序的早期，SEL 花在数据收集上的时间是在分析上的时间的 2 倍。此后数据收集的工作量减少了一半，而现在 SEL 花在分析和整理上的时间是数据收集的 3 倍 (NASA 1994)。

经过数据分析后，SEL 发现整理是数据收集和分析使用的关键。可以采用下面任何一种方法整理和分析数据。

· 方程式，例如开发一个特定大小的程序所需的工作量和计算资源。
· 饼图，例如严重错误的分布情况。
· 定义正常范围的图表，例如不同时间段版本控制中所表现出来的代码行的增长。
· 表格，例如各种已知缺陷的数量与预期上市时间。
· 定义过程，例如代码检查或者代码阅读过程。
· 经验做法，例如，"代码阅读比执行测试发现更多的接口缺陷"。
· 配备具有上述部分或全部功能的软件工具。

如果你恰好刚开始启动度量计划，可以先采用一套简单的度量指标，例如缺陷数量、工作量、费用和代码行。（在表 26-2 中描述的时间计算数据将组成单一的"工作量"度量。）将项目中的度量指标标准化然后加以优化，使之成为有用的经验 (Pietrasanta 1990, Rifkin and Cox 1991)。

HARD DATA

刚开始收集软件数据的组织倾向于收集 12 种不同的度量数据，即使一些对度量很有经验的组织也仅仅收集 24 种数据 (Brodman and Johnson 1995)。

3．反馈

HARD DATA

一旦建立度量计划,把度量的结果提供给开发人员和管理者就非常重要。向开发人员提供反馈信息常被有些组织忽视了。一般倾向于把信息反馈给管理者而不是给开发人员。在一次调查中，37% 的管理者记得反馈的度量数据已经收到，而开发人员只有 11%(Hall and Fenton 1994)。

开发人员对度量数据如何应用非常敏感。管理者和开发人员都认为管理者处理度量数据会至少花去三分之一的时间 (Hall and Fenton 1994)。当开发人员看不到这些数据有何用途时，他们就会对度量计划失去信心。不认真地执行度量计划只能损害开发人员的积极性。

HARD DATA

当组织能给开发人员提供度量数据的反馈信息时，开发人员会热情高涨地投入度量计划。由于反馈，他们可能会说这度量计划在 90% 的时间内"很有用"或者"非常有用"。当组织不能给他们提供反馈时，他们可能会说度量计划只在 60% 的时间内"很有用"或者"非常有用"(Hall and Fenton 1994)。

另外一种提高开发人员士气的方法是让开发人员参与到数据收集及标准制定中来。如果你这么做了，你收集到的数据可能会更好，并且你的邀请能提高他们的参与热情 (Basili and　McGarry 1995)。

4．基准报告

组织提供度量程序的一种特殊反馈方法是年度软件基准报告。基准报告类似年度财务报告，但是它描述的是组织软件开发能力的状态。它包括一年内项目进展的总结，有关这个领域的人员、进展过程、产品和技术的强项和弱项，人员的水平，计划执行，生产水平和质量水平等。它是非软件人员和开发组织对软件开发部门的认识。它还包括组织内现有软件产品目录的介绍。

基准报告是在已有数据、调查、圆桌会议和采访等基础上写成的。基准不是评估报告。它不告诉你软件开发能力是强是弱。它纯粹是描述性的，它为年复一年地比较你的状态和将来的改进打下关键的基础。

局限性

何处可以找回我们在知识中遗失的智慧？何处可以找回我们在信息中遗失的知识？

*　　　　　艾略特*

度量是有用的，但它不是灵丹妙药，不能包治百病。在脑海中要时时记住它们的局限性。

1．过分地依赖统计数据

NASA 的 SEL 最初所犯的一个错误是假设它能够通过统计分析收集到的数据获得最好的洞察力。随着 SEL 的度量工作的成熟，SEL 发现它们确实能从统计数据中获得一些洞察力，但是与相关人员讨论统计分析时能获得更深入的了解 (Basili and McGarry 1995)。

2．数据的准确性

HARD DATA

事实证明，你度量一些东西并不意味着你的度量就是准确的。度量过程中会有很多误差。误差来源包括项目中不计报酬的和未记录的加班，为错误项目浪费的时间，未记录的服务于用户的工作量，未记录的管理工作量，未记录的专家工作量，未报告的缺陷数，花在启动项目跟踪系统前未记录的工作量以及与项目无关的工作量。Capers Jones 报告说大多数公司的跟踪系统都会在一个软件项目中忽略 30% ～ 70% 的实际工作量 (Jones 1991)。在制定度量计划时，应该考虑到这些误差来源。

26.2 管理度量中的风险

一般来说，度量是一种有效减少风险的实践，度量得越多，隐藏有风险的地方就会越少。但是度量自己本身也带有风险。这里列出一些特别需要注意的问题。

CLASSIC MISTAKE

1. 对单个因素的度量过分优化

要使度量的因素获得最优，就需要仔细确定度量的因素。如果你仅仅度量生产的代码行数，一些开发人员就会改变他们的开发编码风格以便获得更多的代码行。一些人会完全忘记代码质量而只把注意力集中在数量上。如果仅仅度量缺陷数，就会发现开发速度会降低到非常慢。

在一个度量计划中企图度量太多的因素是有风险的，但是如果没有足够的关键因素同样是有风险的。确保建立足够的各种度量因素，不要对单个因素过分优化。

2. 人员评估时采用了错误的度量方法

度量可能是一项繁重的工作。很多人在 SAT 得分、学校评分和工作业绩评估的度量中有失败的经验。经常易犯的一个错误是用一个软件度量方法来评估一个具体的人。一个成功的度量计划要依靠被评估工作的人员的参与，而且很重要的一点是，度量方案是跟踪项目的，而不是跟踪具体人的。

有三个人 (Perry、Staudenmayer 和 Votta) 建立了一个软件研究项目，这个项目说明了过分运用度量数据的利弊。他们输入只有他们知道的所有 ID。他们给每个被度量的人员一个"权利账单"，包括在任何时候可以临时停止度量活动，从度量程序中退出来，检查度量数据和要求度量小组不记录一些事情。他们报告说，没有一个研究对象行使了这些权利，但这使得这些度量对象方便地知道他们所处的位置 (Perry, Staudenmayer and Votta 1994)。

3. 从代码行度量中得到误导信息

绝大多数度量是用代码行来衡量代码规模的，这种度量方法有不妥的地方，具体如下。

- 用代码行来度量生产率会使得高级语言的生产率显得比实际的要低。高级语言每一代码行比低级语言完成更多的功能。开发人员用高级语言每月写少量的代码仍然可以完成比用低级语言编写的更多代码行所能完成的更多功能。

- 如果用代码行来度量质量，会产生高级语言质量低下的感觉。假设有两个缺陷数相同、功能也相同的应用程序，一个是用高级语言编写的，另一个是用低级语言编写的。对最终用户而言，两个应用系统具有完全一样的质量水平，但对用低级语言写成的应用系统来说，每代码行的缺陷数要小，原因很简单，因为用低级语言实现与高级语言相同的功能需要更多代码。应用系统每代码行缺陷数较少的这个事实对应用系统的质量水平产生了错误的印象。

为了避免这类问题，应该注意不同编程语言会对一些度量标准出现反常情况。聪明而快速的方法也可导致较少的代码行。还可以考虑对某些度量采用功能点的办法，它能提供度量生产率及质量的通用标准。

深入阅读
有关与代码行度量相关的问题的杰出讨论，请参考 *Programming Productivity*(Jones 1986a)。

26.3　度量的附带效果

度量的主要附带效果是使度量的对象获得优化。依据度量对象的不同，可以优化缺陷率、提高实施效率或者优化进度等。

26.4　度量与其他实践的相互关系

一个度量计划可以提供多方面改进的基础，如估算（第 8 章）、进度计划（第 9 章）和评估生产率工具（第 15 章）。虽然有可能为了设计一个度量的程序以致于伤害了一个快速开发项目，但是没有任何理由认为一个精心设计的度量程序对任何其他的实践会有负面的作用。

26.5　度量的底线

度量方案的有效性自然要有可靠的数据来支持。度量标准的鼻祖琼斯(Capers Jones) 在报告中说到建立了完整的软件度量规划的组织能够连续四五年内每年提高质量的 40% 和生产率的 15%(Jones 1991)。他指出仅有一小部分美国的组织目前能对软件缺陷及排除效率进行准确地测试。这些组织一般在他们同行业中处于支配的地位 (Jones 1991)。达到上述水平所花的投资约占软件总预算的 4% ～ 5%。

26.6   成功使用度量的关键

成功应用度量的关键因素如下。

- 建立一个度量小组。这个小组负责确定有用的度量指标和帮助对项目本身进行度量。
- 在一个合适的数据粒度下追踪计时的数据。
- 从小的度量集开始。根据目标、问题和度量标准来选择你想度量什么。
- 不要仅仅收集数据。要分析数据且把它们反馈给与度量数据相关的人员。

深入阅读

Software Measurement Guidebook. Document number SEL-94-002. Greenbelt, Md.: Goddard Space Flight Center, NASA, 1994. This is an excellent introductory book that describes the basics of how and why to establish a measurement program. Among other highlights, it includes a   chapter of experience-based guidelines, lots of sample data from NASA projects, and an extensive set of sample data-collection forms. You can obtain a single copy for free by writing to Software Engineering Branch, Code 552, Goddard Space Flight Center, Greenbelt, Maryland 20771.

Grady, Robert B., and Deborah L. Caswell. *Software Metrics: Establishing a Company-Wide Program.* Englewood Cliffs, N.J.: Prentice Hall, 1987. Grady and Caswell describe their experiences in establishing a softwaremetrics program at Hewlett-Packard and how to establish one in your organization.

Grady, Robert B. *Practical Software Metrics for Project Management and Process Improvement.* Englewood Cliffs, N.J.: PTR Prentice Hall, 1992. This book is the follow-on to Grady and Caswell's earlier book and extends the discussion of lessons learned at Hewlett-Packard. It contains a particularly nice presentation of a set of software businessmanagement graphs, each of which is annotated with the goals and questions that the graph was developed in response to.

Jones, Capers. *Applied Software Measurement: Assuring Productivity and Quality.* New York: McGraw-Hill, 1991. This book contains Jones's recommendations for setting up an organization-wide measurement program. It is a good source of information on functional metrics (the alternative to lines-of-code metrics). It describes problems of measuring software, various approaches to measurement, and the mechanics of building a measurement baseline. It also contains excellent general discussions of the factors that contribute to quality and productivity.

Conte, S. D., H. E. Dunsmore, and V. Y. Shen. *Software Engineering Metrics and Models. Menlo Park*, Calif.: Benjamin/Cummings, 1986. This book catalogs software-measurement knowledge, including commonly used measurements, experimental techniques, and criteria for evaluating experimental results. It is a useful, complementary reference to either of Grady's books or to Jones's book.

IEEE Software, July 1994. This issue focuses on measurement-based process improvement. The issue contains articles that discuss the various process-rating scales and industrial experience reports in measurementbased process improvement.

第 27 章　小型里程碑

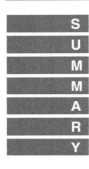

小型里程碑是一种进行项目跟踪和控制的好方法，它能很好地提供项目状态的可见性。它实际上是通过消除不可控制的风险和不能发觉的进度滞后来获得快速开发效果的。它能应用于业务项目、封装商品软件和系统软件项目，它能在整个开发周期内使用。成功应用的关键包括克服管理人员的抵触情绪和使这项活动真正保持"小型"的特征。

效果

缩短原定进度的潜力：	一般
过程可视度的改善：	很好
对项目进度风险的影响：	降低风险
一次成功的可能性：	大
长期成功的可能性：	极大

主要风险

无

主要的相互影响和权衡

· 特别适合项目修复
· 结合使用"每日构建和冒烟测试法"将尤其有效
· 能与渐进原型法、用户界面原型法、需求说明和其他难管理的项目活动结合使用
· 通过增加项目追踪工作量换来良好的可见性和控制性

把自己想象成是一个从东海岸去西部的开拓者，这段路程是不能在仅仅一天内完成的，因此可以在路途中定义一系列的点来标志旅程中重要的里程碑。如果旅程总共 2500 英里，设置 5 个里程碑，那么就是大约每

500 英里设一个里程碑。

500 英里的主里程碑对设定长期目标非常合适，但对确定每天要到哪儿则意义不大——尤其是假设你每天只能走 25 英里时。为此，你需要更好的粒度控制。如果你知道你的大的里程碑间距是 500 英里，从北向西北方向，那么你可以找一个罗盘大概地找出从北向西北方向的较近的路标，然后向这个路标出发。一旦你很靠近了这个路标，你又可以通过罗盘找下一个路标，再向这个路标出发。

你选择的近的路标（可以是树、岩石标记、河流或者山顶）就是你的小型里程碑。一旦到达了这个小型里程碑就会给人一种稳定的成就感。由于你只在你和下一个大的里程碑之间设小型里程碑，所以当你到达一个小型里程碑时还会给你最后到达大目标的信心。

小型里程碑对快速开发的支持可以归结为以下四点：提高状态的可见性，精细的控制 (fine-grain control)，增强激励和减少进度风险。

1. 提高状态的可见性
目前软件项目开发最常见的一个问题就是开发人员、项目领导者、管理者和客户都不能对项目状态进行准确地评估。就更不用说他们能预测项目何时完成了，他们甚至不知道该项目已经完成了多少。

CLASSIC MISTAKE

麦卡锡 (Jim McCarthy) 提醒，在软件项目中不要让开发人员"在黑暗中进行工作"。你相信每件事都能很好地做完。为什么？因为你每天问开发人员："进展得怎么样了？"他们都会说："进展得很好！"而当有一天问"进展得怎么样了？"的时候，他们回答："我们可能要晚 6 个月才能完成。"1 天的时间就要耽误 6 个月！到底事情是怎么发生的？事情发生的原因是开发人员"在黑暗中进行工作"——你和他们都不很了解他们的工作一直在拖延。

如果采用小型里程碑的话，就可以定义一系列每天必须要实现的目标。如果你开始不能到达里程碑时，就说明你的计划是不现实的。由于你的里程碑是很精细地划分的，所以你就能在早期发现项目存在的问题，也就在早期给你机会来调整进度，修改计划，然后继续下去。

2. 精细的控制
在 Roger's Version 的版本里，John Updike 描述了一个节食计划，在该计划中,一位妇女每周一早上都要量她自己的体重。她是一位瘦小的妇女,认为她的体重要低于 100 磅。如果在某个星期一早上她的体重超过了 100 磅,那么她就只吃胡萝卜和芹菜,直到她的体重又低于 100 磅。她认为她不可能在一个星期内增加 1 磅或 2 磅,而如果不会增加 1 磅或 2 磅,那么她当然也不可能增加 10 磅或 20 磅。通过这种办法,她的体重不会偏离她期望的体重太多。

小型里程碑就是在软件开发中采用了同样的思想,并且做了项目不会滞后计划 1 天的假定。但在实际中,这种假定在逻辑上是不可能的,因为项目经常滞后计划 1 个星期或 1 个月以上。

里程碑还有助于帮助人们进行跟踪。没有短期里程碑,很容易看不到大局。有时开发人员表面上工作很努力,生产也很高;然而却迂回不前,导致实际项目并没有进展。采用较长阶段的跟踪,即使开发人员偏离计划几天或一星期也不会被察觉。

通过小型里程碑,每个人都不得不每 1 天或者 2 天完成他们的目标。如果你工作一整天完成了大部分里程碑——并且通过另外 1 天工作完成余下的里程碑——那么你就能完成所有里程碑(大里程碑和小里程碑),就不会导致错误的蔓延。

相关主题

有关开发者激励的更多内容,请参考第 11 章。

3. 增强激励

成就对软件开发人员来说是最强劲的动力。任何支持取得成就或者使进度更明显的事情都能提高开发人员的工作热情。小型里程碑使预期的进度变得更易觉察。

相关主题

有关详细估算的更多内容,请参考第 8.3.2 节。

4. 减少进度风险

减少进度风险的一个最有效的方法是把一个大的不确切的任务分割成几个较小的任务。开始估算时间时,开发人员和管理者把注意力集中在他们理解的任务上,而避开他们不理解的任务。这样的结果常使原来一个礼拜能完成的"数据库用户界面"工作要花上 6 个礼拜才能完成,因为没有任何人仔细地调查过这个工作。小型里程碑通过排除大的进度错误来发现风险。

> **主要里程碑**
>
> 主要 (major) 里程碑是那些为项目指定总方向的相距较远的里程碑。这种里程碑一般都以月为间隔单位。传统瀑布型项目的主要里程碑包括产品定义、需求说明、体系结构、详细设计、编码、系统测试和产品发布。
>
> 现代封装软件开发项目的主要里程碑包括项目认可，可视冻结 (visual freeze)、部件实现 (feature complete)、编码和发布。
>
> 主要里程碑对建立项目方向很有用，但是它们之间的跨度太长以至于不能很好地控制。把主要里程碑和小型里程碑结合起来使用就能收到很好的效果，主要里程碑为项目提供策略目标，小型里程碑为实现项目目标提供战术方法。

27.1　使用小型里程碑

我们可以在整个软件项目的开发期中应用小型里程碑。也可以把小型里程碑应用到项目早期的需求说明和渐进原型的建立上。事实上，它对那些很难指引方向的活动特别有用。

为了取得最大效益，小型里程碑可以通过技术主管或管理者在具体项目上执行。但是单个的人员也可以在领导还没有执行的时候在个人的工作范围内单独执行。

执行小型里程碑时，所要求的细节工作量将使负责跟踪这些细节的人员犹豫不决，这在大的项目中尤为明显。但大型项目通常都是很快失去控制，因此在大型项目中这种详细跟踪是非常需要的。

相关主题

有关在应对一个危机情况中启动新的度量的更多内容，请参考第 16.2.5 节。

1．及早设立小型里程碑或者对危机做出反应

小型里程碑提供了一种高水平的项目控制方法。应该在项目早期就建立小型里程碑或者对已经知道的危机做出反应。如果在其他时候建立小型里程碑，那么项目运行时的风险将会很大。就项目控制的其他一些方面来看，在项目开始期间设立小型里程碑也比在项目其他时间设立更容易克服和管理。正如 Barry Boehm 和 Rony 所说，"前紧后松 (Hard-soft) 胜于前松后紧 (Soft-hard)" (Barry Boehm and Rony 1989)。

2．让开发人员建立他们自己的小型里程碑

一些开发人员把小型里程碑视为微观管理，这是对的。它确实是微观管

理。更确切地说，它是微观地对项目进行跟踪。但是，不是所有的微观管理都是不好的。开发人员反对的是过细地过问他们的工作方式这一微观管理。

如果让人员定义他们自己的小型里程碑，他们就能控制好自己的工作细节。你只需要他们告诉你细节，这些细节可以提高开发人员的参与热情并且使他们不觉得这样是微观管理。一些人员不理解他们工作的细节，并且他们感到这种做法让他们感觉有压力。如果你采用外交辞令的方式处理他们的反感，他们就会把它看作是一次用小型里程碑安排进度计划的训练。

3. 保持里程碑小型的特征

建立的小型里程碑应该是在 1 ～ 2 天内可以到达的。关于里程碑的规模大小，并没有什么规定，但有一点是重要的，即任何人拖后了一个里程碑要能很快地赶上。如果他们估算准确，就只需加班 1 ～ 2 天就能赶上原定的进度。

保持里程碑小型特征的另外一个理由是尽量减少那些隐藏的、不能预见的工作的数量。开发人员通常把一个星期或者周末看成无限的时间——在这期间他们可以完成任何事。他们没有正确地想过要建立一个"数据转换模块"应包括哪些工作，这就是为什么原定一个周末完成的工作花了两个星期的原因。但是绝大多数开发人员在不知道所包含的工作前，不会答应在 1 ～ 2 天内来处理完面临的问题。

为了确保进度计划切实可行，必须坚持对需要"无限时间"的任务做进一步的细分。

CLASSIC MISTAKE

相关主题
另一个例子，请参考第
16.2.3 节。

4. 里程碑的二分性

定义里程碑以便知道它是否完成。里程碑只有"做完"和"没做完"这两种状态。在描述里程碑的状态时，从来不用百分数。只要允许开发人员报告 90% 已经做完，里程碑就失去了它明白表示项目进度的能力。

一些人常常将现状汇报和小型里程碑混为一谈。当你问："你完成了吗？"他们可能会答："完成了。" 当你问："你 100% 完成了吗？"他们可能会答："我已经完成 99% 了。" 当你问："99% 是什么意思？"他们可能会答："我的意思是说我还需要编译和测试这个模块，但是我已经写完了。"

确保严格地解释里程碑。

5．制定完整的里程碑集合

里程碑表中一定要包括发布产品前需要完成的每一项任务。最常见的软件估算错误是忽略了一些必要的任务 (Van Genuchten 1991)。不要允许开发人员在他们脑海中有一些"计划外的里程碑表"。这些很少的"应该清除"任务能很快地积累，到了一定程度可能会导致项目失败。确保每个任务都在里程碑的清单里。标记的最后一个里程碑完成后，项目也应该已经完成。

6．在短期计划（而不是长期计划）中应用小型里程碑

相关主题
要想进一步了解项目进展改进方法的可视性，请参考第 8.1 节。

小型里程碑适合对一个大目标的短期进度跟踪。小型里程碑可以是你下一站要到达的树、岩石、河流或山顶等。不要把目光放得太远。一般来讲，在一个项目的开始阶段建立一个很细的项目里程碑表是不可能的，也是不实际的。例如，在设计没完成之前，是不能建立编码的小型里程碑的。

记住前面所述的关于大小里程碑的比喻。定期寻找一个可以了望四周地形的有利地点。这相当于大型里程碑。而确定小型里程碑是规划出正确路径到达下一路标。不过，它是从当前有利地点观察到的地形中选出来的路径。

7．定期评价进度和调整或重新计划

相关主题
有关估算再修正的更多内容，请参考第 8.7 节。

小型里程碑的一个主要优点是应用它可以不断地比较预计的进度和实际的进度。可以根据实际进度立即调整预定进度，这样也能提高你的预测技巧。

如果发现自己经常不能按期到达里程碑，则可以停下来，不要再赶进度，否则会在将来落后得更多。此时有两种选择：(1) 可以调整计划，把目前还没有完成的计划划分得更细；(2) 可以采取纠正措施补救进度拖延。这些纠正措施可以包括修改产品的性能，排除各种干扰以使开发人员能更好地集中精力，再分配一部分项目给工作比较轻松的开发人员等。

相关主题
要想进一步了解太大进度压力的害处，请参考第 9.1 节。

如果一个开发人员只靠通过不断超时工作才能完成计划，那么我们就应该调整这个计划。开发人员的计划没有任何缓冲，没有预见到的工作又太多，就会打破原定计划。要给开发人员足够的时间，以便他们不会在匆忙和 昏迷状态下做出决定，这些决定最后会导致项目周期更长。计

划调整为每天工作时间不超过 8 小时。

如果发现调整后的一些里程碑比原来长 1 ~ 2 天，可以让开发人员把这些里程碑再细分更小的里程碑并重新评估它们。

同时评估几个开发人员的计划时，可能会发现有一些开发人员的计划比其他人的计划要长。如果差别很大，可以转移一部分给其他人，使得工作更均匀。

小型里程碑与任务列表

小型里程碑与通常任务列表有何差别？两者很相似，因为它们都是在一定时间间隔内跟踪工作完成情况的。两者的差异主要在于各自的重点不同。小型里程碑认为任务只有两种状态：要么已经 100% 做完，要么没有做完。通常意义上的任务列表没有这种限制。小型里程碑定义的任务能在 1 ~ 2 天内完成；通常意义上的任务列表可以任意长。如果脱离原来轨道，就需要调整小型里程碑；通常意义上的任务列表则没有这种规定。总之，应用小型里程碑比应用通常的任务列表要更严格。

27.2 管理小型里程碑中的风险

小型里程碑应用不当会带来一定的风险，但应用小型里程碑不会对项目本身造成任何风险。

27.3 小型里程碑的附带效果

应用小型里程碑需要细致而积极的管理。建立小型里程碑需要开发人员和管理者双方投入时间和精力。它需要不断地跟踪和报告进展状况。小型里程碑比其他方法需要的管理更多，不需要很多的技能；而其他方法起不了这么大的作用。所以说小型里程碑比其他办法需要的时间更多。也可以说有效管理比无效管理更花时间。

相关主题

要想进一步了解项目进展可视性的重要性，请参考第 6.4 节。

小型里程碑的第二个副作用是避免项目领导脱离项目本身。当小型里程碑将要完成时，项目领导要定期地与该项目的每个人员进行接触，几乎是以天为单位。在接触的同时也进行交流，从而有助于管理风险、鼓舞士气、解决人事问题以及其他许多管理活动。

27.4　小型里程碑与其他实践的相互关系

小型里程碑在项目修复时特别有用（第 16 章），因为它能提供非常好的进度可见性。因为小型里程碑支持每天预计进度与实际进度的比较、所以它也能相对快速地评价出这个项目大概要延长多长时间。

处于修复模式的项目能用小型里程碑安排项目没有完成的部分。绝大多数项目要在建设的中后期才会意识到问题，到那个时候，开发人员经常已经清楚地知道还有什么没有完成。因为人们意识到他们即将遭遇危机，他们会准备采取强有力的纠正措施并领悟到小型里程碑的控制作用。

小型里程碑非常适用于"日构建和冒烟测试"实践（第 18 章），这些实践能提高你判断里程碑是否即将完成的能力。

小型里程碑也适合于控制不定型开发，而这种开发在其他方法情况下很难控制：渐进原型法（第 21 章）和用户界面原型法（第 42 章）等。

即使不把小型里程碑用于项目控制，也可以将其用于修正原定计划的活动。在开始几个星期用小型里程碑安排计划，然后观察执行的结果与预期结果之间的差别，如果两者相符，或许可以停止使用小型里程碑方法了。但如果实际进度与预计进度相差很大，就表明应该重新估算然后重试。

27.5　小型里程碑的底线

在第 14 章中，描述了在开发一个定位 (On Location) 项目时遇到了严重的进度麻烦。同时描述了项目是如何陷入困难的，也介绍了最后如何克服麻烦达到最后的目标：

> 他们把所有小组成员都召集起来并对尚未完成的工作做了一个极痛苦的详细描述。他们决定他们能在一个月多的时间内完成这些工作，但是要停止第二个项目的开发，而且再多投入 3 个程序员到定位 (On Location) 项目开发中。办公室的气氛紧张起来，但是过程非常接近于新订的计划。这款在内部有 30 个版本的产品最后终于如期完成 (Carroll 1990)。

一个陷入重大麻烦的项目（如此麻烦以至于见诸于《华尔街日报》），最后通过小型里程碑的方法（对还没做完的工作做了一个极痛苦的详细描述)而得以控制。从这里可以看出,在进行项目开发时应该自始至终采用小型里程碑的方法。

小型里程碑的价值主要表现在提高进度可见性和项目控制上。它对计划的好处在于它能减小进度拖后累积导致计划滞后的风险。如果觉得在 3 个月内可以完成这项工作,但不能为要做的工作建立小型的里程碑,即不知道完成这个项目还有哪些具体工作要做,就表明实际可能还需要 6 ~ 9 个月才能完成这个项目。

小型里程碑通过聚焦于开发人员的活动,可以得到进度方面的好处。由于所有工作都是在进度计划内的,所以很少有机会去做一些有兴趣但没有产出作用的迂回开发活动。其效果是能减少一部分开发时间。

27.6   成功使用小型里程碑的关键

成功应用小型里程碑的关键如下。

· 在合适的时候启动使用小型里程碑,可在项目的早期或者要对危机做出反应的时候。
· 里程碑要小,一般间距控制在 1 ~ 2 天内。
· 确保里程碑列表详尽。
· 准确报告里程碑的进展情况。
· 定期评价进度并且在它们脱离里程碑进度时进行调整或者重新计划。

深入阅读

Gilb, Tom. *Principles of Software Engineering Management*. Wokingham, England: Addison-Wesley, 1988. Gilb doesn't use the term "miniature milestones," but much of the approach he describes is similar. His book contains a particularly good discussion of recalibrating in response to the experience you gain from meeting miniature milestones.

第 28 章　外包

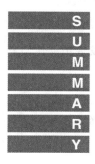

外包就是把软件开发承包给第三方而不是在公司内部开发。承包方在特定的领域有着较丰富的经验，能够在给定的时间内投入足够的开发人员，并且备有一个大的程序库可提供重用源码。由于上述因素，公司可以很快完成一个新项目。在一些情况下，外包能够节约开发成本。

效果

缩短原定进度的潜力：	极好
过程可视度的改善：	无
对项目进度风险的影响：	增大风险
一次成功的可能性：	大
长期成功的可能性：	很大

主要风险

· 把专业知识扩散到其他公司去
· 失去对进一步开发的控制
· 泄露机密信息
· 失去进度可见性和对进度的控制

主要的相互影响和权衡

· 以失去控制和削弱公司内部的开发能力换来成本的降低和开发速度的提高

外包比公司自行开发要快的道理，就跟到商店去买面包要比在自己家里烤面包快一样。商店有烤面包的专业人员，而外包方也有专业人员来开发外包软件。下面列出外包能节约时间的几个理由。

1. 重用

相关主题

有关重用的详细内容，
请参考第 33 章。

就像面包生产商一样，外包软件提供商在该行业可以形成一定的规模经济，而其他公司就做不到。因为，如果为了开发一个库存管理软件，而用 3 倍以上的成本去开发一个可重用的组件程序库，显然有些划不来。但是一个需要开发几十个库存管理软件的外包软件提供商如果不开发一个可重用的组件程序库，其后果是很难承受的。虽然他第一次开发的成本可能是一般开发的 3 倍，但是以后开发的库存管理程序的成本将只是第一次的小部分。

即使没有可重用的组件库，外包也能从多个方面支持快速开发。

2. 人员的灵活性

外包软件提供商能够在同一个项目上比你投入更多的开发人员。他们公司的开发人员也比你的人员肯主动加班工作。

3. 经验

如果这个应用领域对你的公司来说是全新的或者有不熟悉的技术的话，外包软件提供商可能比你有更多的经验。

相关主题

有关良好的需求说明的
重要性的更多内容，请
参考第 4.2.1 节。

4. 更好地制定需求说明

依据公司与外包软件提供商的合同细则，可能需要公司制作一份比平时更详尽的需求说明。一份高质量的需求分析说明，无论对外包还是自制都能够节约时间，但是当外包时，公司会更注重需求分析的质量。

相关主题

有关功能蔓延的更
多内容，请参考第
14.2 节。

5. 减少功能蔓延

功能蔓延的成本在自行开发中可能会被隐藏或被混淆，但是外包软件提供商对这些成本的变化非常敏感。就像高质量的需求说明一样，减少功能蔓延也能节约时间（无论对外包还是自制），但是外包时，需更加注意。

假如公司在技术方面领先的话，一般不会考虑外包，但是公司应该知道外包包括些什么。上级管理部门可能会要你来评估项目是应该外包还是自行开发。外包最有趣的一件事是，它把你当作软件开发的客户来对待。这样就可以让你体验一下当客户的经历。

28.1 使用外包

一些公司决定采用外包是因为这些公司在管理公司内部软件开发时遇到

CLASSIC MISTAKE

相关主题

有关风险管理的更多内容，请参考第 5 章。

了很多困难。他们假设如果要其他公司来开发这个软件的话，他们的工作就会变得容易些。但是事实上恰恰相反。当软件产品在城市之间甚至在全球范围内管理时，你对产品的进度情况了解得就更少，而为了补偿这种可见性的匮乏，就需要精明而又专心地管理。原则上讲，外包比自行开发需要更好的管理。

1．制定一个包括风险管理的管理计划

和自行开发一样，外包同样需要制定一个管理计划。在计划中应该包括供应商选择、合同洽谈、开发需求、控制需求变化、跟踪供应商进度、监督质量并且审核交付的产品是否满足需求等。你可以与你所选择的供应商一起制定这些管理计划。

要在风险管理上多花费点时间。要注意项目由第三方开发所带来的风险，这些可能你的组织以前并没有经历过。（这方面的更多知识在后边详细介绍。）

2．了解合同管理

管理外包工作已有成熟的知识体系。学习合同管理最好的入门教材是 *Software Acquisition Management*(Marciniak and Reifer 1990)，在本章最后的"深入阅读"部分有介绍。

3．优先与供应商沟通

即使觉得与供应商没什么可以沟通，也要定期地与他们联系。一些软件项目采用"走查"方式进行管理；当采用外包时，就应该考虑采用"电话检查"的方式管理。

远程供应商有时会提供专线用来交换电子邮件和计算机文件等。在一个案例中，拥有一条 64kB 的卫星专线被认为是项目成功的关键。客户的报告中说计算机线路的成本占整个项目成本的 25%，而它带来的好处大大超过了它的成本 (Dedene and De Vreese 1995)。

4．依靠一些公司内部的技术资源

公司有时想外包是因为他们没有开发该软件项目所需要的技术。外包明显地减少了对技术人员的需求，但并不是完全不需要他们。在产品说明上要比正常情况下花费更多的时间。产品说明一般只是外包合同的一部分，并且只有你要求时才能获得。如果你忘记要求，很少有供应商会出于好心为你提供。同样也要安排一定的技术资源以备供应商提出问题、

测试产品质量和验收交付的产品。

5．关注不稳定的需求

除了极个别的案例，一般承包方在没做一些准备工作前，都不可能准确地参与项目投标。如果坚持以这些含糊的需求说明为基础而确定标底，你不会让投高标而具有竞争力的外包方中标，最后只能选报价适中的外包方，而他们并不是特别理解软件开发，也不知道需求说明不全的软件隐含多少风险。

无论软件项目是外包还是自行开发，第一步都应该全力投入以确定一个稳定的需求，这样在项目的费用上不会出现更多的追加。

一些外包方擅长原型法、JAD 讨论法和快速需求确定。他们能帮助你缩短计划，即使你并不是特别明确需求。有些外包方只作设计和实施。如果你要他们为你节约时间，敲定需求是当务之急。

6．如果需要，可把工作拿回公司自行开发

考虑到很多因素会使外包工作失败，所以应该有一个后备计划。

7．特别要考虑外包原有系统再次工程化

对原有系统进行再次工程化的项目是外包的最好候选方案。用户花了长时间才得到他们想要的系统，他们通常不想做任何改动；需求一般是稳定的。原有系统的维护人员一般都已经厌烦了，所以感谢有人对它再次工程化，他们也可从而得到解脱。

再次工程化的项目系统测试是开发工作的主要内容，因为其他工作可以交给代码转换工具。同样也要把测试当作外包的重要组成部分。

当外包软件项目买回公司后，要制定一个计划，确保能将原有系统修改成再次工程化的软件。再次工程化的代码是否要公司开发人员维护？谁负责对缺陷进行修改和增强？

8．避免给外包制定双重标准

公司有时会为外包软件外包方和公司内开发人员制定不同的标准。如果考虑外包，应该想到公司内部开发人员对外包方掌握的标准侧重于质量和计划进度。

CLASSIC MISTAKE

合同种类

合同的基本种类有时间和材料合同、固定总价合同、按劳付费合同等。合同的种类决定着公司和外包方之间的相互关系。

时间和材料合同提供的灵活性最强，并且不需要去了解太多的技术。你只要简单地说出需要什么东西，外包方就会开始行动，直到圆满完成或者你付给他们钱为止。只要你给他们钱，他们会根据你的意见对这件东西进行不同的修改。时间和材料合同不利的一面就是它经常超过预算。并且在很多情况下，外包方在开始工作前要求得到大量的预付款（大约50%)，到他们开始超出预算时，你会觉得自己已经无法撤销合同了。

固定总价合同是时间和物资合同的一种替代方式。因为有了固定的总价，你可以确保外包方不会超出预算，或者至少会把费用花完。可以漫天要价。但可能会比相同的时间和物资合同增加 50% 的成本。固定总价合同要明确说明需要什么东西。需求发生变动时需要花很长的时间和金钱去与外包方谈判；如果觉得与公司内开发人员讨论需求变化有困难，则可以请第三方公司来做需求变更。固定总价合同需要一笔不小的预付款，因而撤销合同的代价也是很大的。

现在一些外包方采取第三种合同，即按劳付费合同。与时间和物资合同和固定总价合同相比，它更便宜。它仅需要 20% 的预付款，并且在承包方达到重要里程碑之前你不需要支付任何费用。你可以采取这样的方式定义里程碑，当外包方达到里程碑后，相信项目目标最终能够完成。按劳付费合同的一个弊端就是好像外包方要求你一直处在积极主动的状态。不过这不是什么实际意义上的缺点，因为成功执行其他种类合同也有同样的问题。

还有其他不同种类的合同方式，包括成本补偿合同，即在固定总价的基础上再加按期交付奖。通常还要谈判外包合同的具体细节。

境外外包

HARD DATA

目前越来越流行的外包方式是境外外包。境外公司一般比本地公司提供的劳动力成本低大约 35% 左右 (Dhence and De Vreese 1995)，并且他们提供产品的质量不比美国本地公司差。下面讨论几个关于境外外包的问题。

1．沟通

沟通对任何外包项目来说都是成功的关键，并且当公司采用国际外包时，沟通的重要性尤为突出。我们认为不成问题的服务（如可靠的电话系统）这时可能会成为最大的障碍。

确保语言的不同不会变成沟通的主要问题。如果没有语言障碍，问题会少得多。

一些公司吹嘘他们具有美国管理背景的技术人员，其实是表明有精通两种语言的工程师。他们能在说不同语言的人员之间传达信息。这种方法能解决问题，或者当你在项目最后收到 100 000 代码行而其文档是用俄语或日语书写的，如果你只懂英语，那么这些工程师会把它翻译过来。

2．时差

时差是把"双刃剑"。如果你需要每天实时地沟通，明显的时差会导致双方的办公时间很少或没有重叠。因此公司内部或外包方需要调整办公时间。

如果你们主要通过电子邮件沟通，大的时差是有益而无害的。外包方可以在你休息的时候回答你在邮件里提出的问题，同样地，你也可以在外包方休息的时候回答他们的问题。如果你们共享一台计算机，境外外包方可以在他们正常的工作时间里用你的机器，而这时你恰好也不需要用计算机。如果在你和外包方之间采用这种安排方式，双方可以在没有压力的环境下不停歇工作。

3．出差

为差旅计划一些时间和费用。你不可能通过电子邮件和电话解决所有问题，并且通过面对面的会议来讨论问题能够避免浪费时间。至少要在项目开始、项目结束和在项目进展过程中每几个月就安排面对面的会议。

4．外包方国家的特征

与外国外包方一起工作可能会遇到一些风险。例如，你需要了解他们国家的专利、版权和知识产权法。同样你也需要考虑他们国家的政治经济气候，以及其他能够影响项目的因素。

评估外包方

打算采用外包软件项目时，需要面对的一个任务是对外包方进行评估。

相关主题

外包方评估与工具评估有一些共同之处，请参考第 15.3 节。

如果认为该外包方的能力很差，肯定会意识到通过他而获得的利益不如自己的预期。一个比较常用的评估方法是采用商业评估工具，对自己公司的开发能力与可能的外包方的开发能力进行比较。如果商业工具表明潜在外包方的开发能力不如内部开发人员的能力，最好还是自行开发。表 28-1 列出了评估外包方时需要考虑的一些要素。

表 28-1　外包方评估调查问卷

管理方面的考虑

· 　外包方有什么能力能满足其进度和预算承诺？在满足客户承诺方面有什么可跟踪的记录？

· 　外包方目前客户（包括长期客户）的满意度怎么样？外包方是否有长期客户？

· 　外包方的项目管理能力怎样？他是否有软件项目管理所有方面的专业知识（包括规模预测、成本预测、项目规划、项目跟踪和项目控制）？

· 　你能否完全信任外包方？外包方是否还为你的对手服务？

· 　将来谁来提供产品的技术支持？是你，还是外包方？你是否想要外包方为你的客户提供支持？

· 　是否有针对外包方的未了结的任何法律诉讼？

技术方面的考虑

· 　外包方有什么能力能够保证项目取得成功？

· 　外包方的软件开发能力是否已经被你公司的开发人员或第三方公司评估过？技术工作产品和开发过程是否都包括在这个评估中？

· 　外包方在该应用领域的技术水平怎样？

· 　对外包方其他软件的质量是否可以接受？外包方是否有大量的数据来支持其质量声明？

· 　外包方的工作质量是否能够进一步提高？

一般方面的考虑

· 　外包方的财务状况是否稳定？如果外包方遇到严重财务困难，会对你的项目发生什么影响？

· 　外包方以前开发软件项目时是否有外包的能力？承接外包软件项目是否是他的主要商业活动？外包方承诺外包的水平怎样？

合同方面的考虑

在公司与外包外包方打交道时，需要签订合同来描述外包的一些双方同意的条款。一般来讲，合同应该包括外包方将要提供的软件产品、什么时候提供、付给外包方多少钱和什么时候付。合同可能还包括一些在双方不能完成时的处罚条款。

除以上这些要考虑的基本因素外。表 28-2 列出了在签订合同时需要考虑的其他一些问题。

表 28-2   合同方面的考虑

- 除软件外，合同还应说明要提供其他哪些工作产品，如体系架构描述、设计描述、源代码、在线文档、外部文档、测试计划、测试用例、测试结果、质量度量标准、用户文档和维护计划等。
- 合同是否包括允许周期性复查和评价外包方进度的条款？
- 是否把需求的详细描述作为合同的一部分？
- 合同是否包括需求的变更？
- 谁负责项目的源代码？
- 谁负责外包方从他的代码库中提供的代码？
- 谁负责你从你的代码库中提供的代码？
- 外包方是否提供从代码库里提供的代码的文档？
- 谁负责维护代码，包括公司最初提供的代码？
- 是否外包方负责纠正产品缺陷，合同中是否说明了修复概要及响应时间？
- 外包方是否有权利把为公司开发的软件产品卖给其他的客户？如果你为外包方提供了为加入到你的产品中的源代码(为你的产品所用)，外包方是否可以把这些代码重用到其他的一些产品中或者把这些源代码卖给其他客户？
- 如果外包方破产了，源代码的所有权是谁的？假如发生这种情况，可否把这些源代码由第三方暂先保存？一旦发生破产情况，公司可以提取。
- 你是否需要为外包方提供有版权的工具，并由他使用，而你对有版权的工具的权利能否受到保护？
- 如果外包方应用工具来开发产品，在项目结束后这些工具还要交还给你公司吗？如果交还回来谁拥有工具的所有权？
- 与外包方一起工作的公司内部的开发人员需要签订保密协议吗？外包方这么做的用意是什么？这样是否会限制你公司将来开发自己产品的能力？
- 外包方是否限制从你公司聘请开发人员？
- 你的公司是否限制从外包方聘请开发人员？即使在外包方已经破产的情况下。
- 外包方是否要求包含他们公司名称的许可证信息在开始屏幕、详细信息窗口和帮助窗口或在打印文档中出现？
- 验收最终产品的标准是什么？由谁来确定验收？验收标准出现分歧时由什么机构来保护双方的权益？
- 如果产品要注册，由谁来负责注册的费用？当外包方生产更高版本时，外包方是否许可增加费用？如果是，费用是多少？

28.2   管理外包中的风险

外包对公司很有用，但在整个公司范围内也有风险。

1. 失去了可见性

对于外包，最重要的风险是有关项目进度可见性的丢失。在报告中说他们很好地按照计划进度要求进行开发，而到时他们可能会比计划推迟好几个月再交付产品。这样的现象在软件项目开发中屡见不鲜。所以在与外包方的合同中应该提供及时而又有意义的进度评估。

2. 专门技术流出公司

外包的一个主要风险是把该领域相关的专门知识流到公司外部的组织。由于这种原因，会有两种情况发生：一种是本公司开发这种软件的能力下降；而另一种是外包方增加了关于你的数据和算法的知识。这种情况是否会出现，主要取决于软件产品是否是公司的商业核心。如果是，在短期内外包是有利的，但是从长期来看，外包会降低公司的竞争力。

如何判断一个产品是否为商业核心，请参见下面几个因素。

· 在这个领域保持开发这种软件项目的技术能力对公司而言是否重要？
· 对于目前这种软件，公司是否有很大的竞争优势？
· 如果现在公司决定退出这个领域软件项目的开发，将来重新进入该领域的机会有多大？
· 将来重新进入该领域的成本有多少？
· 软件是否包括商业机密或其他一些保密数据？
· 公司出售的产品是否基于这个软件所具有的独特性？
· 本公司软件开发效率是否比竞争者强很多？能否获得竞争优势？
· 公司软件产品投入市场的时间如何与竞争者相比？
· 公司软件的质量水平是否比竞争者高？

如果对于大部分问题回答"是"，那么从长期来看并非最有利。如果大部分的问题回答是"否"，那么可以选择将这个项目外包。

3. 士气松懈

如果公司要外包的项目是公司开发人员想要开发的软件，那么把该项目交给外部公司来开发会影响其他项目的开发。外包给开发人员一种其工作处于危机之中的感觉，也给整个开发部门罩上一种无开发能力的阴影。

4. 对进一步开发失去控制

把软件项目开发转交给外部公司，公司内部可能无法在将来进一步开发该程序。公司的开发人员不愿意去熟悉外包方的源代码。外包方可能会有一些设计或实现选项对将来的灵活性加以限制。这要看合同的具体规定，公司可能无权修改买回来的代码。或者公司将对项目的设计和源代码都没有所有权。因此，在签订合同时要确保合同能提供公司所需要的灵活性。

5. 损害公司的机密信息

在签订合同时，一定要明确机密数据和算法的知识产权能得到保护。

28.3　外包的附带效果

外包有两个好的附带作用。

首先是减轻人员的压力。外包软件项目能够给公司人员一个休息的机会。如果公司人员总是匆匆忙忙做完一个项目又接着做下一个项目，他们可能会欢迎有一个休息的机会而让其他的人去做这些事情。外包通常会受到欢迎，而开发人员也会在与其他开发公司的接触中获益。

其次是减少人员变动。要想在短时间内上一个项目，外包能够省去人员的部署。

28.4　外包与其他实践的相互关系

从消费者的角度来看，有效的外包是项目管理和风险管理的一种实际练习，公司要特别谨慎地对待这些管理活动，但外包并不会对其他的快速开发活动产生影响。

28.5　外包的底线

虽然关于外包成功或者失败的统计数据不是很多，但是传闻的报告多是正面的。例如，琼斯 (Capers Jones) 在报告中说，在英国银行应用系统中，外包的生产率是公司自行开发的两倍。

28.6　成功使用外包的关键

成功应用外包的关键如下。

- 仔细选择外包外包方。
- 与外包外包方仔细签订合同。
- 把至少要像自行开发项目那样来管理好外包软件项目。
- 与外包方交流放到优先位置（电子方式及面谈方式）。
- 至少要像自行开发项目那样明确需求（除非需求是外包方的强项）。
- 确保外包快速开发项目是公司的长期兴趣。

深入阅读

Marciniak, John J., and Donald J. Reifer. *Software Acquisition Management*. New York: John Wiley & Sons, 1990. Marciniak and Reifer fully explore the considerations on both the buying and selling sides of outsourced software relationships. The book has a strong engineering bent, and it discusses how to put work out for bid, write contracts, and manage outsourced projects from start to completion.

Humphrey, W. S., and W. L. Sweet. *A Method for Assessing the Software Engineering Capability of Contractors*. SEI Technical Report CMU/SEI-87-TR-23, Pittsburgh: Software Engineering Institute, 1987. This report contains more than 100 detailed questions that you can use to assess a vendor's software-development capability. The questions are divided into categories of organizational structure; resources, personnel, and training; technology management; documented standards and procedures; process metrics; data management and analysis; process control; and tools and technology. Vendor evaluation has been a major emphasis of work at the Software Engineering Institute, and this report also describes an overarching framework that you can use to evaluate the vendor's general development capabilities.

Humphrey, Watts S. *Managing the Software Process*. Reading, Mass.: Addison-Wesley, 1989. Chapter 19 is devoted to contracting for software. It contains insightful guidelines for establishing a relationship with a vendor, developing a set of requirements, tracking progress, monitoring quality, and managing vendors at different competency levels.

Dedene, Guido, and Jean-Pierre De Vreese. "Realities of Off-Shore Reengineering," *IEEE Software,* January 1995, 35-45. This is an interesting case study in outsourcing two software projects overseas.

第 29 章　原则谈判法

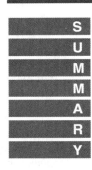

原则谈判法是一种以改善沟通和创造双赢为基础的策略，而不是建立在谈判技巧的基础上。它可应用于需求分析、进度计划制定、功能变更讨论以及项目的其他阶段。它所以能获得快速开发的效果是因为双方开诚布公地阐明各自的期望并正确地指出项目获得成功的条件。要使原则谈判法获得效果必须注意：讨论时对事不对人，讨论集中在项目获益而不在乎个人所处位置，要争创互利及坚持客观标准。原则谈判法适用于任何类型的项目。

效果

缩短原定进度的潜力：	无
过程可视度的改善：	很好
对项目进度风险的影响：	降低风险
一次成功的可能性：	很大
长期成功的可能性：	极大

主要风险

无

主要的相互影响和权衡

无

有关原则谈判法的更多内容。请参考第 9.2 节。

第 30 章　高效开发环境

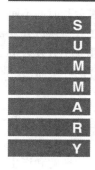

软件开发是一种高强度的智力活动，需要长时间的专注。高效开发环境为开发人员提供了一个远离噪音和干扰的环境，让他们能有效地工作。高效开发环境对任何类型的项目（业务系统、封装系统和系统软件）都有好处。一些公司在建立了高效开发环境后，不仅提高了生产率，还提高了公司人员的士气和稳定率。

效果

缩短原定进度的潜力：	好
过程可视度的改善：	无
对项目进度风险的影响：	没有影响
一次成功的可能性：	大
长期成功的可能性：	很大

主要风险

- 装修豪华的办公环境会导致生产率下降
- 搬迁造成停工
- 由于软件开发人员的优越待遇而导致各种反应

主要的相互影响和权衡

用成本的少量增加来换取生产效率的大幅提升

如果你从事石油开采与销售，那么在赚到第一块美元之前，你需要寻找石油资源，在地面上钻洞，在地下采油，炼油，把油装上船、集装箱和油桶，再把它们卖掉。公司的效益取决于怎么样有效地把石油从地底下抽上来。如果你的开采技术是把 50% 的石油留在地下，那就相当于你把 50% 的赚钱机会留在了地下。

我们不能从地下开采软件产品。软件储备就在软件开发人员的头脑里，要从软件工程师的头脑里挖掘软件就像从地下开采石油一样，需要许多技术。

与以上所说相矛盾的是，现在绝大多数软件工程师的开发环境好像是故意设计得不让从他们脑海里挖掘思想。70% 多的软件组织的办公环境都拥挤不堪，并且在这种环境下平均被打断的间隔时间是 11 分钟 (Jones 1994)。

CLASSIC MISTAKE

不像其他大多数管理任务，这些管理任务经常都会被打断，只有不断地被打断，这些管理活动才能生存和繁荣；而软件开发工作则需要长时间不间断地集中注意力。因为管理者一般不需要长时间不中断的工作，所以开发人员所要求的安静的工作环境常被看成是优厚的待遇。但事实上开发人员经常能自我约束，他们实际要求的只是个能让他们有效工作的环境而已。

1. 心流状态

在分析和设计阶段，软件开发是一些短暂的、构思性的活动。与其他构思性活动一样，工作的质量依赖于工作者保持"心流状态 (flow state)"的能力，一种全心沉浸于一个问题的松弛状态，帮助问题的理解和产生解决方案 (DeMarco and Lister 1987)。大脑波转换为软件是一个费脑的过程，开发人员在心流状态下工作效率最高。开发人员进入心流状态需要 15 分钟或更多时间，然后可维持几小时，直到疲倦了或者被外界打扰才终止。如果开发人员每 11 分钟就被打断一次，他们将永远进入不了心流状态，从而不能达到生产率的最高水平。

相关主题

有关保健措施的更多内容，请参考第 11.4.1 节。

2. 保健措施

除了提高进入高效状态的能力外，工作环境也是激励软件开发人员积极工作的主要因素。合适的办公空间也是开发工作的一种"保健激励因素"，也就是说，大型的办公空间不能提高生产率，但是小于一定规模的办公空间会影响积极性和生产率。

对开发人员来说，需要一个工作环境，这很明显，也是非常基本的。工作环境与适宜的灯光、稳定的电源和方便的卫生设施一样，都是发挥积极性的因素。一个不能为开发人员提供有效工作环境的公司不能为开发人员提供最基本的要求，那么大多数开发人员都会认为公司对他们的个人利益很不关心。好的人员都希望能在为他们提供高效开发环境的公司里工作。而那些长期在低效开发环境下工作的人员通常士气、斗志低落而导致生产率受损 (请看图 30-1)。

开发人员、团队负责人和低层的管理者通常没有权力把一个小组移到一个高效的办公环境中去。但是如果项目的进度压力很大，并且管理层很关心提高生产率，可以试着要求他提供更为安静和私密的办公空间，并承诺以提高生产率来回报公司。

图 30-1　开发人员对工作环境的看法

30.1　使用高效开发环境

高效开发环境有以下一些基本特征。

· 每个开发人员至少有 80 平方英尺的开发空间。

· 至少要有 15 平方英尺的桌面空间，用来放书、文件、备忘录、源代码清单和计算机设备。应该选择适宜的办公桌支撑设备，以便自由移动。工作空间应该根据开发人员的个人需要来进行配置 (例如，是惯用左手还是惯用右手)。

· 一些停止电话干扰的措施。目前一般的解决办法是在电话上配一个停响开关或者可以转接到行政助理的按钮。整个公司范围内采用电子邮件而不是用电话也是防止电话干扰的有效方法。

· 防止因人员来访而打断的方法。带门的私人办公室是一种最通用的有效解决办法。公司应该允许并鼓励人员把办公室的门关起来。一些公司采取"开门"的政策是不科学的(很明显没有意识到这样会破坏开发人员的生产力)。

· 一些隔绝不和谐噪音的方法。商务和社交性的面谈不应该在开发人员的办公空间内进行,PA 系统不宜用来发布重要程度低于火警这样的公共信息。同样,一个带门的办公室是最常用的解决办法。

· 至少 15 英尺长的书架空间。

相关主题

要想进一步了解其他已发表的高效开发环境的报告,请参考本章稍后的"高效开发环境的底线"。

除了以上这些在正式发表的报告中都支持的因素外,就我个人的经验,我认为还有以下一些重要的因素。

· 带有窗户的办公室。通过窗户看到的风景不一定要引人入胜,甚至可以通过这个窗户看到另外一个窗户,但是通过这个窗户应该能看到办公楼外边的世界,它应该能让开发人员定期把注意力集中在比 24 英寸更远的地方。在某个办公室,我要通过 5 个窗户才能看到外边的风景,但这足以让眼睛离开电脑,得到休息。高技术的工作需要"高接触"环境来提高士气 (Naisbitt 1982)。

· 至少要有 12 平方英尺的白板空间。

· 至少要有 12 平方英尺的布告栏空间。

· 能很方便地与其他项目组成员打交道。他们的办公室应该靠在一起。即使在不同的楼层也会给小组成员间设置太多的"距离"。

· 能方便地使用高速打印机。

· 能方便地使用带有自动文件送纸功能的复印机。

· 要有一个便利的会议室。虽然私人办公室对满足会议室的大部分需求大有帮助,但如果参与讨论的人员超过 3 个,仍然需要用到会议室。

· 能方便地获得通用办公器材,如钢笔、铅笔、铅笔刀、高能灯、纸夹、橡皮、订书机、磁带、笔记本、旋转铁丝的笔记本、3 孔钉书机、空白磁盘、磁盘标签、空白备份磁带、不同大小的便签、标准商业信封、大邮件信封、邮票、文件夹、文件夹标签、悬挂文件、图钉、纸巾、白板写字笔、白板清洁器和屏幕清洁器等。

图 30-2 是一些高效的办公室设计,这些设计方案是为 IBM 公司的 Santa Teresa 实验室开发的。

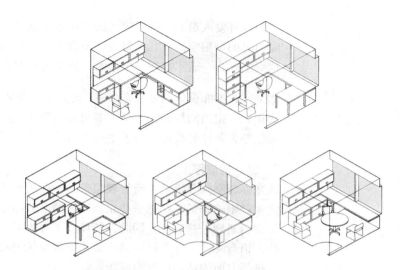

图 30-2 IBM 的 Santa Teresa 实验室,为高效开发而设计的办公室。据开发人员反映,在搬到新的实验室后,他们的开发速度提高了 11%。International Business Machines Corporation 1978 年版权。选自 *IBM Systems Journal* 第 17 卷,第 1 号

30.2 管理高效开发环境中的风险

虽然提供开发环境不是一项特别有风险的活动,但是涉及的少量风险也值得说明一下。

1. 只考虑办公室外观改善而带来的生产率的降低

提供高效开发环境的其中一个危害是,管理部门可能把改善办公环境当作改善公司形象而不是生产率的提高。在一些公司里,私人办公室是地位的象征,并且有时管理部门把开发人员的私人办公室视为开发人员地位的提高。由于这种原因,公司有时把钱花在装饰空间上,但这不能提高生产率,并且有时还会损害生产率。管理部门可能会把开发人员的办公室墙壁由标准墙纸改为嵌入时尚前卫的烟色玻璃。他们可能会给开发人员分配一个带有小会议桌的大隔间。他们还可能会把开发人员的隔间里的标准家具换成幽雅而古老的实木家具。

虽然这些改善的出发点是好的,但是这些措施好像是在破坏生产率而不是在提高生产率。烟色玻璃的嵌入进一步减少了开发人员本已有限的使用空间;会议桌增加了在隔间里召开临时会议的机会,也增加了对临近

隔间内开发人员的干扰；老式的实木家具限制了脚的移动，从而减少了隔间里的可用空间。几乎每一个开发人员都愿意在两个大的能折叠的会议桌上办公，而不想在一个小的、做工精良的古老的桌上工作。

如果实在不能提供高效的办公室，至少应该采取一些提高生产率的措施，比如说，把隔间墙的高度从 5 英尺加高到 7 英尺，并在墙上装上门。要确保办公条件的改善是为了生产率的提高。

2．搬迁造成停工

改变办公空间几乎总要给管理层带来一些头痛的问题，这些问题都会导致生产率的降低。在把一些东西从老的办公环境搬到新的环境时，我们经常会遇到一些问题。同时，新环境本身也可能会发生一些关于电话系统、语音邮件、计算机网络安装、电源系统可靠性、办公家具及设施的交接等方面的诸如此类的问题。

除了会给管理上带来问题外，还有搬迁和重新装修要停止工作。打包、开箱浪费了开发人员的时间。在搬迁期间所有人员都要花时间去整理文件和书架。如果是搬迁到一个新的环境，他们要花时间来熟悉这个新环境。并且有时由于新的办公地点不是开发人员所希望的，还会使开发人员丧失士气。

综合而言，任何一个小组的搬迁，对一个开发人员而言都至少要花费一星期的时间。搬到能提高生产率的办公室最后会产生正面效果，但在项目紧张的收尾阶段，通常不适合搬迁，最好是项目初期或两个项目之间。

3．由于软件开发人员的优越待遇而导致各种反应

一个公司一般不会给每个人员都提供私人办公室，非软件开发人员可能会抱怨给软件开发人员提供私人办公室是一种很优越的待遇。要减少这种风险，可以对其他人员解释给软件开发人员提供私人办公室是工作的需要，淡化人员对办公室差异的关注。

30.3　高效开发环境的附带效果

开发人员都会感谢对他们工作条件的改善。能提供高效开发环境的公司发现，这对开发人员的满意度和稳定率都有很明显的正面影响 (Boehm 1981)。

30.4　高效开发环境与其他实践的相互关系

可以将高效开发环境与其他生产活动结合起来。它不受其他活动的影响。

30.5　高效开发环境的底线

迪马可和李斯特 (Tom DeMarco & Timothy Lister) 赞助了一个程序员大赛。在这次大赛中有 166 名开发人员参与了比赛，评判的标准是程序的质量和运行速度 (DeMarco and Lister 1985)。每个参赛者都要提供他们比赛时所处工作环境的主要特征，结果是最好成绩中的 25% 参赛者与别人相比有更大的、更安静的私人的办公室，也更少受到人员和电话的干扰。表 30-1 列出了最好和最差参赛者办公环境的比较。

表 30-1　程序员大赛成绩最好和最差参赛者办公环境的比较

环境因素	最好的 25%	最差的 25%
专用的办公空间	78 平方英尺	46 平方英尺
可接受的安静工作空间	57% 是	29% 是
可接受的个人工作空间	62% 是	19% 是
能消音的电话	52% 是	10% 是
电话能转为有声邮件或转给接线员	76% 是	19% 是
频繁干扰	38% 是	76% 是
工作环境感觉很好	57% 是	29% 是

资料来源：改编自 *Developer Performance and the Effects of the Workplace* (DeMarco and Lister 1985)

迪马可和李斯特 (Tom DeMarco & Timothy Lister) 认为，办公环境和生产率之间存在的这种内在联系有一个隐藏着的因素，也就是说优秀的开发人员自然有好的办公环境。但是当进一步研究他们的数据后，他们发现并不是这么一回事：同一个公司来的具有同样设施的开发人员，他们的成绩仍有差别。

这些数据表明，生产率和办公环境的质量有很大的关系。最好的 25% 开发人员的生产率是最差的 25% 开发人员生产率的 2.6 倍。这表明如果把最差的 25% 开发人员转移到最好的 25% 开发人员的开发环境中去，他们的生产率一定可以提高。

中文版编注

当时，为了缓解办公室主机拥堵的问题，IBM 在 5 名员工的家中安装了绿屏终端机，以方便他们在家办公。1983 年有 2000 名员工在家办工。到 2009 年，IBM 有一份报告称全球 173 个国家 386 000 名员工中，有 40% 没有实体办公场所，实际节省了 5800 万平方英尺的办公空间，节省成本约 20 亿美元。到 2017 年 3 月，IBM 取消远程办公政策以促进员工之间的有效交流与协作。

20 世纪 70 年代，IBM 在研究开发人员的需要后，建立了一个建筑规定，并且根据开发人员的意愿设计了 Santa Teresa 办公设施。开发人员参与了整个设计过程。IBM 的年度报告中指出这套设施每年大约提高生产率 11%。

在我周围的办公空间的价格大概是每月每平方米 1 ~ 2 美元。开发人员的时间成本（包括薪水和福利）是每月 4000 美元到 10 000 美元。把最差的 25% 开发环境改为最好的 25% 开发环境（从 46 ~ 78 平方英尺，并且不是最贵也不是最便宜的办公设施），每人每个月需要 110 美元。而生产率平均提高 2.6 倍，这样每月可以产出 1100 美元。在我看来，节约办公空间就是"办公室—空间—明智"和"开发人员—时间—愚蠢"之间的差别。

总而言之，一个目前有中等水平开发环境的公司如果能为开发人员提供一个高效开发环境，可以把生产率提高 20% 左右。每个公司获得的具体好处可能会有差异，具体要看其原有环境在中等水平以上还是以下。

30.6　成功使用高效开发环境的关键

成功应用高效开发环境的关键如下。

- 不要以提高身份为目的来改善工作环境，应把注意力集中在提高办公效率上，要重视隔离，消除噪音，提供足够的办公空间和有效排除干扰。
- 选择在不紧张的时间来改善办公室环境，最好是在两个项目之间。
- 要设法排除因为给开发人员安排私人办公室而引起的负面影响。

深入阅读

DeMarco, Tom, and Timothy Lister. *Peopleware: Productive Projects and Teams*. New York: Dorset House, 1987. This book deals with human factors in the programming equation, including the need for flow time and the productivity effects of office environments.

McCue, Gerald M. "IBM's Santa Teresa Laboratory-Architectural Design for Program Development," *IBM Systems Journal*, vol. 17, no. 1, 1978, 4-25. McCue describes the process that IBM used to create its Santa Teresa office complex.

第 31 章　快速开发语言

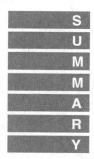

快速开发语言 (Rapid-development Language，RDL) 泛指比传统的第三代语言更快实现的语言。第三代语言主要有 C/C++，Pascal 和 Fortran。快速开发语言是通过减少构建一个产品所需要的工作量来节省时间的。尽管在构建过程中已经体会到它能节省时间，但缩短构建期的能力也隐含在整个项目生命周期中。比较短的构建期形成增量式的生命周期，如渐进原型法实现。由于快速开发语言缺乏一流的性能、灵活性差以及只局限于特定类型的问题，所以通常适合开发公司内部商务软件和其发行量少于封装软件和系统软件的客户软件。

效果

缩短原定进度的潜力：	好
过程可视度的改善：	无
对项目进度风险的影响：	增大风险
一次成功的可能性：	大
长期成功的可能性：	极大

主要风险

- 带来银弹错误和过高估计时间的节省。
- 不能扩大到大型项目。
- 鼓励鲁莽编程。

主要的相互影响和权衡

- 用降低设计及实施过程中的灵活性来换取实施时间的缩短。
- 用提高构建速度支持渐进原型法和增量 (incremental) 方法。

"周末战士"如果用钉枪、带状沙块、涂料喷雾器来建造一个狗屋，比他单纯用一把榔头、沙砖、涂料刷来得快。拥有快速交通工具的人可以提前到达应急治疗的医院。不论什么情况下，如果质量优先，那么即使是强有力工具也会被手工工具所替代或辅助。软件开发中使用强有力工具时的好处、风险及权衡问题与上述情况也是相近的。

针对快速开发，我们参阅了各种开发环境，与第三代语言，例如 C/C++，Cobol，Pascal 和 Fortran 相比，它们的优点是快速实现。下面是我们要讨论的各种开发环境。

· 第四代开发语言 (4GL)，像 Focus 和 Ramis。
· 数据库管理系统，像 Access，Foxpro，Oracle，Paradox，Sybase。
· 可视化程序设计语言，像 Borland Delphi, CA Visual Objects, Microsoft Visual Basic，Realizer 和 Visual Age 等。
· 专门领域的工具，如电子表格、统计软件、公式编辑器和其他一些针对问题的工具。假如没有这些工具，就需要编写一个计算机程序来解决。

相关主题

有关生产率工具的更多内容，请参考第15章。

在这一章里，我把第三代 (3GL) 和第四代开发语言 (4GL) 看作快速开发语言是因为大家比较熟悉。在讨论快速开发语言 (RDL) 时，我没有特意去讨论类库和函数，即使你在很多场合觉得它们很有用。

快速开发语言 (RDL) 支持快速开发，主要是快速开发语言 (RDL) 让开发人员可以在更高的抽象层次上开发程序 (相较于采用传统语言)。用 C 语言编写 100 行代码能实现的功能，如果用 Visual Basic 只需要 25 行代码就能实现。C 语言中打开文件、定位指针、写记录和关闭文件等命令在快速开发语言 (RDL) 中只需要一个 Store() 指令即可。

相关主题

有关功能点的更多内容，请参考第 8.3.1 节。

对一定数量的代码行数，采用不同的编程语言会产生不同的感觉，因而很多软件行业现在都开始转向采用"功能点"来估算程序的规模。功能点是测量程序大小的一种综合方法，其依据是输入数量、输出数量、访问次数和文件多少等。功能点有用，因为它让你在测量程序大小的时候不用考虑采用哪种开发语言。低级语言 (像汇编语言) 比高级语言 (C 或者 Basic) 需要更多的代码行来实现同样的功能点。功能点为不同语言之间提供了一种通用的比较方法。

研究人员已经能够给出不同语言实现相同功能点时所需的平均工作量。

表 31-1 列出了功能点与代码行之间的关系。代码行不包括空白和注释的语句。

表 31-1　功能点和代码行之间的粗略换算

功能点数量	代码行数量					
	Fortran	Cobol	C	C++	Pascal	Visual Basic
1	110	90	125	50	90	30
100	11 000	9000	12 500	5000	9000	3000
500	55 000	45 000	62 500	25 000	45 000	15 000
1000	110 000	90 000	125 000	50 000	90 000	30 000
5000	550 000	450 000	625 000	250 000	450 000	150 000

数据来源：Programming Languages Table(JONES 1995a)

这些数据是近似的，有一些数据差别很大（主要与编程风格有关）。例如，一些人把 C++ 当成是 C 语言的安全类型版本 (type safe)，在这种情况下，C++ 计算出来的与 C 计算出来的数据比上表所列出的更接近。但是平均起来，表中不同语言的比较讲述了一个重要的故事。

例如，你有一个 500 个功能点的文字处理程序。根据表中的数据，假如采用 C 语言，大概就需要 625 000 代码行；假如采用 C++ 语言，需要 250 000 代码行；假如采用 Visual Basic 语言，需要 150 000 代码行。这表明假如采用 Visual Basic，所需代码量将只是采用 C25%，从而节约大量时间。

通常来说，采用高级语言在设计和编码期间都能节约时间。开发人员不管采用什么语言，一般他们每月编写的代码行数应该是相近的 (Boehm 1981，Putnam and Myers 1992)。采用高级语言时编码速度快，是因为只需要较少的代码行就能实现一定量的功能点。设计快也是因为代码少，要求的设计也少。

在文字处理系统这个例子中，假如用 Visual Basic 替代 C，大概可以省去 75% 的代码行数。这也就意味着可以节约 75% 设计和编码的工作量。尽管 Visual Basic 可能会节约时间，不过有时可能还有其他因素要求你必须采用 C 语言来开发，但如果开发速度是一个重要的考虑因素，你至少可以知道自己放弃了什么。

表 31-2 比表 31-1 列出了更多语言级别。"语言级别"是一种用汇编语

言级别来表示的"第三代语言"和"第四代语言"级别。它表示在高级语言中的一条语句替代的汇编语句数量。因此，平均看来，一条 C 语言指令相当于 2.5 条汇编指令，一条 Visual Basic 语句相当于 10 条汇编语句。

尽管表 31-2 中的数据有很多错误，但恰是当前最可用的数据，并且它们的准确性足以支持以下这种观点：从开发速度的角度来看，应该尽可能地采用高级语言来做开发。要实现一种功能时，我们能用 C 就不用汇编，能用 C++ 就不用 C，能用 VB 就不用 C++，这样能加快开发的速度。

表 31-2   语言的大概级别

语言	级别	每个功能点需要的语句数
汇编	1	320
Ada 83	4.5	70
AWK	15	25
C	2.5	125
C++	6.5	50
Cobol (ANSI 85)	3.5	90
dBase IV	9	35
Excel，Lotus 123，Quattro Pro，其他表格工具	大约 50	6
Focus	8	40
Fortran 77	3	110
GW Basic	3.25	100
Lisp	5	65
宏汇编	1.5	215
Modula 2	4	80
Oracle	8	40
Paradox	9	35
Pascal	3.5	90
Perl	15	25
Qucik Basic 3	5.5	60
SAS, SPSS，其他统计包	10	30
Smalltalk 80, smalltak/ V	15	20
Sybase	8	40
Visual Basic 3	10	30

HARD DATA

数据来源：Programming Languages Table(JONES 1995a)

这个表中的数据还包括其他一些重要的数据。其中之一就是第三代语言 (3GL) 功效大致相同：C，Cobol，Fortran 和 Pascal 在实现一个功能点时大概都需要 100 条语句。第四代语言 (4GL)，数据库管理系统 (DBM)，可视化编程语言如 dBase Ⅳ，Focus，Oracle，Paradox，Sybase 和 Visual Basic 都差不多。每个功能点需要 35 条语句。像电子表格一类的工具（它们一般都认为是最终用户编程工具），生产率最高平均只需 6 条语句就能实现一个功能点，而用 C 就要 178 条语句。

31.1　使用快速开发语言

选择快速开发语言时，通常采用第 15.3 节的标准，并且参考第 15.4 节里的描述。除了这些表里的通用指导原则外，不同快速开发语言的使用方法也各不相同，获得成功的关键也有所差别。

31.2　管理快速开发语言中的风险

快速开发语言的效率是诱人的，应用快速开发语言后随之而来的风险都是由于没有认识到其效率的极限。

相关主题

有关银弹综合征的更多内容，请参考第 15.5 节。

1. 银弹综合征和过高估计时间的节省

就好像采用其他高效的开发工具一样，快速开发语言的实际应用也很容易被高估。不管供应商如何声称，即使是最有力的快速开发语言，最多也只能节约 25% 的开发时间。要留神产品的任何声明，或者至少不要过分指望它所承诺的节约时间。

即使你看透了供应商的银弹"谎言"，并且对快速开发语言设计和编码节约的时间有一个实际的看法，也要知道对全过程节约时间的估算是一门技巧。可以把第 15.4 节内容作为评估的指南。

2. 应用到不合适的项目中

快速开发语言不适合有些软件产品。它们生成的代码有时不支持实时和封装系统的开发，并且在实现专门接口、图形、输出及与其他程序接口时缺乏灵活性。有时需求说明中的功能需要快速语言支持，但在深入调查后会发现快速开发语言并不支持这些功能的开发。当你的需求只需要较少的灵活性时，快速开发语言就很适用，这样可以发挥快速开发语言的长处而避免它的缺点。

3. 不适用于大型项目

快速开发语言经常缺少支持大型项目的软件工程特性。有时，如果将适合于小型项目的特征用到大项目，会产生噩梦般的效果。

下面是快速开发语言的一些不足。

- 数据类型弱。
- 数据结构能力弱。
- 模块化支持差。
- 调试机能差或者没有。
- 编辑能力差。
- 与其他语言编的应用程序的接口性能差。
- 缺少对自由格式源代码的支持（有些快速开发语言是 Basic 或 Fortran 这样的面向代码的语言，而不是 C/C++ 或 Pascal 这样的面向语句的语言）。
- 缺少对团队工作的支持。包括缺少源代码控制的工具。

为了使风险降到最小，用快速开发语言来开发一个大型的项目之前，应该做一个可行性研究，确保快速开发语言在软件工程方面的缺点所造成的损失不超过它给整个项目的开发和维护周期所带来的好处。保守地估计能够节约的时间。快速开发语言一般能节约时间，但如果这个项目过于大，导致进度计划都无法顺利进行，那么采用快速开发语言就要慎重考虑。

4. 鼓励减少编程活动

采用传统编程语言，你需要在程序中构建基本结构以应对该语言本身并不能很好支持的一些区域。你需要编写高度模块化的程序，使变更不会影响到整个程序。你要采用编码标准使程序具有可读性，并且尽量避免使用最坏的编程实践，例如少用 GOTO 语句和全局变量。

CLASSIC MISTAKE

关于快速开发语言，一个具有讽刺意味的缺点是它迫使你增加复杂性，它给你一种安全假象——它使你相信它们能为你自动做好每一件事。当你意识到需要做一些事情（如设计和编码标准）时，你已经开发该项目很长时间了。也就是说，在你意识到确实需要标准时，很难再让以前的代码符合目前的标准。

这种经历是很可怕的，一些开发人员说，虽然采用了快速开发语言但实际上并没有节约多少时间。他们这种说法有时是对的。有些快速开发语言的性能很差，并且有时快速开发语言不能适用于大型项目。

相关主题
与草率的程序设计实践有关的问题，请参考第 4.2.3 节和第 4.3 节。

有时在设计和编码时没有发生很多 RDL 的缺点所引起的问题。但是，遇到开发语言的极限情况时，会发生更严重的问题，迫使你放慢开发速度。这有点像在开车时把车速从每小时 65 千米减到每小时 25 千米时，你会感觉到车好像没有移动。你觉得跳下车去推着车走都要比这速度快，但实际上，如果真去推车，速度还是不能超过每小时 25 千米，用 C 或汇编语言来开发整个程序不见得比用一个较好的 RDL 来开发更快。

为了减少草率工作的风险，可以采用设计和编码实践来弥补快速开发语言的缺陷。最好多花点时间设计程序和仔细制定编码标准。古语说得好，"防患于未然"，就是这个道理。

31.3　快速开发语言的附带效果

每种快速开发语言对产品的质量、实用性、功能性和其他一些产品特征都有其重要的影响，在评价快速开发语言时，应该考虑这些因素。

31.4　快速开发语言与其他实践的相互关系

适用于生产率工具的一般指南几乎都可以用于快速开发语言。

快速开发语言能缩短进度，因为它能缩短构建时间。因为它明显地缩短构建时间，所以就有可能建立新的生命周期模型。如果从第三代语言转换为快速开发语言，大概可以减少 75% 的详细设计和编码工作量，这是好的经验，它也同样能明显地减少替代生命周期模型的迭代时间。C 语言大概是 2 个月，采用 Visual Basic 则减少到 2 个星期。要想从快速开发语言中获得最大的效益，可以在增量 (incremental) 和迭代 (iterative) 生命周期模型中采用它。

如果开发的软件系统（如实时或封装系统）不适合用快速开发语言，仍然可以采用快速开发语言建立接口原型（第 42 章）和一次性原型（第 38 章）。建立原型的一个目的就是可以使工作量最小，而快速开发语言正好能有此用途。

31.5　快速开发语言的底线

HARD DATA

如表 31-1 和表 31-2 的数据所示，快速开发语言的底线是，期望节约的时间主要取决于你目前采用的编程语言和要采用的快速开发语言。它也依赖于你要开发的程序类型是否适合使用快速开发语言来开发。如果你目前采用的是第三代语言，那么改用快速开发语言你大概可以节约 75% 的工作量。这个数量可能会随以后更好的语言出现而变得更大，但是它永远不可能像供应商宣称的那样快。

如果不能完全改用快速开发语言，仍然可以采用快速开发语言实现项目中的某些功能。75% 的经验表明：采用快速开发语言，可以在一部分编码中大概节约 75% 的设计和开发的工作量。

深入阅读

要想进一步了解项目活动方面项目规模有何影响，请参考《代码大全》第 21 章。

随着项目规模的扩大，采用快速开发语言所能节约的时间会出现递减的趋势。快速开发语言的时间节约是通过缩短项目的构建时间而得来的。在小的项目中，开发活动可以占到整个项目 80% 的工作量。然而在大型项目中，详细设计、编码和调试大概只占整个工作量的 25%，因此通过改进这些活动所能节省的时间也会变少。

31.6　成功使用快速开发语言的关键

成功应用快速开发语言的关键如下。

- 当所有其他的工作都是相同的时，为了获得最大开发速度，可以采用表 31-2 中最高级别的编程语言。
- 应用 15.3 节所列的选择标准来选择快速开发语言。
- 应用 15.4 节描述的指导原则来应用快速开发语言。
- 保守估计快速开发语言能带来的时间上的节省。考虑项目规模的大小和采用快速开发语言后希望能缩短的生命周期。对所有项目（除了最大和最小的项目）考虑快速开发语言的局限性后再制定项目进度计划。
- 在开发大型项目时要谨慎应用快速开发语言。时刻记住，随着项目规模的增大，快速开发语言的局限性愈发明显，并且它能节约的时间也越来越少。
- 在应用快速开发语言时，应该在设计和制定编码标准时多花一些时间。

· 采用快速开发语言时，可以考虑采用新的生命周期模型，这样可以缩短对客户的响应时间。

深入阅读

Jones, Capers. "Software Productivity Research Programming Languages Table," 7th Edition, March 1995, Burlington, Mass.: Software Productivity Research, 1995. This table provides language levels and statements per function point for several hundred languages. You can access the full table on the Internet at http://www.spr.com/library/langtbl.htm.

McConnell, Steve. *Code Complete*. Redmond, Wash.: Microsoft Press, 1993. Much of the book describes how to work around programminglanguage limitations, advice which applies to RDLs as well as any other language. Chapter 21 describes the effect that program size has on project activities and therefore on the potential that an RDL has to reduce overall development time.

第 32 章　需求提炼

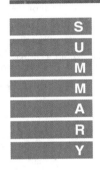

需求提炼就是对产品说明进行仔细检查，如发现不必要或者过分复杂的需求，就去掉。由于产品的成本和持续时间主要受产品规模的影响，因此减小产品的规模可以减少产品的成本和开发产品的周期。需求提炼适用于任何项目。

效果

缩短原定进度的潜力：	很好
过程可视度的改善：	无
对项目进度风险的影响：	降低风险
一次成功的可能性：	很大
长期成功的可能性：	极大

主要风险

· 删除后期又要恢复的一些必要的需求。

主要的相互影响和权衡

无。

有关需求提炼的更多信息，请参考第 14.1 节。

第 33 章 重用

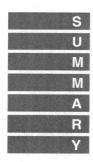

重用是一家公司建立常用部件库的长远策略，它使新的程序可以很快地使用这些已有的部件来集成。由于有公司管理层长期策略的支持，重用比其他任何快速开发方法更节省时间和工作量。不仅如此，它还能被成功地应用于各类公司的软件开发。重用也可以作为一种短期实践，在适当的时候得以实现，具体做法是将现有程序中的代码移植到新程序。这种短期的应用也能产生明显的时间和工作量的节约，但是，其节约的潜力明显小于有计划的重用。

效果

缩短原定进度的潜力：	极好
过程可视度的改善：	无
对项目进度风险的影响：	降低风险
一次成功的可能性：	低
长期成功的可能性：	很大

主要风险

· 如果不精心挑选为重用所准备的部件，会造成资源的浪费。

主要的相互影响与权衡

· 重用需要与所用生产工具相协调。
· 有计划的重用必须基于软件开发基础。

有时人们认为重用只限于代码，但实际上，在原来开发过程中所做的每一项工作都是可以重用的——代码、设计、数据、文档、测试材料、说明书和计划。对于信息系统应用程序，数据重用计划和代码重用计划是同样重要的。你可能认为从相似项目中雇用人员不是一种重用，其实这种人员的重用是最简单和最有效的重用方式之一。

为了能够清晰地讨论本章的内容，这里将重用分为两个类别。

· 有计划的重用
· 随机的重用

有计划的重用是专家通常所谈论的重用，但随机的重用也有助于缩短进度时间。随机重用又可以分为两个讨论主题：

· 对内部部件的重用
· 对外部部件的重用

外部部件的使用并不是典型的重用，它通常被认为是人们在外购和自制之间所进行的选择。但是由于它与我们所讨论的问题很接近，所以在本章中也对它进行了一些讨论。

显然，重用能够节约时间，因为通过它，人们通常能更快、更容易、更可靠地使用已创建好的东西，而不需要从头开始创建。可以在任何规模的项目中成功地应用重用，而且它对于内部的商用系统、大量发行的封装软件 (shrink-wrap) 和系统软件同样适用。

33.1 使用重用

随机重用和有计划的重用有着显著的区别，下面将分两部分进行讨论。

应用随机重用

当你发现现有系统与在建系统存在着共同之处时，都能够应用随机重用。这样，就能够通过将现有系统中的某些部分移植于新系统的方式来节约时间。

1. 修改或移植

如果要采用随机重用，有两个选择：将旧的系统修改为新的系统，或者重新设计新系统，并将旧系统中的部件移植到新系统中去。从我个人的经验来看，较好的方式是为新系统创建一个新的设计思想，然后将现有系统中的一部分移植到新系统中。之所以采用这种方式，原因是它只要求你孤立地理解旧程序中的一小部分。而将旧系统修改成新的系统，却要求你理解旧系统的整个程序，相比之下，这项工作更艰巨。当然，如果写旧程序的人与开发新程序的人相同，或新系统与旧系统极其相似，那么修改旧程序显然更有效。

移植方法是随机的，因为在没有事先规划的情况下，能够将原有系统中的设计和代码进行重用是要靠运气的。如果旧的系统经过精心设计和实践，就能成功。如果旧的系统采用模块化和信息隐藏，这将有助于将旧系统修改成新系统。而如果新旧系统的开发人员有重叠，也能成功。如果没有重叠，把旧系统中的部分内容移植到新系统中的工作，与其说是重用的过程，不如说是破解密码的过程。

CLASSIC MISTAKE

2．过高估计节约的时间

随机重用的最大问题是，它很容易让我们过高估计工作量和进度时间的节约。即使原有系统与新的系统非常相似——例如，估计有 80% 的代码能够被重用——仍然必须考虑需求分析、设计、构建、测试、文档以及在工作和进度安排中需要做的其他事情。究竟是所有的需求分析和设计都能够进行重用，还是两者都无法重用，取决于具体的情况；如果原有项目在创建和打包的过程中没有考虑到重用，那就无法对其中的任何部分进行重用。如果代码是唯一可以重用的部分，那么即使系统之间有 80% 的相似，而代码部分 80% 的重叠也只能节约工作量的 20%，而在进度时间方面的节约甚至还要少于这个数字。

重用 80% 的代码时，首先要进行的工作是要分清楚这 80% 的代码包括哪些部分。这可能是表面上的时间消耗，而且可能消耗节约下来的 20% 的时间。

当原有系统中的某些部分与原来预期的系统设计和实施不一致时，会出现另一个常见问题，即原有系统中的代码出现新的错误。在这样的情况下，如果开发人员对原有系统不是非常熟悉，他们将不得不修改和整理原有代码，这也会将节约下来的 20% 的时间消耗掉。

3．随机重用的例子

有一些应用随机重用的项目取得了成功。在为法国军方研发的项目中，研发人员通过对相似的现有系统代码 (Henry and Faller，1995) 的移植，将生产率提高了 37%。项目的领导人认为项目的成功应归功于原有系统

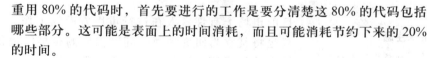

HARD DATA

中应用了模块化和信息隐藏技术、新旧系统范围上的相似以及新旧系统开发工作中半数以上是相同的开发人员。

在 NASA 软件工程实验室进行的一项研究中，对 10 个应用了重用的项目进行了考察 (McGarry，Waligora and McDermott 1989)。最初的项目并不能从过去的项目中借用太多的代码，因为过去的项目并没有建立足够的代码库。然而，在后来的项目中，使用功能设计 (functional design) 的项目，能够从先前的项目中借用大约 35% 的代码。以对象为基础进行设计的项目，能够从先前的项目中借用 70% 以上的代码。

这一类型的重用，其优点之一就是它不需要高水平的管理与之配合。Capers Jones 指出，独立的开发人员通常会对他们自己的代码进行重用，而这些代码在其他程序中将占到 15% ～ 35% 的比例 (Jones 1994)。可以鼓励开发人员，不管他是一个技术主管者还是独立开发人员，尽量多重用自己的代码。

HARD DATA

4. 外部资源的重用

从技术的角度上看，如果能从外部购买打包的部件时，就不必自己开发这些部件，但是有时出于商业上的考虑，需要自己开发。例如，你希望控制对商业发展有重要价值的关键性技术。从技术的观点来看，相比之下，外部卖主能够在打包部件上投入更多资源，而同时花费的成本比你更少。可以重用的代码模块就是非常典型的例子，它的售价仅为用户内部开发成本的 1% ～ 20%(Jones 1994)。

相关主题

有关商业代码库的更多
内容，请参考第 31 章
和第 15 章。

目前市场上有许多人在进行重用方面的工作。工业及研究部门近年来也将其立为研究课题，同时供应商也早已提供针对特殊应用领域的商业代码库，例如用户界面、数据库、数学函数库等。但是商业性重用的面貌改观，还是始于微软公司在个人电脑平台上的 Visual Basic 和 VBX(Visual Basic 控件)。在认识到有普遍需求后，微软又通过 OCX(OLE 控件) 来加强对这种重用支持的力度。Borland，Gupta，Microsoft 以及 PowerSoft 等语言供应商，也立即在他们的语言产品中提供了对 VBX 和 OCX 的支持。

在市场环境引入重用的同时，传统意义下认为重用阻碍的问题也被克服了。例如，商业企业完全没有必要建立自己的可以重用的部件库，因为 VBX 的卖主已经为他们做好了这一切。因此，卖主的成功部分取决于对其重用产品有着良好的组织、分类和宣传，从而使得用户能够方便地找到并购买他们需要的部件。

有人可能对 VBX 的成功有一定的迷惑，但是我认为它的成功是显而易见的。VBX 的封装 (encapsulation) 和信息隐藏 (information hiding) 是极其出色的，而这恰恰就是重用的关键所在。对于面向对象的开发语言，重用也是适用的，但是 C++ 语言本身的设计使得它在这方面的功能略有逊色。例如，在 C++ 程序中，代码开发人员能够开发出的"类"接口都在一定程度上暴露了该类工作的内涵。而这样的做法对信息隐藏和封装简直就是一种"故意"的破坏。或者，他们也可以使用函数，但这样无法告诉潜在的用户有关"类"的任何应用信息。因为语言本身并没有要求开发人员提供文档，所以，这样做的结果会使别人难以理解或重用该"类"。

相比之下，VBX 的开发人员别无选择，只好提供一份包括全部内容的清单，而该清单主要解释 VBX 的接口的意义和作用。同时，该清单完全隐藏了 VBX 的实现，从而加强了信息的隐藏和封装。VBX 取得成功，是因为它在封装方面比很多面向对象的语言具有更多优势。模块化和信息隐藏满足了重用过程中人们的需要。这一点与已建立重用计划的公司提供的报告是相符的。对于这一点，我将在下文中进行详细的讨论。

有计划的重用

有计划的重用，正如其字面意思一样，它是一种长期的策略，不会在你使用它的第一个项目中使你获益。而从长期的角度来看，有计划的重用在减少开发时间方面的能力是独一无二的。

在开始一个重用项目前，首先要对公司中现有的软件进行调查，并且找出其中经常出现的部件。然后，通过外购或是自行开发的方式，使这些部件能够长期重用。

1．管理因素
重用与先前独立实施的项目有关，而这也就在客观上扩大了项目的范围。这表明不同项目必须在软件开发过程、语言和工具方面实施标准化。有效的重用需要在培训和多项目计划中进行长期的投入，以便创建和维护可复用的部件。这其中存在着很大的挑战，而且每一个关于重用程序的调查，或是有关特定项目的报告，都表明重用的成功与否，真正的关键因素与其说是技术的权威，不如说是管理的支持 (Card and Comer 1994，Joos 1994，Jones 1994，Griss and Wosser 1995)。

在重用计划实施中，管理层面应当承当以下责任。

- 为重用计划指定一个管理者——最好是从高层管理者中选拔。任何一个一线管理者都不会主动自觉地为一个单独的项目开发可重用部件，因为这样将使他的项目受损，尽管这样会使下一个项目从中获益。
- 确保对该计划的长期支持。需要强调的是，重用绝对不能被当作一种时尚，因为对于可重用的部件所进行的开发，至少需要两年的时间才开始赢利 (Jones 1994)。
- 确保可重用的程序每一部分都清楚并且是构成整体所必须的。重用并不仅仅与其自身相关，而且它也不是其他优秀开发过程的副产品。要把重用放在一定的地位，要使雇员层面都支持重用的活动。
- 改变公司对软件生产力进行评估的标准：从评估开发了多少软件转换为评估发布了多少软件。这将有利于确保开发人员在使用重用性部件时得到足够的认可 (credit)。
- 建立专门的重用小组，负责"维护和补充"这些可重用的部件。在一个小的组织里，这样的小组可能就只由一个人构成，或者干脆就是一个人的一部分工作。
- 为重用小组和该小组的潜在客户提供培训。
- 通过一个积极的公关活动来扩大公司内部对重用的认识。
- 建立一个从部件库中使用部件的人员名单，并经常更新，以便能在他们所使用的部件出现问题时，能够及时通知。
- 为使用重用部件库设计一个收费系统。

设立重用程序最大的挑战是，在没有其他关键性开发活动给予支持的情况下，重用很难取得成功，例如缺乏质量保证或是配置管理。一些专家也提出，重用程序应该被当作项目中改进开发过程的工作来实施 (Card and Comer 1994)。

相关主题

重用小组与生产率工具小组有许多共同之处，更详细的内容，请参考第 15.3.1 节。

2．技术因素
负责"维护及补充"这些重用性部件的小组有许多工作要做。以下就是他们的部分任务。

- 对公司现有的软件体系进行评估，并确定它是否支持重用，必要时，可以重新建立支持重用的软件体系。
- 对现有的代码标准进行评估，并确定它是否支持重用，必要时，可以考虑推荐新的标准。
- 建立支持重用的编程语言和接口标准。如果各个部件使用不同的语言，或者不同的函数调用接口，或者用的是不同的代码编写习惯，那么，对它们进行重用几乎是不可能的。
- 建立支持重用的开发过程。建议在项目开始时对可重用的部件进行检查。
- 建立规范的部件库并提供浏览的手段，以便寻找可重用的部件。

除了以上这些常规性工作之外，更重要的是，该小组必须进行对重用性部件进行设计、实施和质量保证的工作。

- **关注特殊应用领域的部件**　大多数成功的重用项目，都是应用于专门领域的重用部件。如果它应用于财务方面，就应该将工作的重点放在建立可重用的财务部件上。而对于保险报价程序来说，工作的重点就是建立可重用的保险部件。努力将重用的重点放在"应用领域"或是"商业部件"的层面上 (Pfleeger 1994b)。

HARD DATA

深入阅读

这个观点是有些争论的。对 RISC 与 CISC 在应用于软件重用时的辩论比较全面的讨论，请参考 *Confessions of a Used Program Salesman* (Tracz 1995)。

- **创建小型、精巧的部件**　当你把重用工作的重点放在创建小型的、精巧的和特殊的部件上，而不是放在大型的、全面的和通用的部件上时，你将获益更多。任何企图通过创建通用部件以创建可重用软件的开发人员，都很难准确预见到未来用户的需求。未来的用户看到的将是大型的、全面的部件，同时发现这些部件很难满足他们所有的需求，从而根本无法使用这些部件。"大而全"也就意味着"难于理解"和"使用时易于出错"。来自 NASA 软件工程实验室的数据表明，如果一个部件需要修改的部分为 25% 或者更多，那么开发新的舍弃型部件与重用该旧部件在成本效率上是完全一样的 (NASA 1990)。

将大型的部件分割成若干个小型的、精巧的部件，同时将对重用方面的投入专注于这样的部件，会对你更有好处。在用结构化设计语言时，要彻底分析你要使用的部件。不要将大的部件作为一个单独的整体的实体提供给用户。采用小的、精巧的部件，你就会放弃一下子就解决未来用户问题的想法，而实际上，这样的想法是不现实的。采用较小的部件，你就更有机会为用户提供有一定价值的东西。

· **重视信息隐藏与封装**   成功的另一个关键是重视信息的隐藏和封装——面向对象的设计的核心 (McGarry, Waligora and McDermott 1989, Scholtz et al 1994 , Henry Faller 1995)。绝大多数现有的成功的重用项目都使用了传统的语言，例如 Ada，C，Cobol 和 Fortran(Griss and Wosser 1995)。对 29 个组织进行的一个调查表明，使用被普遍认为对重用有一定支持作用的语言开发出来的程序 (例如 Ada 和 C++)，与使用传统语言开发出来的程序相比，在重用上并没有太大的优势。面向对象 (Object-oriented) 的设计在基于对象 (Object-based) 设计的基础上，增加了继承和多态的思想，但是这些特性的增加没有让"重用"显得更为成功。1994 年，在软件工程的国际会议上，一个由研究员和实际工作者组成的小组提出，面向对象的开发，对于重用来说，既不是必要的，也不是充分的 (Pfleeger 1994 b)。而信息隐藏和封装才是成功的关键。

· **建立出色的文档**   重用也要求建立出色的文档管理。创建一个可重用的部件时，所做的并不是创建一个程序，而是在制作一件产品。为了能让人们更好地使用产品，需要让文档的修饰水平与你公司采购的产品文档相接近。由于这样的原因，Fred Brooks 估计，开发一个可重用的部件所花费的成本等于开发同样功能但独立使用一次的部件成本的 3 倍 (Brooks 1995)。其他人也进行过类似的预测，创建一个可重用的部件将使成本增长 1 倍甚至 2 倍 (Jones 1994，Tracz 1995)。

对于重用，一种非常有价值的文档，就是将各个部件已知的局限性罗列成清单。在很多情况下，软件是在存在一定已知缺陷的情况下发布的，因为这些错误需要修正的优先级太低。但是，当该软件被重用到其他的产品中时，这些原本在某种环境下级别较低的缺陷，优先级会变得很高。当你了解到这些缺陷时，就不要让下一批开发人员再去发现这些缺陷了，你可以通过出色的文档将它们公之于众。

相关主题

有关低质量的开发速度成本的更多内容，请参考第 4.3 节。

· **尽量使重用部件没有错误**   成功的重用要求创建的部件在本质上是没有错误的。如果在开发人员打算使用重用部件时，却发现它有错误，那么这个重用程序就立即失去了它原有的光彩。一个质量低下的重用程序，很可能增加软件开发的成本。在这样的情况下，你可以为部件的原始开发人员支付一定的费用做一次彻底的修正，也可以找

一个对部件并不熟悉的开发人员来做同样的事情，但这样可能效率
更低。

· **重视重用部件库的质量，而不是其中部件的数量**　可重用代码的实
际数量并不影响部件的重用水平；规模小的代码库在使用上至少可
以和规模大的代码库相同 (Pfleeger 1994，Frakes and Fox 1995)。从
一个大型的现有重用部件清单中选择自己所需要的部件，可能是一
件非常困难的事情，以至于 Smalltalk 的开发人员将这种现象称作 "攀
登 Smalltalk 的高峰"。如果希望真正实现重用，请把关注的焦点放
在质量上，而不是数量上。

· **不需要过多关注开发人员是否接受重用**　最后，完全没有必要像人
们通常所认为的那样，对使用重用软件的开发人员有过多的担心。
人们通常的看法是，开发人员不喜欢使用别人开发的代码。但是
在 1995 年所做的一个调查却发现，70% 以上的开发人员在实际工
作中会更多地选择重用部件，而不是从头进行开发 (Frakes and Fox
1995)。

HARD DATA

33.2　管理重用中的风险

重用程序通常会提高质量和生产力，降低成本。从项目的层面来看，重
用有助于降低风险，因为减少了产品所需的手工代码，同时重用的部件
的质量通常要高于舍弃型的部件。然而，从组织的层面来看，预测哪些
部件可被重用所牵涉的难度，会引起一系列的风险。

1．浪费精力

创建可重用部件所花费的成本，往往是普通舍弃型软件开发时间的 2 ～
3 倍。一旦一个部件被开发，就必须至少对其使用 2 ～ 3 次，才能达到
盈亏平衡。Ted Biggerstaff 将其称为 "三次角色"：在尝到重用部件的
甜头之前，必须对其重用 3 次 (Tracz 1995)。如果无法确定一个部件是
否会至少重用 3 次，那么从未来开发速度 (future-development-speed) 的
角度来看，预构建部件仍然是有意义的，不过，速度总是要付出代价的。

2．方向性错误

如果成立一个单独的小组来开发可重用部件，那么可能会有开发的部件
不被使用的风险。如果小组的预测有失误，以及他们所开发的部件中有
1/4 永远不被重用，就意味着为了达到盈亏平衡的目的，所开发的其他

部件必须至少被重用 5 次。对一个独立的公司来说，如果他们所开发的系统不是大量的、相近的系统，将很难达到盈亏平衡点。

降低风险的实际策略就是"两种角色"的方法：在每个部件第一次被使用时都将其当作舍弃型部件；然后，在第二次需要使用时，考虑将它做成可重用的。在这样的情况下，可以确信至少能使用 2 次，因此，如果能通过现在的重用推断出今后还有更多重用的机会，则可以降低风险。但是使用这样的方式时，也需要谨慎。有些专家警告说，如果尚未在一个特定的领域中建立过 3 个实际的系统，表明你还不够了解如何成功创建重用部件。

3. 技术发展

计划重用的一种风险，是由于它的长期策略造成的。为了能达到盈亏平衡，你不仅需要多次使用这些部件，而且还必须在这些部件所基于的技术被彻底抛弃之前使用它们。就像皮特斯 (Chris Peters) 所说的那样："你花那么多时间将它们共享，可能在两年后，这些东西就被废弃了。在这样一个事物变化迅速和剧烈的世界中，谁能判断哪些部分应该被共享？"(Peter in Cusumano and Selby 1995)

4. 过高估计节约的时间

不要想当然地认为重用代码会节约很多的时间。如果只是重用代码，那么最多表明节约了编码的时间。如果对其他项目进行重用，那么，也节约了与其他项目相关的那部分时间。

相关主题

有关估算时间节约的更多内容，请参考第 15.4.3 节。

记住，在对部件进行重用时，也会有时间的投入，因为你需要去寻找恰当的部件，并学会如何使用它们。重用 1 行代码所花费的时间大约是重新开发它所花时间的 1/5(Tracz 1995)。

HARD DATA

33.3 重用的附带效果

随机重用没有什么值得一提的附带效果，但是有计划的重用有一个显著的附带效果。

提高性能

重用部件在两个方面提高了性能。与舍弃型部件相比，它们通常被设计得更加合理、更加完美，这表明它们有更快的运行速度 (Pfleeger

1994)。此外，它们还可以较快地集合成系统，这样能更快地发现系统实施中的瓶颈。但是，由于这样的部件更倾向于大众化，所以重用部件的速度有时比舍弃型部件更慢，因此对于任何一个你有兴趣的流行部件，都有必要对它的性能进行评估，而不要想当然地认为它的速度是更快还是更慢。

33.4　重用与其他实践的相互关系

重用与生产率工具（第 15 章）和快速开发语言（第 31 章）的应用有关。例如，你可以应用重用工具生成一个 Pascal 代码的用户界面，也可以重用一个用 C 语言写成的数据库部件库，但不能同时使用它们。

与舍弃型部件相比，可重用部件应该有更强的兼容性，所以重用有助于变更设计（第 19 章）。重用也可以作为一个因素计入面向工具设计的实践（第 7.9 节）。最后，成功实施计划性的重用非常难，除非一个组织能够良好地贯彻软件开发的基本原则（第 4 章）。

33.5　重用的底线

随机重用的底线变化非常大，具体取决于重用机会的大小。小规模的随机重用将带来比较小的节约。假设有大量的重用，同时在新旧项目中开发人员有一定的重叠，那么在整个项目生命周期内，这种大规模的重用所带来的人力节约，很可能达到 20% ~ 25%。

HARD DATA

计划性重用并不是短期的行为，但其长期的回报使其成为具有吸引力的战略。从对 13 个组织的软件改进程序所进行的一项研究中可以看出，有些组织的生产效率明显高于其他的组织 (Gerbsleb et al 1994)。其中某个公司的生产效率，连续 4 年以每年 58% 的速度增长。而另一个公司将其产品面市的时间连续 6 年以每年 23% 的速度递减——总共下降了 79 个百分点。本研究的作者将这些超常的收获都归功于重用。

由于来自组织方面和质量保证方面的挑战，一个重用计划要开发成任何真正的可重用的部件，至少需要花费 2 年的时间 (Jones 1994)。但在生产率方面，与国家平均每个月 5 个点的增长相比，重用将额外带来 35 个点的增长。由于可重用部件的应用完全省去了设计和构建，同时也减少了对这些部件必须的质量保证的工作，因此，成功的重用计划是目前可行的最有效的提高生产率的手段 (Jones 1994)。

33.6 成功使用重用的关键

随机重用的成功因素非常简单：

· 充分利用新旧项目间开发人员的延续性
· 对资源和时间的节约不要过高估计

计划性重用的成功因素要求则很苛刻：

· 对重用项目确保是长期的且有高水准的管理层的支持
· 确保重用是开发过程中的一个组成部分
· 建立独立的重用小组，他们的任务是确定候选的可重用部件，创建支持重用的标准，以及将与重用部件相关的信息介绍给潜在的客户
· 重点关注小型的、精巧的和针对于专门领域的部件
· 将设计的重点集中于信息隐藏和封装
· 通过良好的文档支持和尽可能少的错误，将可重用部件的质量保持在产品级别上

深入阅读

Tracz, Will. *Confessions of a Used Program Salesman*. Reading, Mass.: Addison-Wesley, 1995. This book contains a series of columns that Tracz wrote for IEEE Computer and additional material, all of which is written from a practitioner's perspective. It covers management, technical, and a few philosophical issues. A few of the essays are pure entertainment. The writing is lighthearted, and readers who don't enjoy word games should be advised that Tracz' writing is exceptionally punishing.

Freeman, Peter, ed. *Tutorial: Software Reusability*. Washington, D.C.: IEEE Computer Society Press, 1987. This collection of seminal papers on reuse describes fundamental reuse concepts, techniques, and ongoing research circa 1987.

IEEE Software, September 1994. This issue focuses on planned reuse. It includes 10 articles on the topic, including a case study of reuse and several other articles that describe real-world experiences with reuse programs.

Udell, John. "Component Software," *Byte*, May 1994, 45-55. This article describes the rapid adoption of VBXs and surveys competing industrywide reusable-component strategies.

第 34 章 签约

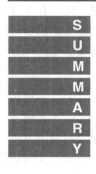

激励可能是影响生产力最主要的因素。在很多情况下，签约都是一种能产生额外激励的方法。在各个行业中，无论是对硬件项目还是软件项目，签约都能有效地支持和促进项目的成功。其成功的原因在于，它使得签约的小组成员对未来的愿景有清晰的认识，再加上对项目的有力监控，可以确保签约小组所开发的产品能被接受。

效果

缩短原定进度的潜力：	非常好
过程可视度的改善：	无
对项目进度风险的影响：	增大风险
一次成功的可能性：	一般
长期成功的可能性：	大

主要风险

- 增加无效性。
- 状况的可见性与控制能力降低。
- 个人潜能发挥的可能性较少。
- 过度劳累。

主要的相互影响与权衡

- 削弱了项目进展的可见性、控制力及效率，获得的是对雇员的激励。

通过签约，管理者或者小组领导要求候选的小组成员对他做出无条件承诺。那么，该小组就可以在完成项目问题上，按自己的方式行事。签约能够加速项目的进展，因为它具有巨大的激励作用。签约开发人员实际上是从个人的角度出发，对项目进行了自愿的承诺，而且为了项目的成功，他们通常会投入高于要求的精力和时间。签约小组如此兴奋地工作，以至于不可避免地会犯一些错误，但他们对项目所投入的努力能够弥补这些错误。

34.1   使用签约

中文版编注

纪录片《南极"坚忍号"》讲述了这位南极探险家的故事。作为一个领导者，沙克尔顿无疑非常出色。他对探险队员充满无限尊重、信任和关爱。他的一位队友称他为"世间最伟大的领导者"。沙克尔顿把"坚忍号"所有队员安全救回时，他的领导才能达到了新的顶峰，他能使队员们在极端逆境下仍然满怀希望。

英国探险家阿普斯利·彻里加勒特 (1886—1959) 说过一段有名的话来评价南极的探险者："若想要科学探险队队长，请斯科特来；若想要组织一次冬季长途旅行，请威尔森来；若想组织一次快速而有效率的极地探险，就请亚孟森来；若处于十分危险的境地而想要摆脱困境，一定要请沙克尔顿来。"

Kerr 和 Hunter 指出，南极探险家沙克尔顿 (Shackleton) 发现他的船员普遍有这样的想法，认为男人应该在危险的环境中从事艰苦的工作，尽管收入微薄，但要在成功后得到巨大的荣誉 (Kerr and Hunter 1994)。这也就是使用签约的诀窍。在为开发人员提供少量经费的同时，把工作本身可以提供的东西给他们：从事重要工作的机会，提高他们能力的机会，实现一个表面看起来无法达到的目标的机会，或者获得该组织中从未有人获得成功的机会。

在《新机器的灵魂》(*The Soul of a New Machine*) 一书中，对一个签约小组进行了描述，该小组从签约中得到的最大收益被称为"弹球游戏" (pinball)(Kidder 1981)。在弹球游戏中，胜者得到的唯一好处就是他可以继续玩。如果签订了一个项目，并且成功地完成了它，那么你就可以有机会再签订下一个有挑战性的项目。这就是一种报酬，而这也就是很多开发人员想要的全部的报酬。

就像有的人不喜欢玩弹球游戏一样，也有人不喜欢签约。对他们而言，签约好像是一种不合逻辑的并带有虐待性的行为。对部分人来说，签约意味着被管理者控制。而对于另一些人来说，签约却代表着一个可以长期等待的机会。IBM 发现在它要求人员与公司签约时，几乎没遇到什么问题。他们发现大家非常希望对在工作中创造非凡的结果进行承诺，而不进行承诺所造成的损失就是机会的丧失。

1. 确定挑战和愿景

相关主题

有关激励和团队工作的详细内容，请参考第11章和第12章。有关建立愿景的详细内容，请参考第11.2.1节和第12.3.1节。

签约成功实施的关键，类似于成功激励和建立高效团队的关键。在所有关键性因素列表中，位于首位的是清晰描述项目的愿景，即描述规划中的项目完成后的样子。为了鼓励大家签约，这样的愿景描述必须包括额外成就的要求。仅仅完成一个项目，还不够好。以下列出了一些额外要求的例子。

·   成为第一个到达南极极点的探险小组。

- 成为第一个把航天器发射到月球上的国家。
- 在没有公司支持的情况下，设计并建好一台全新的电脑。
- 设计出世界上最好的计算机操作系统。
- 成为组织中第一个在一年内开发出封装 (shrink-wrap) 软件产品的团队。
- 创建一个 DBMS 包，并使该产品在《信息世界》的首次比赛测试中，以至少 0.5 个百分点的优势击败所有的竞争者。
- 遥遥领先于同类软件。

2．允许别人选择是否签约

如果人们没有慎重考虑是否签约，签约将不能很好地履行。必须接受这样的情况，有些你希望吸收为小组成员的人，不愿接受签约所要求的额外承诺。还有一些合格的人不愿参与，但可以参与一部分工作，可以部分地为你工作，这是一个普遍现象。还有一些签约的成员不具备项目所要求的潜质，但签约有助于他们有团队认同感。

如果你已经建立了一个团队，则不要轻易地使用签约，除非你准备在项目进行过程中，将中途拒绝签约的人清理出这个团队。签约的工作需要在项目开始时进行，或者将其作为危机的对策来实施。它并不是你在过程中途任何时候都可以开始启动的。

一旦开发人员做出他们的选择，那么该承诺就不能是含糊不清的。他们必须保证在任何情况下，都要将项目成功完成。

3．整个团队进行签约

签约最适合用于较小的团队，因为人员少，容易获得团队认同感。对有些人来说，与大型组织签约非常难。当然也有一些公司在实施大项目的过程中，成功地推行了签约，他们的做法是在大项目中建立小的团队，同时让人们以小团队的方式进行签约。

对任何一个小组，人们必须确定其足够小，以便使其中的每个人都能清楚他们各自的职责。当人们签约后，团队中的任何一个人，自然都将感到自己对于完成产品所肩负的责任。当产品完成后，每一个人都将感到他 / 她是这个项目中不可缺少的关键人物。这些想法是完全正确的。

由于团队层面的签约能够收到更好的效果，所以完全没有必要让管理者来进行签约。实际上，可以由团队的领导，甚至是一个实际上的领导

人物——一个能够自我激励的且乐意带领团队共同发展的人——来进行
签约。

4．给团队足够的授权

如果希望签约能发挥作用，必须授予足够的权限。只指出方向，不指定
达到目标的具体途径。

5．项目自身有不确定因素时，不要使用签约

被高度激励的团队需要能够一直往前，而不是忽左忽右，然后又回头。
这个规律唯一例外的情况是负责确定需求的团队。他们允许多次变更，
但不丧失工作动力。

不同环境下的签约

任何类型的项目都可以使用签约，例如商业项目、封装项目 (shrink-wrap)
和系统项目等。通常情况下，签约都要求"额外的承诺"，但在不同的
环境下，额外承诺的内容是不同的。

在 RAD 的项目里，柯尔 (James Kerr) 曾经描写过一个有献身精神的
RAD 团队的签约。对于这个团队的成员来讲，签约意味着他们愿意结
束一般的正常状态，并且共同完成一项艰巨的每天费时 8 小时的项目
(Kerr 和 Hunter 1994)。这个团队有时不得不利用晚上的时间在家里工作，
甚至周末也要加班几个小时。对于这个项目，柯尔重点提到 4 个团队成
员为了完成一套屏幕帮助系统 (help screen)，而一起呆到很晚的那个晚
上。他还详细地谈论了这令人紧张的一天是如何度过的。整个团队整天
都在工作，仅仅用半个小时的时间吃了点比萨，喝了点啤酒，然后就一
直工作到午夜。柯尔把这描述为"危险的进度"。

与其形成对比的是，在 Microsoft Windows NT 项目中，签约则意味着在
项目完成之前的所有时间都要贡献给项目：晚上、周末、假期、正常睡
觉休息的时间，或者任何你可以命名的时间 (Zachary 1994)。他们不是
在睡觉，就是在工作。开发人员牺牲自己的业余爱好、自己的健康和家
庭生活，完全投入到工作中。其中一个团队成员在妻子分娩的时候，仅
仅给妻子所住的医院发了一个邮件。NT 项目组每个成员都有寻呼设备，
这样一来，即使是在凌晨 3 点，如果他们的代码有问题，也能够及时地
找到他们。大家在办公室里都留有轻便的小床，而且有很多人是几天连

续工作不回家的。《新机器的灵魂》中描述了一个相似的承诺水平 (Kidder 1981)。

有些公司，例如微软，如果签约造成一定的加班，他们是不会介意的。而另一些公司，例如 IBM，发现部分承诺是不会造成加班的 (Scherr 1989)。同时他们也发现，在项目中故意设置一些严峻的、看起来好像不可能的约束，能够从根本上迫使团队考虑和实施提高生产率的解决方案，而这些他们在正常情况下根本不会考虑。

承诺的级别将随着项目挑战性的程度而变化。Windows NT 小组面临开发世界上最好的操作系统的挑战。柯尔的 RAD 小组面临相对比较普通的挑战，是开发内部用的商务系统。没有任何惊讶的地方，其中的一个小组乐于牺牲更多的东西。

34.2　管理签约中的风险

签约像是一把双刃剑。一方面它极大地激励人们发挥潜力，另一方面如同本书中描述的其他方法一样，它也会存在一些冒险的因素。

1．增加无效性

对于签约的小组来说，普遍存在着苦干而不是巧干的趋势。虽然从理论的角度上讲，的确有人可以做到既苦干又巧干，但大多数人还是只能做好其中之一，很难做到两全齐美。拼命苦干，也就意味着他们可能会犯他们自己感到遗憾的错误，让项目的时间延长而不是缩短。一些专家已经指出，每周工作 40 小时以上的人所创造的价值并不会多于每周工作约 40 小时的人 (Metzger 1981，Mills in Metzger 1981，DeMarco and Lister 1987，Brady and DeMarco 1994，Maguire 1994)。

> 我记得那样的统计：最佳程序员的生产效率是最差程序员的 25 倍，我似乎既是前者也是后者。
>
> 科温 (AL Corwin)

如果服务的项目中所有人员都已经签约，那么应关注浪费时间的错误和其他情况，例如在工作上并没有注意巧干。

2．降低状况可见性

任何人一旦签约，就意味着他负有一定的责任——在可能的最短时间内发布产品。在很多情况下，能够完成的心理，使我们很难评估项目的现行状态。

CLASSIC MISTAKE

周一："周五能完成吗？""绝对没问题。"

相关主题

这里讨论的全部问题都是这种类型的进度计划的特点，更多详情，请参考第 8.5.1 节。

周三："周五能完成吗？""肯定没问题。"

周五："完成了吗？""嗯，没有，不过很快就好了，我下周一一定完成了。"

周一："完成了吗？""嗯，没有，还要几个小时。"

周五："完成了吗？""立刻就好了，你什么时候要，马上就能给你。"

周一："完成了吗？""没有，有一小部分返工了，不过我的那部分在其他人完成后才用得到。我应该还有时间干到这个周五。"

在项目的整个过程中，类似的现象不断发生，则表明项目实际上已变成一个状态无法确定的项目了。有些组织乐于牺牲这样的管理可见性来换取高涨的士气，而另一些则不希望这样。警惕项目所造成的类似权衡。

CLASSIC MISTAKE

3．失控

签约团队有他们的兴趣，有时会与公司的期望不一致。项目小组（或者是产品本身）可能有若干不同的发展方向，这也可能与管理者对其发展方向的期望不同。强迫该小组改变方向，可能会使小组成员认为未得到完全授权，从而士气低落。

避免这样的风险要求你在做出决定的时候，充分考虑士气与控制之间的平衡，这和考虑士气与效率之间的平衡是一样的道理。经验表明，让签约小组按他们自己的方向发展，能够充分激励人员士气。

CLASSIC MISTAKE

4．项目中缺乏资深人员

热情可以创造奇迹，但它有局限性。一些年长的、经验比较丰富的、以前有过签约经验的开发人员，会拒绝参与类似 Windows NT 这样的项目。其结果可能是签约项目低于平均水平。这样的项目的特征是工作热情多于期望的结果。

5．过度劳累 (Burnout)

即使开发人员自觉自愿地加班，然而长时间的工作也一样会造成重大的损失。在一个有关经常加班的签约开发人员的报道中，列出了签约人员的名单，并报道说他们都在项目结束后离开了公司 (Kidder 1981, Zachary 1994)。

34.3　签约的附带效果

对于一个产品特征来说，签约没有一致的可以预测的效果。其附带效果是开发小组对产品的性能有更多的控制，而这也就意味着产品在质量、可用性、功能或其他属性方面比你预期的更好或者更坏，或者简单地说是不同。

34.4　签约与其他实践的相互关系

签约与团队有着密切的关系（第 12 章）。人们与团队签约不可能有一半人签了约，而另一半没有签约。通常，如果希望签约发挥作用，那么团队中的每个人都必须签约。

对于签约小组来说，你可以期望他们在工作中自愿加班（第 43 章）。作为交换，小组也希望对他们的工作给予支持，至少提供高效的工作环境（第 30 章）。小组也有可能拒绝被受控地管理，类似小型里程碑（第 27 章）。你可能不得不采用以承诺为基础的进度安排（第 8.5 节），而同时又必须接受一些折衷妥协的要求。

34.5　签约的底线

签约的底线是你所能诱发的承诺水平，而它又是项目所能产生的激励程度。假使项目非常诱人，你就能看到诱人的承诺、诱人的士气和诱人的生产率。对于一般的项目，不要寄予过高的期望。

34.6　成功使用签约的关键

以下是签约成功的关键。

- 一定要描绘出项目的愿景，使小组成员感觉值得签约。
- 以自愿为原则实施签约。
- 给小组足够的授权，以便小组成功应对激励小组的挑战。
- 对由于苦干而不是巧干所造成的效率降低要有充分的准备。

深入阅读

Kidder, Tracy. *The Soul of a New Machine*. Boston: Atlantic Monthly/Little Brown, 1981. This book describes how computer hardware developers signed up to work on Data General's Eagle computer. It lays out the signing-up process in detail and illustrates the motivational benefit of the process-Eagle's developers worked practically 24 hours a day throughout the project. It is also an object lesson in the risks associated with signing up: much of the development team quit the company when the project was finished.

第 35 章 螺旋型生命周期模型

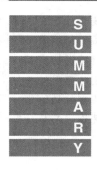

螺旋型生命周期模型是一个非常精妙、复杂的生命周期模型,它关注的重点在于发现和降低项目的风险。螺旋型项目从小的规模开始,然后探测风险,制定风险控制计划,接着确定项目是否还要继续进行下一个螺旋的反复。它对快速开发方面带来的好处并不在于项目速度的加快,而是在不断降低项目的风险水平,这对项目完成时间有效。能否成功运用螺旋型生命周期模型,依赖于恪尽职守和知识渊博的管理人员。该模型对大多数的项目都是适用的,而且它能降低项目风险,这对项目总是有好处的。

效果

缩短原定进度的潜力:	一般
过程可视度的改善:	很好
对项目进度风险的影响:	降低风险
一次成功的可能性:	大
长期成功的可能性:	极大

主要风险

无。

主要的相互影响与权衡

· 增加项目规划和跟踪,进度可见性得以大幅改善,风险得以大幅降低。

有关螺旋型生命周期模型的详细内容,请参考第 7.3 节。

第 36 章 阶段性交付

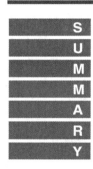

阶段性交付是一种生命周期模型，在该模型中软件分阶段进行开发，通常先开发最重要的功能。阶段性交付并不能减少软件产品研制所需要的时间，但是它能充分地降低软件研制中的风险，而且它能提供切实的、客户可见的以及管理者评价项目状态时所需的标记。它成功应用的关键在于确保产品体系结构的稳固性，同时又可精心确定产品交付的阶段。阶段性交付能提高代码的整体质量，降低项目被取消的风险，而且对贴近项目预算 (build-to-budget) 有帮助。

效果

缩短原定进度的潜力：	无
过程可视度的改善：	好
对项目进度风险的影响：	降低风险
一次成功的可能性：	很大
长期成功的可能性：	极大

主要风险

· 功能蔓延。

主要的相互影响与权衡

· 可利用小型里程碑规划每个交付阶段。
· 取得成功依赖于确定一套系列程序 (变更设计的一部分)。
· 灵活性小于渐进交付和渐进原型，可以作为渐进交付的一个基础。
· 用增加计划投入换取进度的可见性。

阶段性交付是一种生命周期模型，在这个模型中，将分阶段对软件进行开发，同时在每个阶段末，或者将其结果展现给用户，或者进行实际的交付。图 36-1 对这个生命周期模型进行了图形化的描述。

正如图 36-1 所示,在阶段性交付中,经历了瀑布模型中的一些步骤,包括:软件概念、需求分析以及架构设计。然后,需要继续做详细设计、编写代码、调试、在每个阶段内进行测试,以及在每个阶段末完成一个可以交付的产品。

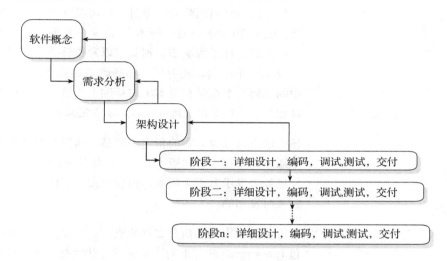

图 36-1　阶段性交付生命周期模型。阶段性交付允许我们用传统方法完成需求分析及结构设计,然后按阶段来交付产品

1. 增加定制软件开发过程的可视性

运用一些软件开发方法,你几乎能不露声色地完成项目生命周期中大部分工作。技术项目通常提供这样的状态报告,例如"完成了 90%"。然而,对于具有失败教训的客户来说,这样的报告是远远不够的。因为他遇到过最初使用 90% 的时间完成了 90% 的工作,而最后 10% 能够花掉与前面 90% 一样长时间的情况。如果你能定期向客户展示进度的真实情况,就很容易做到让客户满意。

对于定制软件,一种能将所有情况定期展现在客户面前的方法能增强客户对你能完成项目的信心。如果进度很明显,客户将对你的开发速度更有信心。

2. 封装软件缩短了产品发布期

商业软件的典型开发方法是:先定义版本 1,然后设计、编码,在完成之后进行测试。如果开发所花费的时间大于计划的时间，那么产品交付的时间要顺延，同时从项目中获得利润的时间也要顺延。如果公司的财务状况不太好,完成版本1的速度又慢,可能永远没有机会开发版本2了。

运用阶段性交付，你能以合理的一定时间间隔来定义一个内部的版本，而不是简单的版本 1 和版本 2。你可以定义版本 2a 到版本 2f，并且使它们之间的时间间隔为一个月。你可以计划用 7 个月的时间来实现版本 2a，版本 2b 为 8 个月，版本 2c 为 9 个月等。如果你的开发进行了恰好一年，即实现了版本 2f，那就可以发布整个产品了。如果到时依然没有完成 2f，不要紧，还有正在不断改进的版本 2c，2d 或者 2e。这些版本中的任何一个都是在版本 1 的基础上改进的，而且你也可以让它们代替 2f 出厂。一旦推出，就可以为版本 3 定义新的内容，并继续开发和研制。

该方法支持频繁发布的预定的产品。从用户的观点看，你已经发布了两个版本——版本 1 和版本 2，而且你是准时发布的。从你的观点出发，你已经开发了若干个版本，但你只发布了两个版本，它们刚好是在公司需要时发布的。

该方法需要市场和用户文档的支持，但是如果你处在一个竞争激烈的打包 (packaged) 软件市场，那么该方法能有效地减低产品开发生命周期的风险。

3. 问题的预先警告
如果希望尽早及经常交付，就需要经常及时地得到真实的进展报告，不论版本的发布是否准时。发布版本的质量明显地反映了工作的质量。如果开发小组陷入困境，就能从最初的第一个或者第二个版本中了解这些情况；并不需要等到项目的 "99% 已经完成"，才发现根本没有提供任何功能。

4. 降低管理费用
阶段性交付也能长期节省开发人员花费在进展报告及其他传统跟踪报告上的时间。生产的产品比以往的任何书面报告都更精确。

5. 可选择的范围更大
即使不方便用版本 2c 代替原计划向用户交付的版本 2f，应用阶段性交付方法也能使你在商业上需要交付时有产品发布。如果对最后决定发布版本 2c 没有兴趣，你可以推迟到版本 2d。但如果不使用阶段性交付的方法，就没有这样的选择余地。

相关主题

有关基于经验来优化估算的更多内容，请参考第 8.7 节。

6．减少估计错误

阶段性交付也涉及过早估计发布时间的问题。可用多个较小的发布版本的估计替代对整个项目的一个大估计。这样能从每一个版本中发现估算方面的错误，然后重新对自己的方法进行校准，从而提高下一次估计的准确性。

相关主题

有关频繁集成的更多内容，请参考第 18 章。

7．集成问题最小化

软件开发的一个常见风险是很难将各自开发的组件集成在一起。出现严重的集成问题会影响到下一个集成的开始时间。如果两次集成的间隔时间比较长，出现问题的可能性就大。而应用阶段性交付方法后，要尽早且经常交付软件，也必须完成集成。这样可以减少集成中潜在的问题。

36.1　使用阶段性交付

要应用阶段性交付，需要在开始应用时清楚认识最终要交付的产品。在项目开发过程中，运用阶段性交付是开发后期的活动。如果采用传统的瀑布型生命周期模型，则不需要开始就考虑实施阶段性交付，完全可以在完成需求分析和架构设计之后再考虑这个问题。

一旦完成架构设计，那么为了应用阶段性交付，你必须对一系列的版本做出计划。如图 36-1 所示，在各个阶段中，都要完成详细设计、构建、反复测试的工作，并且在各个阶段末交付一个工作产品。例如，如果你正在开发一个文字处理程序，就可以建立如下的交付计划。

表 36-1　文字处理程序的阶段性交付时间表

阶段一：文本编辑器可以使用，包括编辑、存储和打印功能。
阶段二：字符和段落格式化可以使用。
阶段三：高级格式化完成，包括 WYSIWYG 版面设计和屏幕工具。
阶段四：完成服务程序，包括拼写检查、词典、语法检查、连字技术以及邮件嵌入。
阶段五：与其他产品的集成全部完成。

第一次交付应该是最终要交付的产品的起源。随后增加功能的版本要严格按照计划。在最后一个阶段交付最终的产品。

对第一个交付的版本，其独特之处是要考虑整个体系的架构："软件的架构是否足够开放，能否支持后来的修改，包括很多完全无法预见的修改。"另外在项目开始时，确定一个大体的发展方向也是一个不错的主意——虽然根据你倾向于使用纯的阶段性交付方法或渐进交付方法，这个在当时是最好的一般性发展方向到后来很可能会被完全抛弃。

使用阶段性交付方法后，你不需要将每个阶段的版本都交付给用户，而且你可以从技术领先的角度出发来完成项目。在文字处理程序的例子中，你甚至可以到完成了版本 3，4 甚至 5 时，也不交付一个版本给你的用户。但是你可以利用阶段性交付的方法来跟踪进展过程，监控质量或者降低集成的风险。

为了顺利应用该方法，除在每一个阶段说明中都要包括规模、性能等功能目标外，还要有质量目标。如果你不想在各个阶段末将该版本实际交付给用户，那么在实施阶段性交付方法的过程中，将有太多的隐藏工作需要你完成。

按软件功能的重要性顺序来交付，并把它作为一项常规的目标来做，采用先重要、次次重要的方法交付，可以迫使人们集中精力，也可防止"镀金"情况的发生。如果用这样的方法来交付，那么到你已经交付产品的80% 时，你的客户将感到非常好奇，他们不知道余下的 20% 还能提供怎样的功能。

技术相关性

对单一的大版本来说，组件交付的顺序是无关紧要的。但对于同一产品的若干个不同小版本，却要求有更强的计划性，而且你还必须确保，计划中没有忽视任何技术相关性。如果想在版本 3 中实现自动保存的功能，你最好确定在版本 4 中没有实现手动保存功能的计划。在向用户许诺在规定的时间内交付特有的功能之前，最好让开发小组对版本计划仔细检查，尤其要关注其中的技术相关性。

开发人员的关注点

阶段性交付要求每一个开发人员都能在每个阶段的截止日期前完成开发。如果一个开发人员在最后期限前还没有完成，那么整个版本都将受到影响。一些开发人员习惯于独自工作，并按他们自己选择的顺序来安排工作。还有一些开发人员可能会对阶段性交付所强加的限制产生抱怨。如果过度尊重开发人员他们所习惯的自由，那么你将错过版本交付的日期，从而失去阶段交付的意义。

应用阶段性交付，开发人员就无法像过去那样自由。你必须确保开发人员完全接受交付计划，同时同意按此计划进行工作。让开发人员接受计划的最好方法就是在最初制订计划时，让开发人员参与其中。如果交付计划变成开发人员自己的交付计划，而且，如果你不会干预他们的工作，就完全不必担心他们不会接受此交付计划。

版本主题

定义阶段的一个好方法就是给每一个增量式的版本一个主题 (Whitaker 1994)。定义版本可能引起大家针对各个特性的详细讨论，这将花费大量的时间。主题的应用将把这样的讨论提高到更高的层次。

在表 36-1 所制订的交付进度安排中，主题为文本编辑、基本格式化、高级格式化、服务程序、整合。可以通过这些主题确定发布版本中增加了哪些功能，即使有些特性跨越两个主题——你也可以用自动生成的清单来区分，例如究竟是高级初始化还是公共程序——你的工作也比较轻松，因为你只需要决定这样的两个主题，哪一个更适合。不必再针对每个版本考虑每一个特性。

相关主题
有关另一种类型的主题的详细内容，请参考第 12.3.1 节。

使用主题时，也许不可能按确切的优先级顺序进行交付。但是可以设法在计划时首先按照重要性程度对主题进行排序，然后按照主题的优先级顺序进行交付。

主题不应看作是简化了的版本交付计划。仍然需要对每个版本应有的特性做出周密计划。如果你没有这样做，将无法确切了解到每个交付阶段的预期成果，也将无法获得在项目跟踪方面的很多有益的帮助。

项目的种类

阶段性交付能很好地应用于已经完全理解的系统。如果不清楚产品中应有哪些特性，最好不要选用阶段性交付。你必须继续对产品进行深入了解，直到能按照架构设计进行工作时再做出阶段计划。

当你的用户急于使用产品全部性能中的一小部分时，阶段性交付将发挥更好的作用。在产品全部完成之前，如果能提供用户最急需的该产品的20%，那就表明你对客户提供了很有价值的服务。

阶段性交付也适用于非常庞大的项目。相对一个独立的周期3年的项目来说，安排一连串4个月或9个月的项目，风险要低很多。对于如此规模的项目，可能阶段中还有进一步细分，即使是9个月的项目，要向它提供良好的进展可见性也嫌大了些，你可以将其分解为若干个逐步发布的版本。

相关主题

在每个阶段，你可以应用小型里程碑实践跟踪进展。更多详情，请参考第 27 章。

如果一个系统能被开发成若干个有独立应用价值的子系统，阶段性交付也能发挥很好的作用。大多数最终用户都能在最后版本发布前发布一些有意义的中间版本。但是，操作系统、一部分嵌入系统和其他种类的产品在全部完成或基本完全完成之前，可能是无法使用的。对于这样的系统，阶段性交付并不适用。所以如果你无法将产品进行阶段分割，那么阶段性交付的方法就不适合你的产品。

36.2 管理阶段性交付中的风险

上述讨论可能让你觉得阶段性交付几乎随时可用，但请同时记住它的局限性。

功能蔓延

阶段性交付的主要风险就是功能蔓延 (feature creep)。当用户开始使用产品的第一个版本时，他们很可能希望对其他后续计划好的版本进行更改。

管理该风险的最有效方法是，如果你还没有确切了解需要开发什么样的特性，请不要使用阶段性交付方法。纯粹的阶段性交付，对客户需求的反映没有太多的灵活性。如果对产品的内涵有广泛深入而又一致的认识，阶段性交付将发挥很好的作用。

如果确定要用阶段性交付，就要在进度表中安排时间，来适应那些未知的特性。你可以把最后一个阶段看作是进行最后修改 (late-breaking) 的阶段。在安排那段时间时，要让客户清楚你已考虑了灵活性，但同时还要让用户了解，你希望要开发的未知特性的数量是有一定限制的。当然，

相关主题

要想了解如何在需求不是很稳定时也能做到阶段性交付，请参考第 20 章。

到真正进入最后阶段开发时，如果客户还希望开发更多的特性，但时间安排上又不可能，你还可以和客户再次协商进度安排。到那时，你的用户已经在使用你开发的软件了，他们将很容易地发现最初的进度安排已经不像当初那么重要了。

除了这些阶段性交付的实践经验、技巧之外，你可以使用管理功能蔓延的各种常规方法。这些在第 14 章中有介绍。

36.3　阶段性交付的附带效果

除了对项目时间安排方面的正面作用外，阶段性交付对项目的其他方面也有一定的好处。

1．更加合理分配开发和测试资源

使用阶段性交付的项目由若干个小型的生命周期组成，每个小生命周期内都包括计划、需求分析、设计、编写代码和测试。设计工作并不集中在项目开始时，编程也不集中在项目中间，而且测试也并不集中在项目的最后。与其他近似纯粹的瀑布模型的方法相比，你可以更合理地分配分析、编程和测试的资源。

2．提高代码质量

在传统的方法中，你知道有些人需要读懂你的代码并且维护它。这种需求只是抽象地激励你写出好的代码。在阶段性交付方法中，你自己必须多次读懂并修改你的代码，这就更加具体地激励你写出好的代码，这也是一种强制性的激励。

3．更接近项目完成

一个阶段性交付的项目不会像瀑布模型项目那样在早期就可能被搁置。如果项目遇到了资金困难，并假设项目处在两种状态下——一种是系统只完成了 50%，但已经被用户使用；另一种是项目已经完成了 90%，但还不能使用，除了开发小组外也没有人接触过系统——显然前者胜于后者，项目取消的可能性也小。

4．促使开发贴近预算

阶段性交付的前提是你尽可能早地交付产品。即使你的客户已经花光了钱，项目的一部分已被完成。在每个阶段末你和你的用户都可以检查一下预算，并且确定在下一阶段中，他们是否有能力负担费用。这样，即使资源枯竭，产品依旧具有应用价值。在很多情况下，产品的最后 10% ~ 20% 是一些可选择的内容，也不是产品的核心部分。即使漏掉这些装饰性内容，客户也得到了最必须的部分。如果资金在进展到 90% 时发生枯竭，想象一下拥有产品大部分功能的客户与采用纯粹的瀑布生命周期模型进行开发的客户相比是多么庆幸——因为在那样的模型中"完成了 90%"实际上却意味着"可使用性为零"。

36.4   阶段性交付与其他实践的相互关系

尽管有一定的相似性，但阶段性交付并不是原型法的一种形式。原型法是探索性的，而阶段性交付不是。阶段性交付的目标是使过程可见，或者将有实用价值的软件尽快地交付到客户的手中。不像原型法，你在开始这个过程时就知道其结果。

如果阶段性交付方法所具有的灵活性不符合你的要求，你就可以选择使用渐进交付的方法（第 20 章）或者是渐进原型（第 21 章）。如果客户在拿到阶段一的版本的同时告诉你，你所做的阶段二的计划对他们不再适用，你必须坚持不对前进方向做改变。如果你只了解要建立的系统的一般特性，而对其重要方面仍有疑惑，就不要使用阶段性交付。

阶段性交付与小型里程碑（第 27 章）可以很好地混合使用。当你真正进入每一个阶段时，应该对你所做的事情足够清楚，同时制订出详细的里程碑。

在开发过程中阶段性交付的一系列成功应用，依赖于设计一个系列程序（参考第 19.1 节）。越遵从初始的设计，你就越容易避免由于需求稳定性不如预期而造成的麻烦。

阶段性交付为何如此严格？

阶段性交付并不总是像本章所描述的那样严格。有时它适用于对整个产品进行规划，并按阶段进行交付，就像这里描述的那样。有时你可能希望有更大的灵活性——严格地定义最初的阶段，并在后期允许有更多的灵活性。有时你希望在开发的全过程中，产品能不断得到完善，类似于渐进原型的思想（第 21 章）。

这里所介绍的阶段性交付是最严格的版本，这样做的目的是将

> 它（放在天平的一侧）与渐进原型（在另一侧）进行明显的对比。在应用过程中，可以对其（或渐进交付或渐进原型）进行一定的调整，使其适应项目开发的需要，至于名字，则是无所谓的。

36.5　阶段性交付的底线

阶段性交付的底线是，尽管它没有减少开发软件产品的全部开发时间，但是它降低了建立产品过程的风险，而且它为过程跟踪提供了确切的标记，这与高速开发中竭力节省时间一样重要。

36.6　成功使用阶段性交付的关键

以下是成功应用阶段性交付的关键：

· 确保产品的结构对你所能想象到的、软件的未来可能的发展方向有足够的支持。
· 确定第一个交付阶段，以便能够尽早交付。
· 用主题来定义交付阶段，同时确保开发人员能够参与定义主题和确定主题具体内容的活动。
· 按照重要程度的顺序交付各个主题版本。
· 考虑是纯粹的阶段交付能够提供最大的好处，还是渐进交付或者渐进原型能提供更多的好处。认真考虑如何控制用户需求的变更。

深入阅读

Gilb, Tom. *Principles of Software Engineering Management*. Wokingham, England: Addison-Wesley, 1988. Chapters 7 and 15 contain a thorough discussion of both staged and evolutionary delivery. (Gilb doesn't distinguish between the two.) Gilb was one of the first people to emphasize the value of incremental development approaches such as these. He has first-hand experience using the practice on large projects, and much of the management approach described in the rest of his book assumes that it's used.

第 37 章　W 理论管理

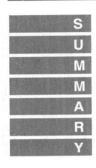

通常一个软件项目涉及很多带有各自利益的干系人，包括老板、开发人员、最终用户、客户、维护者等。W 理论提供了一种与各自利益和谐一致的项目管理框架。它的基础是：开诚布公地了解干系人各自的利益，他们需要什么，并对干系人的要求所产生的冲突进行协商，然后组织项目，让所有干系人实现各自的要求。W 理论通过提高协调工作的效率、改善进度可视性以及降低风险来节约时间。

效果

缩短原定进度的潜力：	无
过程可视度的改善：	很好
对项目进度风险的影响：	降低风险
一次成功的可能性：	极大
长期成功的可能性：	极大

主要风险

无。

主要的相互影响和权衡

· 与螺旋式生命周期模型的协调。
· 在协商时效果显著。
· 取决于对原则性谈判方法的使用。

有一种支持快速开发的管理方法叫"W 理论管理"(Boehm and Ross 1989)。W 理论的名字来自于它最重要的原则，使每个人都成为赢家。

大多数的软件从项目干系人小组开始，他们都带着各自的目标。表 37-1

列举了这些干系人和他们各自的目标。

表 37-1　项目干系人和他们的目标

项目干系人类型	目标
客户	进度快，花钱少
领导	不要超过承受的范围，不要有意外，成功的项目
开发人员	有兴趣的开发工作，新技术领域的探索，没有厌烦的工作，正常的家庭生活
最终用户	大量的特色，界面友好的软件，运行速度快，功能强
维护者	没有缺陷，文档出色，容易修改

资料来源："Theory-W Software Project Management: Principles and Examples"(Boehm and Ross 1989)

从表 37-1 可以看出，这些目标中很多是冲突的。最终用户的目标"大量的特色"就很可能与客户的"进度快""花钱少"的目标有冲突。而开发人员的目标"有兴趣的开发工作"就很可能与客户的"进展快"的目标有冲突，同时他们的目标"没有厌烦的工作"也可能与维护者的目标"文档出色"冲突。

很多项目组都没有对这些目标进行很好的协调。其结果是：对客户来讲，项目有时看起来像一只服用了安眠药的海龟，而同时对开发人员来讲，却像是在拼着老命快速开发。

软件项目 W 理论管理认为，在一个软件的开发过程中，让所有的干系人都成为获胜者，是软件项目成功的必要和充分条件。以赢－输(win-lose)或者输－输 (lose-lose) 模式开展的项目最终都不会成功。

W 理论管理通过将所有干系人放在谈判桌同一侧的办法来支持快速开发。在这些部门或成员之间的冲突是大多数软件项目管理问题的根源，而且这将影响到你设定目标、确定交付日期、优先级别的分配和适应变化的能力。

具体地说，W 理论管理通过以下几种方式支持快速开发。

1. 明确项目的目标
因为应用 W 理论的项目在最初就明确了每个干系人"获胜"的条件，所以项目的目标从一开始就是清晰的。项目最初所进行的商议强化了这

相关主题

要想进一步了解明确目标的重要性，请参考第 11.2.1 节。

些目标，同时形成一定的文档。明确目标是激励开发人员的关键，而激励开发人员则可能是快速开发的关键。

2．与客户建立良好的关系

很多项目在建立时就决定了它只支持客户或者开发人员之中的一方获胜。当其中一方失败时，就很难维持双方的良好关系。由于 W 理论支持双方获胜，所以应用它必然能改善开发人员与客户之间的关系。

相关主题

有关应用客户关系来改善开发速度的详细内容，请参考第 10 章。

由于与客户关系的改善，开发速度得以加快，具体体现在以下三个方面。

· 由于良好的沟通以及客户对其自身在项目中作用的理解，将使工作效率提高。
· 由于需求分析水平的提高，使返工量减少。因为大家都为一个共同的目标而密切合作，从而减少了对系统特色的协商时间。
· 尽早设定目标以便可以安排实际的预期进度，从而改善开发速度，避免过度乐观的进度安排所产生的问题。

3．降低与客户相关的风险

很多风险都是由于开发关系中客户一端所引起的，包括功能蔓延 (feature creep)、沟通不及时以及微观管理等。与客户建立 W 理论的关系，将有助于减少甚至避免这类风险。因为能密切关注与客户相关的风险，并能获得关于风险的早期警告，所以它还能帮助管理其他的风险。

37.1　使用 W 理论管理

将 W 理论管理应用于实践时，要在项目之初将所有人召集在一起，并确定大家的获胜条件。然后大家共同协商，以建立一个项目范围内的、有理由相信可以实现的各种获胜条件。对该项目的其他方面的管理还包括对项目进行监控，以确保各方干系人都能逐步获胜。如果有某一方开始进入受损状态，就要进行项目调整。

让所有人都成为赢家

相关主题

要想进一步了解谈判和达成共识的 4 个步骤，请参考第 9.2 节。

在建立双赢的目标中，最佳的工作是在协商过程中完成的。可以用来建立双赢的常规要点如下 (Fisher and Ury 1981)。

(1)　把问题和人区分开来。

(2)　集中关注目标利益而不是个人所处位置。

(3)　极力设法互利。

(4)　坚决使用目标判定标准。

表 37-2 对如何在 W 理论管理中应用这些共同获胜的步骤进行了总结。

表 37-2　W 理论管理中的步骤

1. 在项目开始前，确定一系列共同获胜的前提。
   - 了解人们希望如何获胜
   - 为全体干系人建立合理的期望
   - 将大家的任务与他们的获胜条件相匹配
   - 营造一个支持项目目标实现的环境
2. 建立一个共同获胜的软件开发过程。
   - 制定一个现实的计划
   - 用计划来控制项目的进展
   - 识别并管理一方获胜一方失败或者双方失败的风险
   - 让大家都参与进来
3. 建造一种共同获胜的软件产品。
   - 将产品最终用户的获胜条件与维护者的获胜条件相匹配

资料来源：改编自 "Theory-W Software Project Management: Principles and Examples" (Boehm and Ross 1989)

表 37-2 中的步骤将在以下的部分中进行详细说明。

步骤 1：确定共同获胜的前提

在 W 理论中，首要步骤是为项目确定一个可以让所有人都获胜的目标。"前提"一词在此处的含义是"入门标准"：如果不了解如何让所有人都成为获胜者，最好就不要开始项目。

为了完成步骤 1，你需要了解大家希望如何获胜，从所有干系人的角度确定合理的期望，将大家的任务与他们的获胜条件相匹配，同时营造一个支持项目目标实现的环境。

1．了解人们希望如何获胜

在试图了解人们希望如何获胜之前，需要对所有的关键人员进行核实。项目失败的原因往往是有一方关键性的干系人被遗忘了，如外包方、市场部门、用户群或者是产品支持小组。

站在其他干系人的角度上去理解他们想赢得什么。清楚地了解你的客户，市场人员，以及最终用户所需要的东西与你所需要的东西之间的不同。在这些不同方的人员中，最需要深入了解而且也是最经常被忽视的是客户。理解客户的获胜条件是极其困难的事情。

即使在干系人中有一个想占你或者其他干系人便宜的人，W 理论仍能很好地运用。W 理论的目标是让每个人都成为获胜者。如果不能建立一个使大家都获胜的项目，那就根本不要开始做这个项目。如果在有人想占便宜的情况下，仍然保证干系人们获胜，那么做这样的项目也是非常好的；而如果无法做到这一点，那么就不要做这个项目——如果项目存在潜在的失败者，那么这样的项目是没有意义的。当你在谈判桌上运用 W 理论与坐在谈判桌的对面的想占便宜的人进行磋商时，由你出面的效果比罗杰先生 (Mr. Rogers) 与其直接磋商要好。想占便宜的人可能从中得到超乎预期的好处，但是假使其他人的获胜条件依然可以满足，这也不错。

2．建立合理的期望

确定共同获胜的第二个子步骤就是建立合理的期望。如果客户希望在 6 个星期内得到月亮，那无论怎么努力也无法建立一个共同获胜的项目。

相关主题

有关在进度期望中调节失配的技巧，请参考第 9.2 节。

如果发现任何一方存在有不切实际的期望，就要把所有干系人召集起来，确认期望并调节失衡。如果客户坚持要求在 6 个星期内交付产品，而开发人员让你相信这样的工作至少需要 6 个月的时间，对你来说，这里就存在不符。除非你能够调整两者在期望上的差异，否则他们任何一方都可能在项目中成为失败者，而项目本身也会因此而失败。

以下是一些对期望加以引导的方法，这些将有助于使大家的期望在现实的基础上达成一致。

相关主题

有关不同规模项目最短可能进度的清单，请参考第 8.6 节。

· 促使大家换位思考。

· 在大家的期望与经验之间建立联系。参阅历史水平或者专家的判断，以便确定哪一个是现实的，哪一个不是。如果客户或者是领导给的开发时间少于公司开发类似产品所用的最短时间，这样的期望可能就是不现实的。如果他们希望你在短于同行业过去开发类似产品所用的最短时间内完成一个项目，这样的期望是绝对不现实的。用历史的水准来管理不现实的期望，包括时间安排、费用和其他产品或者项目的属性。

- 在大家的期望与具有良好量化的模型之间建立联系。如果公司在这方面没有足够的经验数据，或者如果大家不认真对待这些数据，还可以查阅软件预测模型的结果。因为它使得干系人有足够的时间对项目的参数进行调整，同时看清这些参数如何影响项目的结果，所以这样的方法将是非常有效的。

3．将大家的任务与他们的获胜条件相匹配

有很多时候人们没对促使项目获胜的各个方面施加影响。这将使大家失去动力从而导致项目失败。

相反，给大家分配任务，以便他们可以创造其各自获胜的条件。以下实例介绍了一些具体做法。

- 在项目开始时就让未来负责维护代码的人员负责检查和评定这些代码。
- 让开发人员负责估计其最终完成任务所需要的时间。
- 让最终用户负责检查软件早期的讨论内容或原型，以确定其是否符合用户的要求。
- 给开发人员一个清晰的、可以很快和很可靠地完成的设计目标。
- 让客户负责识别必须包含的和不应包括的功能，以便尽可能缩短进度。
- 让客户负责跟踪项目的进展状况。

在这里常见的主题是寻找能创造共同获胜的状态。这些状态中的有些部分要你采用非常规的方法来建立项目，而这样是有利的。通过这样的方法，项目将更加成功。

4．营造一个支持项目目标实现的环境

大家所需要的环境的种类因人而异。对开发人员来说，通常指提供培训、先进的硬件和先进的软件工具。对于客户来说，可能包括高级程序设计实践的培训和应用生命周期模型的培训，这种模型能够提供进展状况的明确标志。

步骤 2：建立一个共赢的软件开发过程

W 理论中第二个主要的步骤是建立一个让所有人都获胜的软件开发过程。为了达到这样的目的，必须做一个让所有人都参与现实的计划，用

计划来控制项目，识别和管理获胜—失败或者失败—失败的风险。

1．做一个现实的计划
计划是 W 理论方法成功的关键。该计划描绘了共同获胜的道路。它记录了项目干系人为了创造共同获胜的条件而需要承担的承诺。

如果你完成了步骤 1，就意味着已经建立了合理的期望。记住，合理期望的建立是项目开始的前提。如果还没有建立合理的期望，那么就不要让项目继续下去。有了合理的期望，计划工作就非常容易，因为你能做出一个现实的计划。因为不需要对计划中不切实际的段落和句子进行纠正。

2．用计划来控制项目
一旦有了计划就必须强制实施。现实中有很多的计划成了空谈。如果发现没有依照计划来做，那么或者修正项目以便遵从计划，或者修改计划以便可以遵从它。计划提供了一个框架，可以检查共同获胜条件的不足之处并采取纠正的行动；而如果不遵从计划，可能无法得到一个共同获胜的结果。

3．辨认并管理一方获胜一方失败或者双方失败的风险
风险管理是 W 理论方法的一个关键方面，而第 5 章 "风险管理" 中介绍的 6 个基本的风险管理步骤都是可以应用的。对于每个干系人的获胜条件，应该辨认有无无法满足其获胜条件的风险。然后在监视其他风险时也监视这些风险。

4．让大家都参与进来
W 理论是一个面向人的过程，而且让所有的干系人都参与到项目中来是非常重要的。干系人比别人更关心自己的获胜条件，而且要让干系人参加到回顾、计划、监控、更改特性的谈判以及其他任何可以帮助得到共同获胜结果的活动中来。

步骤 3：构建一种共赢的软件产品

除了建立一个成功的过程外，W 理论还要求构建成功的产品。这既包括产品的外部特征——这些是最终用户看到的，也包括产品的内部质量——这些是可以让开发人员和维护者看到的。从最终用户的角度出发，假使产品易学易用而且可靠，它就是成功的。从维护者的角度来看，产品应该文档出色，编程风格严谨，而且容易修改。

可以运用 W 理论的项目种类

如果从项目开始时就应用 W 理论进行管理，这是最好的，不过你也可以在项目进行中的任何一个阶段开始应用它。如果感到与客户的关系相处有困难，则可以运用共同获胜分析方法来揭示潜在的一方获胜一方失败，或是双方失败的条件，而这些是相处困难的根源。W 理论有助于保障成功项目平稳地运行，也有助于挽救陷入困境的项目。

如果能得到高层管理者或任何一个可以向客户和所有其他干系人推广该方法的高层人士的支持，W 理论的效果会更好。如果无法得到高层的支持，那么依然可以从技术带头人或是独立开发人员的层面应用该方法，以便让大家了解为什么其他干系人支持这种做法。

使用 W 理论时，对项目的规模和类别并没有什么限制。应用它也不需要太多的费用，所以对于小项目来说是非常适合的。更大的项目所涉及的干系人更多，需要考虑的获胜条件也更复杂，而且在这样的项目中，确认和建立共同获胜条件的工作也变得更加重要。W 理论无论是对项目的维护，还是对新开发的项目，无论是对封装软件，还是对商业或系统软件，都是非常适合的。虽然具体的干系人发生了变化，但是满足其获胜条件对于项目的价值并没有改变。

管理者的角色

W 理论中管理者的角色与在其他管理理论中的管理者角色是不同的。在其他理论中，管理者充当着领导、指导者或是推动者的角色。而在 W 理论中，管理者不仅要管理他或她的本职工作，还要管理干系人的关系和他们的共同目标。这种工作模式下，管理者的角色还需要是一个负责找到项目解决方案以使所有人都能获胜的协调者。

除此之外，管理者也是目标设定人和达到目标过程中的监控者。在进行过程中，管理者天天都在寻找可能出现的在获益方面的矛盾，并且面对它们，同时把它们调整到双赢的状态。

37.2　管理 W 理论管理中的风险

单独应用 W 理论管理没有什么特别的风险。W 理论管理提高了任何一个干系人在各种风险情况下成为失败者的可能性，因此对于 W 理论项目，会有以下两种主要的风险。

1．一方开始逐步滑向失败

相关主题

这些技术与风险监控中
使用的技术相同。详情
请参考第 5 章。

当一方逐步滑向失败时，最合适的反应就是引导进行共同获胜分析。当问题发生后，容易造成一方获胜另一方失败，或者双方失败的结果。但是通常来说，按照 W 理论的步骤来采取正确的行动是可能的，而且这样的措施不仅可以使所有人获胜，而且比任何其他措施损失都小。

在项目过程中，可以允许干系人重新确定他们的获胜条件。以下是一个实例。原来，客户期望的项目交付日期是 5 月 1 日，并且确定这是他的获胜条件。在项目过程中，可能发现要到 6 月 1 日才能交付，这就存在一个潜在的失败条件。此时，客户可能会判定在 6 月 1 日前交付项目，他们依然是可以获胜的，于是这又回到了项目双赢的立足点。

2．某个失败的条件不可避免

W 理论项目管理的前提是，让所有干系人都获胜，这也是项目成功的充分必要条件。如果你发现项目注定会失败，务必尽快结束。

37.3　W 理论管理的附带效果

依靠干系人的获胜条件，W 理论还可以获得预期无法达到的效果，而不是只限于效率上的提高。例如它可以提高可用性、可维护性、客户满意度以及团队的士气。

W 理论还对非常规的软件方法如何适用于专用项目的研究提供了非常好的基础。因为很多方法考虑的重点集中于"什么"而不是"为什么"。而在 W 理论中，必须讨论"为什么"才能产生使干系人获胜的条件。当你在项目计划中书写干系人的获胜条件时，就有了"为什么"的永久记录了。这些文档在以后研究特定环境下的方法论时非常有用，它也有助于确定项目究竟需要多少种特殊方法才能满足。

37.4　W 理论管理与其他实践的相互关系

W 理论项目管理非常适合与螺旋型生命周期模型（参见第 7.3 节和第 35 章）一起使用。在螺旋型迭代的过程中，能够在每一次迭代开始时，核对干系人的获胜条件。干系人也可以在每个迭代中修改他们的获胜条件，这将使项目整个过程保持高度的满意度。

W 理论对于进度安排的协商是非常有用的（参见第 9.2 节）。它不是关注于传统的讨价还价型的谈判，而是通过 W 理论的指导，使双方达到双赢，如果任何一方失败，就失去了共同参与的基础。

37.5　W 理论管理的底线

目前还没有定量的数据可以用来说明，由于应用 W 理论而缩短了进度时间，但是非常明显的是 W 理论降低了进度上的风险，同时改善了对开发速度的可见性。在测试情况下，W 理论的效果也很好 (Boehm et al. 1995)。

37.6　成功使用 W 理论管理的关键

以下是 W 理论管理成功应用的关键：

· 了解人们希望如何获胜。
· 为全体干系人建立合理的期望。
· 将大家的任务与他们的获胜条件相匹配。
· 营造一个支持项目目标实现的环境。
· 做一个现实的计划。
· 用计划来控制项目的进展。
· 监督并管理一方获胜一方失败或者双方失败的风险。
· 让大家都参与进来。
· 将产品与最终用户的获胜条件与维护者的获胜条件相匹配。

深入阅读

Boehm, Barry, and Rony Ross. "Theory-W Software Project Management: Principles and Examples," *IEEE Transactions on Software Engineering*, July 1989. This paper spells out Theory-W. It's loaded with insights into successful negotiating principles and customer-relations psychology. It contains an excellent case study that describes a typical software project and analyzes how Theory-W could be applied to it.

第38章 舍弃型原型法

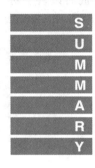

所谓舍弃型原型法，是指代码只为探究系统成功的关键性因素而开发，然后这些代码就被舍弃。该原型法的实施需要使用比目标语言和实践更快的程序语言或开发实践，或者两者都需要。用户界面原型化，比系统的其他部分更常见，但是系统的其他部分也可以从原型法的应用中获益。作为需求说明的辅助工具时，舍弃型原型法能加快以传统生命周期模型为基础的项目的进展，例如 DoD 项目。它可以从管理层面或者技术层面启动。

效果

缩短原定进度的潜力：	一般
过程可视度的改善：	无
对项目进度风险的影响：	降低风险
一次成功的可能性：	极大
长期成功的可能性：	极大

主要风险

- 保留一个舍弃型原型。
- 没有有效利用建立原型的时间。
- 不现实的进度安排和预算期望值。

主要影响和权衡

无。

舍弃型原型法可以提高开发速度，因为它采用比最终实现语言及实践要快的工具来探索项目中的某些需求、设计及实施问题。以下是一些实例。

- 需要粗略比较不同 DBMS 在存储和检索 10 000 条数据所需要的时间时，你需要写一段舍弃型的代码，去试验 DBMS，并比较它们的性能。

- 当最终用户无法在两种用户界面风格之间做出选择时，你可以不用编写一行代码，只要运用界面创建工具给出两个用户界面，为用户进行生动的演示。

- 如果要核实两个应用程序之间通信的可能性，以备将来的设计以此作为依据，则需要编写测试编码，以检查这样的通信有无问题，而这些测试编码不考虑错误检查、意外情况处理，一旦验证完通信之后立即被扔掉。

- 在项目中的任何时刻，都可以使用舍弃型原型法——明确需求、确定架构、对各个备选的设计和实施方案进行比较或者对性能优化进行测试等。

38.1　使用舍弃型原型法

相关主题

有关用户界面原型化的更多内容，请参考第 42 章。

舍弃型原型可以供项目中任何人使用。个别项目参与者可在其负责的范围内，对存在风险的部分应用舍弃原型，从中受益。以下列举了可以通过应用原型法受益的领域，以及有关如何节约开发原型的建议。

- 用户界面——使用原型工具或可视化程序语言建立原型，或者用目标程序语言建立漂亮的外观。

- 报告格式——使用文字处理器或报表格式化工具建立原型。

- 图形格式——使用绘图工具或者图形库建立原型。

- 数据库组织——使用数据库设计语言建立原型，例如 4GL，或者是 CASE 工具。

- 数据库性能——使用数据库设计语言建立原型，例如 4GL，或者是 CASE 工具。

- 复杂计算的精确度与性能——使用电子数据表或者面向数学的语言建立原型，例如 APL。

- 实时系统中的关键时间部分——在目标编程语言内编写小型的测试程序来建立原型。

- 交互系统的性能——在目标语言内编写小型的测试程序来建立原型。

- 检验系统中属于最新技术部分或者新手开发部分的可行性——可选择可视化编程语言、目标编程语言中编写的小型测试程序，或者面向数学的语言来建立原型。

可以看出，有很多领域都可从原型中受益。然而，如果已经对所开发的程序有很好的了解和认识，那么就不要为了原型而去实现原型了。

38.2 管理舍弃型原型法中的风险

舍弃型原型法通常都是成功的。但在对使用此方法的项目进行计划时，需要考虑一些可能的风险。

1. 保留一个舍弃型原型

在开发一个舍弃型的原型时，一个主要问题是不抛弃该原型。在原型开发出来之后，管理者通常都会认为"再建"系统成本太高，并且坚持将原型逐渐修改成最终产品的一部分 (Gordon and Bieman 1995)。

CLASSIC MISTAKE

千万不要这样！交付一个舍弃型原型将导致设计、维护性、性能等方面的缺陷。如果想要开发一个舍弃型的原型，一定要确保管理者和技术人员都同意将此原型丢弃。确保每个人对此达成共识，生成的是一个临时使用的软件，它既不能投入生产，也不能作为最终产品的基础，生成的不是一个真实的软件。

如果认为需要发展原型而不是丢弃它，那么从开始就采用一个渐进的方法，这样原型的设计和实施能够支持开发全过程。

对舍弃型原型成本太高持有反对意见的要正确对待，之所以要建立原型，是因为廉价而且可从中获得经验，可以在首次编程时减少错误，避免弯路。如果对具体情况有更节省的方法，可以取而代之。不要采用增加额外费用的方法，一般来说，实施舍弃型是费用最低的方法。

相关主题

要想进一步了解如何有效地使用原型，请参考第 21.2 节。

2. 建立原型的时间没有被充分利用

建立舍弃型原型是要花时间的，还可能延长开发时间。虽然原型化的过程是探索性的，但也不意味着是一个无休止的过程。

小心地监控建立原型的活动，将每一个舍弃型原型都当作是一个实验。假如要建立这样的假设："基于磁盘的分类合并程序在 30 秒内完成对 10 000 个记录的排序"，那么要确保原型的主要工作是放在证明或否定这个假设上。不要让其偏离到其他相关领域，而且确保一旦得出结论，立即终止原型活动。

相关主题

要想进一步了解如何建立现实的进度和预算期望值,请参考第21.2节。

3．不现实的进度安排和预算期望值

与其他类型的原型法活动相似，当用户、管理者或者市场人员能通过原型感觉到快速的过程时，他们有时会对最终产品能在多快时间内开发出来这个问题进行不现实的假设。从舍弃型原型的实施发展到在目标语言中的实施，所需要的时间有时会被大大低估。

防止这类风险的最佳方法是对原型开发时间与最终产品开发时间进行独立的估算。

38.3　舍弃型原型法的附带效果

除了可以加快开发的进程之外，舍弃型原型法还有很多附带效果，其中大部分都是有益的。原型法有以下附带效果。

- 降低项目风险（因为对具有风险的领域提前进行探索）。
- 提高可维护性。
- 拒绝不断增加的需求。
- 对没有经验的程序员提供良好的培训机会，因为他们所写的代码将被丢弃。

38.4　舍弃型原型法与其他实践的相互关系

可以在任何类型的项目中应用该原型法，而完全不需要顾及是否用了其他的方法。甚至在一个无法在整个范围里应用渐进原型法（第 21 章）的项目中，仍然可以通过舍弃型原型法来探究关键性的风险领域。

38.5　舍弃型原型法的底线

舍弃型原型法最大的好处在于它降低了潜在的风险。它本身根本无法缩短进度，但是它通过提前揭示高风险的方法来减少进度的变更。舍弃型原型法在进度上的获益也与被原型化的具体领域有关。

Steven J. Andriole 从 1980 年以来一直从事他自己的需求模型和原型业务，同时他也是《快速应用原型》一书的作者。他认为自己从业务中获得的主要经验就是，舍弃型原型法用来明确需求时，"总是很经济实惠，也总是改善了需求说明"（他强调这点)(Andriole 1994)。

38.6   成功使用舍弃型原型法的关键

以下是舍弃型原型法成功应用的关键：

- 选择开发原型的语言或环境时，主要看它生成舍弃代码的速度有多快。
- 确定管理人员和技术人员都同意丢弃舍弃型原型。
- 将原型的工作重点放在不熟悉的领域。
- 把原型法当作是科学实验来进行，而且要认真地进行监控。

深入阅读

要想进一步了解原型化，请参见第 21 章。

第 39 章　限时开发

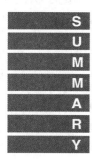

限时开发是一种构建时间实践，它能够帮助开发团队提高紧迫感，也有助于把项目的重点放在产品的性能上。限时开发是通过"让产品服从进度，而不是进度服从项目"的办法来保障进度计划的。它最适用于内部事务软件，也适用于客户所需的专门软件和封装软件。限时开发获得成功与项目是否适应有关，另外也需要管理人员与客户都同意必要时可削减功能而不是延长进度计划。

效果

缩短原定进度的潜力：	极好
过程可视度的改善：	无
对项目进度风险的影响：	降低风险
一次成功的可能性：	大
长期成功的可能性：	极大

主要风险

· 将限时开发应用于不适宜的工作产品中。

· 为保持功能的数量而放弃质量。

主要的相互影响和权衡

· 依赖于渐进原型的使用。

· 用功能数量的控制换取开发时间的控制。

· 通常在 RAD(rapid application development) 项目中与 JAD、CASE 工具及渐进原型共同使用。

· 当交付时间比交付内容重要时，可以与渐进交付共同使用。

在你准备外出度假的前一天，你能完成的工作量一定让自己感到吃惊。你可以干洗衣服、付账单、通知停送邮件和报纸、购买新的旅游服装、把东西打包、买胶卷而且要给邻居留下钥匙等。在临行前的那天，没有做的事情也一样使你感到惊讶。早上沐浴的时间没有平时长，或者晚上看报纸的时间没有平时长。你在那天可能需要做很多其他的事情，但是突然停止了。

限时开发是卡死时间的办法，与准备度假的紧张感觉是相同的，所不同的是限时开发是为工作而紧张准备。在遵循限时开发这一方法时，应该规定建立一个软件系统将要花费的最长时间，然后再开发想要的那样多的东西或者构建一个软件系统，但必须限制在已定的时间内完成。这种紧迫感可以产生支持快速开发的效果。

相关主题

有关为了获得进度而权衡资源和产品属性的更多内容，请参考第6.6节。

CLASSIC MISTAKE

1．它强调进度计划优先级别

进度绝对不变就是强调进度的极端重要性。时间限定或者说"时间盒子"，它的重要性凌驾于其他任何相关因素之上。如果项目范围与时间限制有冲突，你就要缩小范围，服从时间限制的要求。而时间限制本身是不允许改变的。

2．它避免 90-90 的问题

很多项目都遇到这样的问题，当他们的项目有 90% 已经完成的时候，接下来项目就停止不前，这样的状态甚至维持几个月到几年的时间。很多项目花费了很多时间，却没有使项目向前发展，而且还消耗了大量的资源。应该开始时先建造一个小的版本，然后很快完成，接着可以继续建造版本 2。不要在第一个版本中规定太多的特性，这样可以很快地得到一个运行的基础版本，从中获取经验，然后建立版本 2。

3．分清性能的优先等级

项目可能会花费不成比例的时间去争辩那些对提高产品功效没有什么意思的问题，例如，"我们是需要多花 4 周的时间来实现全彩打印预览，还是黑白的就足够了？按钮上的浮雕是一个像素好，还是两个像素好？我们的代码编辑器重新打开文本文件时应将它们放在上次特定的位置上，还是文件的最上面？"不要将时间花费在讨论优先级"非常低"或"相对低"的特性上，而将时间集中在优先级列表最前面的特性上。

相关主题

有关镀金可能不经意
发生的详细内容，请
参考第 14.2.1 节。

4．它限制开发人员对产品的镀金

在指定的范围之内，通常可以用不同的方法来实现某个特定的性能。也常常存在着 2 天、2 周以及 2 个月的不同版本。如果不指定时间限制，开发人员常常会按照他们自己的兴趣或者按照他们自己对质量、可用性以及易用性的要求来实现特性。而限时开发则向开发人员宣布这一点，如果有一个 2 天的版本，那就是所需要的版本，不必考虑别的。

5．它控制功能蔓延

功能蔓延通常是一个时间函数，在大多数项目中大约每月发生 1%(Jones 1994)。限时开发可以通过两种方式来控制功能蔓延：首先，如果缩短开发周期，便可减少人们等待新功能出现的时间；其次，由于有些长期项目的功能蔓延源于市场状况或新系统操作环境的改变，因此，通过缩短开发时间，可以减小市场或操作环境的改变，进而减少软件的变化。

HARD DATA

相关主题

有关激励的更多内容，
请参考第 11 章。

6．它有助于激励开发人员和最终用户

人们希望别人认为他所做的工作是非常重要的，而紧迫感则可增强这种重要性感受。因此，这种迫切感是一种强有力的激励。

39.1　使用限时开发

限时开发是一种分阶段构建 (construction-phase) 的方法。开发人员首先实现最重要的功能，然后在时间允许的情况下实现次要的功能。系统以洋葱的方式成长，核心是最重要的功能，外层是次要的功能。图 39-1 描述了这一过程。

相关主题

有关这种类型的原型，
请参考第 21 章。

限时开发的建设包括开发原型以及将其逐步发展成最终的工作系统两个阶段。在这个过程中，有重要的最终用户介入并对正在开发的系统不断检查。

限时开发的时间限制通常是 60~120 天。时间太短将无法完成一个重要的系统，时间太长则不能造成紧迫感。对于 120 天仍不能完成的大项目，有时可以把它划分成多个可以在 60~120 天内完成的小的限时开发项目来开发。

在构造阶段结束后，对系统进行评估，然后可以有如下三种选择。

· 接受该系统并将其投入使用。

- 拒绝该系统，因为在构造过程中失败，这或许是质量不满足要求、或许是开发小组没有实现核心系统所需的基本功能。如果是这样，可以再进行一次限时开发。
- 拒绝该系统，因为它不满足使用部门的要求。一个好的正规的限时开发，应该是开发小组最终提供一个经过确认的核心系统，但是最终用户下的结论是"不是他们所需的系统"，在这种情况下要重新开始系统定义的工作，如图 39-1 所示。

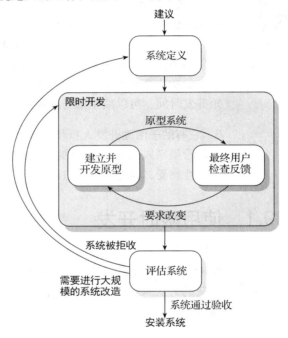

图 39-1   限时开发周期，限时开发由创建和发展渐进原型组成，在过程中不断与用户进行交互

参与系统评估的人员包括执行赞助商、至少一个或多个关键用户以及一个 QA 或维护代表。技术支持和审计人员也可以参与进来。

无论结果如何，要使限时开发长期获得成功，必须保证不能延长时间。限时开发的最终日期不是一个预计时间，而是一个严格的最终期限。必须向开发小组明确：到最后期限时不管完成什么，它们不是投入运行就是被拒绝。如果该公司以前有延长最后期限的历史，开发人员们就不会严肃对待这个期限，也就失去了这种方法的价值。

使用限时开发的最低要求

限时开发并非适用于所有类型的开发。以下是一些指导原则，可以判断项目是否适用这种方法。

1．列出各功能的优先级列表

在进行限时开发之前，系统的功能和总体设计必须已确定。最终用户需要把系统的各功能按照优先级别进行排序，以便让开发人员知道哪些是必须的，哪些是任选的。他们应当定义一个最小的核心功能集，而你要确信可以在限定的时间内完成它。如果系统的优先级无法确定，它就不适合使用限时开发这种方法。

相关主题

有关激励与建立现实目标的更多内容，请参考第 11.2.1 节和第 43.1 节。

2．由限时开发团队建立的切合实际的进度估算

对开发时间的估计应该由开发人员来完成。他们需要估计一下所需的时间（通常是 60~120 天）以及在这个期限内能够完成多少功能。从激励的角度来看，让他们自己进行估计是非常重要的。限时开发是一种激励型的开发方法，如果只是把进度和目标不切实际地组合在一起告诉开发人员，将很难成功。

相关主题

有关支持快速代码生成语言的更多内容，请参考第 31 章。

3．适用的项目类型

限时开发最适于内部商业软件 (IS 软件) 的开发。限时开发是一种渐进原型方法，应当使用快速开发语言、CASE 工具或其他支持快速代码生成的工具。需要大量手工代码的高度定制应用系统项目通常不适合使用限时开发方法。在开始一个限时开发项目以前，需要确保现有的工具和人员能够完成该项目。

4．最终用户的充分介入

与其他基于原型的开发方法一样，限时开发的成功取决于最终用户的反馈。如果不能保证用户的充分介入，就不要使用限时开发。

限时开发小组

相关主题

有关高效团队工作的更多内容，请参考第 12 章。

一个限时开发小组可以由 1~5 个成员组成。对于完整的"限时开发小组"来说，也可以包含最终用户，他们承担建设阶段的辅助工作。最终用户通常要完全扮演好他们的角色，为开发小组提供支持。

限时开发小组必须熟练地运用快速开发软件来开发系统。因为在限时开发项目中没有时间让他们学习新的软件。

限时开发小组需要得到激励。时间限制所产生的紧迫感有助于提高这种激励。这种激励能够使生产水平达到公司内很少人能够达到的高水平。

我对开发人员动力的理解与 James Martin 有所不同，他对于限时开发项目动力的描述还包括以下几个方面 (Martin 1991)。

· 告诉开发人员，对他们进行判断的原则是系统最终是否被接受。指出大多数限时开发项目都是成功的，他们不应该成为少数的失败者之一。
· 告诉开发人员们，项目的成功会给他们带来奖励，而且他们所做的努力会被上层管理人员看到，并会因此而受到嘉奖。
· 告诉开发人员，如果成功，将举行一个庆祝大会。

在运用 Martin 的建议之前，要先仔细考虑在第 11 章所讨论的如何将激励应用到自己的系统中的内容。

限时开发的变种

限时开发通常应用于整个商业系统的设计和建造阶段。但一般不用于封装软件产品的开发，因为这需要较长的时间。不过作为一种策略方法，它对于开发软件系统的一部分——如打包软件的用户界面或舍弃型原型等还是很有用的。原型限时开发时间少于整个信息系统限时开发时间，可能只需 6~12 天而不是 60~120 天。所以，开发小组应该对正在建造的具体原型建立时间限制。

你可以把限时开发用于各种各样的开发活动——软件开发、帮助屏幕开发、用户文档、舍弃型原型开发以及培训教程的开发等。

39.2 管理限时开发中的风险

以下是限时开发带来的一些问题。

HARD DATA

1. 限时开发应用于不合适的产品

我不主张将限时开发用于上游的活动，如项目规划、需求分析或设计等——因为这些行为牵连到下游的活动。在需求分析中如果有 100 美元

深入阅读

有关限时开发上游活动的不同观点，请参考 "Timeboxing" (Zahniser 1995)。

相关主题

有关矛盾目标影响的更多内容，请参考第 11.2.1 节。有关低质量影响的更多内容，请参考第 4.3 节。

的错误的话，就有可能以后要花 2000 美元来更正 (Boehm and Papaccio 1998)。在失败的软件产品的墓地中，充满了这类项目经理的尸骨，他们总是想缩短上游活动的时间，害怕软件产品不能及时交付。而上游的一点小失误就导致了下游大量的损失。因此，在早期阶段中"节省时间"通常是一个错误的节省。

相反，限时开发在下游活动中常常是很有效的，因为单个工作的不合格会被限制在时间范围以内，并且不会对其他工作产生影响。

2. 牺牲质量换取功能

如果客户不能牢记"先质量，后功能"的原则，就不要使用限时开发。开发人员很难同时满足多个相互矛盾的目标，如果客户坚持要求工期紧、质量高和功能数量多，开发人员根本不可能同时满足所有的要求，在这种情况下，质量必然会受到影响。

一旦质量出现问题，进度也将不可避免地遭受影响。开发小组为了在有限的时间内完成所有要求的功能，必然会影响工程的质量，质量一旦出现问题，就需要多花费好几个星期来完善产品，以使其质量满足要求。

对于真正的限时开发，在到达最后期限时，软件产品要么被接受，要么被丢弃。这意味着在开发的任何过程，必须首先保证产品的质量。成功的限时开发取决于能否同意限制产品的广度，而不是降低产品的质量来满足紧张的时间要求。

39.3　限时开发的附带效果

限时开发所产生的最重要的好处是减少开发时间。除此以外，它通常不会对产品的质量、可用性、功能或其他特性产生什么积极或消极的影响。

39.4　限时开发与其他实践的相互关系

限时开发是一种特殊的面向进度设计的开发方法（参见第 7.7 节）。它是 RAD 的重要组成部分，这意味着它通常与 JAD（参见第 24 章）、CASE 工具和渐进原型（参见第 21 章）结合在一起使用。由于限时开发对开发人员有不一般的要求，所以每个成员都要为项目而签约。

深入阅读

微软公司使用的里程碑过程
可以被看作是"改进的限时开
发方法",详细内容请参考
Microsoft Secrets (Cusumano
and Selby 1995)。

如果要根据完成的时间而不是根据完成的功能来定义每个交付周期,还可以把限时开发与渐进交付(参见第 20 章)结合使用。类似地,封装软件和其他一些项目也可以把限时开发用于某些阶段的内部交付。按照规定的阶段交付软件产品有助于跟踪产品的开发过程和质量。如果在最后期限没有完成,大多数这样使用限时开发的项目,并不会被完全丢弃,因此,他们并非完全的限时开发。但通过部分地使用这种方法,可以为项目带来一些诸如鼓舞士气、明确优先级和防止功能蔓延等好处。

39.5 限时开发的底线

HARD DATA

自 DuPont 首次应用限时开发以来,人们已发现它可以大幅度地提升生产效率——平均每人每月完成大约 80 个功能点,而在其他方法中,这个数字是 15~25(Martin 1991)。此外,限时开发承担更小的风险。进行系统评估及可能被拒绝是显而易见的,但在使用几年后,DuPont 没有拒绝过一个使用限时开发的独立系统。在 DuPont 工作的 Scott Shultz 是该方法的创建人,他说:"整个应用程序完成的时间少于必须写一个 Cobol 或 Fortran 应用程序的说明的时间"。

39.6 成功使用限时开发的关键

以下是成功使用限时开发的关键。

- 只对可在规定期限内(通常是 60 ~ 120 天)完成的项目使用限时开发。
- 确保最终用户和管理层对系统的核心功能已达成一致,而开发小组相信能够在规定时间内完成。确保所有的功能都已排定优先级,当需要赶上进度时,可以剔除其中的部分功能。
- 确保限时开发小组的成员为项目进行签约,并采取各种措施激励士气。
- 在限时开发的全过程中保证质量。
- 如果需要,宁可减少功能以保证进度,也绝不延长工期。

深入阅读

Martin, James. *Rapid Application Development*. New York: Macmillan Publishing Company, 1991. Chapter 11 discusses timebox development specifically. The rest of the book explains the RAD context within which Martin suggests using timeboxes.

第 40 章　工具组

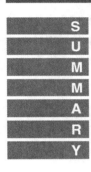

工具组方法是指在公司内建立一个小组专门负责收集、评估、协调使用及传播介绍各种新开发工具。这样可以减少尝试和犯错误的次数，任何一个需要同时开发两个以上系统的单位都可以建立一个工具组，尽管有时所谓的"小组"其实只有一位非全职工作的人员。

效果

缩短原定进度的潜力：	好
过程可视度的改善：	无
对项目进度风险的影响：	降低风险
一次成功的可能性：	大
长期成功的可能性：	很大

主要风险

· 对新工具的信息介绍和部署的过度官僚管制。

主要的相互影响和均衡

· 相同的基本架构可以被软件重用和软件工程过程组使用。

有关工具组的更多内容，请参考第 15.3 节。

第 41 章　前十大风险清单

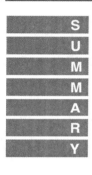

前十大风险清单是一种能够帮助监控软件项目风险的简单工具。该清单中包括 10 个划分为等级 1 ~ 10 的最严重的风险,并对各个风险制定了应对计划。每周对该清单进行更新和回顾,能够提高大家的风险意识,同时能提醒大家尽快找到解决方法。

效果

缩短原定进度的潜力:	无
过程可视度的改善:	很好
对项目进度风险的影响:	降低风险
一次成功的可能性:	极大
长期成功的可能性:	极大

主要风险

无。

主要的相互影响与权衡

· 能够与其他实践行为共同使用。

有关前十大风险清单,请参考第 5.5 节。

第42章 构建用户界面原型

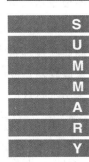

构建用户界面原型就是快速开发一个用户界面来探究用户界面设计和系统的需求。有时采用一种专门的原型语言来构建用户界面；有时也直接用目标语言来构建原型。用户界面原型要么是被舍弃掉，要么就直接发展为最终产品。舍弃或者逐渐展开的决策是成败的关键。其他一些成败的关键因素包括最终用户的适时参与，让最初实施的原型尽可能简单，并且使用有经验的开发人员。

效果

缩短原定进度的潜力：	好
过程可视度的改善：	一般
对项目进度风险的影响：	降低风险
一次成功的可能性：	极大
长期成功的可能性：	极大

主要风险

- 不断地修饰原型。
- 渐进原型或者舍弃原型的风险取决于用户界面原型是逐渐展开的还是被舍弃的。

主要的相互影响和权衡

- 从渐进原型或者舍弃型原型得出结论。

开发人员发现，相较于用一般的系统书面说明方法，把一个生动的原型放在系统用户面前更能获得用户的反馈。用户界面原型在以下几个方面支持快速开发方法。

1．减少风险

如果不用原型法，当用户发现用户界面不是很满意时，可能选择放弃它，然后再重新构建新的用户界面，或者无视问题的存在继续保留它。不管哪种情况，假使直到开发后期才发现用户界面的不足，到那时所花的成本将相当高。

如果在开发前期就应用合适的建造原型的开发工具（可视化编程语言）建立用户界面原型，就可以快速开发不同的用户界面设计，然后与用户一起检查原型，修改原型，直到获得满意的设计。可以在前期采用相对便宜的可视化编程语言构建不同的用户界面原型设计，而不要采用昂贵的目标语言。

构建用户界面原型非常适用于商业软件项目，因为在开发商业软件项目时，开发人员要与最终用户进行频繁的非正式的交流。如果最终用户能够参加进来，那么它同样也是适用于商业软件、封装软件及系统软件的开发。不过相比之下，这类项目与用户的交流更系统、正规。

相关主题

此收益可能被功能蔓延的风险抵消。更详细的内容请参考第14.2 节。

2．缩小系统

构建用户界面原型的一个意想不到的效果是它有可能缩小系统。 开发人员认为用户所需的功能与用户真正需要的功能不总是一致的。有时有些用户喜欢书面上很好但在系统正式工作时很差的功能。而用户界面原型能够在项目早期排除这些功能，这样就能够很容易地调整系统特征和缩短开发时间。

3．简化复杂系统

开发人员喜欢复杂。例如，开发人员有时会把注意力全部放在系统的最复杂部分，因为它们最有挑战性，对他们来说更有意思。然而，最终用户经常并不像开发人员那样喜欢这些复杂性。事实上，他们尽量简化系统的复杂性。程序中最复杂的部分（也是最难实现的部分）通常是用户最不需要的部分，他们总是希望简化复杂的功能，并且要系统使用方便。构建原型能识别出哪些复杂性能是用户不很关心的。

4．减少需求的变化

应用用户界面原型的开发人员发现，它能减少系统性能的变化，在初期的系统说明中少增加了需求。相较于其他方法，用原型法能够更好地了解系统，从而可减少需求的变化。

5. 提高可见性

在项目早期建立一个生动的原型就是向用户及管理人员做一次工作进展的真实汇报。

演示原型
建立用户界面原型的变种是演示原型，演示原型是指在软件产品的建议阶段开发一个用户界面原型。相较于书面文档和幻灯介绍，演示原型更能生动地演示产品设想，它的目标是提高管理水平和争取客户对产品的支持。 　　用户原型和演示原型实质上没有多大的差别，但是它们开发的目的不同，应用场合不同，并且产生的效果也不一样。开发用户原型的目的是为了获得产品功能或者进行用户界面设计的反馈意见，它所提供的好处在本章已经描述。演示原型能够用来为项目获取资金，但是它不着眼于提高开发速度，除非另有要求。

42.1　使用用户界面原型

建立用户界面的过程最适合针对新项目。可以用它来删除一部分产品性能或只是设计用户界面。

舍弃还是逐渐展开

是逐渐展开还是舍弃原型，这要视产品性能的变化以及用户界面设计的变化而定。通常希望原型更具有灵活性，以便可以根据用户的反馈信息进行更好的修正。一旦已经与用户一起调查了系统的功能，就可以把原型视为可视部分的生动的需求说明。

到一定阶段，要开始构建实际的系统，此时要么舍弃用户界面原型，开始建造实际的系统，或者继续把这个用户界面原型展开成为产品代码。构建用户界面原型时，第一个决策是决定是建造一个要舍弃的原型，还是构建一个可以逐渐展开为产品代码的原型，即渐进原型。在开始构建原型时，需要做这个决定，而不是在开始建造实际系统的时候再做决定。

一个经验做法是：如果你很清楚需求并且在优先级方面没有什么冲突，可以采用渐进原型。否则的话会有很多修改，在这种情况下，应该采用舍弃原型方法来探索用户需求或用户界面设计。

另一个指导原则是，对于小系统，宜采用渐进原型法，因为构建一个舍弃原型的费用在经济上不可取。对中大型系统，采用舍弃原型或者渐进原型都可以。

还可以在大规模开发主要的和风险最大的系统部分之前，采用渐进原型法来构建主要系统的原型，对系统最具风险的部分采用舍弃原型法。

选择原型语言

相关主题

要想进一步了解与原型语言相关的风险和益处，请参考第 31 章。

如果计划舍弃一个用户界面原型，可能会考虑决定采用一种特殊用途的原型语言。在这种情况下，选择原型语言主要考虑的因素是它能在多快的时间内开发用户界面。有时甚至没有必要采用原型语言。一个公司制造了一个用来记录产品意见的屏幕，他们把屏幕放大到很大的尺寸，并把屏幕安放在墙壁上。然后他们举办了"艺术放映"，当人们看完这个"艺术长廊"后，可以把他们的意见直接写在屏幕上。当采用这样的屏幕时，就不会被写意见的人挤满了。在别人写意见时观众可以按照自己的计划、自己的步伐自由来往。这也许是一个很有用的实践。

如果打算开发一个可以扩展为最终系统的用户界面的原型，在选择原型语言时，最重要的考虑因素是原型语言支持整个系统进展的好坏。一些面向用户界面的语言提供很强的用户界面开发能力，但是对开发数据库、图形、通信、报表格式和其他的一些领域的支持性能却极差，采用这种语言构建原型所花的时间大致与开发一个用户界面的时间差不多。选择语言主要应该看它是否支持从头到尾的产品开发，而不是只看它对用户界面的支持。

漂亮外观

成功的另一个关键是，记住自己是在建立原型而不是在开发一个实际的系统。如果用户对建立的原型不喜欢，所有的原型都必须舍弃，直到知道了系统的每一部分是好还是坏。用 100% 的努力提高系统的可视性。不要在用户看不见的地方花时间。把原型作为好莱坞电影的外观来对待——从某些角度看它很像实际的东西，但从其他角度看，它与实际的东西一点都不像。

假象越多，效果就越好。如果要显示彩色图形，不要用编码实现它，即使这样做很容易。替代的方法是去找一个更简单的方法来显示预先做好的彩色图形。可以采用画图程序制作，并且在合适的时候装入这些预先制作好的图形。原型应该给用户提供一个让人看得见和感觉得到的程序。它没有必要能真实地工作。如果要它确实工作，需要花更多的时间。

原型中的计算原型没有必要真的计算，只要每次能简单地显示同一个结果，或者在两个不同的结果之间来回更换即可。更换屏幕没有必要重新修改，只要能在两个屏幕之间转换。打印按钮不一定非要能执行打印操作，只要它能把一个已经存在的文件复制到打印机上就可以了。对老版本的数据转换，没有必要去转换，只要移动光标显示预先定义好的输出。尽量发挥小组成员的集体智慧，用尽量少的代码，给用户一种看得见和感觉得到的印象。

不要让前来实习的程序员构建原型。在构建原型时，开发人员需要有一个良好的开发意识，即以尽量少的工作量来探明原型中涉及的风险。

最终用户的反馈和参与

尽管构建用户界面原型经常能够提高软件的可用性，但这并不等于提高用户对软件产品的满意度。有时，不合适的用户参与会降低用户的满意度。

用户必须参与。如果仅仅是开发人员和中层管理者参与软件开发，就无法体现构建原型的好处。让他们测试用户界面原型，这样能澄清概念，帮助揭示程序实际的需求，改进软件和用户需求之间的吻合度，并且提高整个产品的实用性。

控制访问原型。不现实的用户期望往往发端于过多或者过少地访问原型。告诉用户演示原型的目的是为了明确需求，可能你会让他们使用演示原型的一些屏幕显示和操作。因为原型主要是一种直观的工具而不是一个交互程序。

记住，在看到原型时并不必对看到的东西全部了解。我曾经开发了一个在 Windows 环境下用图形来输出结果的应用系统原型。在该原型中，我采用了预先制作好的图形，以便无论用户输入的数是多少，它都能显示这些预先录制好的图形。由于预先录制好的图形能瞬时地显示，因此我设置了两秒钟为延迟，以产生原型访问数据库及数据处理等的假象。

即使有两秒钟的滞后，用户对原型产生图形的速度都非常感兴趣。第一次演示该原型时，几个用户在讨论为什么在 Windows 环境下产生图形的速度比在 DOS 状态下要快这么多。一个用户认为这是因为 Windows 的图形比 DOS 的图形快。另一个认为是因为原型采用了一个小型数据库而不是一个完善的数据库。还有一个认为是因为新程序采用了与老系统不同的数学类库。没有一个人指出这个原型实际上是一个假象，也就是说在屏幕背后什么都没有处理。

如果建立的原型真实地反映了产品的外观及内部功能，用户会被这个软件所吸引。他们有可能会感到满意而忘了考虑原型是否已经包括所要的全部功能。如果原先是想用原型来引出用户需求，就应该保证用户已经仔细研究了原型，并且提了批评意见。要向用户介绍做了哪些折中的考虑，并且一定要让他们知道和接受。设计一个检查表，以便与用户进行全面的审核，确保他们看到全部内容。

一旦从用户那儿获得有用的反馈，就要扩展该原型，并确保正确理解用户的要求。表明已经听取和理解其建议的最佳办法是给他们演示更新过的原型。除了能与用户建立良好的关系外，还能帮助你理解和改正错误的问题；否则它会让用户说："不，这不是我们所需要的"。

最终产品

为原型建立漂亮的外观是一个好的策略，但是一个最终产品不能永远生活在云里雾里。在一定的时候，必须考虑把原型转化为最终产品这个问题。此时候，有以下三种选择。

- 舍弃原型并且从头实现实际产品。
- 改正原型里的错误并且把原型扩展为最终产品。
- 在第一个版本中采用舍弃原型法，但在后面的版本中采用渐进原型法。在实现第一版的每一个特征时都采用假象，一旦决定有一个性能要往前开发，就舍弃原型代码，编写实际的代码，并且从这开始扩展实际系统的代码。

42.2 管理用户界面原型中的风险

用户界面原型往往都是成功的。不管是舍弃原型法，还是渐进原型法，都有很多相同的风险，主要看你开发的原型是舍弃型原型还是渐进原型。

相关主题

有关舍弃型原型风险的
更详细内容，请参考第
38.2 节。

如果开发的用户界面原型是舍弃型的，请注意以下这些风险。

- 保留舍弃型原型。
- 建立原型的时间未得到充分利用。
- 不现实的进度和预算。

相关主题

有关渐进原型风险的更
详细内容，请参考第
21.2 节。

如果开发的用户界面原型是渐进原型的一部分，请注意以下这些风险。

- 不现实的进度和预算。
- 减少项目控制。
- 糟糕的最终用户或者客户反馈。
- 糟糕的产品性能。
- 不现实的性能期望。
- 糟糕的设计。
- 糟糕的维护性能。
- 功能蔓延。
- 建立原型的时间未得到充分利用。

42.3　用户界面原型的附带效果

除了能带来快速开发的好处外，用户界面原型还能产生很多附带效果，
绝大部分附带效果都是有益的，具体如下。

- 使最终用户或者客户更热情地参与到需求活动中，并且改善系统需
  求的反馈。
- 提高最终用户、客户和开发人员的士气。
- 减少项目风险，因为用户界面中有风险的部分在早期就发现了。
- 改善可用性。
- 使软件产品更贴近最终用户的需求。
- 在早期就能获得最终用户是否能接受最终系统的信息。
- 减少系统功能的数量。
- 使开发人员与他们的客户或者最终用户能很好地合作而不是对立。

42.4　用户界面原型与其他实践的相互关系

与其他实践一起应用时，用户界面原型是避免功能蔓延最有效的办法。

一项研究表明原型法与JAD(第24章)结合使用能够把功能蔓延控制在5%左右。根据经验,项目功能蔓延的平均水平是25%(Jones 1994)。

用户界面原型是舍弃型原型还是渐进原型,主要取决于你开发的是哪种类型的用户界面原型。

为了监控进展状况而设定目标(第11.2节)或者建立小型里程碑(第27章)有助于原型开发工作。

42.5 用户界面原型的底线

用户界面原型主要的好处是减少用户界面被拒绝而被迫返工的危险。除了这些,用户界面原型的好处还与你开发的是舍弃型原型还是渐进原型有关。

在案例研究中表明,渐进原型能明显地减少开发工作量,大概可减少45% ~ 80%(Gordon and Bieman 1995)。而舍弃型原型更偏向于减少项目的风险。它在控制进度上的好处比它在缩短进度时间方面的好处更大。

42.6 成功使用用户界面原型的关键

以下是用户界面原型成功使用的关键。

· 在项目的开始就确定是要逐渐展开原型还是舍弃它。要确保管理者和技术人员都明确知道所采取的行动。
· 无论是使用渐进原型还是舍弃型原型,对产品中尚未明确的部分,都要尽力按好莱坞的外观去实现。
· 最终用户必须参与,而且应主动征求他们的反馈,但应把他们与原型的交互限制在可控的设置上。

除此之外,依据于所使用的用户界面原型的构建形式,你还应遵循舍弃型原型或渐进原型的建议。

深入阅读

For further reading on prototyping, see Chapter 21, "Evolutionary Prototyping."

第43章 自愿加班

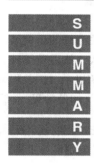

自愿加班为开发人员提供了有意义的工作实践，也为管理人员提供了激励内部人员的机会，因而工作人员愿意超时工作。这些额外的工作时间直接促进了生产率的提高。但是加班不能持久维持下去，适当的时候应当让开发人员恢复到正常的工作状态。适当的自愿加班可适用于任何环境，但是由于自愿加班和过度的强迫加班被广泛应用，实际上使其应用受到了一定限制。

效果

缩短原定进度的潜力：	好
过程可视度的改善：	无
对项目进度风险的影响：	增大风险
一次成功的可能性：	一般
长期成功的可能性：	很大

主要风险

· 过分的进度压力和过度的加班，反而会影响进度。
· 降低了需要紧急加班的应变响应能力。

主要的相互影响和权衡

· 需要采用具有人情味的和非强迫性的激励方法。
· 通常用来支持小型里程碑、渐进生命周期模型、限时开发或者说任何频繁应用限期开发的实践。

过多的超时工作和进度压力会影响开发进度，但是少量的加班能增加每周完成的工作量，并且提高人员的积极性。一周 4～8 小时的额外工作时间能增加 10% ~ 20% 的产出，甚至更多。应用自愿加班这一方法时应强调项目的重要性，当开发人员和其他人员知道工作的重要性时，自然会努力工作。

43.1　使用自愿加班

相关主题

有关过大进度压力的破坏效果，请参考第 9.1.4 节。

加班经常被误用而不是有效地应用，因此，如果希望小组成员每周工作超过 40 小时，应该记住以下指导原则。

1．对开发人员采用"拉"的方法而不要采用"推"的方法

激励开发人员如同希望向前移动一根绳索，最好不要在绳子的这一端推，而是在另外一端拉。温伯格 (Gerald Weinberg) 的一个有关激励的研究结果是，很多项目在开始时增加驱动力把工作强度增加到最大，然后骤然减少到零。他说这种强度快速减少的现象在软件开发中尤其明显："压着程序员快速排除一个错误 (bug) 可能是最坏的策略——但目前却最常见。"

如果对工作人员激励不到位，那么不管他们工作时间多长，都将得不到 40 个小时的产出。他们上班只是为了应付，或者为了避免到截止日期完不成任务而产生坏的影响。

如图 43-1 所示，在平均的进度压力下开发人员的积极性总是很高的。为了取得最大的效果，需要做的就是"轻推"。过度的压力反而会导致工作效果下降。

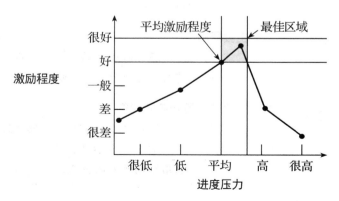

资料来源：选自 *Applied Software Measurement*(Jones 1991)

图 43-1　进度压力最佳的范围（为了取得最大效果，需要"轻推"）

要求少量的超时就可以了，而不要过头。

相关主题
有关开发者激励的更多内容，请参考第 11 章。

开发人员一般能自我激励，因此使其加班的关键是诱发他们的自我激励，即创建一个使他们自己想加班而不是逼他们加班的环境。通常说来，激励开发人员最好的五种方法如下。

- **成就感**　给开发人员一个有意义的工作机会。
- **成长的可能**　提供项目使开发人员在个人素质和专业上都能够得到成长。
- **工作本身**　分配任务时应该让开发人员觉得工作是有意义的，感到要为结果负责并且能看到结果。
- **个人生活**　向开发人员表明你尊重他们的兴趣及个人爱好。
- **技术管理机会**　为每一个开发人员在一些领域提供技术主管地位。

相关主题
有关创建高效团队的更多内容，请参考第 12 章。

激励人员最有效的方法是要激励整个项目小组。清楚地为小组设置他们的目标，帮助小组建立集体荣誉感，并且让小组成员知道产生效果比努力工作更重要。

"只看形式不注意激励"是"领导者——推"方式加班的重要原因。把注意力放在一个人在办公室里呆了多长时间是注重形式而不是注重实质。在一个快速开发的项目中，需要关注的是做了多少工作。如果快到截止日期并且积极性很高，不用管他们在办公室里呆 50 个小时或者 25 个小时。

2．不要要求加班，它将产生更少的总产出

这里有一个图 43-1 的反对者：

> "确实，当你启动加班时，并不都是积极的激励效果。但由于开发人员要工作更长时间，因此，总的来说，额外的工作时间足以补足激励效果降低的损失。总的产出还是上升。"

为了理解以上论述的错误，我们先理解下面这些观点：

- 许多研究表明激励对生产力的影响比任何其他因素更为强大 (Boehm 1981)
- 当开发人员已经被激励时还要"推"，会导致激励的急剧下降 (Weinberg 1971)
- 总的来看，开发人员已经工作在最大激励水平上 (Jones 1991)

强迫愿意加班的开发人员超时工作会有这样的问题：当激励程度开始下降时，它不仅仅是影响 10 个或者 20 个小时的加班时间，它还会影响到 40 小时的正常工作时间。强迫加班时，由于激励失去的生产力超过加班获得的生产力。图 43-2 表明了进度压力 / 工作小时、总产出和开发人员激励之间的关系。

如图 43-2 所示，总产出与开人员激励曲线在每周工作小时数的同一位置达到峰值。因为激励对生产力的影响最大，所以当激励下降时，总产出也跟着下降。但总产出的下降不像激励下降得那样快，是因为额外工作时间弥补了激励下降的一部分产出。

图 43-2 的含义是很让人吃惊的：超出了平均开发人员自愿工作的小时数，如果你再逼迫加班，就会减少总产出。无论是什么原因或者你说得多么好，它们都不能激发人员的积极性，除非开发人员觉得理由很有说服力。如果他们不接受你的理由，他们将降低自己的士气，加班将收效甚微。

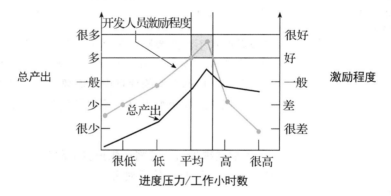

图 43-2　进度压力 / 工作时间、总产出以及开发人员士气之间的相互关系，如果你施加的加班压力超过提示的限度，会导致士气急剧下降。由于士气下降所导致的损失大于延长时间所带来的收益，所以总产出也会随之下降

我们都知道有这样的环境：管理者总是强迫开发人员加班，每周工作 60 个小时或者更多，并且有时在这种环境下，较多工作小时数确实导致了更多的产出。这种情况的原因是一旦激励达到最低，要求更多的加班就有可能提高总产出。激励程度不再变差但工作小时数在增加，所以开发人员能有更多的产出。在图 43-2 中，这部分没有表示出来。应该在进

度压力非常高的（右边）那部分区域。这种做法存在的问题是小事聪明大事糊涂。过于热心的经理认为过度的加班能获得更多的产出，但这些获得的产出主要靠损伤激励而不是靠轻微的推动加班。

不要硬性要求开发人员加班。开发人员就像猫一样，如果推他们去一个方向，他们不但去不了所推的方向，还不能预计他们要走哪条路。如果需要完成更多的工作，就应该采用不同的解决方法。

与最大产出相关的每周工作小时数随项目不同而改变。一些高度被激励的开发人员在每周 35 小时能够获得最大产出。在美国，典型的开发人员获得最大产出是每周工作小时大概在 44 ~ 48 小时之间。因为对一个具体的开发人员来说，很难知道他在每周获得最优产出的工作小时数，所以要获得最大产出，关键是要获得尽可能高的激励，不管加班的时间是多少。

相关主题
至于使项目进入可控状态，详情可请参考第 16 章。

3. 不要用加班来进行项目控制

目前，在发现项目失去控制的时候，大多数管理者和项目领导都让开发人员加班来控制项目。但是加班本身就是项目失控的标志。处于控制下的项目不需要开发人员加班。一些开发人员加班是因为他们对该项目非常感兴趣，不是需要加班来赶截止日期。

4. 要求实现适当的超时

对于程序员可以把多少时间用在工作上，可谓众说纷纭。波迪（John Boddie，*Crunch Mode* 一书的作者）说：一旦项目开始运作，就应该期望开发成员每周至少工作 60 小时，有时甚至要求他们工作 100 个小时（Boddie 1987）。另外，微软的资深专家 Steve Maguire 认为，如果每周要人员工作这么多小时，他们会在工作时间料理个人私事。他们花很多时间来吃饭、锻炼、外出、付账单、读计算机杂志等，换句话说，如果每天只工作 8 小时，他们就能在业余的时间里做这些事情。Maguire 得出这样的结论：一天在办公室工作 12 个小时的人员实际工作时间很少有超过 8 小时的，尽管他感谢那些能自我激励的人员会做更多工作。其他一些专家也有同样的结论：不能期望每天平均工作时间超过 8 小时（Metzger 1981，Demarco and Lister 1987，Brady and Demarco 1994）。

我不知道压力对人员工作时间有何影响。但我经常见到 Maguire 描述的情况。我发现人员有时在几个月内每周工作 50 小时，有时也偶尔发现

深入阅读

有关使用这种类型的反馈来管理一个软件项目的更多内容，请参考 *Quality Software Management, Vol. 1: System Thinking* (Weinberg 1992)，特别是第 6 章。

在逐渐增加强度的几个月后，开始的热情变得筋疲力尽，最终变成嘲讽言辞。由此导致的后果，是这些对把他们的心血洒在项目上越来越反感。

维纳 (Ruth Wiener)

人员工作时间大约有 60 个小时，尽管一次只有一个或者两个星期。

如果你要求开发人员自愿加班，就要先观察一下他们实际工作了多少时间。如果是因为他们外出而导致午饭拖延以及开会迟到的话，那就说明要求加班的时间超过了他们自愿加班的时间。你给予开发人员的激励已经超出了图 43-1 中的最佳区域。

一种补偿的方法是允许开发人员每周工作时间减少到 40 小时，但要坚持这 40 个小时中的每个小时都在真正工作。这种方法对一个快速开发项目来讲是公平和合理的，并且它的产出比要求加班会更多。

5．不管什么理由，不要太多的加班

与适当加班有关的最大问题是它可能会导致过度的加班。 这是与任何一种加班（自愿加班或者强制加班）相关的系统问题。不论要求加班的压力是来自内部还是外部，过分加班或者过分的进度压力都会导致以下进度问题：

· 增加缺陷的数量
· 容易诱发思想不集中的危机
· 降低创造性
· 加快资源耗尽
· 减少了自学和组织改进的时间
· 降低了生产率

帮助开发人员自我调节开发速度。即使没有人强迫开发人员过多加班，但是有时有些人员强迫自己过多加班。如果这种压力来自内心，它不会对激励造成恶化，但是它可能会有另外一些负面影响。

你看过 100 米冲刺吗？当运动员跑完 100 米后，他们的心跳加快，皮肤泛红，有时他们还可能很不舒服。如果他们以这种速度开始马拉松比赛，是不能到达终点的。在长距离的行军或比赛时，选手以中等速度奔跑能获得好成绩。如图 43-3 所示，马拉松比赛的世界记录保持者的速度是 100 米速度世界记录保持者的一半。

同样，在开始的几个星期就全力投入不是开发大型软件项目的有效方法。写 100 000 代码行项目的开发人员与写 500 000 代码行项目的开发人员的进度速度是不一样的。因为小组的成员比较多，需要更多的相互交流，

深入阅读

要想进一步了解程序规模大小对开发项目的影响，请参考《代码大全 2》的第 21 章。

也需要更多的集成工作。这就是说在不同规模项目中的生产力 / 开发人员会发生变化，就像不同距离的比赛选手速度会不同一样，不管开发人员水平多高。

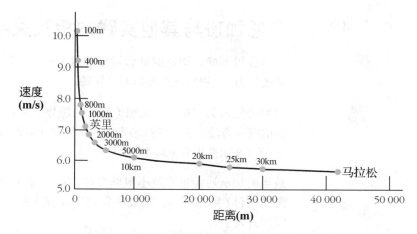

图 43-3　不同距离的世界纪录保持者们的平均速度（与比赛一样，在长期或短期的各种项目中，开发人员也要调整自己的速度）

如果离最终日期只有几个星期，可以安排每周 6 ～ 7 天努力工作。但是如果离最后期限还有几个月，最好还是按部就班。要不然，这种加速只能导致耗尽资源、重新返工和进度更慢。

43.2　管理自愿加班中的风险

绝大多数适度加班会变成过度加班和增加进度压力。这种风险在前一小节里已经有介绍，这里再做一些说明。

这会降低对紧急需要的响应能力。过度加班会影响到你的储备。如果打算用每周工作 40 个小时来完成项目，那么一旦在运转过程中遇到麻烦，就可以要求加班，而不必担心它是否会影响积极性。但是如果每个人都在加班，再进一步要求加班，必然会挫伤工作人员的积极性并降低生产率，这意味着实际上没有任何运转余地。

为了避免这类问题，适度加班只能用做校正的措施。不要项目一开始就让开发人员的工作超过正常的时间。如果这样，在遇到麻烦时，可以动用储备把项目调整到原定的轨道上来。

43.3   自愿加班的附带效果

适当加班对质量、实用性、功能、产品或项目的一些特性，没有附带效果。

43.4   自愿加班与其他实践的相互关系

如果应用不好，加班能导致过分的进度压力（第 9.1 节中的"超负荷的进度压力"）和与它相关的所有问题。

因为开发人员"拉式"加班（而不是领导"推式"加班）是成功应用加班的唯一方法，它是与激励机制（第 11 章）紧密相联的，还包括签约（第34 章）和团队工作（第 12 章）。

适当的加班通常也支持小型里程碑（第 27 章）、限时开发（第 39 章）、渐进交付（第 20 章）、渐进原型（第 21 章）和其他一些频繁使用最终期限的开发实践。

43.5   自愿加班的底线

一些研究结果表明，如果每个开发人员平均每周工作 40 小时，那么只有 30 个小时是生产性的 (Jones 1991)。当这个开发人员被要求适当自愿加班，比如说 10%，可能会发生两种情况：第一，开发人员在办公室的时间比平常多 4 个小时，那么，如果有效生产时间与工作时间之间的比例保持不变，有效生产的时间就从 30 增加到 33 小时；第二，开发人员对手上的工作感到紧迫，常常能够设法增加每天的工作时间，从 6 小时到 6.5 个小时或者更多。这样总的来看，有效生产时间可以从 30 增加到 35.5 个小时，结果 10% 的办公室加班时间导致 18% 的更多产出。

HARD DATA

自愿加班的底线是每周稍微增加人员正常工作的时间，大概增加 10% ～ 20%，就可以导致更大比例的产出。

对在构造和测试期间采用自愿加班的项目来说，加班有助于使项目的整个时间缩短 10% ～ 15%(Jones 1991)，但如果超出这个范围，由于激励受到损伤，几乎不可能进一步缩短进度。

不幸的是，对大多数公司而言，自愿加班这项最好的实践要么已经广泛应用，要么是被过分加班和强制加班所替代。在美国，每个开发人员平均每周工作时间是 48 ～ 50 个小时。在加拿大和日本也存在相同的情况。这种情况导致了一个有趣的状况，通过减少目前加班的水平，平均每个公司实际上能增加他们的产出。

43.6　成功使用自愿加班的关键

成功使用自愿加班的关键如下。

- 采用开发人员自愿加班方法而不要用领导者强迫的方法。
- 激励开发人员的积极性，如成就感、成长的机会、工作本身的意义、个人生活受到尊重和成为技术主管的机会，从而使喜欢工作的开发人员自愿增加工作时间。
- 根据他们实际可能确定加班小时数。
- 不论什么理由，都不让开发人员过多加班。

深入阅读

DeMarco, Tom, and Timothy Lister. *Peopleware: Productive Projects and Teams*. New York: Dorset House, 1987. Chapter 3 directly describes problems related to excessive overtime, and much of the rest of the book discusses the topic in various guises.

Maguire, Steve. *Debugging the Development Process*. Redmond, Wash.: Microsoft Press, 1994. Chapter 8 explores weaknesses in the arguments most commonly given for requiring lots of overtime.

Weinberg, Gerald M. *Quality Software Management, Volume 1: Systems Thinking*. New York: Dorset House, 1992. Chapters 16 and 17 discuss what happens to developers and leaders when they are under stress and what to do about it.

Jones, Capers. *Assessment and Control of Software Risks*. Englewood Cliffs, N.J.: Yourdon Press, 1994. Chapter 13 describes some of the problems associated with excessive overtime.

参考文献

1. Albrecht, Allan J. 1979. "Measuring Application Development Productivity." *Proceedings of the Joint SHARE/GUIDE/IBM Application Development Symposium*, October: 83-92.

2. Albrecht, A., and J. Gaffney. 1983. "Software Function, Source Lines of Code, and Development Effort Prediction: A Software Science Validation." IEEE Transactions *on Software Engineering*, SE-9 (6): 639-648.

3. Andriole, Stephen J. 1992. *Rapid Application Prototyping*. Mass.: QED Information Systems.

4. Andriole, Stephen J. 1994. "Fast, Cheap Requirements: Prototype or Else!" *IEEE Software*, March: 85-87.

5. August, Judy. 1991. *Joint Application Design*. Englewood Cliffs, N.J.: Yourdon Press.

6. Augustine, Norman R. 1979. "Augustine's Laws and Major System Development Programs." *Defense Systems Management Review*: 50-76. Cited in Boehm 1981.

7. Babich, W. 1986. *Software Configuration Management*. Reading, Mass.: Addison-Wesley.

8. Bach, James. 1995. "Enough About Process: What We Need Are Heroes." *IEEE Software*, March: 96-98.

9. Baker, F. Terry. 1972. "Chief Programmer Team Management of Production Programming." *IBM Systems Journal*, vol. 11, no. 1: 56-73.

10. Baker, F. Terry, and Harlan D. Mills. 1973. "Chief Programmer Teams." *Datamation*, vol. 19, no. 12 (December): 58-61.

11. Basili, Victor R., and Albert J. Turner. 1975. "Iterative Enhancement: A Practical Technique for Software Development." *IEEE Transactions on Software Engineering* SE-1, no. 4 (December): 390-396.

12. Basili, Victor R., and David M. Weiss. 1984. "A Methodology for Collecting Valid Software Engineering Data." *IEEE Transactions on Software Engineering* SE-10, no. 6 (November): 728-738.

13. Basili, Victor R., Richard W. Selby, and David H. Hutchens. 1986. "Experimentation in Software Engineering." *IEEE Transactions on Software Engineering* SE-12, no. 7

14.   (July): 733-743.

15.   Basili, Victor R., and Frank McGarry. 1995.   "The Experience Factory: How to Build and Run One." *Tutorial M1, 17th International Conference on Software Engineering*, Seattle, Washington, April 24.

16.   Baumert, John. 1995.   "SEPG Spotlights Maturing Software Industry." *IEEE Software*, September: 103-104.

17.   Bayer, Sam, and Jim Highsmith. 1994.   "RADical Software Development." *American Programmer*, June: 35-42.

18.   Beardsley, Wayne. 1995. Private communication: November 17.

19.   Bentley, Jon. 1986. *Programming Pearls. Reading*, Mass.: Addison-Wesley.

20.   Bentley, Jon. 1988. *More Programming Pearls: Confessions of a Coder*. Reading, Mass.: Addison-Wesley.

21.   Bersoff, Edward H., and Alan M. Davis. 1991.   "Impacts of Life Cycle Models on Software Configuration Management." *Communications of the ACM*, vol. 34, no. 8 (August): 104-118.

22.   Bersoff, Edward H., et al. 1980. *Software Configuration Management*. Englewood Cliffs, N.J.: Prentice Hall.

23.   Boddie, John. 1987. *Crunch Mode*. New York: Yourdon Press.

24.   Boehm, Barry W. 1981. *Software Engineering Economics*. Englewood Cliffs, N.J.: Prentice Hall.

25.   Boehm, Barry W. 1987a.   "Improving Software Productivity." *IEEE Computer*, September: 43-57.

26.   Boehm, Barry W. 1987b.   "Industrial Software Metrics Top 10 List." *IEEE Software*, vol. 4, no. 9 (September): 84-85.

27.   Boehm, Barry W. 1988.   "A Spiral Model of Software Development and Enhancement." *Computer*, May: 61-72.

28.   Boehm, Barry W. 1991.   "Software Risk Management: Principles and Practices." *IEEE Software*, January: 32-41.

29.   Boehm, Barry W., ed. 1989. *Software Risk Management*. Washington, D.C.: IEEE Computer Society Press.

30.   Boehm, Barry W., et al. 1984.   "A Software Development Environment for Improving Productivity." *Computer*, 17 (6): 30-44.

31.   Boehm, Barry, et al. 1995.   "Cost Models for Future Software Life Cycle Processes: COCOMO 2.0." *Annals of Software Engineering, Special Volume on Software Process and Product Measurement*, J.D. Arthur and S.M. Henry, eds. Amsterdam: J.C. Baltzer

AG, Science Publishers.

32. Boehm, Barry W., T. E. Gray, and T. Seewaldt. 1984. "Prototyping Versus Specifying: A Multiproject Experiment." *IEEE Transactions on Software Engineering* SE-10 (May): 290-303. (Also in Jones 1986b.)

33. Boehm, Barry, and F. C. Belz. 1988. "Applying Process Programming to the Spiral Model." *Proceedings of the 4th International Software Process Workshop*, May.

34. Boehm, Barry W., and Philip N. Papaccio. 1988. "Understanding and Controlling Software Costs." *IEEE Transactions on Software Engineering*, vol. 14, no. 10 (October): 1462-1477.

35. Boehm, Barry, and Rony Ross. 1989. "Theory-W Software Project Management: Principles and Examples," *IEEE Transactions on Software Engineering* SE-15 (July): 902-916.

36. Booch, Grady. 1994. *Object Oriented Analysis and Design: With Applications*, 2d ed. Redwood City, Calif.: Benjamin/Cummings.

37. Brady, Sheila, and Tom DeMarco. 1994. "Management-Aided Software Engineering." *IEEE Software*, November: 25-32.

38. Brodman, Judith G., and Donna L. Johnson. 1995. "Return on Investment (ROI) from Software Process Improvement as Measured by US Industry." *Software Process*, August: 36-47.

39. Brooks, Frederick P., Jr. 1975. *The Mythical Man-Month*. Reading, Mass.: Addison-Wesley.

40. Brooks, Frederick P., Jr. 1987. "No Silver Bullets-Essence and Accidents of Software Engineering." *Computer*, April: 10-19.

41. Brooks, Frederick P., Jr. 1995. *The Mythical Man-Month, Anniversary Edition*. Reading, Mass.: Addison-Wesley.

42. Brooks, Ruven. 1977. "Towards a Theory of the Cognitive Processes in Computer Programming." *International Journal of Man-Machine Studies*, vol. 9: 737-751.

43. *Bugsy*. 1991. TriStar Pictures. Produced by Mark Johnson, Barry Levinson, and Warren Beatty and directed by Barry Levinson.

44. Burlton, Roger. 1992. "Managing a RAD Project: Critical Factors for Success." *American Programmer*, December: 22-29.

45. Bylinsky, Gene. 1967. "Help Wanted: 50,000 programmers." *Fortune*, March: 141ff.

46. Card, David N. 1987. "A Software Technology Evaluation Program." *Information and Software Technology*, vol. 29, no. 6 (July/August): 291-300.

47. Card, David, and Ed Comer. 1994. "Why Do So Many Reuse Programs Fail?"

IEEE Software, September: 114-115.

48. Carnegie Mellon University/Software Engineering Institute. 1995. *The Capability Maturity Model: Guidelines for Improving the Software Process*. Reading, Mass.: Addison-Wesley.

49. Carroll, Paul B. 1990. "Creating New Software Was Agonizing Task for Mitch Kapor Firm." *The Wall Street Journal*, May 11: A1, A5

50. Chow, Tsun S., ed. 1985. *Tutorial: Software Quality Assurance: A Practical Approach*. Silver Spring, Md.: IEEE Computer Society Press.

51. Coad, Peter, and Edward Yourdon. 1991. *Object-Oriented Design*. Englewood Cliffs, N.J.: Yourdon Press.

52. Connell, John, and Linda Shafer. 1995. *Object-Oriented Rapid Prototyping*. Englewood Cliffs, N.J.: Yourdon Press.

53. Constantine, Larry L. 1990b. "Objects, Functions, and Program Extensibility." *Computer Language*, January: 34-56.

54. Constantine, Larry L. 1995a. *Constantine on Peopleware*. Englewood Cliffs, N.J.: Yourdon Press.

55. Constantine, Larry. 1995b. "Under Pressure." *Software Development*, October: 111-112.

56. Constantine, Larry. 1996. "Re: Architecture." *Software Development*, January: 87-88.

57. Conte, S. D., H. E. Dunsmore, and V. Y. Shen. 1986. *Software Engineering Metrics and Models*. Menlo Park, Calif.: Benjamin/Cummings.

58. Costello, Scott H. 1984. "Software Engineering Under Deadline Pressure." *ACM Sigsoft Software Engineering Notes*, 9:5 October: 15-19.

59. Curtis, Bill. 1981. "Substantiating Programmer Variability." *Proceedings of the IEEE*, vol. 69, no. 7 (July): 846.

60. Curtis, Bill. 1990. "Managing the Real Leverage in Software Productivity and Quality." *American Programmer*, vol. 3, nos. 7-8 (July-August): 4-14.

61. Curtis, Bill. 1994. "A Mature View of the CMM." *American Programmer*, September: 19-28.

62. Curtis, Bill, et al. 1986. "Software Psychology: The Need for an Interdisciplinary Program." *Proceedings of the IEEE*, vol. 74, no. 8 (August): 1092-1106.

63. Cusumano, Michael, and Richard Selby. 1995. *Microsoft Secrets: How the World's Most Powerful Software Company Creates Technology, Shapes Markets, and Manages People*. New York: Free Press.

64. Davis, Alan M. 1994. "Rewards of Taking the Path Less Traveled." *IEEE Software*, July: 100-101, 103.

65. Dedene, Guido, and Jean-Pierre De Vreese. 1995. "Realities of Off-Shore Reengineering." *IEEE Software*, January: 35-45.

66. DeGrace, Peter, and Leslie Stahl. 1990. *Wicked Problems, Righteous Solutions*. Englewood Cliffs, N.J.: Yourdon Press.

67. DeMarco, Tom. 1979. *Structured Analysis and Systems Specification: Tools and Techniques*. Englewood Cliffs, N.J.: Prentice Hall.

68. DeMarco, Tom. 1982. *Controlling Software Projects*. New York: Yourdon Press.

69. DeMarco, Tom. 1995. *Why Does Software Cost So Much?* New York: Dorset House.

70. DeMarco, Tom, and Timothy Lister. 1985. "Programmer Performance and the Effects of the Workplace." *Proceedings of the 8th International Conference on Software Engineering*. Washington, D.C.: IEEE Computer Society Press, 268-272.

71. DeMarco, Tom, and Timothy Lister. 1987. *Peopleware: Productive Projects and Teams*. New York: Dorset House.

72. DeMarco, Tom, and Timothy Lister. 1989. "Software Development: State of the Art vs. State of the Practice." *Proceedings of the 11th International Conference on Software Engineering*: 271-275.

73. Dreger, Brian. 1989. *Function Point Analysis*. Englewood Cliffs, N.J.: Prentice Hall.

74. Dunn, Robert H. 1984. *Software Defect Removal*. New York: McGraw-Hill.

75. Dyer, W. G. 1987. *Teambuilding*. Reading, Mass.: Addison-Wesley.

76. Emery, Fred, and Merrelyn Emery. 1975. *Participative Design-Work and Community*. Canberra: Center for Continuing Education, Australian National University.

77. Fagan, M. E. 1976. "Design and Code Inspections to Reduce Errors in Program Development." *IBM Systems Journal*, vol. 15, no. 3: 182-211.

78. Fagan, M. E. 1986. "Advances in Software Inspections." *IEEE Transactions on Software Engineering*, July: 744-751.

79. Fisher, Roger, and William Ury. 1981. *Getting to Yes*. New York: Penguin Books.

80. Fitz-enz, Jac. 1978. "Who is the DP Professional?" *Datamation*, September: 124-129.

81. Frakes, William B., and Christopher J. Fox. 1995. "Sixteen Questions about Software Reuse." *Communications of the ACM*, vol. 38, no. 6 (June): 75-87.

82. Freedman, Daniel P., and Gerald M. Weinberg. 1990. *Handbook of Walkthroughs, Inspections and Technical Reviews*, 3rd ed. New York: Dorset House.

83. Freeman, Peter, and Anthony I. Wasserman, eds. 1983. *Tutorial on Software Design Techniques*, 4th ed. Silver Spring, Md.: IEEE Computer Society Press.

84. Freeman, Peter, ed. 1987. *Tutorial: Software Reusability.* Washington, D.C.: IEEE Computer Society Press.

85. Gause, Donald C., and Gerald Weinberg. 1989. *Exploring Requirements: Quality Before Design.* New York: Dorset House.

86. Gibbs, W. Wayt. 1994. "Software's Chronic Crisis." *Scientific American,* September: 86-95.

87. Gilb, Tom. 1988. *Principles of Software Engineering Management.* Wokingham, England: Addison-Wesley.

88. Gilb, Tom, and Dorothy Graham. 1993. *Software Inspection.* Wokingham, England: Addison-Wesley.

89. Glass, Robert L. 1992. *Building Quality Software.* Englewood Cliffs, N.J.: Prentice Hall.

90. Glass, Robert L. 1993. "Software Principles Emphasize Counterintuitive Findings." *Software Practitioner,* Mar/Apr: 10.

91. Glass, Robert L. 1994a. *Software Creativity.* Englewood Cliffs, N.J.: Prentice Hall PTR.

92. Glass, Robert L. 1994b. "Object-Orientation is Least Successful Technology." *Software Practitioner,* January: 1.

93. Glass, Robert L. 1994c. "IS Field: Stress Up, Satisfaction Down." *Software Practitioner,* November: 1, 3

94. Glass, Robert L. 1995. "What are the Realities of Software Productivity/Quality Improvements:" *Software Practitioner,* November: 1, 4-9.

95. Gordon, V. Scott, and James M. Bieman. 1995. "Rapid Prototyping: Lessons Learned." *IEEE Software,* January: 85-95.

96. Grady, Robert B. 1992. *Practical Software Metrics for Project Management and Process Improvement.* Englewood Cliffs, N.J.: Prentice Hall PTR.

97. Grady, Robert B., and Deborah L. Caswell. 1987. *Software Metrics: Establishing a Company-Wide Program.* Englewood Cliffs, N.J.: Prentice Hall.

98. Grove, Andrew S. 1983. *High Output Management.* New York: Random House.

99. Hackman, J. Richard, and Greg R. Oldham. 1980. *Work Redesign.* Reading, Mass.: Addison-Wesley.

100. Hall, Tracy, and Norman Fenton. 1994. "What do Developers Really Think About Software Metrics?" *Fifth International Conference on Applications of Software Measurement,* November 6-10, La Jolla, Calif., Software Quality Engineering: 721-729.

101. Hatley, Derek J., and Imtiaz A. Pirbhai. 1988. *Strategies for Real-Time System Specification.* New York: Dorset House Publishing.

102. Heckel, Paul. 1991. *The Elements of Friendly Software Design*. New York: Warner Books.

103. Henry, Emmanuel, and Beno.t Faller. 1995. "Large-Scale Industrial Reuse to Reduce Cost and Cycle Time." *IEEE Software*, September: 47-53.

104. Herbsleb, James, et al. 1994. "Software Process Improvement: State of the Payoff." *American Programmer*, September: 2-12.

105. Herzberg, Frederick. 1987. "One More Time: How Do You Motivate Employees?" *Harvard Business Review*, September-October: 109-120.

106. Hetzel, Bill. 1988. *The Complete Guide to Software Testing*, 2nd ed. Wellesley, Mass.: QED Information Systems.

107. Hetzel, Bill. 1993. *Making Software Measurement Work: Building an Effective Measurement Program*. New York: John Wiley & Sons.

108. Humphrey, Watts S. 1989. *Managing the Software Process*. Reading, Mass.: Addison-Wesley.

109. Humphrey, Watts S. 1995. *A Discipline for Software Engineering*. Reading, Mass.: Addison-Wesley.

110. Iansiti, Marco. 1994. "Microsoft Corporation: Office Business Unit," Harvard Business School Case Study 9-691-033, revised May 31. Boston: Harvard Business School.

111. Jones, Capers. 1986a. *Programming Productivity*. New York: McGraw-Hill.

112. Jones, Capers, ed. 1986b. *Tutorial: Programming Productivity: Issues for the Eighties*, 2nd ed. Los Angeles: IEEE Computer Society Press.

113. Jones, Capers. 1991. *Applied Software Measurement: Assuring Productivity and Quality*. New York: McGraw-Hill.

114. Jones, Capers. 1994. *Assessment and Control of Software Risks*. Englewood Cliffs, N.J.: Yourdon Press.

115. Jones, Capers. 1994b. "Revitalizing Software Project Management." *American Programmer*, June: 3-12.

116. Jones, Capers. 1995a. "Software Productivity Research Programming Languages Table," 7th ed. March 1995. Burlington, Mass.: Software Productivity Research. (The full table can be accessed on the Internet at http://www.spr.com/library/langtbl.htm.)

117. Jones, Capers. 1995b. "Patterns of Large Software Systems: Failure and Success." *IEEE Software*, March: 86-87.

118. Jones, Capers. 1995c. "Determining Software Schedules." *IEEE Software*, February: 73-75.

119. Jones, Capers. 1995d. "Why Is Technology Transfer So Hard?" *IEEE Computer*, June: 86-87.

120. Joos, Rebecca. 1994. "Software Reuse at Motorola," *IEEE Software*, September: 42-47.

121. Karten, Naomi. 1994. *Managing Expectations*. New York: Dorset House.

122. Katzenbach, Jon, and Douglas Smith. 1993. *The Wisdom of Teams*. Boston: Harvard Business School Press.

123. Kemerer, C. F. 1987. "An Empirical Validation of Software Cost Estimation Models." *Communications of the ACM*, 30 (5): 416-429.

124. Kerr, James, and Richard Hunter. 1994. *Inside RAD: How to Build Fully Functional Computer Systems in 90 Days or Less*. New York: McGraw-Hill. (Includes an interview with Scott Scholz, among other things.)

125. Kidder, Tracy. 1981. *The Soul of a New Machine*. Boston: Atlantic Monthly/Little Brown.

126. Kitson, David H., and Stephen Masters. 1993. "An Analysis of SEI Software Process Assessment Results, 1987-1991." In *Proceedings of the Fifteenth International Conference on Software Engineering*: 68-77. Washington, D.C.: IEEE Computer Society Press.

127. Klepper, Robert, and Douglas Bock. 1995. "Third and Fourth Generation Language Productivity Differences." *Communications of the ACM*, vol. 38, no. 9 (September): 69-79.

128. Kohen, Eliyezer. 1995. Private communication: June 24.

129. Kohn, Alfie. 1993. "Why Incentive Plans Cannot Work," *Harvard Business Review*, September/October: 54-63.

130. Korson, Timothy D., and Vijay K. Vaishnavi. 1986. "An Empirical Study of Modularity on Program Modifiability." In Soloway and Iyengar 1986: 168-186.

131. Krantz, Les. 1995. *The National Business Employment Weekly Jobs Rated Almanac*. New York: John Wiley & Sons.

132. Lakhanpal, B. 1993. "Understanding the Factors Influencing the Performance of Software Development Groups: An Exploratory Group-Level Analysis." *Information and Software Technology*, 35 (8): 468-473.

133. Laranjeira, Luiz A. 1990. "Software Size Estimation of Object-Oriented Systems." *IEEE Transactions on Software Engineering*, May.

134. Larson, Carl E., and Frank M. J. LaFasto. 1989. *Teamwork: What Must Go Right; What Can Go Wrong*. Newbury Park, Calif.: Sage.

135. Lederer, Albert L., and Jayesh Prasad. 1992. "Nine Management Guidelines for Better Cost Estimating." *Communications of the ACM*, February: 51-59.

136. Lyons, Michael L. 1985. "The DP Psyche." *Datamation*, August 15: 103-109.

137. Maguire, Steve. 1993. *Writing Solid Code*. Redmond, Wash.: Microsoft Press.

138. Maguire, Steve. 1994. *Debugging the Development Process*. Redmond, Wash.: Microsoft Press.

139. Marciniak, John J., and Donald J. Reifer. 1990. *Software Acquisition Management*. New York: John Wiley & Sons.

140. Marcotty, Michael. 1991. *Software Implementation*. New York: Prentice Hall.

141. Martin, James. 1991. *Rapid Application Development*. New York: Macmillan.

142. McCarthy, Jim. 1995a. *Dynamics of Software Development*. Redmond, Wash.: Microsoft Press.

143. McCarthy, Jim. 1995b. "Managing Software Milestones at Microsoft." *American Programmer*, February: 28-37.

144. McCarthy, Jim. 1995c. "21 Rules of Thumb for Delivering Quality Software on Time." (Available on audiotape or videotape.) Conference Copy (717) 775-0580 (Session 04, Conf. #698D).

145. McConnell, Steve. 1993. *Code Complete*. Redmond, Wash.: Microsoft Press.

146. McCue, Gerald M. 1978. "IBM's Santa Teresa Laboratory-Architectural Design for Program Development." *IBM Systems Journal*, vol. 17, no. 1: 4-25.

147. McGarry, Frank, Sharon Waligora, and Tim McDermott. 1989. "Experiences in the Software Engineering Laboratory (SEL) Applying Software Measurement." *Proceedings of the Fourteenth Annual Software Engineering Workshop*, November 29. Greenbelt, Md.: Goddard Space Flight Center, document SEL-89-007.

148. Metzger, Philip W. 1981. *Managing a Programming Project*, 2d ed. Englewood Cliffs, N.J.: Prentice Hall.

149. Millington, Don, and Jennifer Stapleton. 1995. "Developing a RAD Standard." *IEEE Software*, January: 54-55.

150. Mills, Harlan D. 1983. *Software Productivity*. Boston, Mass.: Little, Brown. 71-81.

151. Myers, Glenford J. 1978. "A Controlled Experiment in Program Testing and Code Walkthroughs/Inspections." *Communications of the ACM*, vol. 21, no. 9: 760-768.

152. Myers, Glenford J. 1979. *The Art of Software Testing*. New York: John Wiley & Sons.

153. Myers, Ware. 1992. "Good Software Practices Pay Off-Or Do They?" *IEEE Software*, March: 96-97.

154. Naisbitt, John. 1982. *Megatrends.* New York: Warner Books.

155. Naisbitt, John, and Patricia Aburdene. 1985. *Reinventing the Corporation.* New York: Warner Books.

156. NASA. 1990. *Manager's Handbook for Software Development,* revision 1. Document number SEL-84-101. Greenbelt, Md.: Goddard Space Flight Center, NASA.

157. NASA. 1994. *Software Measurement Guidebook.* Document number SEL-94-002. Greenbelt, Md.: Goddard Space Flight Center, NASA.

158. O'Brien, Larry. 1995. "The Ten Commandments of Tool Selection." *Software Development,* November: 38-43.

159. O'Grady, Frank. 1990. "A Rude Awakening." *American Programmer,* July/August: 44-49.

160. Olsen, Neil C. 1995. "Survival of the Fastest: Improving Service Velocity." *IEEE Software,* September: 28-38.

161. Page-Jones, Meilir. 1988. *The Practical Guide to Structured Systems Design.* Englewood Cliffs, N.J.: Yourdon Press.

162. Parnas, David L. 1972. "On the Criteria to Be Used in Decomposing Systems into Modules." *Communications of the ACM,* vol. 5, no. 12 (December): 1053-1058.

163. Parnas, David L. 1976. "On the Design and Development of Program Families." *IEEE Transactions on Software Engineering* SE-2, 1 (March): 1-9.

164. Parnas, David L. 1979. "Designing Software for Ease of Extension and Contraction." *IEEE Transactions on Software Engineering* SE-5 (March): 128-138.

165. Parnas, David L., Paul C. Clements, and D. M. Weiss. 1985. "The Modular Structure of Complex Systems." *IEEE Transactions on Software Engineering,* March: 259-266.

166. Parsons, H. M. 1974. "What Happened at Hawthorne." *Science,* vol. 183 (March 8): 922-32.

167. Paulk, M. C., et al. 1993. *Key Practices of the Capability Maturity Model, Version 1.1,* Software Engineering Institute, CMU/SEI-93-TR-25, February.

168. Perry, Dewayne E., Nancy A. Staudenmayer, and Lawrence G. Votta. 1994. "People, Organizations, and Process Improvement." *IEEE Software,* July: 36-45.

169. Peters, Chris. 1995. "Microsoft Tech Ed '95." March 27.

170. Peters, Tom. 1987. *Thriving on Chaos: Handbook for a Management Revolution.* New York: Alfred A. Knopf.

171. Peters, Tom. 1988. "Letter to the Editor." *Inc.* magazine, April: 80.

172. Peters, Tomas J., and Robert H. Waterman, Jr. 1982. *In Search of Excellence.* New York: Warner Books.

173. Pfleeger, Shari Lawrence. 1994a. "Applications of Software Measurement '93: A Report from an Observer." *Software Practitioner*, March: 9-10.

174. Pfleeger, Shari Lawrence. 1994b. "Attendance Down, Practitioner Value Up at ICSE (May, in Sorrento, Italy). *Software Practitioner*, November: 9-11.

175. Pietrasanta, Alfred M. 1990. "Alfred M. Pietrasanta on Improving the Software Process." *Software Engineering: Tools*, Techniques, Practices, vol. 1, no. 1 (May/June): 29-34.

176. Pietrasanta, Alfred M. 1991a. "A Strategy for Software Process Improvement." *Ninth Annual Pacific Northwest Software Quality Conference, October 7-8, Oregon Convention Center, Portland, Ore.*

177. Plauger, P.J. 1993a. *Programming on Purpose: Essays on Software Design.* Englewood Cliffs, N.J.: Prentice Hall PTR.

178. Plauger, P.J. 1993b. *Programming on Purpose II: Essays on Software People.* Englewood Cliffs, N.J.: Prentice Hall PTR.

179. Pressman, Roger S. 1988. *Making Software Engineering Happen: A Guide for Instituting the Technology.* Englewood Cliffs, N.J.: Prentice Hall.

180. Pressman, Roger S. 1992. *Software Engineering: A Practitioner's Approach*, 3d ed. New York: McGraw-Hill.

181. Pressman, Roger S. 1993. *A Manager's Guide to Software Engineering.* New York: McGraw-Hill.

182. Putnam, Lawrence H. 1994. "The Economic Value of Moving Up the SEI Scale." *Managing System Development*, July: 1-6.

183. Putnam, Lawrence H., and Ware Myers. 1992. *Measures for Excellence: Reliable Software On Time, Within Budget.* Englewood Cliffs, N.J.: Yourdon Press.

184. Raytheon Electronic Systems. 1995. *Advertisement, IEEE Software*, September: back cover.

185. Rich, Charles, and Richard C. Waters. 1988. "Automatic Programming: Myths and Prospects." *IEEE Computer*, August.

186. Rifkin, Stan, and Charles Cox. 1991. "Measurement in Practice." Report CMU/SEI-91-TR-16, Pittsburgh: Software Engineering Institute.

187. Rothfeder, Jeffrey. 1988. "It's Late, Costly, Incompetent-But Try Firing a Computer System." *Business Week*, November 7: 164-165.

188. Rush, Gary. 1985. "The Fast Way to Define System Requirements." *Computerworld,* October 7.

189. Russell, Glen W. 1991. "Experience with Inspection in Ultralarge-Scale Developments." *IEEE Software*, vol. 8, no. 1 (January): 25-31.

190. Sackman, H., W. J. Erikson, and E. E. Grant. 1968. "Exploratory Experimental Studies Comparing Online and Offline Programming Performance." *Communications of the ACM*, vol. 11, no. 1 (January): 3-11.

191. Saiedian, Hossein, and Scott Hamilton. 1995. "Case Studies of Hughes and Raytheon's CMM Efforts." *IEEE Computer*, January: 20-21.

192. Scherr, Allen. 1989. "Managing for Breakthroughs in Productivity." *Human Resources Management*, vol. 28, no. 3 (Fall): 403-424.

193. Scholtz, et al. 1994. "Object-Oriented Programming: the Promise and the Reality." *Software Practitioner*, January: 1, 4-7.

194. Sherman, Roger. 1995a. "Balancing Product-Unit Autonomy and Corporate Uniformity." *IEEE Software*, January: 110-111.

195. Sims, James. 1995. "A Blend of Technical and Mediation Skills Sparks Creative Problem-Solving." *IEEE Software*, September: 92-95.

196. Smith, P.G., and D.G. Reinertsen. 1991. *Developing Products in Half the Time*. New York: Van Nostrand Reinhold.

197. Sommerville, Ian. 1996. *Software Engineering*, 6th ed. Reading, Mass.: Addison-Wesley.

198. Standish Group, The. 1994. "Charting the Seas of Information Technology." Dennis, Mass.: The Standish Group.

199. Symons, Charles. 1991. *Software Sizing and Estimating: Mk II FPA (Function Point Analysis)*. Chichester: John Wiley & Sons.

200. Tesch, Deborah B., Gary Klein, and Marion G. Sobol. 1995. "Information System Professionals' Attitudes." *Journal of Systems and Software*, January: 39-47.

201. Thayer, Richard H., ed. 1990. *Tutorial: Software Engineering Project Management*. Los Alamitos, Calif.: IEEE Computer Society Press.

202. Thomsett, Rob. 1990. "Effective Project Teams: A Dilemma, A Model, A Solution." *American Programmer*, July-August: 25-35.

203. Thomsett, Rob. 1993. *Third Wave Project Management*. Englewood Cliffs, N.J.: Yourdon Press.

204. Thomsett, Rob. 1994. "When the Rubber Hits the Road: A Guide to Implementing Self-Managing Teams." *American Programmer*, December: 37-45.

205. Thomsett, Rob. 1995. "Project Pathology: A Study of Project Failures." *American Programmer*, July: 8-16.

206. Townsend, Robert. 1970. *Up the Organization*. New York: Alfred A. Knopf.

207. Tracz, Will. 1995. *Confessions of a Used Program Salesman*. Reading, Mass.: Addison-Wesley.

208. Udell, John. 1994. "Component Software." *Byte* magazine, May: 45-55.

209. Valett, J., and F. E. McGarry. 1989. "A Summary of Software Measurement Experiences in the Software Engineering Laboratory." *Journal of Systems and Software*, 9 (2): 137-148.

210. van Genuchten, Michiel. 1991. "Why is Software Late? An Empirical Study of Reasons for Delay in Software Development." *IEEE Transactions on Software Engineering*, vol. 17, no. 6 (June): 582-590.

211. Vosburgh, J. B., et al. 1984. "Productivity Factors and Programming Environments." *Proceedings of the 7th International Conference on Software Engineering*, Los Alamitos, Calif.: IEEE Computer Society: 143-152.

212. Weinberg, Gerald M. 1971. *The Psychology of Computer Programming*. New York: Van Nostrand Reinhold.

213. Weinberg, Gerald. 1982. *Becoming a Technical Leader*. New York: Dorset House.

214. Weinberg, Gerald M. 1992. *Quality Software Management, Volume 1: Systems Thinking*. New York: Dorset House.

215. Weinberg, Gerald M. 1993. *Quality Software Management, Volume 2: First-Order Measurement*. New York: Dorset House.

216. Weinberg, Gerald M. 1994. *Quality Software Management, Volume 3: Congruent Action*. New York: Dorset House.

217. Weinberg, Gerald M., and Edward L. Schulman. 1974. "Goals and Performance in Computer Programming." *Human Factors*, vol. 16, no. 1 (February): 70-77.

218. Whitaker, Ken. 1994. *Managing Software Maniacs*. New York: John Wiley & Sons.

219. Wiener, Lauren Ruth. 1993. *Digital Woes: Why We Should Not Depend on Software*. Reading, Mass.: Addison-Wesley.

220. Wirth, Niklaus. 1995. "A Plea for Lean Software." *IEEE Computer*, February: 64-68.

221. *Witness*. 1985. Paramount Pictures. Produced by Edward S. Feldman and directed by Peter Weir.

222. Wood, Jane, and Denise Silver. 1995. *Joint Application Development*, 2nd ed. New York: John Wiley & Sons.

223. Yourdon, Edward. 1982, ed. *Writings of the Revolution: Selected Readings on Software Engineering*. New York: Yourdon Press.

224. Yourdon, Edward. 1989a. *Modern Structured Analysis*. New York: Yourdon Press.

225. Yourdon, Edward. 1989b. *Structured Walk-Throughs*, 4th ed. New York: Yourdon Press.

226. Yourdon, Edward. 1992. *Decline & Fall of the American Programmer*. Englewood Cliffs, N.J.: Yourdon Press.

227. Yourdon, Edward, and Constantine, Larry L. 1979. *Structured Design: Fundamentals of a Discipline of Computer Program and Systems Design*. Englewood Cliffs, N.J.: Yourdon Press.

228. Yourdon, Edward, ed. 1979. *Classics in Software Engineering*. Englewood Cliffs, N.J.: Yourdon Press.

229. Zachary, Pascal. 1994. *Showstopper! The Breakneck Race to Create Windows NT and the Next Generation at Microsoft*. New York: Free Press.

230. Zahniser, Rick. 1995. "Controlling Software Projects with Timeboxing." *Software Development*, March.

231. Zawacki, Robert A. 1993. "Key Issues in Human Resources Management." *Information Systems Management*, Winter: 72-75.

232. Zelkowitz, et al. 1984. "Software Engineering Practice in the US and Japan." *IEEE Computer*, June: 57- 66.